AF294088

Wolfgang Seith

Diffusion in Metallen

Zweite neubearbeitete und erweiterte Auflage

unter Mitarbeit von Th. Heumann

Theorie der Platzwechselvorgänge

Forschungsergebnisse

Technische Anwendungen

1955

Springer-Verlag

Berlin / Göttingen / Heidelberg

Reine und angewandte Metallkunde in Einzeldarstellungen

Herausgegeben von W. Köster

3

Diffusion in Metallen

Platzwechselreaktionen

Von

Dr. Wolfgang Seith

o. Professor für physikalische Chemie
an der Universität Münster

Zweite, neubearbeitete und erweiterte Auflage

unter Mitarbeit von

Dr. Theodor Heumann

Dozent für physikalische Chemie
an der Universität Münster

Mit 238 Abbildungen

Springer-Verlag

Berlin / Göttingen / Heidelberg

1955

ISBN 978-3-642-53298-6   ISBN 978-3-642-53297-9 (eBook)
DOI 10 1007/978-3-642-53297-9

Vorwort zur zweiten Auflage.

Seit dem Erscheinen der ersten Auflage dieses Buches sind 15 Jahre verflossen. Der Aufschwung, den die Forschung auf dem behandelten Gebiete erlebte, und die zeitweilige Abgeschlossenheit Deutschlands von der Außenwelt ließen eine Neuauflage des vergriffenen Buches notwendig erscheinen, stellten aber gleichzeitig den Verfasser vor eine schwierige Aufgabe. Es galt, die Fülle des neuen Materials zu verarbeiten und mit dem Vorhandenen in dem Rahmen einer einheitlichen Abhandlung zu vereinigen. Dabei sollte das im Vorwort der ersten Auflage beschriebene Ziel, einen Überblick über das Gesamtgebiet zu geben, beibehalten werden. Es wurde versucht, den Stand der Erkenntnisse festzuhalten und die Entwicklung zu beschreiben. Dabei ist der Aufbau so angelegt, daß nicht nur der auf diesem engen Fachgebiet arbeitende Wissenschaftler, sondern auch der Metallkundler, Chemiker und Physiker Kenntnisse aus diesem Bande schöpfen kann. Dem jungen Forscher möge es auch das Aufsuchen älterer Arbeiten, die heute schon in Vergessenheit zu geraten drohen, erleichtern. Zu den Kapiteln über „Sintern" und über „die Theorie der Ausscheidung" z. B. ist zu bemerken, daß sie nicht die Gesamtgebiete erfassen sollen, sondern daß dort nur diejenigen Erscheinungen und Gesetzmäßigkeiten erwähnt sind, welche mit der Diffusion unmittelbar zusammenhängen. Der Abschnitt über technische Anwendungen mag im Vergleich zur Bedeutung der Diffusion bei der Warmbearbeitung von Metallen sehr wenig umfangreich erscheinen. Es liegt dies daran, daß der Wissenschaftler zur Erforschung der Grundlage von einfachen Modellvorstellungen ausgehen muß, während der Techniker sich oft viel komplizierteren Diffusionsproblemen gegenübersieht, die einstweilen nur empirisch gelöst werden können. Dieses Buch möge dazu beitragen, diese Lücke zwischen Theorie und Praxis zu schließen.

Die Zusammenstellung des neuen Manuskriptes wurde mir dadurch erleichtert, daß ich Herrn Dr. Th. Heumann als Mitarbeiter gewinnen konnte. Er hat mich nicht nur beim Sammeln und Auswerten des neuen Materials, sondern auch dadurch unterstützt, daß er die Kap. 7—10 zusammenstellte und sich der Einheitlichkeit der mathematischen Formulierungen annahm.

Für Hilfe beim Lesen der Korrektur und beim Anfertigen der Register bin ich Herrn Dr. H. WEVER, Dipl. Chem. HEINEMANN, Frl. FLÖTGEN und Frl. KRUSE und weiteren Mitarbeitern zu Dank verpflichtet. Dem Springer-Verlag danke ich für die verständnisvolle Erfüllung vieler Wünsche bei der Herausgabe des Buches.

An dieser Stelle möchte ich darauf hinweisen, daß inzwischen ein Buch von W. JOST „Diffusion in Solids, Liquids and Gases" und mehrere Kapitel über Diffusion in Metallen von LE CLAIRE im „Progress in Metal Physics" erschienen sind, die als Quellen mitbenutzt wurden.

Münster, Januar 1955.

W. Seith.

Inhaltsverzeichnis.

1. Einleitung.

Zu einem bekannten Vorlesungsversuch wird eine Lösung von Kupfersulfat mit reinem Wasser überschichtet und das Ganze sich selbst überlassen. Zunächst besteht zwischen der blauen Lösung und dem Wasser eine scharfe Grenze. Schon nach wenigen Tagen läßt sich ein Vordringen der blauen Farbe des Kupfersulfates nach oben, also dem Schwerefeld entgegen, beobachten. Diese Erscheinung bezeichnen wir als Diffusion. Jedes flüssige System, das aus mischbaren Komponenten besteht und sich in einem abgeschlossenen Raume konstanter Temperatur befindet, strebt nach dem Ausgleich der Konzentration. Es wird nun häufig angenommen, daß der Ausgleich verschiedener Konzentrationen und ein damit verbundener Energiegewinn die einzige treibende Kraft der Diffusion sei. Das ist jedoch nicht so, wie sich an einem Gedankenexperiment leicht zeigen läßt. Man stellt sich ein Gefäß vor, in dem sich eine Salzlösung befindet, deren Konzentration an allen Stellen die gleiche ist. Durch eine Scheidewand wird dieses Gefäß in zwei gleich große Räume *1* und *2* geteilt. Wir nehmen nun weiter an, wir könnten die gelösten Ionen sehen und diejenigen kennzeichnen, die sich im Raume *1* befinden. Da sich alle Ionen in völlig regelloser Wärmebewegung befinden, werden sie, nachdem wir die Zwischenwand entfernt haben, auch von einem Raume in den anderen übertreten. Nach einer bestimmten Zeit werden durchschnittlich je die Hälfte der gekennzeichneten Ionen in den Räumen *1* und *2* sein. Mit dem Eintreten des Konzentrationsausgleiches hört demnach die Diffusion nicht auf, sondern sie entzieht sich nur der unmittelbaren Beobachtung. Es gelingt jedoch, auch Diffusionsvorgänge bei völlig ausgeglichener Konzentration mit Hilfe von radioaktiven Indikatoren zu verfolgen. Für Diffusionsvorgänge, welche mit keiner Konzentrationsänderung verbunden sind, hat man die Bezeichnung „Selbstdiffusion" eingeführt. Für die Diffusionserscheinungen sind demnach in erster Linie die unregelmäßigen Wärmebewegungen maßgebend. Bei flüssigen und gasförmigen Systemen macht diese Vorstellung keine Schwierigkeiten. Ihre Anwendung auf feste Metalle wollen wir im folgenden betrachten.

Mit dem Begriff des festen Zustandes verbindet sich die Vorstellung des Starren und Formgebundenen. Wir wissen heute, daß die festen Stoffe aus regelmäßig angeordneten Elementarbausteinen aufgebaut sind, was sich schon häufig aus ihrer Form vermuten ließ. Die Erforschung der „Feinstruktur", die durch die Entdeckungen von

W. Röntgen und M. von Laue möglich wurde, konnte diese Annahme bestätigen. Die scheinbar starre Anordnung der Atome im Kristallgitter schließt jedoch eine gewisse Beweglichkeit nicht aus, so daß auch in festen Stoffen Diffusionsvorgänge möglich sind.

Die Erforschung dieser Platzwechselreaktionen wurde erst verhältnismäßig spät begonnen, denn der Satz „corpora non agunt nisi fluida" beherrschte lange Zeit das Denken, so daß zahlreiche Anzeichen, die für eine Beweglichkeit der Gitterbausteine in festen Stoffen sprachen, übersehen oder vollkommen falsch gedeutet wurden. Dabei wurde z. B. die Einsatzhärtung von Eisen in kohlenstoffhaltigem Material, wobei Kohlenstoff in das Eisen eindringt, schon viele Jahrhunderte angewendet. Der Mechanismus dieser Vorgänge blieb allerdings lange unbekannt. Erst Gay-Lussac [1] zweifelte, daß der Satz „corpora non agunt nisi fluida" so eindeutig feststeht, wie man dies zu seiner Zeit noch allgemein annahm. Roberts-Austen [2] berichtet, daß Faraday schon im Jahre 1820 eine Legierungsbildung zwischen festen Metallen beobachtet habe. Im Schrifttum erscheinen die ersten Berichte über Beobachtungen von Diffusions- und Reaktionsvorgängen in festen Stoffen in den achtziger Jahren des vorigen Jahrhunderts. W. Spring [3] hat neben Untersuchungen von Reaktionen zwischen festen Salzen auch die Beobachtung gemacht, daß die Bestandteile der Woodschen und der Roseschen Legierung, wenn man sie aus Pulver zu Pastillen preßt und erhitzt, beim Schmelzpunkt der betreffenden Legierungen zu schmelzen beginnen, obwohl dort alle einzelnen Partner in Form der reinen Metalle sich noch weit unterhalb ihrer Schmelzpunkte befinden. Es muß angenommen werden, daß sich an den Berührungsstellen der einzelnen Metallkörner schon dünne Schichten niedrig schmelzender Legierung im festen Zustand gebildet haben. Auch andere Forscher berichten um die gleichen Jahre über ähnliche Erscheinungen [4].

Die ersten systematischen Untersuchungen über die Diffusion in festen Metallen stammen von Roberts-Austen [5], der 1896 seine Untersuchungen über die Diffusion von Gold in festem Blei veröffentlicht hat. Es muß besonders hervorgehoben werden, daß Roberts-Austen sich nicht damit begnügte, die Erscheinung der Diffusion festzustellen, sondern den Diffusionskoeffizienten[1] in diesem System mit großer Genauigkeit bestimmte. Trotz dieser Erfolge wurde das neue Gebiet zunächst kaum weiter beachtet. Im Jahre 1909 wurden im Tammannschen Institut in Göttingen die Arbeiten von Spring durch G. Masing [6] wieder aufgenommen. Sie führten zur Beobachtung, daß sich berührende Metalle schon unterhalb ihres Schmelzpunktes unter Mischkristallbildung ineinander einzudringen vermögen. Aus

---

[1] Im folgenden DK abgekürzt.

dem TAMMANNschen Institut gingen dann noch eine Reihe weiterer Arbeiten hervor, welche sich mit der Frage der Gitterbausteine in Kristallen befassen. Auch von anderer Seite wurden Untersuchungen auf diesem Gebiet unternommen. G. BRUMI und E. MENEGHINI [7] stellten die Diffusion von Kupfer in Gold, E. RÜST [8] die von Zink in Kupfer und Messing fest. In den Jahren 1920 und 1921 erschienen eine ganze Reihe von Berichten über die Bestimmung von Diffusionskonstanten, die als Grundlage der nun einsetzenden systematischen Erforschung der Platzwechselvorgänge in festen Metallen und Salzen gelten können. Die Größe der Selbstdiffusion konnten I. GROH und G. v. HEVESY [9] messen, indem sie radioaktives Blei in gewöhnliches Blei eindiffundieren ließen. I. RUNGE [10] legte die technisch wichtige Diffusionskonstante von Kohlenstoff in Eisen erstmalig fest. Diese ist außerordentlich hoch und erreicht bei 1000° Werte, die etwa ein Siebentel der Diffusionsgeschwindigkeit der Ionen in einer wäßrigen Lösung bei Zimmertemperatur ausmachen [11]. Dies ist in der Eigenart des Systems Eisen-Kohlenstoff begründet, bei dem der Kohlenstoff auf Zwischengitterplätzen sitzt und in den Lücken zwischen den Eisenatomen diffundieren kann. W. FRAENKEL und H. HOUBEN [12], ferner H. WEISS und P. HENRY [13] bestimmten den Diffusionskoeffizienten von Gold und Silber.

Wir wollen die Aufzählung der Untersuchungen in geschichtlicher Reihenfolge hier mit dem Hinweis verlassen, daß die Platzwechselvorgänge in festen kristallinen Stoffen von nun an häufig Gegenstand von Untersuchungen waren, wobei zwei Forschungszweige nebeneinander entstanden. Der eine umfaßt die metallischen Elemente und arbeitet oft in enger Anlehnung an technische Probleme, der andere wendet sich den Salzen zu und vermittelt wichtige Beziehungen zu den Fragen der elektrolytischen Leitfähigkeit der Salze und gibt auch Anlaß zu einer Reihe von theoretischen Betrachtungen über den Platzwechselmechanismus.

Schrifttum.

1. GAY-LUSSAC: Ann. Chimie et Physique 17, 221 (1846).
2. ROBERTS-AUSTEN: Proc. Roy. Soc., Lond. 59, 288 (1896).
3. SPRING, W.: Bull. Acad. Belg. 49, 323 (1880); Ber. 15, 1 (1882).
4. COLSON, A.: C. R. 93, 1075 (1881).
5. ROBERTS-AUSTEN: Phil. Trans. Roy. Soc. Lond. A 187, 404 (1896).
6. MASING, G.: Z. anorg. Chem. 62, 265 (1909).
7. BRUMI, G., u. E. MENEGHINI: Rend. Acad. Lincei, Roma 202, 927 (1911).
8. RÜST, E.: Naturwiss. 4, 265 (1909).
9. GROH, I., u. G. v. HEVESY: Ann. Phys. 65, 216 (1920).
10. RUNGE, I.: Z. anorg. Chem. 115, 293 (1921).
11. TAMMANN, G., u. K. SCHÖNERT: Z. anorg. Chem. 122, 27 (1922).
12. FRAENKEL, W., u. H. HOUBEN: Z. anorg. Chem. 116, 1 (1921).
13. WEISS, H., u. P. HENRY: C. R. 175, 1402 (1922).

2. Definition des Diffusionskoeffizienten und Fɪᴄᴋsche Gleichungen.

Die Definition des Diffusionskoeffizienten ist durch die Gesetze von Fɪᴄᴋ gegeben. Diese sind aus den Vorstellungen von Fᴏᴜʀɪᴇʀ über die Wärmeleitung entwickelt und gelten zunächst für ideale Gase bzw. ideale Lösungen. Dabei ist vorausgesetzt, daß sich die diffundierenden Teilchen in völlig regelloser Wärmebewegung befinden und sich gegenseitig nicht beeinflussen. Will man sich die Fɪᴄᴋschen Gesetze vor Augen führen, so geht man am besten von der folgenden Vorstellung aus. In einem Rohre mit konstantem Querschnitt befindet sich eine Lösung, die in der Längsrichtung des Rohres ein Konzentrationsgefälle aufweist. Dieses Konzentrationsgefälle wird durch die Diffusion ausgeglichen. Dabei diffundiert durch einen gedachten senkrechten Querschnitt stets eine Menge des gelösten Stoffes, welche dem Konzentrationsgefälle an dieser Stelle proportional ist. Wenn m die in der Zeiteinheit durch den Querschnitt q diffundierende Menge des gelösten Stoffes und dc/dx das Konzentrationsgefälle ist, so können wir das erste Fɪᴄᴋsche Gesetz schreiben:

$$m = -q D \frac{dc}{dx}.\tag{1}$$

x ist die Wegkoordinate, D der Diffusionskoeffizient.

Das negative Vorzeichen ist eingeführt, weil dc/dx einen negativen Wert annimmt, wenn wir die Diffusionsrichtung sinngemäß positiv wählen.

Diese Gleichung ist leicht zu übersehen, aber sie ist im allgemeinen zur experimentellen Bestimmung von Diffusionskoeffizienten nicht geeignet, da es schwer ist, die Versuchsbedingungen so einzurichten, daß man bei konstant bleibendem Konzentrationsgefälle die diffundierende Stoffmenge erfassen kann. Sehr viel leichter ist es dagegen, den Verlauf der Konzentration längs des Diffusionsweges nach einer bestimmten Versuchszeit oder den zeitlichen Verlauf der Konzentration an einer bestimmten Stelle messend zu verfolgen. Um aus solchen Versuchsdaten die Diffusionskoeffizienten zu ermitteln, bedarf es der sog. zweiten Fɪᴄᴋschen Gleichung, welche sich aus der ersten ableiten läßt.

Die zweite Fɪᴄᴋsche Gleichung, eine partielle Differentialgleichung zweiter Ordnung, vermittelt den Zusammenhang zwischen der Konzentration c, der Ortskoordinate x und der Zeit t. Wir betrachten innerhalb der Diffusionszone an einer Stelle x ein Volumenelement der Größe $q \, \Delta x$.

Die Menge, welche durch den Querschnitt q an dieser Stelle x in der Zeit Δt in das Volumenelement hineinströmt, beträgt

$$\Delta m_x = -D \left(\frac{\partial c}{\partial x}\right)_x q\,\Delta t, \tag{2}$$

die an der Stelle $x + \Delta x$ aus diesem Volumenelement herausströmende Menge entsprechend

$$\Delta m_{x+\Delta x} = -D \left(\frac{\partial c}{\partial x}\right)_{x+\Delta x} q\,\Delta t = -D \left\{\left(\frac{\partial c}{\partial x}\right)_x - \frac{\partial^2 c}{\partial x^2}\,\Delta x\right\} q\,\Delta t, \tag{3}$$

wenn der Diffusionskoeffizient konstant ist. Eine wichtige Bedingung für diese Darstellung ist, daß der Querschnitt q sich nicht ändert. Aus der Differenz von Gl. (2) und (3) ergibt sich die Änderung der in dem betrachteten Volumenelement befindlichen Menge. Diese Mengenänderung bezieht sich auf diejenige Komponente, für welche die Konzentrationsangabe c zutrifft.

$$\Delta m_{x+\Delta x} - \Delta m_x = D\,\frac{\partial^2 c}{\partial x^2}\,\Delta x\, q\,\Delta t. \tag{4}$$

Gemäß der Definition der Konzentration als Menge pro Volumeneinheit liefert Gl. (4) die partielle Differentialgleichung

$$\frac{\partial c}{\partial t} = D\,\frac{\partial^2 c}{\partial x^2}. \tag{5}$$

Es muß noch einmal betont werden, daß die Gleichung nur Gültigkeit hat, wenn D selbst nicht von der Konzentration abhängig ist. Dies trifft strenggenommen nur für die Selbstdiffusion zu. In sehr vielen Fällen kann die Gleichung jedoch auch verwendet werden, wenn wir es mit geringen Konzentrationsdifferenzen zu tun haben oder wenn nur eine Überschlagsrechnung gemacht werden soll. Bis vor wenigen Jahren wurde diese Gleichung ausschließlich benutzt.

Will man die Gleichung zur Auswertung von Diffusionsversuchen anwenden, so muß man sie integrieren, was unter Zugrundelegung bestimmter Randbedingungen, die durch geeignete Versuchsanordnungen gegeben sind, möglich ist. Die einfachste ist die folgende: Ein sehr langes Rohr mit konstantem Querschnitt ist in der Mitte durch eine senkrechte Fläche in zwei Räume geteilt. Zur Zeit $t = 0$ herrscht im Raum 2 mit $x < 0$ überall die Konzentration c_2, im Raum *1* mit $x > 0$ überall die Konzentration c_1. Man läßt nun so lange diffundieren, bis gut nachweisbare Konzentrationsverschiebungen stattgefunden haben, ohne daß jedoch an den beiden äußeren Enden des Rohres eine nachweisbare Konzentrationsveränderung eingetreten ist. Eine solche Anordnung nennt man einen „zweifach unendlichen" Diffusionsraum, die beiden Räume „unendliche Halbräume". Die Bedingung, daß zur Zeit $t = 0$ eine scharfe Grenze mit scharfem Konzentrationsabfall vorhanden sein soll, läßt sich bei festen Stoffen wegen des Ausfallens jeglicher Konvektionserscheinungen besonders gut verwirklichen. Es ist darauf zu achten, daß bei solchen Versuchen an den Berührungsstellen der Diffusionsräume keine Übergangswiderstände durch schlechtes Anliegen der Proben oder Oxydation der Berührungsflächen eintreten. Unter den genannten Voraussetzungen läßt sich eine brauchbare Lösung der zweiten FICKschen Gleichung finden. Im folgenden sei der mathematische Weg beschrieben.

Mit dem Ansatz von BOLTZMANN $\lambda(c) = \dfrac{x}{\sqrt{t}}$ gelingt es, die Differentialgleichung (5) auf eine gewöhnliche Differentialgleichung zurückzuführen.

$$\frac{\partial c}{\partial t} = \frac{dc}{d\lambda}\frac{\partial \lambda}{\partial t} = -\frac{dc}{d\lambda}\frac{x}{2t^{3/2}}\,;\quad D\frac{\partial^2 c}{\partial x^2} = D\frac{d^2 c}{d\lambda^2}\left(\frac{\partial \lambda}{\partial x}\right)^2 = D\frac{d^2 c}{d\lambda^2}\frac{1}{t}\,. \tag{6}$$

Als neue Differentialgleichung erhalten wir demnach

$$\frac{dc}{d\lambda}\lambda = -2D\frac{d^2 c}{d\lambda^2}\,. \tag{7}$$

Für die erste Ableitung $dc/d\lambda$ läßt sich ein analytischer Ausdruck gewinnen, wenn man eine Lösung mit dem Ansatz

$$\frac{dc}{d\lambda} = A\,e^{-a\lambda^n} \tag{8}$$

versucht. Dies in obige Differentialgleichung eingesetzt, liefert

$$A\,e^{-a\lambda^n}\lambda = 2D\,A\,e^{-a\lambda^n}\,a\,n\,\lambda^{n-1}\,. \tag{9}$$

Die Gleichung wird befriedigt mit $n = 2$ und $a = \dfrac{1}{4D}$. Die Lösung

$$\frac{dc}{d\lambda} = A\,e^{-\frac{\lambda^2}{4D}}$$

führt zu dem Integral

$$c = A\int_0^\lambda e^{-\frac{\lambda^2}{4D}}\,d\lambda + B\,. \tag{10}$$

Um dieses Integral auf eine Form zu bringen, an der man eine Lösungsmöglichkeit sofort erkennen kann, wird eine neue Variable $\xi = \dfrac{\lambda}{2\sqrt{D}}$ eingeführt. Mit dieser Variablen ξ geht das Integral über in

$$c = A\cdot 2\sqrt{D}\int_0^\xi e^{-\xi^2}\,d\xi + B = A'\int_0^{\frac{x}{2\sqrt{D}\sqrt{t}}} e^{-\xi^2}\,d\xi + B\,. \tag{11}$$

Hiermit ist das Integral auf das bekannte GAUSSsche Fehlerintegral zurückgeführt, für welches es keinen analytischen Ausdruck als Lösung gibt. Es läßt sich jedoch der Grenzwert des Integrals angeben. Dieser beträgt

$$\int_0^\infty e^{-\xi^2}\,d\xi = \frac{\sqrt{\pi}}{2}\,. \tag{12}$$

Zwischenwerte des Integrals entnimmt man den mathematischen Tabellenwerken. Zweckmäßig ist eine graphische Ermittlung. Eine endgültige Lösung liefert der Ausdruck (11), wenn die Randbedingungen erfüllt sind, was dadurch erreicht wird, daß die Konstanten A und B diesen Bedingungen angepaßt werden. Für die oben angegebenen Bedingungen

$$t = 0 \begin{cases} c = c_1 & \text{für alle} \quad x > 0 \\ c = c_2 & \text{für alle} \quad x < 0 \end{cases}$$

erhält man

$$c_1 = B + A' \frac{\sqrt{\pi}}{2} \; ; \qquad c_2 = B - A' \frac{\sqrt{\pi}}{2} \, ,$$

$$A' = - \frac{c_2 - c_1}{2} \frac{2}{\sqrt{\pi}} \; ; \qquad B = \frac{c_2 + c_1}{2} \, .$$

Die endgültige Lösung lautet somit

$$c = \frac{c_2 + c_1}{2} - \frac{c_2 - c_1}{2} \, \Psi\left(\frac{x}{2\sqrt{D}\sqrt{t}}\right) \tag{13}$$

mit

$$\Psi\left(\frac{x}{2\sqrt{D}\sqrt{t}}\right) = \frac{2}{\sqrt{\pi}} \int_0^{\frac{x}{2\sqrt{D}\sqrt{t}}} e^{-\xi^2} d\xi. \tag{14}$$

In vielen Fällen ist die Konzentration zur Zeit $t = 0$ in einem Diffusionsraum $c_1 = 0$. Die Gl. (13) vereinfacht sich dann zu

$$c = \frac{c_2}{2} - \frac{c_2}{2} \, \Psi\left(\frac{x}{2\sqrt{Dt}}\right), \tag{15}$$

$$c = \frac{c_2}{2} \left[1 - \Psi\left(\frac{x}{2\sqrt{Dt}}\right)\right], \tag{16}$$

$$\frac{c}{c_2} = \frac{1}{2} \left[1 - \Psi\left(\frac{x}{2\sqrt{Dt}}\right)\right]. \tag{17}$$

Die Konzentration in der Grenzfläche bei $x = 0$ bleibt während des ganzen Diffusionsverlaufs nach (16) $c_0 = \frac{c_2}{2}$, also gleich der halben Ausgangskonzentration, so daß wir schreiben können:

$$\frac{c}{c_0} = 1 - \Psi\left(\frac{x}{2\sqrt{Dt}}\right) = 1 - \Psi(\xi) \quad \text{mit} \quad \xi = \frac{x}{2\sqrt{Dt}} \, . \tag{18}$$

Die beiden Kurvenäste verlaufen symmetrisch zum Halbierungspunkt der Konzentrationskoordinate in der ursprünglichen Grenzfläche (Abbildung 1). Die Auswertung geschieht folgendermaßen. In einer bestimmten Entfernung x von der Grenzfläche wird die

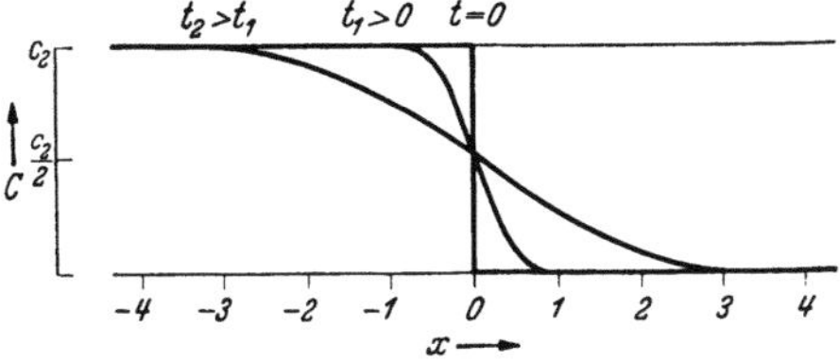

Abb. 1. Konzentrationsverteilung längs des Diffusionsweges nach verschiedenen Zeiten im zweifach unendlichen Raum. (c-x-Kurven, schematisch.)

Konzentration c bestimmt. Nun berechnet man, der wievielte Teil dieses von c_0 ist. Dann sucht man zu diesem Wert in einer graphischen Darstellung der von 1 abgezogenen Werte des Fehlerintegrals (Abb. 2) den dazugehörigen Abszissenwert $\dfrac{x}{2\sqrt{Dt}}$. Aus diesem errechnet man unter

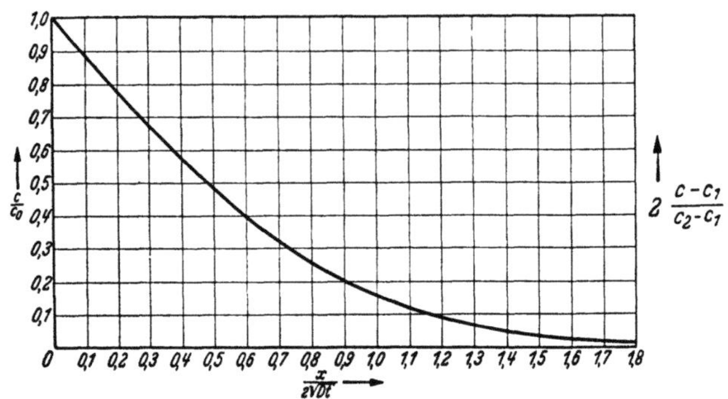

Abb. 2. GAUSSsche Fehlerfunktion.

Einsetzen des Diffusionsweges (x) und der Zeit (t) den Diffusionskoeffizienten. Im allgemeinen Fall ist in Abb. 2 an Stelle der Größe c/c_0 der Ausdruck $2\,\dfrac{c-c_1}{c_2-c_1}$ zu setzen, welcher sich aus Gl. (13) ergibt.

Wir haben schon erwähnt, daß die Konzentration in der Grenzfläche (original interface) konstant gleich der halben Ausgangskonzentration bleibt. Betrachten wir eine Fläche parallel zu dieser mit einer anderen, ebenfalls konstanten Konzentration (c), so wandert diese von der Grenzfläche weg. Nach Gl. (13) ist dann $\left(\dfrac{x}{2\sqrt{Dt}}\right)$ konstant. x ist also proportional $\sqrt{t}$.

$$x = \text{konst.}\ \sqrt{t}\,; \qquad x^2 = \text{konst.}\ t. \tag{19}$$

Dieser Satz, oft parabolisches Zeitgesetz oder $\sqrt{t}$-Gesetz genannt, wird zur Prüfung echter, ungestörter Diffusionsvorgänge benutzt.

Will man die in einer bestimmten Zeit t insgesamt über die Grenze gewanderte Menge des diffundierenden Stoffes berechnen, so muß man die c-x-Kurve von $x = 0$ bis $-\infty$ oder $x = 0$ bis $+\infty$ ausintegrieren. Dies ergibt in unserem Falle

$$\int\limits_0^\infty c\,dx = S = \int\limits_0^t q\,D\,\frac{\partial c}{\partial x}\,dt = q\cdot 2\,t\,\frac{\partial c}{\partial x}\,D = 2\,q\,c_0\sqrt{\frac{Dt}{\pi}} \tag{20}$$

oder

$$D = \frac{1}{4}\,\frac{\pi\,S^2}{q^2\,c_0^2\,t} \quad \text{mit} \quad c_0 = \frac{c_2-c_1}{2}. \tag{21}$$

Alle diese Gleichungen, die hier zur Einführung des Diffusionskoeffizienten gegeben sind, gelten nur für die „ideale" Diffusion. Wie wir später sehen, können sie als Näherungen gute Dienste leisten.

Bisher wurde der Diffusionskoeffizient als konstant angenommen. Da jedoch in der Technik häufig ungefähre Werte spezieller Systeme zu messen sind, behalten die einfachsten Auswertemethoden ihre Bedeutung, obwohl man heute weiß, daß in sehr vielen Fällen diese Voraussetzung nicht zutrifft. Ist D von der Konzentration abhängig, so muß man die zweite FICKsche Gleichung schreiben:

$$\frac{\partial c}{\partial t} = \frac{\partial}{\partial x}\left(D\,\frac{\partial c}{\partial x}\right). \tag{22}$$

Auch diese Gleichung ist unter gewissen Umständen lösbar.

Die Dimension der Diffusionskoeffizienten ist Länge^2 mal Zeit^{-1} und wird im CGS-System in cm^2 sec^{-1} ausgedrückt. Häufig findet man auch die Angaben in cm^2 Tag^{-1} (cm d^{-1}), die 86 400 mal größere Werte liefern. Der Diffusionskoeffizient bleibt dennoch eine nicht sehr anschauliche Größe, so daß man in manchen Fällen mit Vorteil mit dem Quadrat der mittleren Verschiebung arbeitet. Es ist dieses:

$$\overline{x}^2 = 2Dt \quad \text{oder} \quad D = \frac{\overline{x}^2}{2t}. \tag{23}$$

$\overline{x}$ ist die mittlere Verschiebung aller diffundierten Atome und entspricht ungefähr der mittleren Eindringtiefe, also einer anschaulichen und häufig der Schätzung zugänglichen Größe, so daß aus Gl. (23) auch der Diffusionskoeffizient roh bestimmt werden kann.

3. Untersuchungsmethoden.

a) Metallographische und chemische Methoden.

Es wurden im vorhergehenden Kapitel einige Methoden von rechnerischer Auswertung von Diffusionsversuchen beschrieben. Zur Ausführung von Diffusionsuntersuchungen gehören jedoch auch verschiedene experimentelle Manipulationen. Es soll hier deshalb auf eine Reihe von Versuchsanordnungen näher eingegangen werden. Es sind dabei nicht nur solche berücksichtigt, die den neuesten Stand einer exakten Bestimmung des Diffusionskoeffizienten (im folgenden stets mit DK bezeichnet) entsprechen, sondern auch ältere Methoden, die teils historischen Wert haben, z. T. jedoch für rasche Übersichtsversuche auch heute noch angewendet werden können. Da die rechnerische Auswertung der Ergebnisse eng an die Anordnung der Experimente gebunden ist, soll diese für alle speziellen Fälle nicht in einem besonderen mathematischen Kapitel, sondern mit den Versuchen selbst besprochen werden.

Es wird zunächst am einfachsten erscheinen, daß man von zwei Metallen ausgeht, deren gegenseitige Diffusion man beobachten will. Zu diesem Zweck wird man sie miteinander in Berührung bringen und eine Zeitlang auf eine Temperatur erhitzen, die so hoch liegt, daß die Diffusion eine meßbare Größenordnung annimmt, die aber doch noch nicht so hoch ist, daß zwischen den beiden Metallen eine flüssige Phase entstehen kann. Man wird sich dann durch einen Schliff senkrecht zur Trennungsfläche von der erfolgten Reaktion überzeugen. Wie schon früher betont, kann ein solcher Versuch nur zum Erfolg führen, wenn die verwendeten Metalle Mischkristalle miteinander bilden. Am eindeutigsten werden die Ergebnisse dann, wenn eine durchlaufende Reihe von Mischkristallen bei der Versuchstemperatur möglich ist. Auch das Auftreten intermetallischer Phasen soll zunächst vermieden werden, da diese sonst Schichten bilden, an deren Begrenzungsflächen der Konzentrationsverlauf nicht mehr stetig ist.

Haben wir es nur mit Mischkristallen zu tun, so kann man aus der meist im Schliffbild sichtbaren Eindringtiefe die mittlere Verschiebung der Atome annähernd abschätzen und daraus nach der Gleichung:

$$D = \frac{\bar{x}^2}{2\,t} \quad \text{(s. S. 9)}$$

einen ersten Anhaltspunkt über die Größenordnung des DK erhalten.

Solche metallographischen Betrachtungen lassen unter Umständen nicht nur einen qualitativen Beweis über die erfolgte Diffusion zu, sondern können auch Aufschluß über die in einer bestimmten Entfernung von der ursprünglichen Trennfläche herrschende Konzentration geben. Ein typisches Beispiel dieser Art beschreiben G. TAMMANN und K. SCHÖNERT [1]. Sie lassen Kohlenstoff aus Hexandämpfen in Eisen bei 900° eindiffundieren. Dabei wird angenommen, daß das sich an der Oberfläche zersetzende Hexan eine gleichmäßige Kohlenstoffkonzentration in der Eisenoberfläche erzeugt, die gleich der Sättigungskonzentration bei der Versuchstemperatur ist. Unter dieser Annahme werden dann weitere Konzentrationen aus dem Schliffbild der Diffusionszone abgelesen. Ein Beispiel für eine solche Konzentrationsbestimmung ist in Abb. 3 gegeben. Es sind darin erstens ein Übersichtsbild über die ganze Diffusionszone und zweitens drei kleine Ausschnitte aus dem Gefüge in stärkerer Vergrößerung für die Abstände a, b und c gegeben. Die erste Zone ist übereutektisch. Ihre Grenze wird ungefähr 1,2% C entsprechen. Die zweite Zone enthält im Mittel 0,9% C. Die Entfernung der Zonenränder von der Trennungsfläche werden bei 950° zu 0,028, 0,063 und 0,147 cm angegeben. Die Konzentration in der äußersten Schicht betrug 0,37%, die Diffusionszeit war 7200 sec. Wir haben somit zwei Anhaltspunkte. In einer Entfernung von 0,028 cm herrscht die Konzentration 1,2% C.

In der Mitte der zweiten Zone, also in 0,045 cm Tiefe, haben wir etwa 0,9% C. Unter Benutzung der Kurve der Fehlerfunktion erhalten wir einen Diffusionskoeffizienten von 7,5 bzw. $8,4 \cdot 10^{-7}\,\mathrm{cm^2\,sec^{-1}}$ für Kohlenstoff in Eisen bei 950°.

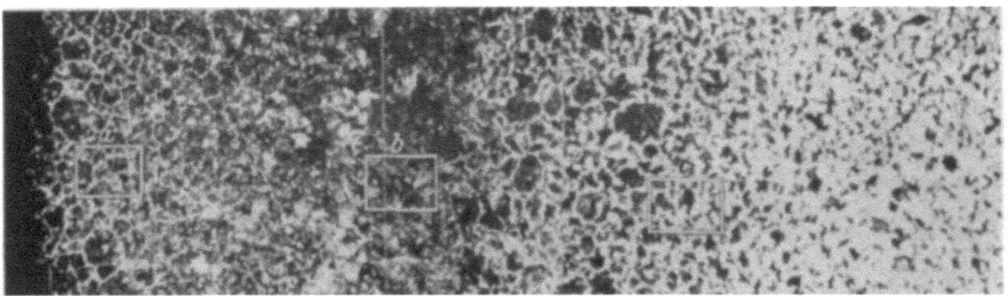

Abb. 3. Gefügebild einer aufgekohlten Eisenprobe in Richtung der Diffusion. Vergrößerung 50×.

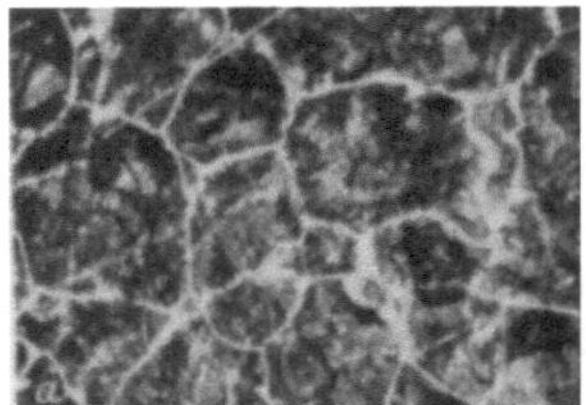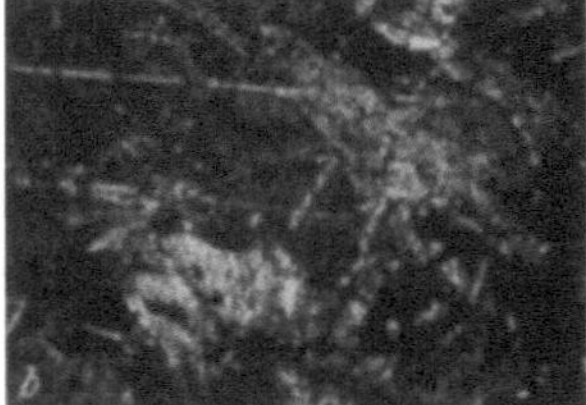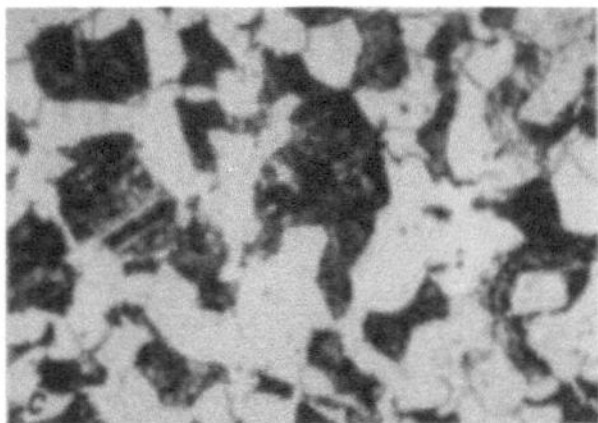

Zu Abb. 3. Die Teilbilder a—c geben die markierten Ausschnitte wieder. Vergrößerung a, b und c 240×.

Ein weiteres Beispiel für rein metallographische Konzentrationsbestimmungen geben R. M. Brick und A. Phillips [2] bei der Bestimmung der Diffusion von Magnesium und Kupfer in Aluminium. Sowohl Magnesium als auch Kupfer haben eine mit sinkender Temperatur abnehmende Löslichkeit im festen Aluminium. Schreckt man nun eine Al-Probe, in die vom Rande her Kupfer eindiffundiert ist, nach dem Diffusionsversuch ab, so wird keine Ausscheidung eintreten. Läßt man nun die Probe z. B. bei 350° an, so wird in einer Schicht, deren Konzentration auf Grund des Zustandsdiagrammes über 0,42 Atom-% Cu liegt, Ausscheidung von $CuAl_2$ eintreten. Die Grenze der Ausscheidung gibt somit die Entfernung von der Oberfläche an, bei welcher die Konzentration des Cu auf 0,42 Atom-% abgefallen ist. Beim Anlassen auf 440° erhält man ebenso die Entfernung für die Cu-Konzentration 1,02 Atom-%. Die Anlaßzeit muß natürlich so geregelt werden, daß die Ausscheidung gut sichtbar ist, aber noch keine Verfälschung der Diffusionswerte eintreten kann. Als Beispiel mögen folgende Daten dienen. Eine Probe, bei welcher Cu-Al-Eutektikum an reines Aluminium grenzte, wurde 60 Stunden auf 540° erhitzt. Die Grenzkonzentration, die an der äußersten Al-Schicht bei dieser Temperatur erreicht werden kann, ist 2,29 Atom-% Cu. Nachdem die Probe abgeschreckt wurde, hat man sie 8 Stunden auf 440° angelassen. Nach dem Anschleifen und Ätzen erkannte man im Mikroskop Ausscheidungen bis zu einer Tiefe von 0,018 cm. Aus dem Zustandsdiagramm kann man entnehmen, daß dort eine Cu-Konzentration von 1,02 Atom-% herrschen muß. Aus diesen Werten erhält man einen DK von $1{,}29 \cdot 10^{-9}$ cm² sec⁻¹. Läßt man die gleiche Probe 50 Stunden auf 250° an, so wird $x = 0{,}37$ cm und $c = 0{,}30$ Atom-% Cu. Für den DK erhält man in guter Übereinstimmung $1{,}33 \cdot 10^{-9}$ cm² sec⁻¹.

Nach den Arbeiten von G. TAMMANN [4] greifen Ätzmittel Mischkristalle unter Umständen nicht mehr an, wenn eine bestimmte Konzentration der edleren Komponente überschritten wird. Man nennt diese die „Resistenzgrenze". Unter Ausnützung der „Resistenzgrenzen" gelingt es sogar in manchen Fällen, in dem Konzentrationsgefälle einer homogenen Phase die Lage einer bestimmten Konzentration festzustellen, wenn man zur Bearbeitung des Schliffes ein geeignetes Ätzmittel anwendet. So haben W. FRAENKEL und H. HOUBEN [3] die Diffusion von Gold und Silber bestimmt. Zu diesem Zweck haben sie einen Ag-Draht in ein Loch eines Au-Blöckchens eingehämmert. Nach mehrtägigem Tempern auf 870° wurde ein Schliff hergestellt und mit Schwefelammon ½ Stunde geätzt. FRAENKEL und HOUBEN konnten für zwei bei der Ätzung auftretende Farbtöne die Grenzkonzentration von 6 und 12 Atom-% Au in Silber feststellen. Abb. 4 zeigt ein solches Versuchsstück stark vergrößert. Die Diffusionszeit betrug 15 Tage. Die Zonengrenzen,

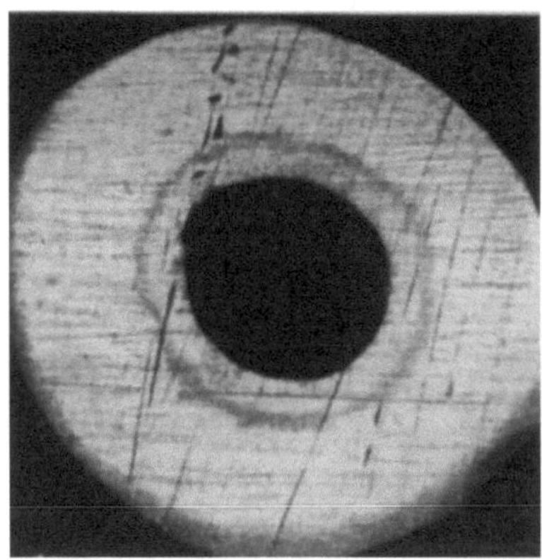

Abb. 4. Resistenzgrenzen bei der Diffusion von Au in Ag. (Nach FRAENKEL und HOUBEN.)

die je einen Wert von c und x ergeben, ließen sich gut ausmessen. Der DK ergab sich unter Berücksichtigung des radialen Verlaufes der Diffusion in beiden Fällen übereinstimmend zu $4{,}3 \cdot 10^{-10}$ cm² sec⁻¹.

Diese Methoden lassen sich jedoch nur in wenigen speziellen Fällen anwenden. Für exakte Messungen ist in jedem Fall zu empfehlen, den Verlauf der Konzentration längs des Diffusionsweges durch Analyse zu bestimmen. Eine der besten Methoden ist die, einen Zylinder des einen Metalles und einen Zylinder eines zweiten Metalles oder

einer Legierung, welche dieses zweite Metall enthält, mit den Stirn-
seiten aneinanderzubringen und sodann der Diffusionsglühung zu
unterwerfen. Nach dem Tempern wird man den ganzen Zylinder auf
der Drehbank scheibchenweise abdrehen, den Vorschub jedesmal genau messen und die erhaltenen Späne chemisch analysieren. Die Schwierigkeit dieses Verfahrens liegt darin, daß die Probe so eingespannt werden muß, daß die ursprüngliche Grenzfläche normal zur Drehachse
liegt. Ferner hat man manchmal, wenn man infolge geringer Diffusion
sehr dünne Schichten abnimmt, nur wenig Material für die chemischen
Analysen zur Verfügung. Je mehr Schichten man abhebt und analysiert, desto genauer kann man den Konzentrationsverlauf festlegen.
Auf der anderen Seite sind jedoch die vielen chemischen Analysen oft
sehr zeitraubend.

Eine Analysenmethode, die es erlaubt, sehr dünne Schichten sehr
rasch zu untersuchen, ist die quantitative Emissionsspektralanalyse.
In den letzten Jahren ist diese Methode außerordentlich verbessert
worden, so daß ihre Genauigkeit für die Messung der DK in den allermeisten Fällen ausreicht. Ihre Anwendung ist einfach und rasch.
Dreht man, wie vorhin beschrieben, einen Zylinder von der Stirnseite
her ab, so kann man den Diffusionsverlauf dadurch verfolgen, daß man
die stehengebliebene Stirnfläche jeweils direkt als Elektrode für den
Funkenübergang benutzt. Als Gegenelektrode empfiehlt sich in diesem
Fall ein spektralreines drittes Metall. Als Anregungsart benutzt man
am besten einen Funken, der möglichst wenig tief in die Oberfläche
eindringt. In vielen Fällen bedeutet es schon eine sehr starke Ver-
kürzung des für die Analysen benötigten Zeitaufwandes, wenn man die
abgedrehten Späne nicht chemisch analysiert, sondern nach dem Auflösen der Lösungsspektralana-
lyse unterwirft. Auf die spektro-
chemischen Methoden kann hier
nicht näher eingegangen werden. Sie sind an anderem Orte [5]
ausführlich beschrieben.

Die Ergebnisse der Analy-
sen zeichnet man gegen die Eindringtiefe in ein Koordinatensystem ein. Dabei ist zu berücksichtigen, daß die Konzentrationen, die durch chemische
Analyse bestimmt sind, die

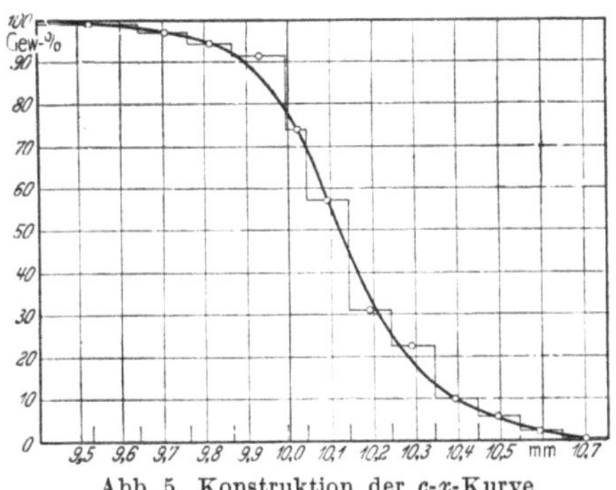

Abb. 5. Konstruktion der c-x-Kurve
aus Analysenergebnissen.

Durchschnittswerte für eine Diffusionsschicht endlicher Dicke darstellen. In Abb. 5 ist ein Beispiel eingezeichnet, wie man durch Mitte-
lung dann die c-x-Kurve erhält. Aus dieser kann man, wie auf S. 8

beschrieben, mit Hilfe des GAUSSschen Fehlerintegrals DK-Werte bestimmen. Auf zwei Bedingungen ist allerdings besonders zu achten.
Erstens darf die Diffusion nicht so weit fortgeschritten sein, daß an
den Enden der Diffusionsproben Konzentrationsänderungen auftreten, weil dann die Voraussetzung der zweifach unendlichen Halbräume nicht mehr gilt. Andernfalls müssen Formeln verwendet werden,

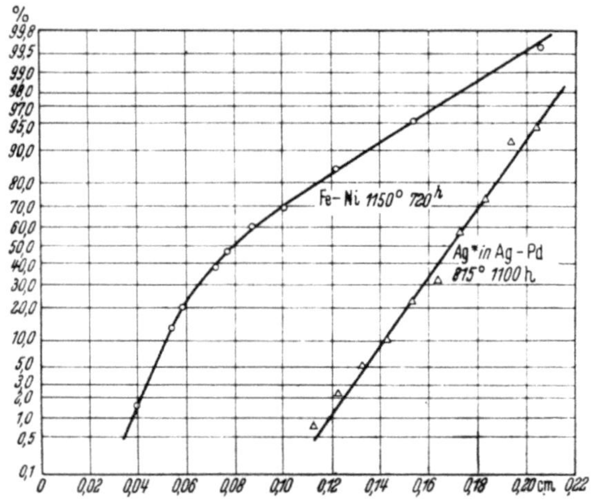

Abb. 6. c-x-Kurven auf Wahrscheinlichkeitspapier.

wie sie weiter unten aufgezeigt sind. Ferner muß die c-x-Kurve in bezug
auf die ursprüngliche Grenzfläche symmetrisch verlaufen, da sonst
eine Konzentrationsabhängigkeit des DK vorliegt, auf deren Berücksichtigung wir später noch ausführlich zu sprechen kommen werden.

Ein Sonderfall für die Auswertung der c-x-Kurve wird von G. GRUBE
[6] beschrieben. Hierzu wird in der ursprünglichen Grenzfläche die
Tangente an die c-x-Kurve gelegt und der Schnittpunkt derselben
mit der x-Kurve bezeichnet. Wenn dieser Punkt z. B. beim Abszissenwert x_0 liegt, so errechnet sich der DK aus der Gleichung

$$D = \frac{x_0^2}{\pi t}. \tag{1}$$

Es hat sich als besonders vorteilhaft erwiesen, wenn man die Ergebnisse der Konzentrationsbestimmung in sog. Wahrscheinlichkeitspapier einträgt. Dieses ist auf der Abszisse linear für die Wegkoordinate
und auf der Ordinate auf Grund der GAUSSschen Fehlerfunktion in
z-Einheiten eingeteilt. Die Größe z wird aus der Ausgangskonzentration c_2, der Grundkonzentration c_1 und der gemessenen Konzentration c
nach der Gleichung

$$z = \frac{c - c_1}{c_2 - c_1} \cdot 100$$

erhalten. Das Wahrscheinlichkeitsnetz verhält sich in bezug auf den Wert $z = 50$ spiegelbildlich, wobei die hohen und die tiefen Werte von z auf Grund des Charakters der Fehlerfunktion eine starke Strekkung in der Darstellung erfahren, so daß in diesen Bereichen die Auftragung der Meßdaten infolge unzureichender Genauigkeit meist unzuverlässig ist. Es ist daher zweckmäßig, sich auf das Intervall von etwa 10 bis 90 zu beschränken. Abb. 6 bringt zwei Beispiele. Bei der Selbstdiffusion des Silbers in einer Ag-Pd-Legierung handelt es sich naturgemäß um einen von der Größe z unabhängigen

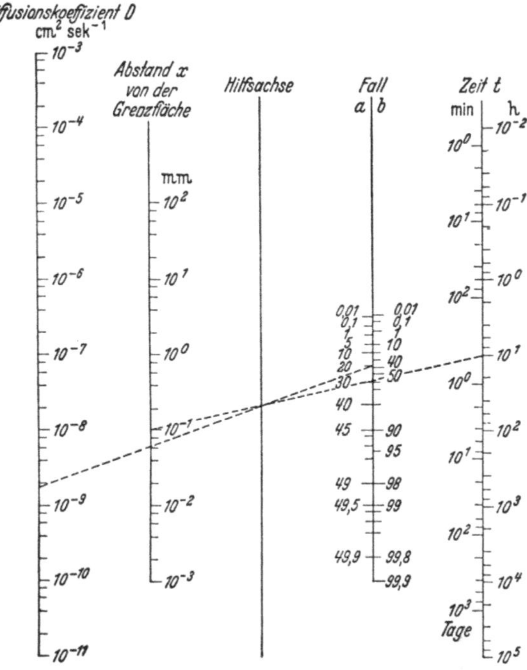

Abb. 7. Fluchtlinientafel zur Auswertung von Diffusionsversuchen. (Nach v. GÖHLER.)

Fall a)

$$\frac{c}{c_0} = \frac{\text{gefundene Konzentration}}{\text{Konz. in der Grenzfläche}}$$

Fall b)

$$\frac{c}{c_2} = \frac{\text{gefundene Konzentration}}{\text{Ausgangskonzentration}}$$

DK. Wir erhalten in der Darstellung eine gerade Linie. Die DK im System Fe-Ni dagegen ändern sich merklich mit der Konzentration. Dem flachen Teil der erhaltenen Kurve ist ein großer, dem steilen Ast ein kleiner DK zuzuordnen. Die Auftragung der Meßpunkte in Wahrscheinlichkeitspapier entscheidet also sofort darüber, ob der DK von der Konzentration abhängig ist oder nicht. Überdies besteht die Möglichkeit, eine Streuung der Meßpunkte auszugleichen.

Eine unveröffentlichte und daher wenig bekannte Methode zur Auswertung von Diffusionsversuchen stellt die Fluchtlinientafel nach VON GÖHLER [7] (Abb. 7) dar. Sie enthält vier parallele Achsen für die Werte des DK, den Diffusionswert x, die Größe c/c_0, die Zeit t und eine Hilfsachse. Zur Bestimmung eines DK werden zunächst die Versuchsdaten für Zeit und Weg auf ihren Achsen aufgesucht und durch eine gerade Linie verbunden. Es werden nun zwei Fälle unterschieden. Je nachdem, ob man für eine bestimmte Entfernung von der Grenzfläche die Größe c/c_0 oder c/c_2 angeben will. Unter a und b

stehen diese Größen mit 100 vervielfacht. Der entsprechende Wert auf dieser Achse wird mit dem Schnittpunkt der vorhin gezogenen Linie mit der Hilfsachse verbunden. Wo die Verlängerung dieser Geraden die Achse des DK trifft, wird das Ergebnis der Messung abgelesen.

Das eingezeichnete Beispiel dient für den Fall, daß nach 10stündiger Dauer des Versuches an einer Stelle, die 0,1 mm von der Grenze entfernt war, die Konzentration des diffundierenden Stoffes 20% der Ausgangskonzentration oder 40% der Konzentration in der Grenzfläche betrug. Der DK ist dann etwa $2 \cdot 10^{-9}$ cm^2 sec^{-1}.

Eine Versuchsanordnung, welche auf die Bedingungen der unendlichen Halbräume und der Analyse dünner Schichten verzichtet, ist von A. STEFAN [8] und KAWALKI [9] ausgearbeitet worden. Das Verfahren besteht darin, daß zwei Zylinder aneinandergelegt werden, wobei derjenige, der die Legierung mit dem diffundierenden Stoffe enthält, $^1/_4$ der Gesamtlänge der Probe ausmacht. Nach der Diffusion wird die Probe in vier gleiche Abschnitte eingeteilt, die analysiert werden. Man berechnet nun für jeden Abschnitt, welcher Bruchteil der Menge des diffundierenden Stoffes sich in jedem Abschnitt befindet. Aus den Tabellen von STEFAN und KAWALKI, die im Anhang wiedergegeben sind, erhält man vier Werte für die Größe $\dfrac{h}{2\sqrt{Dt}}$, aus denen sich wiederum vier DK errechnen lassen, die bei Konzentrationsunabhängigkeit der Diffusion gleich sein müssen. Die Methode wurde ursprünglich für Diffusionsmessungen in wäßrigen Lösungen angewandt, hat sich jedoch auch bei Metallen bewährt.

W. JOST [10] hat zur Bestimmung der Diffusion von Gold in Silber dünne Goldfolien verwendet, die elektrolytisch mit einer Silberschicht von 10^{-3} bis 10^{-6} cm Dicke überzogen waren. Die Dicken der Goldfolien waren mit 0,03 cm dagegen groß. Das Gold diffundiert verhältnismäßig rasch durch die Silberschicht, und es wurde nun durch Ätzen mit Schwefelammon nach der Methode der Resistenzgrenzen geprüft, wann die Oberflächenkonzentration den Wert 6 Atom-% Au erreicht hatte. Später wurde die Methode dahin verfeinert [11], daß auf Drähte, die aus Gold oder Silber bestanden und das zu beobachtende Metall enthielten, dünne Schichten aus reinem Gold oder Silber elektrolytisch aufgetragen wurden. Den Verlauf der Konzentration an der Außenseite der dünnen Edelmetallschicht hat JOST durch röntgenographische Bestimmung der Gitterkonstanten ermittelt. Die Röntgenstrahlen dringen dabei nur sehr wenig tief in das Metall ein, so daß die Konzentration in einer sehr dünnen Außenschicht bestimmt wird. Diese Methode der Konzentrationsbestimmung ist in vielen Fällen außerordentlich exakt.

Die den vorliegenden Randbedingungen angepaßte Lösung der
zweiten FICKschen Gleichung lautet in diesem Beispiel

$$c_{Ag} = \frac{1}{\sqrt{\pi}} \left\{ \int_0^{\frac{h+x}{2\sqrt{Dt}}} e^{-\xi^2} d\xi + \int_0^{\frac{h-x}{2\sqrt{Dt}}} e^{-\xi^2} d\xi \right\}, \qquad (2)$$

wo $x = h$ die Dicke der Ag-Schicht und c_{Ag} die Konzentration in Bezug
auf Ag ist. Gemäß Gl. (2) kann man sich vorstellen, daß die Diffusion
zunächst so vor sich geht wie im unendlichen Halbraum, bis die Diffusionswelle die äußere Grenze der Silberschicht erreicht hat. Wie
in Abb. 8 zu sehen, findet eine Reflexion des Diffusionsverlaufes in
umgekehrter Richtung statt. Die Konzentrationsverteilung läßt sich

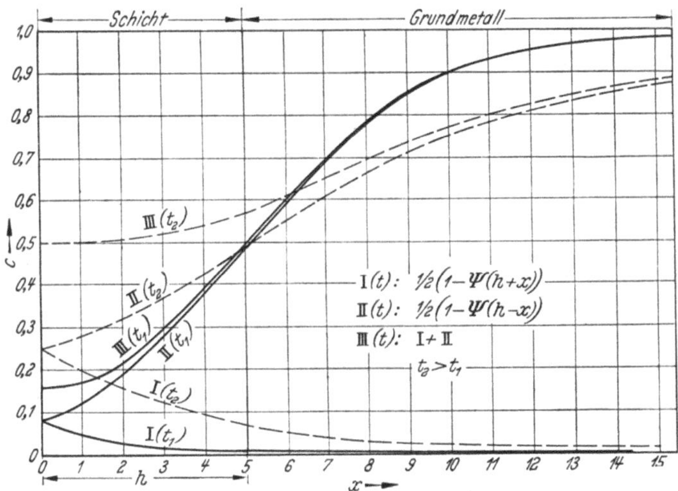

Abb. 8. Konzentrationsverlauf bei der Diffusion im einseitig begrenzten Raum. $c = 1 - c_{Ag}$

dann so darstellen, als hätte die Diffusion in einem unendlichen
Halbraum stattgefunden, nur muß man sich die c-x-Kurve an der
äußeren Grenzschicht ($x = 0$) abgeschnitten und nach der entgegen-
gesetzten Richtung weiter aufgetragen denken. Dann werden die
c-Werte beider Kurvenäste addiert und so die Konzentrationsverteilung gefunden, wie sie in unserem Beispiel die Kurve III darstellt.
In der äußeren Begrenzungsfläche ist die Konzentration dann doppelt
so groß, wie sie in der gleichen Entfernung bei der Diffusion in einem
unendlich ausgedehnten Halbraum wäre. Die Größe dc/dx ist nach
Gl. (2) für $x = 0$ an dieser Grenze gleich Null, so daß die Konzentration in einer dünnen Schicht, wie sie z. B. für die Röntgenanalyse be-

nötigt wird, als konstant angesehen werden kann. Aus Gl. (2) folgt
für die zeitliche Änderung der Oberflächenkonzentration

$$c_{Ag} = \frac{2}{\sqrt{\pi}} \int\limits_0^{\frac{h}{2\sqrt{Dt}}} e^{-\xi^2}\, d\xi = \Psi\left(\frac{h}{2\sqrt{Dt}}\right). \tag{3}$$

Bemerkenswert ist bei dieser Methode, daß infolge der geringen Dicke
der verwendeten Schicht außerordentlich kleine DK gemessen werden
können. Im speziellen Beispiel der Au-Ag-Diffusion mit scharfer Resistenzgrenze (6 Atom-% Au), bei welcher die letztere zur Ermittlung
der Konzentration dient, vereinfacht sich Gl. (3) zu

$$c_{Ag} = 0{,}94 = \Psi\left(\frac{h}{2\sqrt{Dt}}\right),$$

woraus man eine außerordentlich einfache Formel für die Berechnung
des DK erhält:

$$D = \frac{h^2}{7{,}08\,t}. \tag{4}$$

Nach einem Beispiel von JOST läßt sich die Diffusion von Au in Ag
bei 218° und einer Schichtdicke von $1{,}4 \cdot 10^{-6}$ cm zu $6{,}4 \cdot 10^{-17}$ cm^2 sec^{-1}
bestimmen.

Bei den bisher besprochenen Methoden war stets vorausgesetzt,
daß man die Konzentration in einer bestimmten Entfernung von der
ursprünglichen Grenze messen kann. In manchen Fällen ist es jedoch
leichter, die während des Versuches durch einen bestimmten Querschnitt hindurchdiffundierte Gesamtmenge zu bestimmen. Wählt
man hierzu die ursprüngliche Trennungsfläche, so heißt dies nichts
anderes, als die aus dem einen Diffusionsraum in den anderen diffundierte Menge zu messen. Dies kann dadurch geschehen, daß man entweder bestimmt, was der Spender abgegeben oder was der Empfänger
aufgenommen hat. Diese Methode verlangt allerdings, daß die Grenzfläche eindeutig festliegt und nach dem Diffusionsversuch wieder genau getroffen werden kann. In der Grenzfläche hat nämlich dc/dx
den größten Wert, und ein geringer Fehler beim Anschneiden der
Trennfläche kann einen verhältnismäßig großen Fehler bei der Bestimmung des DK nach sich ziehen. Die Pastillen aus Sulfiden von Silber
und Kupfer, die TUBANDT, REINHOLD und JOST [12] bei ihren Versuchen verwendet haben, lassen sich auch nach längerem Tempern
so exakt wieder auseinanderbrechen, daß der DK aus der Gewichts-
änderung der einzelnen Pastillen berechnet werden kann. Bei metallischen Diffusionsproben ist die Methode weniger brauchbar, da die
Proben fest miteinander verschweißen.

Die Methode läßt sich jedoch sehr oft benutzen, wenn die Diffusionsgrenzfläche gleichzeitig eine Phasengrenze ist. Dies ist z. B. dann der Fall, wenn ein Stoff aus einem Gas von einem Metall aufgenommen wird oder wenn er umgekehrt aus dem Metall in die Gasphase übergeht [13, 13a]. Es sei hier vorweg betont, daß bei einem solchen Vorgang nicht nur die Diffusion im Inneren der Probe, sondern auch die Reaktionsgeschwindigkeit an der Phasengrenze in die Messung eingeht.

DK können hier nur mit Erfolg gemessen werden, wenn erstens die Konzentration an der Grenzfläche streng konstant bleibt und zweitens die Grenzflächenreaktion im Vergleich zur Diffusion sehr rasch verläuft.

Weiter ist bei diesen Versuchen zu beachten, daß wir es nicht mit einer einzigen, ebenen Fläche zu tun haben, sondern daß die Diffusionsprobe in Form einer Kugel, eines Zylinders oder Bleches vorliegt. Dies ist bei der Auswertung zu berücksichtigen. Für die Diffusion durch eine ebene Grenzfläche würde die Berechnung des DK lediglich auf eine Integration der c-x-Kurve hinauslaufen. Die Gl. (20) hierfür ist schon auf S. 8 abgeleitet worden. Man kann nun des weiteren Formeln entwickeln, aus denen sich der DK errechnen läßt, wenn der diffundierende Stoff aus einem Körper homogener Zusammensetzung ins Vakuum verdampft.

Die normalerweise vorkommenden Formen sind die Kugel, der Zylinder (Draht) und die Platte (Blech) [14]. Für die Diffusion aus einer Kugel gilt:

$$\frac{\bar{c} - c_e}{c_a - c_e} = \frac{6}{\pi^2} \sum_{\nu=1}^{\nu=\infty} \frac{1}{\nu^2} e^{-\nu^2 \frac{t}{\tau}}, \tag{5}$$

für lange Zeiten kann man setzen:

$$\frac{\bar{c} - c_e}{c_a - c_e} \simeq \frac{6}{\pi^2} e^{-\frac{t}{\tau}}, \tag{6}$$

c_a und c_e sind die Grenzkonzentrationen, d. h. die Anfangskonzentration und die Endkonzentration bei unendlich langer Versuchsdauer, $\bar{c}$ ist die mittlere Konzentration zur Zeit t. Ferner ist zu setzen:

$$\tau = \frac{R^2}{\pi^2 D}, \tag{7}$$

wo R der Radius der Kugel ist. Um für die Diffusion aus einer Platte oder aus einem Zylinder brauchbare Gleichungen zu erhalten, muß man einige vereinfachende Voraussetzungen machen. Bei der Platte muß die Dicke a klein sein im Vergleich zur Länge und Breite. Beim

Zylinder soll der Radius R klein gegen die Länge sein. Die Formeln lauten dann folgendermaßen:

$$\text{Platte:}\quad \frac{\bar{c}-c_e}{c_a-c_e} = \frac{8}{\pi^2}\sum_{\nu=0}^{\nu=\infty}\frac{1}{(2\nu+1)^2}\,e^{-(2\nu+1)^2\frac{\pi^2 D}{a^2}t} \cong \frac{8}{\pi^2}\,e^{-\frac{t}{\tau}}\;;\quad (8)$$

$$\text{Zylinder:}\quad \frac{\bar{c}-c_e}{c_a-c_e} = \sum_{\nu=0}^{\nu=\infty}\frac{4}{\xi_\nu^2}\,e^{-\xi_\nu^2\frac{D}{R^2}t} \cong \frac{4}{2{,}405^2}\,e^{-\frac{t}{\tau}}\,.\quad (9)$$

Die ξ der Gleichung für den Zylinder sind die Nullstellen der BESSEL-Funktion: 2,405; 5,520; 8,654 ... Für genügend große t sind der guten Konvergenz der Reihe wegen nur die ersten Glieder nötig. In den meisten Fällen genügt sogar das erste Glied. Die Größen τ haben in den drei Beispielen folgende Werte:

$$\text{Platte:}\quad \tau = \frac{a^2}{\pi^2 D}\;;\quad (10)$$

$$\text{Zylinder:}\quad \tau = \frac{R^2}{2{,}405^2 D}\;;\quad (11)$$

$$\text{Kugel:}\quad \tau = \frac{R^2}{\pi^2 D}\,.\quad (7)$$

Zur Auswertung der Versuchsergebnisse wird folgende Methode angegeben. Die drei Gl. (6), (8) u. (9) ergeben (lange Versuchszeiten vorausgesetzt) logarithmiert:

$$\log\frac{\bar{c}-c_e}{c_a-c_e} = -\,\text{konst.} - 0{,}434\,\frac{t}{\tau}\,.\quad (12)$$

Man trägt in einer graphischen Darstellung den Wert $\log\dfrac{\bar{c}-c_e}{c_a-c}$ gegen t ab und erhält eine Kurve, ähnlich der Abb. 9. Aus zwei Werten ihres geradlinigen Teiles wird τ berechnet [15]. Als Beispiel für die Methode führen wir zunächst die von I. S. DUNN [16] untersuchte Diffusion von Zink in Messing an und die von VAN LIEMPT (13a), der Eisen aus glühenden Wolframdrähten ins Vakuum austreten ließ. In der zuletzt genannten Arbeit sind auch ähnliche Formeln abgeleitet.

Im ersten Beispiel wird eine Messingprobe definierter Form in das eine Ende eines Quarzrohres eingeführt und dieses abgeschmolzen, nachdem es evakuiert ist. Das Rohr wird dann derart in einen elektrischen Ofen gelegt, daß sich das eine Ende mit der Probe in der Mitte des Ofens befindet, während das andere Ende aus dem Ofen herausragt und kalt bleibt. Hierdurch

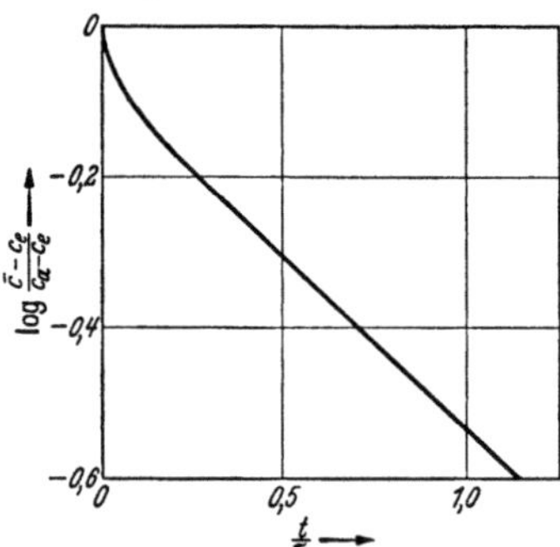

Abb. 9. Funktion t/τ nach Gl. (8). Diffusion aus einer Platte.

wird bewirkt, daß sich in dem Rohr ein niedriger Zinkdampfdruck einstellt und das aus dem Messing austretende Zink im kalten Teil des Rohres abgeschieden wird. Wie wir später sehen werden, kann man nach SEITH und KRAUSS [13] das „kalte Ende" auf eine bestimmte Temperatur bringen und damit einen definierten Zinkdampfdruck und eine definierte Randkonzentration des Probenkörpers einstellen. Man ist so in der Lage, in ganz bestimmten Konzentrationsgebieten zu arbeiten. Diesen Versuch kann man auch umkehren und das Zink in Kupfer oder eine Messinglegierung eindiffundieren lassen. Eine Analyse ist nicht nötig, es wird nur die Gewichtsdifferenz des Probenkörpers vor und nach dem Versuch festgestellt. Allerdings ist die Methode dadurch begrenzt, daß sie nur angewendet werden kann, wenn die Legierungspartner sehr verschiedene Dampfdrucke besitzen.

Der diffundierende Stoff braucht in der Gasphase nicht rein vorzuliegen, er kann auch in einer zersetzlichen Verbindung enthalten sein. Dies trifft z. B. zu, wenn man Eisen mit Gasen und Dämpfen, wie z. B. CO, CH_4, C_6H_6 usw., aufkohlt, ferner beim Nitrieren des Eisens in NH_3. Nach G. BECKER, E. HERTEL und C. KASTER [17] kann man auch Chrom aus $CrCl_2$ in Eisen eindiffundieren lassen.

b) Physikalische Methoden.

Außer der chemischen Analyse sind auch Leitfähigkeitsmessungen zur Konzentrationsbestimmung herangezogen worden. So hat IRIS RUNGE [28] die Leitfähigkeitsabnahme eines Eisendrahtes bestimmt, in den Kohlenstoff radial von außen eindiffundiert war. Da die Leitfähigkeitsabnahme nahezu proportional der Kohlenstoffkonzentration ist, kann aus ihr direkt die mittlere Konzentration berechnet werden. Es ist dabei gleichgültig, ob der Kohlenstoff im Eisen gleichmäßig verteilt ist oder ob ein Konzentrationsgefälle von außen nach innen besteht. W. SEITH und O. KUBASCHEWSKI [29] benutzten die Leitfähigkeitsmessung zur Konzentrationsbestimmung in einer anderen Versuchsanordnung. Da der Kohlenstoff bei der Diffusion in diesem Falle in der Längsrichtung des Drahtes gewandert war, wurde durch Aufsetzen von zwei Schneiden auf den stromdurchflossenen Draht mit einer THOMPSON-Brücke die Leitfähigkeit einzelner kurzer, aufeinanderfolgender Längsabschnitte gemessen. Die Abschnitte waren so gewählt, daß die Auswertung mit Hilfe der Tabellen von STEFAN und KAWALKI [30] erfolgen konnte.

Als ein weiteres Verfahren, das sich in einer Reihe von speziellen Fällen sehr bewährt hat, hat H. BÜCKLE [18] die Mikrohärteprüfung eingeführt. Da die Eindrücke zur Mikrohärtemessung nur wenige μ groß sind, hat man damit ein Mittel in der Hand, in Metallschliffen mit sehr dünnen Diffusionszonen noch brauchbare Messungen auszuführen.

Abb. 10 gibt ein Beispiel. Das Weitere wird bei der Besprechung der Meßergebnisse erwähnt. Die Methode beruht darauf, daß die Härte in allen von den reinen Metallen ausgehenden Mischkristallen mit der Konzentration ansteigt. Sie eignet sich am besten im Bereich kleiner Konzentrationen.

G. C. Kuczynski [19] ist es gelungen, die Selbstdiffusion von Silber und Kupfer ohne Radioindikatoren zu messen, indem er das Aufsintern von kleinen Kügelchen auf ebene Platten oder von Drähten, die um einen Stab gewickelt sind, beobachtete. Abb. 11 zeigt die Verwachsung der Kugeln mit der Unterlage, während in der schematischen Darstellung (Abb. 12) gezeigt wird, welche Größen mikroskopisch ausgemessen werden. Danach ist $2x$ der Durchmesser der Verwachsungsfläche für eine

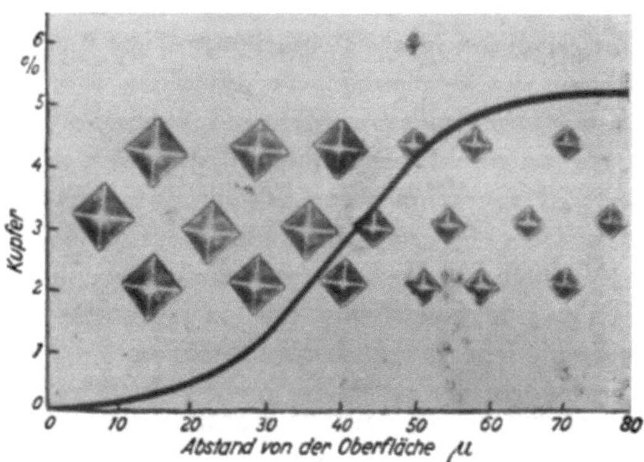

Abb. 10. Mikrohärte und Konzentrationsverlauf. (Nach Buckle.)

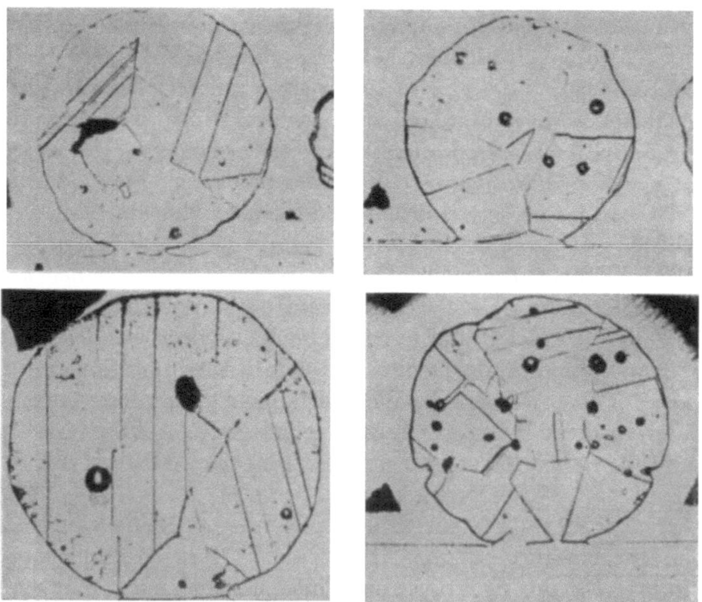

Abb. 11. Aufwachsen einer Kugel auf eine Platte. (Nach Kuczynski.) Vergrößerung 350×.

Sinterzeit t und einen Kugelradius bzw. Drahtradius a. Unter der Voraussetzung, daß die Sinterung nur durch Volumendiffusion zustande kommt, gilt nach KUCZYNSKI die Beziehung:

$$\left(\frac{x}{a}\right)^5 = \frac{40\,\sigma\,\delta^3}{k\,T\,a^3}\,D\,t \qquad \text{(Kugel)}, \qquad (13)$$

$$\left(\frac{x}{a}\right)^5 = \frac{80\pi}{3}\,\frac{\sigma\,\delta^3}{k\,T\,a^3}\,D\,t \qquad \text{(Draht)}. \qquad (14)$$

wobei

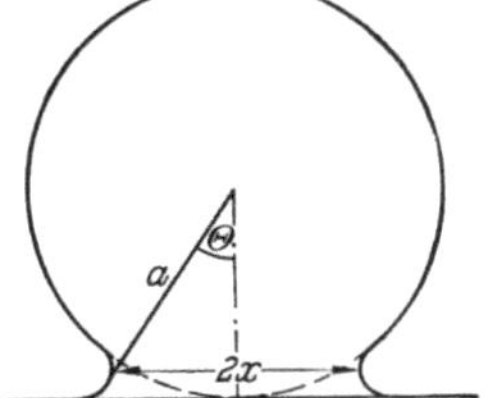

Abb. 12.
Aufwachsen einer Kugel
auf eine Platte,
schematisch.

δ der Atomabstand,
σ die Oberflächenspannung,
k die BOLTZMANN-Konstante,
T die absolute Temperatur,
D der Koeffizient der Selbstdiffusion

sind. KUCZYNSKI konnte zunächst zeigen, daß bei erhöhten Temperaturen x tatsächlich mit der 5. Wurzel aus der Sinterzeit wächst, womit bewiesen zu sein scheint, daß der Sinterprozeß ein reiner Volumendiffusionsvorgang ist. Für die Berechnung des DK wirkt sich allerdings ungünstig aus, daß die Oberflächenspannung der meisten Metalle im festen Zustand noch nicht bekannt ist. Man ist daher gezwungen, die Werte für den schmelzflüssigen Zustand einzusetzen. Der entstehende Fehler scheint jedoch nicht von großer Bedeutung zu sein. Bei der Besprechung der Sintervorgänge werden wir auf diese Arbeit noch einmal eingehen.

In einer späteren Veröffentlichung macht KUCZYNSKI [20] den Vorschlag, an Stelle der mikroskopischen, etwas umständlichen Vermessung eine solche des elektrischen Widerstandes vorzunehmen. Der Radius x der Verwachsungsfläche läßt sich dann mittels der Beziehung

$$c_j = 2\lambda\,x \qquad (15)$$

in Gl. (13) eliminieren.

λ spezifische Leitfähigkeit der Probe,
c_j reziproker Widerstand der Berührungszone.

Vorausgesetzt wird dabei, daß der Berührungswiderstand vor der Erhitzung sehr groß ist. Es ist jedoch damit zu rechnen, daß die Kontaktzone lediglich durch die Berührung, welche überdies meist unter Verwendung eines schwachen Druckes bewirkt wird, bereits eine endliche Ausdehnung hat. Es sind daher bessere Resultate zu erwarten, wenn man diese anfängliche Berührungsfläche, deren Radius x_0 und deren reziproker Widerstand c_j^0 seien, in der Rechnung berücksichtigt (vgl. Abb. 13).

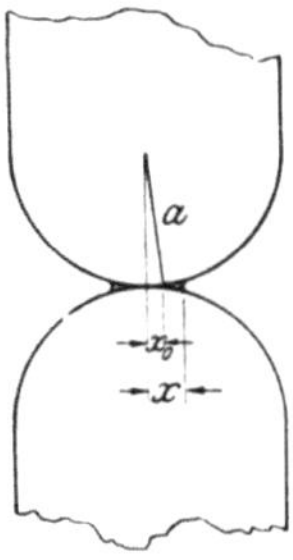

Nach KUCZYNSKI gilt dann

Abb. 13.
Zur Berechnung
des Berührungs-
widerstandes.
(Nach
KUCZYNSKI.)

$$c_j = c_j^0\left[1 + \left(\frac{24\,A^5}{c_j^{0\,5}}\right)^{1/3} t^{1/3}\right] \qquad (16)$$

mit

$$A = \frac{40\,\sigma\,\delta^3}{k\,T}\,(a - x_0)^2\,D\,. \qquad (17)$$

Wenn keine Radioindikatoren zur Verfügung stehen, so kann man sich auch dadurch helfen, daß man inaktive Isotope benutzt und die Konzentrationsbestimmung im Massenspektrometer vornimmt. Die Methode hat W. A. Johnson [21] angewendet, um die Diffusionsgeschwindigkeit der Nickelisotope ^{58}Ni, ^{60}Ni und ^{62}Ni zu bestimmen. Er ließ Nickel in Kupfer eindiffundieren und setzte das Ni der abgedrehten Schichten zu Nickelcarbonyl um, das einem Massenspektrometer zugeführt wurde. Es ergab sich, daß der DK umgekehrt proportional der Wurzel der Masse ist.

Die bisherigen Verfahren zur Bestimmung des DK beschränken sich meist auf den Bereich höherer Temperaturen, bei denen die Platzwechselgeschwindigkeit solche Beträge annimmt, daß meßbare Konzentrationsunterschiede auftreten. In letzter Zeit ist nun der Meßbereich auch auf tiefere Temperaturen, zum Teil unter Zimmertemperatur, erweitert worden. Die dabei verwendeten Methoden beruhen auf der Messung von Relaxationszeiten. Die Verfahren sind theoretisch und experimentell von Snoek [22], Zener [23], Wert [24], Kê [25], Le Claire [26] und Nowick [35] entwickelt worden. Den Methoden liegt der Gedanke zugrunde, daß die Erscheinungen der elastischen Nachwirkungen, der inneren Reibung und Dämpfung bei Metallen dadurch zustande kommen, daß die im Metall gelösten Fremdatome beim Anlegen äußerer Spannungen, einem energetisch günstigen Zustand entsprechend, neue Gitterplätze einzunehmen bestrebt sind. Diese Vorgänge entsprechen demnach dem Platzwechsel der Atome bei der Diffusion. Die zu messenden Relaxationszeiten τ_R sind mit der mittleren Aufenthaltszeit τ der betreffenden Atome durch einen numerischen Faktor α verknüpft, welcher von der Gittersymmetrie abhängt und aus ihr berechnet werden kann. Es gilt:

$$\tau = \alpha\,\tau_R. \tag{18}$$

Aus der Beziehung

$$D = \beta\,\frac{d^2}{\tau} \tag{19}$$

läßt sich der DK ermitteln, wo d die Sprungweite und β ebenfalls einen numerischen Faktor darstellen.

Die Relaxationszeiten können auf verschiedene Weise bestimmt werden. Die Wahl einer bestimmten Methode richtet sich zweckmäßig nach der Größe der Relaxationszeit. Für große Relaxationszeiten (größer als 1 sec) eignet sich die Messung der elastischen Nachwirkung, für solche um 1 sec die der inneren Reibung, während für kleinere bis zu 10^{-3} sec eine magnetische Methode verwendet werden kann. Es gelingt auf diesem Wege, die Koeffizienten der Selbstdiffusion in Legierungen bis herab zu 10^{-20} cm²/sec^{-1} zu messen. Einzelheiten der Methode werden später gebracht.

Zum Schluß soll noch erwähnt werden, daß es E. CREMER [27] gelungen ist, die Selbstdiffusion des festen Wasserstoffs bei 11,8° K festzustellen. Sie beträgt $3 \cdot 10^{-22}$ cm²sec^{-1}. Sie wurde aus dem Reaktionsverlauf der ortho-para-Umwandlung des Wasserstoffs abgeleitet.

Eine spezielle, für Halbleiter anwendbare Methode ist beschrieben worden von DUNLAP [31], BROWN [32], FULLER [33], SHOCKLEY und Mitarbeitern [34]. Die beim Eindiffundieren eines Donators oder Akzeptors in einen Halbleiter gemessenen Änderungen der Halbleitereigenschaften (p-n-Typ) gestatten, den DK zu berechnen. Eine Reihe von Messungen ist an Germanium durchgeführt worden (vgl. Tab. 1). Die auf diese Weise erhaltenen Werte für Sb sind von DUNLAP und BROWN [32] mit solchen verglichen worden, die sie mit radioaktivem ^{124}Sb erhalten haben. Die Übereinstimmung ist gut.

c) Messungen mit Radioindikatoren.

Eine gewisse Sonderstellung nehmen die Methoden ein, bei denen radioaktive Indikatoren zur Bestimmung des DK herangezogen werden. Während man sich bei den ersten Versuchen dieser Art auf die geringe Zahl der radioaktiven Atomarten, die in der Natur vorkommen, beschränken mußte, ist es heute möglich, von beinahe allen Elementen radioaktive Isotope herzustellen. Die größte Bedeutung erlangt das Verfahren dadurch, daß es hiermit möglich ist, die Selbstdiffusion eines Metalls zu bestimmen, indem man ein radioaktives Isotop darin diffundieren läßt. Das letztgenannte ist eine Atomart, welche der des Grundmetalls in chemischer Hinsicht vollkommen identisch ist und sich außer einer kleinen Differenz des Atomgewichts nur durch die Radioaktivität von ersterer unterscheidet. Die radioaktive Strahlung erlaubt es, die Anwesenheit des aktiven Stoffes in der Probe oder Teilen derselben leicht quantitativ zu bestimmen. Man kann deshalb so vorgehen, daß man eine Probe aus einem inaktiven Metall und eine, die mit dem aktiven Isotop gleichmäßig durchsetzt ist, aneinandergrenzen läßt und erhitzt. Dann kann man in Schichten zerteilen und in diesen die Menge des diffundierten Isotops quantitativ bestimmen. Da der DK der Selbstdiffusion meist sehr klein ist, ist dieses Verfahren nur anwendbar, wenn Isotope zur Verfügung stehen, deren Lebensdauer so groß ist, daß man für die erforderliche Schichtdicke genügend lange Versuchszeiten anwenden kann. Die Dicke der abzunehmenden Schichten ist durch die Möglichkeit der exakten mechanischen Abtrennung begrenzt. Das beschriebene Verfahren wurde bisher zur Bestimmung der Selbstdiffusion von Zink [36], Kupfer [37], Kobalt [37a], Silber [38] und Gold [39] mit künstlichen Radioindikatoren angewandt.

W. A. JOHNSON [40] erhielt z. B. bei Messungen mit radioaktivem Gold, welches eine Halbwertszeit von 2,74 d besitzt, bei einer Versuchsdauer von 13 Tagen noch brauchbare Werte. Da die Aktivitätsmessungen stets unter gleichen geometrischen Bedingungen durchgeführt werden müssen, kann man die Drehspäne der einzelnen Schichten nicht unmittelbar zur Messung benutzen. Ist das verwendete Isotop ein γ-Strahler, so empfiehlt es sich, die Späne aufzulösen und die Aktivität mit einem Flüssigkeitszählrohr zu bestimmen. Bei β-Strahlern kann man die Drehspäne niederschmelzen, den erhaltenen Regulus zu einem Blech auswalzen und an ausgestanzten Stückchen die Messung vornehmen. Die Blechdicke muß dabei nicht einmal konstant sein, da die Reichweite der β-Strahlen nicht sehr groß ist und dadurch nur die äußerste Oberflächenschicht der Messung zugänglich ist. Es ist jedoch nicht in allen Fällen nötig, die Proben mechanisch zu zerteilen, da uns die Natur in der radioaktiven Strahlung selbst ein Mittel in die Hand gibt, um die Diffusion in sehr dünnen Schichten zu bestimmen. Gerade in den ersten exakten Selbstdiffusionsmessungen wurde von dieser Möglichkeit Gebrauch gemacht.

Wir wollen zunächst von der α-Strahlung sprechen. Diese aus Heliumteilchen bestehende Strahlung hat z. B. in Blei eine streng begrenzte Reichweite von 30 μ. Das heißt, alle aktiven Atome, die tiefer als diese Entfernung im Inneren des Metallstückes sitzen, können beim Zerfall keine Strahlung mehr nach außen senden. Man geht deshalb so vor, daß man zunächst bei Raumtemperatur den aktiven Stoff, etwa durch Kondensation aus der Gasphase, auf die Oberfläche der Probe bringt und die Aktivität mißt. Nach dem Erhitzen wird dann die Verteilung des aktiven Stoffes nach dem Inneren hin durch die Diffusionsgesetze bestimmt. Es handelt sich nun darum, vor und nach dem Versuch die Atome zu zählen, die sich noch auf der Oberfläche bzw. in einer Schicht befinden, welche der Reichweite entspricht. Zum ersten Male wurde die Methode von I. GROH und G. v. HEVESY [41] und von HEVESY und OBRUTSCHEWA [42] angewendet und die Aktivität nach der Szintillationsmethode gemessen. Es wurden dabei die Lichtblitze, die beim Auftreffen der α-Strahlen auf einen ZnS-Schirm entstehen, unter Zuhilfenahme eines Mikroskops gezählt. Es konnte damit zum erstenmal die Selbstdiffusion in einem Metall, und zwar in Blei, gemessen werden. Es wurden bei $300°$ $2 \cdot 10^{-10}$ cm² sec⁻¹ für den DK erhalten. Für exaktere Messungen wurden zwei Methoden ausgearbeitet [43], die zwei verschiedene Strahlenarten benutzen. Bei der ersten wurde die α-Aktivität mit Hilfe eines Elektroskops bestimmt. Kommt das α-Teilchen aus dem Inneren des Metalls und hat auf dem Wege zur Oberfläche schon einen Teil seiner Energie verloren, so ist die ionisierende Wirkung, die in der Ionisierungskammer festgestellt wird, bereits geschwächt. In diesem Fall kann man das Eindringen der Teilchen, auch schon bevor sie die Reichweite überschritten haben, an der Abnahme der Aktivität beobachten. Es kommt noch dazu, daß die Ionisationswirkung eines Teilchens nicht proportional zu dem in der Ionisationskammer zurückgelegten Weg ist, sondern nach einer zwar bekannten, aber nur experimentell faßbaren Funktion abnimmt. Ferner hängt die Wegstrecke, die ein α-Strahl innerhalb des Metalls zurückzulegen hat, nicht nur von der Tiefe, in der er entsteht, sondern auch von seiner Richtung ab. Würden alle Teilchen, die innerhalb der Eindringtiefe der Reichweite sitzen, ihre Strahlen nach außen senden können, so wäre die Rechnung verhältnismäßig einfach. Tatsächlich liegt die Sache aber so, wie in Abb. 14 dargestellt. Da die α-Teilchen in alle Richtungen mit gleicher Wahrscheinlichkeit fliegen, so kommen

von den auf der äußeren Oberfläche sitzenden Teilchen nur die Hälfte zur Messung. Von den innerhalb der Reichweite sich aufhaltenden Atomen kommt nur ein Bruchteil der α-Strahlen nach außen, der sich wie die Oberfläche der Kugelhaube mit dem Radius der Reichweite zu der Gesamtkugeloberfläche mit dem gleichen Radius verhält. Man kann die Auswertung dadurch vereinfachen, daß man durch Blenden zwischen

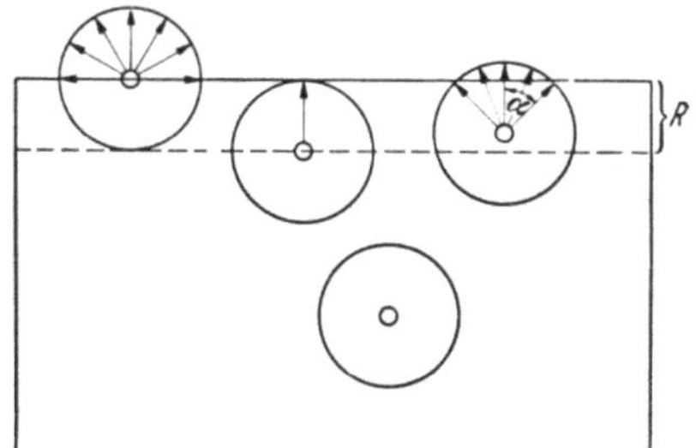

Abb. 14. Diffusion von radioaktiven Atomen mit definierter Strahlenreichweite von der Oberfläche ins Innere.

der Metalloberfläche und der Ionisationskammer dafür sorgt, daß nur nahezu senkrecht aus der Oberfläche austretende Strahlen gezählt werden. Eine Kombination der Diffusionsgleichung mit der Funktion der Ionisationswirkung ermöglicht eine graphische Ermittlung des DK. Es ist noch zu erwähnen, daß natürlich bei Messungen, die zeitlich auseinanderliegen, der radioaktive Zerfall berücksichtigt werden muß. Auf diese Weise kann man mit dem Bleiisotop ThB mit einer Halbwertszeit von 10,6 h Diffusionskoeffizienten von 10^{-13} cm^{2}sec^{-1} in wenigen Stunden bestimmen.

Die zweite Methode, die sich besonders bei Bleisalzen bewährt hat [43], benutzt die α-Rückstoßstrahlung. Diese kommt dadurch zustande, daß ein radioaktives Atom, welches ein α-Teilchen ausschleudert, selbst einen Rückstoß erfährt, der es in Luft 100 μ und in Blei 0,05 μ weit fortschleudert. Diese Rückstoßatome lassen sich auffangen und messen, da sie selbst radioaktiv sind. Die Methode ist nicht ganz einfach zu handhaben, da bei Diffusionsmessungen mit so geringen Eindringtiefen die Oberflächen der Proben vollkommen rein sein müssen. Es wurden deshalb im Hochvakuum Einkristalle von Blei hergestellt [44], die, ohne mit der Luft oder einem anderen Gas, außer sorgfältig gereinigtem Stickstoff, in Berührung zu kommen, in die Diffusionsapparatur übergeführt wurden, in der auch die Messung vor sich ging. Bei der Auswertung hat man die Annehmlichkeit, daß alle Rückstoßteilchen, die das Metall noch verlassen können, unabhängig von der Eindringtiefe mit dem gleichen Gewicht in die Messung der Rückstoßaktivität eingehen. Die mathematische Auswertung ist von R. Führth gegeben worden [45].

Liegt der diffundierende Stoff, wie hier, in unmeßbar dünner Schicht vor, so stellt sich das Diffusionsproblem folgendermaßen dar. In einem einfachen, unendlich ausgedehnten Raum ist an der einen Stirnseite der Stoff, dessen DK bestimmt wird, in Form einer unendlich dünnen Schicht eingebracht. Setzt man die Gesamtmenge dieses Stoffes gleich 1, so lautet die Diffusionsgleichung für diesen Fall:

$$c = \frac{1}{\sqrt{\pi\,Dt}}\, e^{-\frac{x^2}{4Dt}} . \tag{20}$$

Da nun die zwischen $x = 0$ und $x = a$ (Reichweite) liegenden Atome zur Beobachtung kommen, ist das Integral zu lösen:

$$A = \int_0^a \frac{1}{\sqrt{\pi}\,\sqrt{Dt}}\, e^{-\frac{x^2}{4Dt}}\, dx, \tag{21}$$

wenn die Aktivität vor der Diffusion, d. h., wenn alle ThB-Atome sich auf der Oberfläche befinden, gleich 1 und nach der Diffusion gleich A ist. Die Lösung dieser Gleichung ist:

$$A = \Psi\left(\frac{a}{2\sqrt{Dt}}\right), \tag{22}$$

vorausgesetzt, daß wir nur Teilchen messen, die senkrecht aus der Oberfläche austreten. In Wirklichkeit messen wir alle Rückstoßteilchen, für die die Bedingung erfüllt ist:

$$\frac{x}{a} \gtreqless \cos\alpha, \tag{23}$$

wo α der Winkel zwischen dem Strahl und dem Lot auf der Oberfläche ist. Unter Berücksichtigung dieser Tatsache erhält man:

$$A = \Psi(\xi) - \frac{1}{\xi\sqrt{\pi}}\left(1 - e^{\xi^2}\right) , \tag{24}$$

$$\xi = \frac{a}{2\sqrt{Dt}} . \tag{25}$$

Man zeichnet sich diese Funktion auf und wertet die Meßergebnisse graphisch aus. Mit dieser Methode können DK bis herunter zu 10^{-18} cm² sec⁻¹ innerhalb eines Tages bestimmt werden.

Radioaktive Methoden sind ferner von N. L. Wertenstein und H. Dobrowolska [46] zur Bestimmung der Diffusion von Polonium in Metallfolien benutzt worden. Dazu wurden die Folien auf der einen Seite mit Polonium aktiviert und nach dem Tempern die Aktivität auf der anderen Seite durch Szintillationsmessung bestimmt. Die Auswertung erfolgt nach ähnlichen Ansätzen, wie sie bisher beschrieben sind.

Zur Bestimmung der Selbstdiffusion von Kupfer verwendeten STEIG-MANN, SHOCKLEY und NIX [47] ^{64}Cu. Es hat eine Halbwertszeit von 12,8 h und sendet β-Strahlen aus, die in Kupfer einen Absorptionskoeffizienten von 276 cm^{-1} haben. Die Berechnung der DK erfolgt dann ähnlich, wie sie von HEVESY und SEITH [43] bei α-Strahlen angewendet haben.

KRYUKOV und ZHUKOVITSKY [47a] geben eine Methode an, nach welcher der DK in der Weise bestimmt wird, daß eine dünne Probe (30 bis 100 μ dick) einseitig mit einem radioaktiven Belag versehen wird, und nach verschiedenen Diffusionszeiten t bei gleicher Temperatur die Aktivitäten auf beiden Seiten der Probe, I_1 und I_2, gemessen werden. Aus der Gleichung

$$\ln\frac{I_1 - I_2}{I_1 + I_2} = \ln K - \frac{\pi^2 D}{l^2}\,t,$$

in welcher K eine Konstante und l die Dicke der Probe ist, läßt sich der DK, D, berechnen.

Eine abgewandelte Methode zur Messung des Koeffizienten der Selbstdiffusion mit Hilfe von Radioindikatoren schlägt KUCZINSKY vor [48]. Auf die Stirnfläche eines rechteckigen länglichen Versuchsstückes wird eine dünne Schicht des radioaktiven Isotops aufgebracht. Nach der Diffusionsglühung, während der das Isotop in der Längsrichtung in das Innere der Probe eingedrungen ist, wird das Versuchsstück in einen Bleikasten gelegt, den es ganz ausfüllt und der durch einen verschiebbaren Deckel verschlossen werden kann. Die Lage der Probe ist aus Abb. 15 ersichtlich. Der Schiebedeckel wird nun so bewegt, daß die Kante sich in einer bestimmten Entfernung x_1 von der aktivierten Stirnfläche befindet. Dann wird die austretende Strahlung mit der Aktivität I_1 gemessen, sodann wird der Deckel auf die linke Seite geschoben und in eine Lage x_2

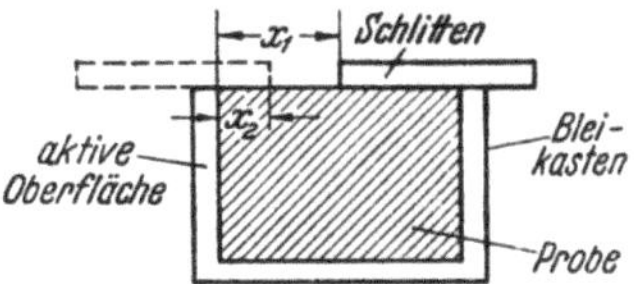

Abb. 15. Methode der Messung der Selbstdiffusion. (Nach KUCZYNSKI.)

(vgl. Abb. 15) gebracht, daß die nun gemessene Aktivität I_2 gleich der Aktivität I_1 ist. Die Rechnung liefert für I_1 und I_2 die folgenden Beziehungen:

$$I_1 = b\,\alpha\,I_0\,\frac{2}{\sqrt{\pi}}\int_0^{\frac{x_1}{2\sqrt{Dt}}} e^{-\xi^2}d\xi \qquad (26)$$

$$I_2 = b\,\alpha\,I_0\left(1 - \frac{2}{\sqrt{\pi}}\int_0^{\frac{x_2}{2\sqrt{Dt}}} e^{-\xi^2}d\xi\right), \qquad (27)$$

wo I_0 die ursprüngliche Aktivität auf der aktivierten Stirnfläche, α ein Faktor, der die Absorption berücksichtigt, und b die Breite der Probe ist. Wegen I_1 gleich I_2 gilt dann:

$$\frac{2}{\sqrt{\pi}} \int\limits_0^{\frac{x_1}{2\sqrt{Dt}}} e^{-\xi^2} d\xi + \frac{2}{\sqrt{\pi}} \int\limits_0^{\frac{x_2}{2\sqrt{Dt}}} e^{-\xi^2} d\xi = \Psi(\xi_1) + \Psi(\xi_2) = 1 . \qquad (28)$$

Mit $\xi_1/\xi_2 = x_1/x_2$ erhält man

$$\Psi(\xi_1) + \Psi\left(\frac{x_2}{x_1}\,\xi_1\right) = 1 . \qquad (29)$$

Diese Gleichung wird graphisch gelöst und liefert die Größe:

$$D = \frac{1}{t}\left(\frac{x_1}{2\,\xi_1}\right)^2 , \qquad (30)$$

aus welcher der DK berechnet wird. Ein Vorteil dieser Methode ist darin zu sehen, daß der Absorptionskoeffizient, welcher in der Größe α steckt, nicht bekannt zu sein braucht.

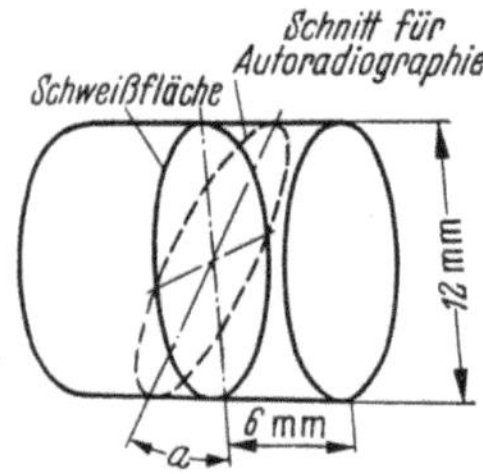

Abb. 16. Auswertung durch Autoradiographie. (Nach Gatos und Ahmed Azzam.)

Eine elegante Methode zur Bestimmung der Selbstdiffusion in Metallen wurde von H. C. Gatos und Ahmed Azzam [49] beschrieben. Auf die Basis einer Goldronde wurde das radioaktive Isotop Au^{198} aufgedampft und dann eine zweite ebensolche Goldronde durch Druckschweißung aufgebracht, so daß die radioaktive Schicht zwischen die beiden Ronden zu liegen kam. Nach der Diffusion wurde die Probe, wie Abb. 16 zeigt, schräg angeschliffen und mit der aktiven Seite auf eine photographische Platte gelegt. Es entstand darauf eine geschwärzte Zone, die ausphotometriert wurde und als Bild der Konzentrationsverteilung dient. Abb. 17. Trägt

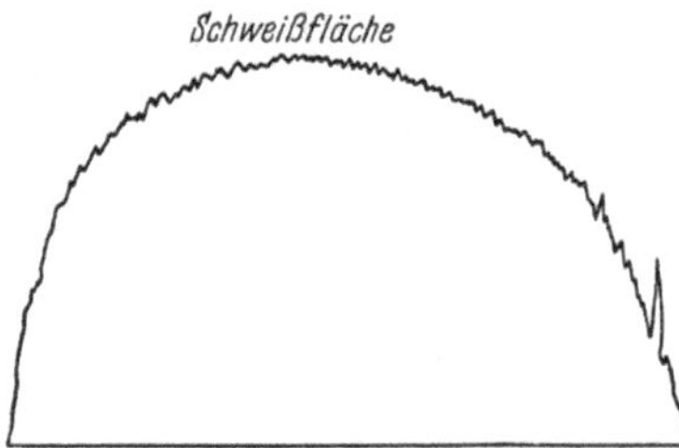

Abb. 17. Photometerkurve der Autoradiographie. (Nach Gatos und Ahmed Azzam.)

man den log der Schwärzung S gegen das Quadrat der Eindringtiefe auf, so erhält man eine gerade Linie. Da S proportional C ist, kann der Koeffizient der Selbstdiffusion nach der Formel:

$$C = \frac{C_0}{2\sqrt{\pi Dt}}\,e^{-\frac{x^2}{4Dt}} \qquad (31)$$

berechnet werden. Die Ergebnisse nach dieser Methode sind in guter Übereinstimmung mit den von McKay [39] gefundenen Werten.

Von den radioaktiven Methoden kann man zusammenfassend sagen, daß bei denjenigen, bei welchen die Schichten mechanisch abgetrennt werden, die Exaktheit davon abhängt, wie genau dünne Schichten noch gemessen werden können. Diese ist im allgemeinen recht hoch. Bei den Methoden, welche die Absorptionskoeffizienten bzw. die Reichweiten ausnützen, ist natürlich eine genaue Kenntnis dieser Größen vorausgesetzt. Besonders bei kleinen Reichweiten sind diese jedoch nur aus Analogierechnungen zu erhalten. Dies gilt besonders für die Rückstoßmethode, die jedoch wegen der geringen Dicke der betrachteten Schicht den anderen Methoden überlegen ist.

Es wäre hier noch die HAHNsche Emaniermethode zu erwähnen. Sie beruht darauf, daß man die zu untersuchende Substanz mit einem radioaktiven Element, z. B. ThX, versetzt, aus welchem beim Zerfall Emanation entsteht. Die Emanation wird sich nun einen Weg ins Freie suchen und kann, da sie selbst radioaktiv ist, leicht gemessen werden. Meist wird sie dazu verwandt, um die Porosität und Umwandlungserscheinungen festzustellen. Man kann jedoch auch die Diffusionsgeschwindigkeit der Emanation in festen Substanzen bestimmen, wenn in dem betreffenden Stoff ein anderweitiges Entweichen nicht möglich ist. Solche Versuche haben W. SEITH und G. KÜPFERLE [50] an Blei angestellt. Gemessen wurde die Emanationsmenge, die laufend aus der Oberfläche der Probe austritt. Die Auswertung erfolgt nach einer Formel von FÜRTH [51]; diese lautet:

$$Q = \frac{m \, \varLambda \, C}{M \, \sqrt{\lambda}} \sqrt{D} \,. \tag{32}$$

C ist die Konzentration des ThX im Blei, $\varLambda$ und λ die Zerfallskonstanten von ThX und ThEm, M und m die dazugehörigen Atomgewichte und Q die in der Zeiteinheit aus der Oberfläche austretende Emanationsmenge. Während der Untersuchung ändern die Werte M, m, $\varLambda$, λ und auch C sich nicht. Man kann daher setzen:

$$D = \text{konst. } Q^2 \,. \tag{33}$$

In flüssigen Metallen hängt die Diffusion der Gase nicht sehr stark von ihrer Art ab. Sie ist z. B. für Wasserstoff in flüssigem Blei bei 400° ungefähr gleich $2 \cdot 10^{-5}$ cm² sec^{-1}. Dieser Wert ist auch für die Emanation angenommen und der DK nach:

$$\frac{D_{x^\circ}}{D_{400^\circ}} = \frac{Q^2_{x^\circ}}{Q^2_{400^\circ}} \tag{34}$$

berechnet worden. Unberücksichtigt blieb dabei, daß auch Emanationsatome durch Rückstoß ins Freie gelangen. Der Betrag kann jedoch nur klein sein. Die Diffusionskonstante der Emanation in Blei ist bei 320° $3{,}2 \cdot 10^{-6}$ cm² sec^{-1}.

ZIMENS [52] berechnet aus den Versuchsergebnissen von SEITH und KÜPFERLE das Emaniervermögen des Bleis unter verschiedenen

Gesichtspunkten. Da unsere Formel nur für kleine Mengen abgegebener Emanation gilt, setzt er voraus, daß einmal bei der tiefsten Temperatur 0,1% und das andere Mal 10% Emanation austreten. In Abb. 18 sind die aus dieser Grundlage berechneten Werte gegen die reziproke absolute Temperatur aufgetragen. Die Steilheit der Geraden gibt die Ablösearbeit (s. Kap. 4, S. 38 ff.) an, die durch die extremen Annahmen sichtlich nicht beeinflußt wird. In einem dritten Fall wird vorausgesetzt, daß bei der niedrigsten Temperatur 0,08% der Emanation durch Rückstoß und 0,02% infolge der Diffusion austritt. Dann ändert sich allerdings die Ablösearbeit im festen Zustand. Sie bleibt aber mit

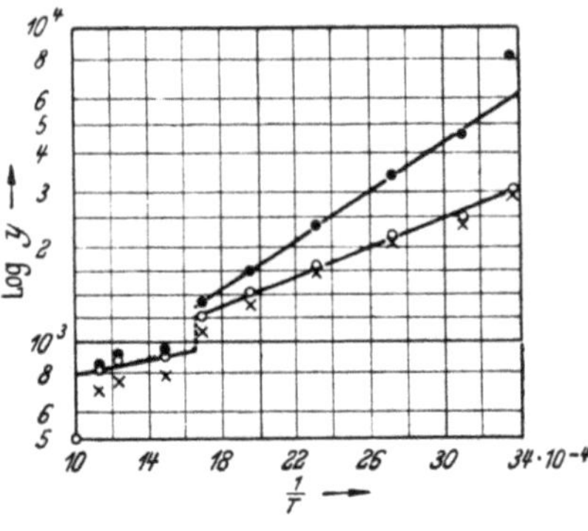

Abb. 18. Diffusion von Radon aus Blei.

3500 cal/Mol immer noch sehr klein. Aus den ersten beiden Rechnungen resultieren nur 2100 cal/Mol, während SEITH und KÜPFERLE 2700 cal/Mol angeben.

Die Bestimmung der DK der Emanation aus dem Emaniervermögen von Pulvern wird ebenfalls von ZIMENS [53] besprochen. Unter der Voraussetzung, daß die Emanation zunächst gleichmäßig in den Körnern verteilt ist, trennt er die beiden Anteile, die durch Rückstoß und die durch Diffusion nach außen gelangen. Er schätzt dabei, daß man nach dieser Methode bis zu den extremen Werten von 10^{-30} cm^2 sec^{-1} messen kann. Soviel bekannt, liegen jedoch weitere Messungen auf diesem Gebiete nicht vor.

d) Versuchsanordnungen.

Es sollen in diesem Abschnitt einige Regeln angegeben werden, die bei der Ausführung von Diffusionsversuchen zu beachten sind. Es sind dabei zwei Gesichtspunkte zu unterscheiden. Entweder will man sich ein Bild davon machen, wie das Vordringen eines Metalls in einem Werkstoff im Verlaufe eines technischen Prozesses in Abhängigkeit von Temperatur und Zeit vor sich geht, z. B. das Eindringen des Kohlenstoffes beim Zementieren eines bestimmten Stahles oder des Kupfers beim Erwärmen eines mit einer Aluminiumlegierung plattierten Duraluminbleches. In diesem Falle wird man zum Versuch die Bedingungen des technischen Prozesses möglichst genau einhalten und auch das dort benutzte Material verwenden. Man verzichtet damit vielleicht auf eine genaue physikalische Definition der gewonnenen Werte, erhält für die Praxis direkt auswertbare Resultate, die man jedoch nicht auf andere Versuchsbedingungen oder Materialien übertragen darf. Im zweiten Falle ist man bemüht, den nach dem Fickschen Gesetz streng definierten Diffusionskoeffizienten zu bestimmen. Hierzu wird man von reinsten Stoffen ausgehen und die Versuchsdauer und Temperatur genauestens festlegen. Die Wirkung dritter Legierungspartner und großer Konzentrationsspannen wird man zunächst ausschließen und später besonders untersuchen. Es sind bei dieser Forschungsart natürlich viel mehr Einzeluntersuchungen erforderlich, dafür beherrscht man am Ende nicht nur einen bestimmten Prozeß, sondern ein Feld, innerhalb dessen man sich die günstigsten Bedingungen aussuchen kann. Zur Vermeidung großer Konzentrationsspannen bringt man die beiden Metalle nicht in reiner Form miteinander in Berührung, sondern eine Probe des reinen Metalls A mit einem Mischkristall von A und B, der nur wenig B enthält, oder zwei Mischkristalle mit geringen Unterschieden der Konzentration, nicht nur, damit keine intermetallischen Verbindungen auftreten können,

sondern auch, um die Konzentrationsabhängigkeit der Diffusion, die sehr erheblich werden kann, vernachlässigen zu können (vgl. Kap. 6).

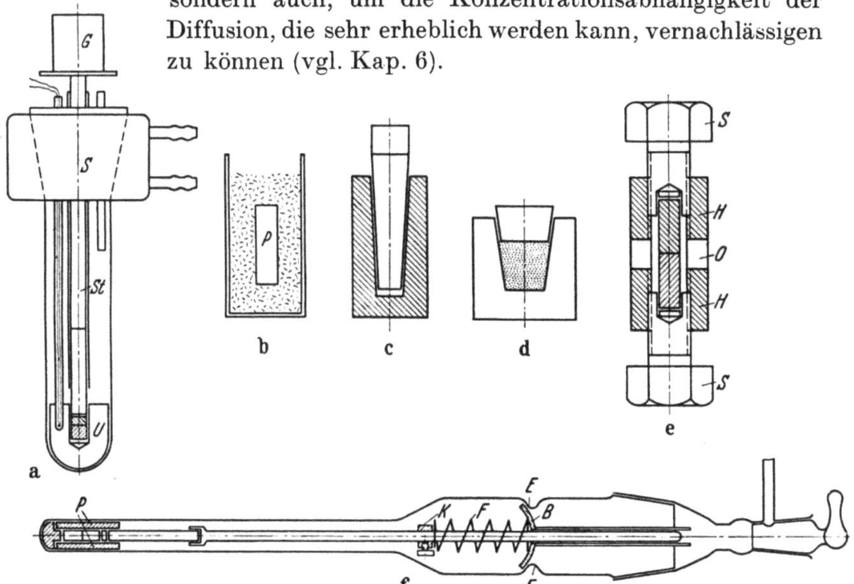

Abb. 19. Verschiedene Versuchsanordnungen.

Bei der praktischen Ausführung von einfachen Diffusionsmessungen ist besonders darauf zu achten, daß der Kontakt zwischen den beiden Teilen der Probe einwandfrei ist und nicht durch eine Oxydschicht beeinträchtigt wird. Abb. 19 zeigt einige bewährte Versuchsanordnungen. In Abb. 19b ist die Probe P in das Pulver des Spenders, d. h. der Legierung, die den diffundierenden Stoff abgibt, eingepackt.

Diese einfache Anordnung setzt voraus, daß während des Diffusionsversuches schädliche Gase ferngehalten werden. In manchen Fällen hat man mit der Zugabe von Ammoniumchlorid zum Metallpulver gute Erfahrungen gemacht. Nach dem Versuch kann das Pulver unter Umständen zu einem kompakten Stück zusammengeschweißt sein, wird sich aber im allgemeinen gut von dem Versuchsstück trennen lassen. Liegen beide Proben in Form von bearbeitbaren Stücken vor, so kann man sie, wie Abb. 19c zeigt, ineinandertreiben. Zu diesem Zwecke bohrt man das eine Stück leicht konisch aus und dreht den Zapfen mit gleichem Winkel an. Die Berührungsfläche ist dann gut geschützt, und die Proben werden sich beim Erhitzen fest verbinden. Durch das Eintreiben des Zapfens wird überdies eine eventuell bestehende Oxydschicht, wie sie bei Leichtmetallen auftritt, zerrissen. Das Abtrennen muß natürlich so geschehen, daß Kegelflächen mit dem ursprünglich eingestellten Winkel abgehoben werden. Wenn möglich, läßt man zu diesem Zweck den Support der Drehbank auf den Winkel eingestellt stehen, bis die Probe aus dem Ofen kommt. Die Probe Abb. 19d stellt eine Kombination der beiden Methoden dar. Diese Anordnungen wird man vorwiegend bei technischen Versuchen benutzen.

Zur exakten Messung des DK benutzt man mit Vorzug zylinderförmige Proben, die mit ihren Stirnflächen aufeinandergeschweißt werden. Man kann dann z. B. eine Anordnung nach Abb. 19e benutzen. Dabei werden die Proben, wie ersichtlich, in einer Hülse H durch zwei Schrauben S aufeinandergepreßt. Zwischen Probe und Schraube legt man je ein Stückchen Glimmer. Die Hülse versieht man vorteilhafterweise mit zwei Fenstern O, um die Schweißfläche kontrollieren zu können. Bei luftempfindlichen Metallen schmilzt man die ganze Anordnung im Vakuum ein.

Die Apparatur Abb. 19a kann ebenfalls zu Diffusionsversuchen benutzt werden. Häufig ist es auch möglich, die Proben vor dem eigentlichen Diffusionstempern bei etwas niedriger Temperatur unter leichtem Druck in der Apparatur zusammenzuschweißen. Die Apparatur besteht aus einem größeren Fingertiegel, der in einen kühlbaren Schliff S eingekittet ist. Die Probe selbst ruht in der Bohrung eines Kupferblocks Q. Ein Stempel St vermittelt den Druck des aufgelegten Gewichtes G. Um eine Wärmeableitung zu vermeiden, verwendet man, zumindest für einen Teil des Stempels, Pythagorasmasse oder Sinterkorund. Durch zwei Durchführungen des Schliffes können ein Thermoelement und ein Gaseinleitungsrohr eingesteckt werden.

Abb. 19f stellt noch eine bewährte Anordnung dar, bei der die Proben P unter Druck einer Feder F in einem evakuierbaren Rohr zur Diffusion gebracht werden können. Der weite Rohrteil besitzt zwei Eindruckstellen E, hinter die zum Spannen der Feder ein Bajonettverschluß B geklemmt wird. Damit die Spannkraft der Feder durch das Erwärmen nicht nachläßt, werden nur etwa $^2/_3$ des dünnen Rohrteiles in den waagerechten Röhrenofen eingeführt. Die Spannung der Feder muß sorgfältig ausgeführt und mit einer Schraubklemme K eingestellt werden, da zwischen dem Druck, der ein sicheres Schweißen, und dem, der ein Deformieren der Probe herbeiführt, oft nur eine ganz geringe Toleranz bleibt. Will man sicher sein, daß das Vakuum in der Apparatur längere Zeit erhalten bleibt, so verwendet man zum Dichten der Schliffe nicht Fett, sondern Pizein. Schliff und Hahn werden mit Asbest umgeben und darauf einige Windungen Chromnickeldraht gewickelt, die so abgeglichen sind, daß man mit Hilfe eines geeigneten Vorschaltwiderstandes vor dem Öffnen und Schließen so weit erwärmen kann, daß das Pizein weich wird.

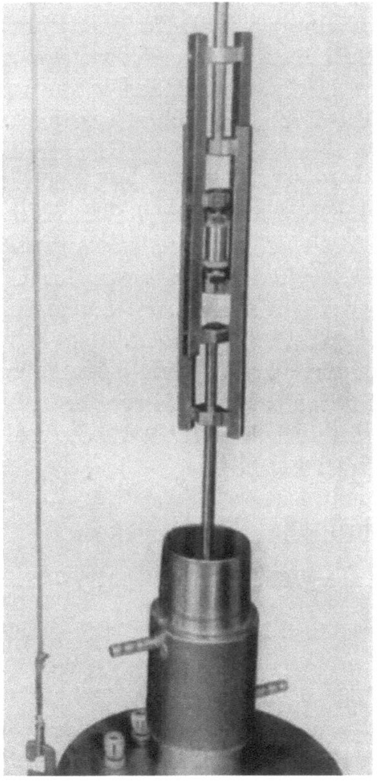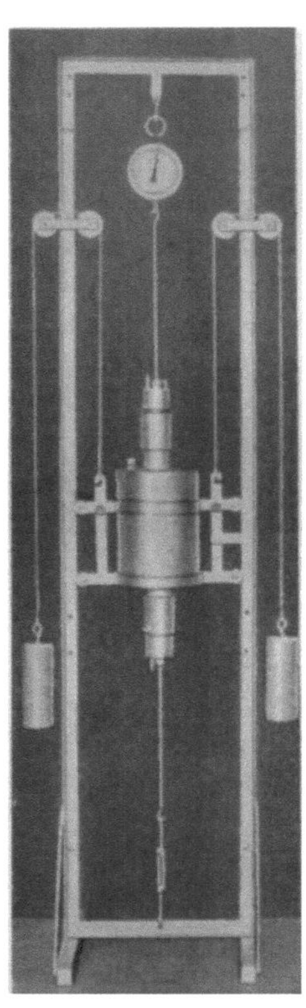

Abb. 20. Spannvorrichtung　　　　　　　　Abb. 21. Ofen zum Aneinanderfür die Proben im Ofen.　　　　　　　　schweißen von Diffusionsproben.

Zum Zusammenschweißen größerer Proben aus hochschmelzenden Metallen unter Druck verwenden wir eine Apparatur, die in den Abb. 20 und 21 dargestellt ist. In Abb. 20 sehen wir das Gestänge aus zunderbeständigem Material, das aus zwei länglichen, wie Kettenglieder ineinandergreifenden Ringen besteht und zur Aufnahme der Schweißproben dient. Der oberste und unterste Quersteg enthalten Bohrungen zur Führung der Zugstangen. Die übrigen Stege sind fest. Es ist dafür Sorge getragen, daß bei Anlegen einer Zugspannung, deren Größe an einer Zeigerwaage abgelesen werden kann, die zylindrischen Proben nicht verkanten. Zum Schweißen wird über das Gestänge ein Röhrenofen geschoben, wie aus Abb. 21 ersichtlich. Während der Glühbehandlung kann durch den Ofen Schutzgas geleitet werden. Unter Verwendung einer Hilfsapparatur können in die zu verschweißenden Flächen Markierungsdrähtchen eingelegt und die so präparierten Proben mitsamt der Hilfsapparatur in das Gestänge eingesetzt werden. Nach Anlegen der Spannung wird letztere wieder entfernt.

Eine weitere Methode zur Herstellung von Diffusionsproben, die jedoch meist nur in technischen Betrieben angewendet werden kann, ist die, daß man Platten aus den beiden Materialien warm aufeinanderwalzt und dann aus diesen die Diffusionsproben ausstanzt.

Will man auf eine Legierung das reine Grundmetall aufbringen, so kann man sich auch der Elektrolyse bedienen. Das Verfahren ist zwar etwas zeitraubend und kann den Nachteil haben, daß das Kristallgefüge der aufelektrolysierten Schicht sich von dem des kompakten, gegossenen Metalls unterscheidet. Empfehlenswert ist es für Untersuchungen der Selbstdiffusion, bei welchen nur äußerst dünne Schichten eines radioaktiven Niederschlags benötigt werden.

Auch das Verfahren der Bedampfung im Vakuum ist noch zu erwähnen, welches in erster Linie für radioaktive Messungen in Frage kommt und den Vorteil hat, daß die zu bedampfende Fläche frei von Adsorptionsschichten gehalten werden kann.

Schrifttum.

1. TAMMANN, G., u. K. SCHÖNERT: Z. anorg. Chem. **122**, 27 (1922) — Stahl u. Eisen **42**, 654 (1922).
2. BRICK, R. M., u. A. PHILLIPS: Amer. Inst. Metall. Engrs. **4** Techn. Publ., 781 (1937).
3. FRAENKEL, W., u. H. HOUBEN: Z. anorg. Chem. **116**, 1 (1921).
4. TAMMANN, G.: Z. anorg. Chem. **107**, 1 (1919).
5. SEITH, W., u. K. RUTHARDT: Chemische Spektralanalyse, Bd. I der Anleitungen für die chemische Laboratoriumspraxis. 4. Aufl. Berlin/Göttingen/ Heidelberg: Springer 1949.
6. GRUBE, G.: Z. Metallkunde **19**, 438 (1927).
7. GÖHLER, VON: Persönliche Mitteilung.
8. STEFAN, A.: Wiener Berichte II, **77**, 371; **79**, 161 (1879).
9. KAWALKI: Wied. Ann. **52**, 166 (1894); s. a. G. JANDER u. A. SCHULZ: Kolloid-Z. **36**, Erg.-Heft, 109 (1925).
10. JOST, W.: Z. phys. Chem. Abt. B **9**, 73 (1930).

11. Jost, W.: Z. phys. Chem. Abt. B **16**, 123 (1932); **21**, 158 (1933).

12. Tubandт, Reinhold, u. W. Jost: Z. anorg. Chem. **177**, 253 (1928).

13. Dunn, J. S.: Proc. Roy. Soc., Lond. A **111**, 203 (1929). — Bugakow, W., u. W. Neskutschaew: J. Inst. Metals **2**, 209 (1934). — Seith, W. u. W. Krauss: Z. Elektrochem. **44**, 98 (1938).

13a. van Liempt, J. A. M.: Rec. Trav. Chim. Pays-Bas **64**, 239 (1945).

14. Dünwald, H., u. C. Wagner: Z. phys. Chem. Abt. B **24**, 53 (1934). — Jost, W., u. A. Widmann: Z. phys. Chem. Abt. B **29**, 247 (1935).

15. Ricketts, V. C., u. J. L. Culbertson: J. Amer. chem. Soc. **53**, 4002 (1931).

16. Dunn, J. S.: J. chem. Soc. **129**, 2973 (1926).

17. Becker, G., E. Hertel u. C. Kaster: Z. phys. Chem. Abt. A **177**, 213 (1936).

18. Bückle, H.: Z. Metallkunde **34**, 130 (1942). — Bückle, H., u. A. Keil: Met. et Corr. **241**, 59 (1949); Mikroskopie **4**, 266 (1949).

19. Kuczynski, G. C.: J. Metals **1**, 169 (1949).

20. Dedrick, J. H., u. G. C. Kuczynski: J. appl. Phys. **21**, 1224 (1950).

21. Johnson, W. A.: Trans. AIME **166**, 114 (1946).

22. Snoek, J.: Physica **8**, 711 (1941).

23. Zener, C.: Phys. Rev. **71**, 34 (1947).

24. Wert, C. A., u. C. Zener: Phys. Rev. **76**, 1169 (1949). — Wert, C. A.: Phys. Rev. **79**, 601 (1950).

25. Kê, T. S.: Phys. Rev. **74**, 914 (1948).

26. Le Claire, A. D.: Phil. Mag. Ser. 7 **42**, 673 (1951).

27. Cremer, E.: Z. phys. Chem. Abt. B **39**, 445 (1938).

28. Runge, I.: Z. anorg. Chem. **115**, 293 (1921).

29. Seith, W., u. Kubaschewski: Z. Elektrochem. **41**, 551 (1935).

30. Tabellen sind am Ende des Textteiles abgedruckt.

31. Dunlap, W. C.: Bull. Amer. physic. Soc. **27**, 40 (1952).

32. Dunlap, W. C., u. D. E. Brown: Phys. Rev. **86**, 417 (1952).

33. Fuller, C. S.: Phys. Rev. **86**, 136 (1952).

34. Mc Afee, K. B., W. Shockley u. M. Sparks: Phys. Rev. **86**, 137 (1952).

35. Nowick, A. S.: Progress Met. Physics **4**, 1 (1953).

36. Miller, P. H., u. F. R. Banks: Phys. Rev. **61**, 648 (1942).

37. Rollin, B. V.: Phys. Rev. **55**, 231 (1939). — Maier, M. S., u. R. H. Nelson: Trans. AIME **147**, 39 (1942).

37a. Nix, F. C., u. F. E. Jaumot: Phys. Rev. **80**, 119 (1950).

38. Johnson, W. A.: Trans. AIME **143**, 107 (1941).

39. Zagrubski, A.: Physik. Z. UdSSR **12**, 118 (1937). — McKay, H. A. C.: Trans. Faraday Soc. **34**, 845 (1938).

40. Johnson, W. A.: Trans. AIME **147**, 331 (1942).

41. Groh, I., u. G. v. Hevesy: Ann. Phys. **65**, 216 (1920).

42. Hevesy, G. v., u. Obrutschewa: Nature, Lond. **115**, 674 (1925).

43. Hevesy, G. v., u. W. Seith: Z. Physik **56**, 790 (1929).

44. Seith, W., u. A. Keil: Z. Metallkunde **25**, 104 (1933).

45. Fürth, R.: Handb. d. Physikal. u. Technischen Mechanik, Bd. 7. Leipzig 1930.

46. Wertenstein, M. L., u. H. Dobrowolska: J. Physique Radium **4**, 324 (1923).

47. Steigmann, I., W. Shockley u. F. C. Nix: Phys. Rev. **56**, 13 (1939).

47a. Kryukov, S. N., u. A. A. Zhukovitsky: Doklady Akad. Nauk. SSSR **90**, 379 (1953).

48. Kuczynski, G. C.: J. appl. Physics **19**, 308 (1948).
49. Gatos, H. C., u. A. Azzam: J. Metals **4**, 407 (1952).
50. Seith, W., u. G. Küpferle: Z. Metallkunde **29**, 218 (1937).
51. Fürth, R.: Persönl. Mitteilungen.
52. Zimens, K. E.: Z. phys. Chem. Abt. A **191**, 122 (1942).
53. Zimens, K. E.: Z. Elektrochem. **44**, 590 (1938).

4. Ergebnisse experimenteller Bestimmungen.

Es soll zunächst die große Zahl der experimentellen Bestimmungen besprochen werden, bei denen eine Konzentrationsabhängigkeit der Diffusion noch nicht berücksichtigt wurde. Diese sind in Tabellen zusammengefaßt, und zwar in der Form, daß die Anordnung zunächst in alphabetischer Reihenfolge der chemischen Symbole des Grundmetalles erfolgt. Innerhalb jedes Grundmetalles stehen die Werte geordnet nach der alphabetischen Reihenfolge der chemischen Symbole des Zusatzmetalles. Die Werte für die Selbstdiffusion sind, soweit bekannt, in diese Systematik aufgenommen. Liegen für ein Metallpaar Meßreihen verschiedener Autoren vor, so sind diese getrennt voneinander aufgeführt. In den Tabellen sind neben den Temperaturen und den Werten für den DK, die stets in $cm^2 sec^{-1}$ angegeben sind, Symbole aufgeführt, die die verwendete Methode bezeichnen. Das Erscheinungsjahr der Arbeit soll darüber Auskunft geben, ob es sich um ältere oder neuere Messungen handelt, da man damit häufig ein Werturteil verbinden kann. Eine Nummer weist auf das Literaturzitat hin.

Liegen Messungen für mehrere Temperaturen vor, so ist auch die Temperaturabhängigkeit gekennzeichnet. Diese folgt im allgemeinen einer Gleichung: $D = D_0 \, e^{-Q/RT}$. Die Werte für D_0 und für die Ablösearbeit Q sind in einer besonderen Kolonne angeführt.

Die Diffusion einiger Metalle in Silber und Gold wurde von W. Jost [*54, 55, 56*] untersucht. Als Spender dienten teils reine Metalle, teils Legierungen, die 90% des Grundmetalles enthielten. Ausführliche Angaben macht W. Jost über die Diffusion von Gold in Silber, welche die früheren Messungen von Braune [*19*] ergänzen und bestätigen (Abb. 22). Die Diffusion einiger weiterer Metalle in reines Silber ist von Seith und Peretti [*102*] gemessen. Die Ausgangslegierungen enthalten jeweils 2% des Zusatzmetalles. In Abb. 23 sind diese Ergebnisse aufgezeichnet. Die auffallend starke Temperaturabhängigkeit der DK von Indium und Cadmium bei hohen Temperaturen, die von Seith und Peretti auf die hohen Dampfdrucke dieser Metalle zurückgeführt und nicht mit Bestimmtheit als reell angesehen wurden, haben sich bei Messungen von Bugakow und Ssirotkin [*24*] ebenfalls wiedergefunden, obwohl bei ihrer Versuchsanordnung eine Störung durch einen hohen Dampfdruck nicht wahrscheinlich ist. Es sind hier noch einige ältere radioaktive Messungen von WERTENSTEIN und DOBROWOLSKA [115] aus historischen Gründen zu nennen, da sie schon 1923 ausgeführt wurden. Für Polonium in Silber haben diese bei 470° 10^{-14} cm² sec^{-1} gefunden.

Die Diffusion einer Reihe von Metallen in Aluminium ist von technischem Interesse und wurde deshalb frühzeitig in Angriff genommen. Die Diffusion von **Mg** in **Al** ist von BRICK und PHILLIPS [20], von FRECHE [41], von BUNGARDT und BOLLENRATH [25] und von BEERWALD [8] untersucht. Die Methode von BRICK und PHILLIPS ist bereits beschrieben. BOLLENRATH und BUNGARDT benutzten eine Anordnung, wie sie Abb. 19 d zeigt, und BEERWALD arbeitete mit der Apparatur Abb. 19 f. Während zwischen 400° und 500° eine leidliche Übereinstimmung herrscht, differieren die Messungen bei höheren und tieferen Temperaturen sehr, so daß die Temperaturabhängigkeit sehr verschiedene Werte von D_0 und Q ergibt. Die Erklärung dieser Tatsache ist wohl in der leichten Oxydierbarkeit der Proben und in dem verschiedenen Reinheitsgrad der verwendeten Metalle zu suchen. BEERWALD hat auch die Diffusion von **Ag, Cu, Si**

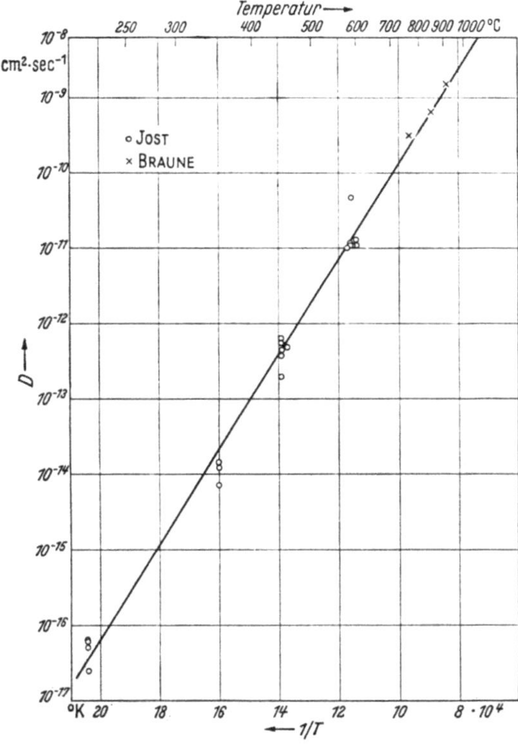

Abb. 22. Temperaturabhängigkeit der Diffusion von Gold in Silber.

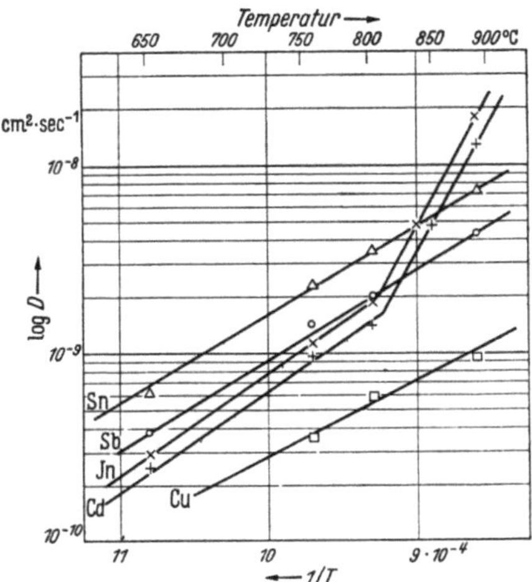

Abb. 23. Diffusion verschiedener Metalle in Silber.

3a*

und Sn in Al untersucht. In Abb. 24 sind seine Ergebnisse neben denen, die Brick und Phillips am System Al-Cu gewannen, eingezeichnet. Auch in diesen Systemen sind neuere Messungen unter Berücksichtigung der Konzentrationsabhängigkeit des DK von Mehl, Rhines und von den Steinen [76] vorgenommen worden. Sie sind in Kap. 6 besprochen. Die Selbstdiffusion des Al ist bis jetzt noch nicht gemessen, weil kein langlebiges radioaktives Isotop bekannt ist. Hier kann vielleicht die oben beschriebene Methode (S. 22) von Kuczynski [62] erfolgreich angewendet werden.

Diffusionsversuche, bei denen Gold das Grundmetall bildet, wurden schon mit den Ergebnissen, die Jost an Silberlegierungen gewonnen hat, erwähnt. Außer diesen liegen Angaben über die Diffusion von Fe und Ni in Au von Kubaschewski und Ebert [60] vor. Ferner haben Seith und Kottmann [99] die Diffusion von Au in Ag im Bereich von 0 bis 100% untersucht. Die Ergebnisse

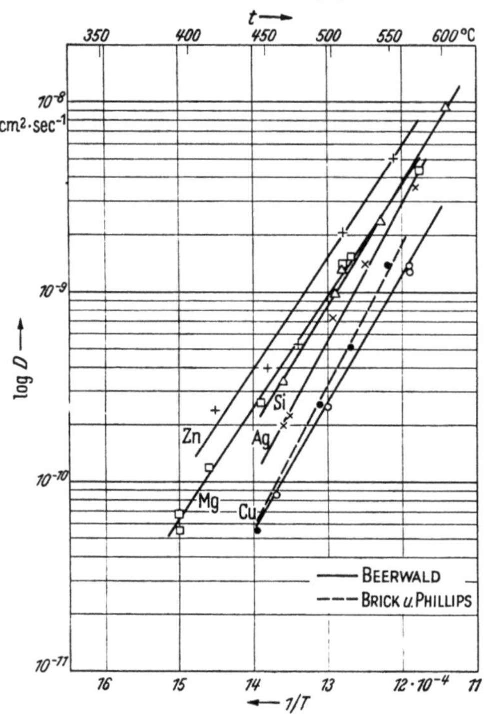

Abb. 24. Diffusion verschiedener Metalle in Aluminium.

werden später besprochen. Mit Hilfe künstlicher Radioindikatoren ist es Sagrubskij [92, 93] zuerst gelungen, die Selbstdiffusion in Gold zu messen. Es folgen dann weitere Untersuchungen von McKay [58], die jedoch nicht vollkommen übereinstimmen.

Einige orientierende Versuche zur Diffusion von Hg und Pb in Cd liegen von Seith, Hofer und Etzold [98] vor.

Untersuchungen über die Diffusion von Zink in Messing führten Köhler [59] und Kirkendall, Thomassen und Upthegrove [57] aus. Die Diffusion von Al, Au, Mn, Ni, Pd, Sn und Zn in Cu wurde von Matano [73] untersucht. Die Ergebnisse können nur als Anhaltspunkte benutzt werden. Bei den Versuchen, die an dünnen Schichten ausgeführt wurden und bei denen die Konzentration an der zunächst anliegenden Rückseite bestimmt wurde, ergaben sich Werte, die bei zunehmender Versuchsdauer abnahmen. Matano führt dies auf die

Wirkung der gleichzeitig vor sich gehenden Rekristallisation zurück. Der Effekt läßt sich jedoch auch unter Umständen als eine Konzentrationsabhängigkeit der Diffusion deuten. Die Systeme mit Cu als Grundmetall sind außerdem noch häufig nach verschiedenen Methoden untersucht worden. Einen Überblick verschafft man sich am besten durch Betrachten der Tabellen. Besonders die neueren Versuche am System Cu–Zn von Rhines und Mehl [86] sowie Da Silva und Mehl zeigen gute Übereinstimmung, s. Abb. 62.

Die Diffusion verschiedener Zusätze im Eisen, im besonderen die des Kohlenstoffs, nimmt wegen ihrer technischen Bedeutung in der Literatur einen breiten Raum ein. Die ersten Mitteilungen auf diesem Gebiet stammen von Royston [89] und von Arnold und M'William [2]. Letztere trieben Zylinder aus reinem Fe in Bohrungen von Stahlproben ein und erhitzten diese im Vakuum. Aus ihren Ergebnissen schließen Arnold und M'William, daß es bewegliche und unbewegliche Legierungsbestandteile gäbe. Zu den ersten zählen sie C, S, P und Ni, zu den unbeweglichen Al, As, Cr, Cu und W. Diese Angaben sind zwar nur bedingt richtig, stellen jedoch schon die große Beweglichkeit des Kohlenstoffs heraus. Eine weitere Annahme, daß nämlich Molekeln von Fe_3C im Eisen diffundieren würden, konnte schon in der Diskussion der zitierten Arbeit durch J. E. Stead als falsch herausgestellt werden.

Die Zementation des Eisens mit Kohlenstoff ist Gegenstand sehr zahlreicher Untersuchungen gewesen, die zum größten Teil der Feststellung der für die technische Verwendung dieses Verfahrens günstigen Bedingungen dienten. Auch die Bestimmung des DK wurde von zahlreichen Forschern in Angriff genommen. Die älteste Methode von Arnold und M'William, die nach unseren heutigen Erfahrungen die beste ist, wurde dabei jedoch meistens nicht angewendet, sondern beinahe immer die Aufkohlung mit gasförmigen Kohlenstoffverbindungen ausgeführt. Die Versuchsergebnisse sind wegen der Oberflächenreaktionen, die von Doehlemann [29] eingehend untersucht sind, nicht sicher. Nur bei den neueren Daten von Paschke und Hauttmann [82], Baukloh, Schulte und Friedrichs [7] sowie Wells und Mehl [111] sind Reaktionen an Phasengrenzflächen ausgeschaltet.

Die Untersuchungen von Mehl und Mitarbeitern [90], die eine Konzentrationsabhängigkeit des DK von C in γ-Fe fanden, werden später beschrieben. Während zunächst fast ausschließlich die Diffusion von C in γ-Fe betrachtet wurde, gelang es neuerdings auch, diese in der unterhalb 900° beständigen α-Phase des Eisens zu messen. Besonders zu beachten sind die Daten von Wert und Zener [112], die bis $-30°$ herunterreichen. Es wurde dabei festgestellt, daß die Diffusion von C im α-Fe wesentlich rascher erfolgt als im γ-Fe, was mit der geringeren Löslichkeit im α-Fe im Einklang steht.

Die Diffusion von N in Fe ist ebenfalls untersucht worden. Die Nitrierung erfolgte dabei durch Ammoniak, so daß ebenfalls Randreaktionen nicht ausgeschlossen sind. Kohlenstoff und Stickstoff unterscheiden sich von allen anderen Stoffen, deren Diffusion im Fe untersucht ist, durch ihre außerordentlich hohe Beweglichkeit. Diese ist darin begründet, daß die beiden Elemente mit dem Fe Einlagerungsmischkristalle bilden. Sie können dadurch im Eisengitter wandern, ohne daß gleichzeitig ein Platzwechsel von Fe-Atomen stattfinden muß.

Die aus der Temperaturabhängigkeit der DK errechneten Ablösearbeiten weisen ebenfalls auf einen Unterschied in der Festigkeit des Einbaues hin. Die Ablösearbeiten betragen für Kohlenstoff und Stickstoff etwa 30000 cal/g-Atom, für Al und Sn sind sie wesentlich höher und werden mit 47000 bzw. 46000 cal/g-Atom angegeben.

Die meisten Messungen, die sich auf Legierungsbestandteile des Eisens beziehen, sind älteren Datums und daher nicht sehr zuverlässig. Neue Messungen liegen für Si und Cr vor.

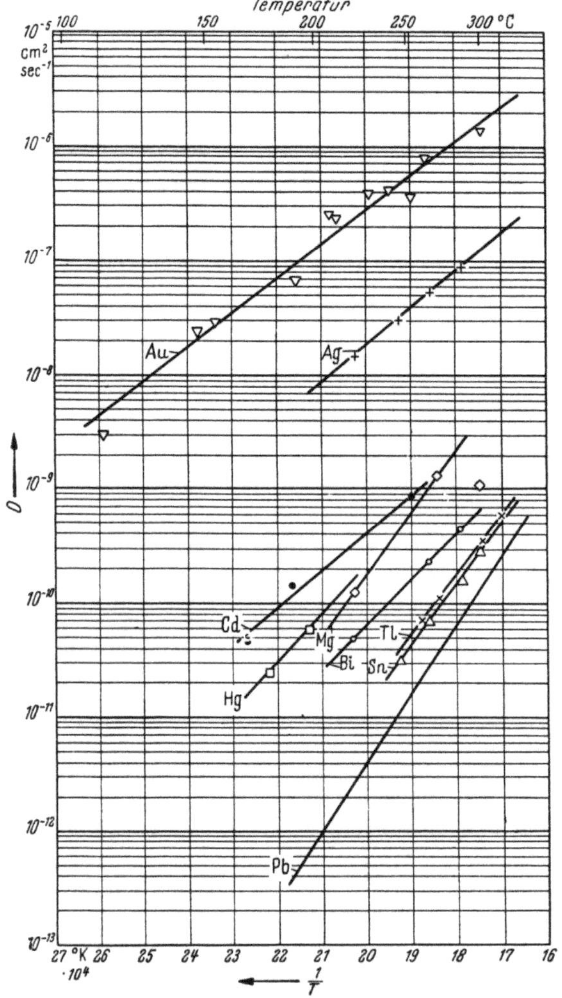

Abb. 25. Diffusion verschiedener Metalle in Blei.

Die Selbstdiffusion in α- und γ-Fe wurde von BIRCHENALL und MEHL [10] sowie von BUFFINGTON und COHEN [21] mit radioaktivem Fe gemessen. Die neueren Untersuchungen der zuerst genannten Autoren

[*10*] deuten an, daß die Aktivierungswärmen in beiden Kristallarten die gleiche Größenordnung aufweisen.

In Molybdän wurde der DK des Thoriums von NELTING [*79*] gemessen.

Die Diffusion von Metallen in Blei ist vom Verfasser als Grundlage einer Reihe von Untersuchungen gewählt worden, weil es schon vor Entdeckung der künstlichen Radioaktivität möglich war, die Selbstdiffusion unter Verwendung von ThB zu messen. Hierzu wurde stets von Legierungen ausgegangen, die 2% des Zusatzmetalles enthielten. Ag und Au kamen infolge ihrer geringen Löslichkeit in kleineren Konzentrationen zur Anwendung. In den Tabellen kann man einen Überblick über die Ergebnisse bekommen, die noch einmal in Abb. 25 dargestellt sind. Unsere Ergebnisse am System Pb–Au stimmen gut alten Messungen von ROBERTS-AUSTEN [*87*] und OSTRAND und DEWEY [*81*] überein.

Zu Tab. 1. *Ergebnisse experimenteller Bestimmungen.*

Nr.	Benutzte Methode
1	Aufteilen der Probe in zwei oder mehr Schichten und anschließende chemische Analyse
2a	Aufteilen der Probe in Schichten und Spektralanalyse
2b	Spektralanalyse der Diffusionsprobe mit lokalisiertem Funken in der Diffusionsrichtung fortschreitend
3	Metallographische Schliffuntersuchung ohne Vorbehandlung
4a	Metallographische Methode mit Konzentrationsbestimmung durch Untersuchung abgeschreckter und getemperter Proben
4b	Metallographische Methode mit Konzentrationsbestimmung durch Beobachtung von Resistenzgrenzen
5	Bestimmung der Gitterkonstanten mit Hilfe von Röntgenstrahlen.
6	Verdampfungsmethoden
7	Thermo-Ionen-Emission
8a	Radioaktive Methode mit Messung der Oberflächenaktivität
8b	Radioaktive Methode mit Bestimmung der Aktivität abgetrennter Schichten
8c	Radioaktive Methode mit mehreren Aktivitätsmessungen an der unzerteilten Probe
9	Konzentrationsbestimmung durch Mikrohärtemessung
10	Konzentrationsbestimmung durch Messung der elektrischen Leitfähigkeit
11	Messung der Relaxationszeit
12	Messungen an Halbleitern

Tabelle 1.

Grund-metall	Zusatz-metall	Ausgangskonzentration		t	D	D_0	Q (cal/ g At.)	Me-thode	Jahr	Lite-ratur
		(Gew.-%)	(At.-%)	° C	(cm² sec⁻¹)	(cm² sec⁻¹)				
Ag	Ag*¹			500	$(1,2—3,4) \cdot 10^{-12}$	0,6	42000		1949	62
				600	$(2,5—3,7) \cdot 10^{-11}$					
				700	$(1,4—1,6) \cdot 10^{-10}$					
				800	$(0,8—1,3) \cdot 10^{-9}$					
				900	$1,2 \cdot 10^{-8}$					
				460	$8,0 \cdot 10^{-14}$	0,9	45700		1950	63
				600	$5,9 \cdot 10^{-12}$					
				700	$(0,6—1,2) \cdot 10^{-10}$					
				800	$7,5 \cdot 10^{-10}$					
				900	$(5,4—7,0) \cdot 10^{-9}$					
				725—950		0,895	45950		1941	53
						1,8	47400		1953	59a
						0,724	45500		1952	105a
	Au	100	100	218	$(2,6—6,6) \cdot 10^{-17}$	$5,3 \cdot 10^{-4}$	29800	4	1930	54
				351	$(6,9—14) \cdot 10^{-15}$					
				444	$(2,9—6,3) \cdot 10^{-13}$					
				456	$4,9 \cdot 10^{-13}$					
				585	$1,0 \cdot 10^{-11}$					
				588	$1,1 \cdot 10^{-11}$					
				601	$1,1 \cdot 10^{-11}$					
		10	5,7	767	$1,3 \cdot 10^{-9}$	$4,2 \cdot 10^{-5}$	26600	1	1924	19
				847	$2,5 \cdot 10^{-9}$ ²					
				916	$6,0 \cdot 10^{-9}$					

* ¹ bedeutet radioaktives Isotop.　² Werte um Faktor 4 zu groß. Vgl. Jost [54].

Cd	2,08	2	650	$2,50 \cdot 10^{-10}$	$4,84 \cdot 10^{-5}$	22350	2	1936	102
			760	$9,5 \cdot 10^{-10}$					
			800	$1,40 \cdot 10^{-9}$					
			850	$4,79 \cdot 10^{-9}$					
			895	$1,3 \cdot 10^{-8}$					
	5	4,81	800	$1,3 \cdot 10^{-9}$			6	1937	24
	5	4,81	900	$6,25 \cdot 10^{-9}$			6	1937	—
	10	9,64	700	$5,8 \cdot 10^{-9}$			6	1937	24
	10	9,64	800	$2,3 \cdot 10^{-8}$			6	1937	—
Cu	1,50	2	760	$3,55 \cdot 10^{-10}$	$5,94 \cdot 10^{-5}$	24800	2	1936	102
			800	$5,9 \cdot 10^{-10}$					
			895	$9,4 \cdot 10^{-10}$					
In	2,13	2	650	$2,87 \cdot 10^{-10}$	$7,3 \cdot 10^{-5}$	24400	2	1936	102
			760	$1,20 \cdot 10^{-9}$					
			800	$1,82 \cdot 10^{-9}$					
			840	$4,78 \cdot 10^{-9}$					
			895	$1,77 \cdot 10^{-8}$					
Pb*	$< 10^{-4}$		700—800		0,39	39200		1953	50a
Pd	20	20,2	444	$1,3 \cdot 10^{-12}$	$6,4 \cdot 10^{-6}$	20200	5	1933	56
			571	$3,7 \cdot 10^{-11}$					
			642	$1,2 \cdot 10^{-10}$					
			917	$1,2 \cdot 10^{-9}$					
Po			470	10^{-14}			8a	1923	115

Tabelle 1. (Fortsetzung.)

Grund-metall	Zusatz-metall	Ausgangskonzentration		t	D	D_0	Q	Me-thode	Jahr	Lite-ratur
		(Gew.-%)	(At.-%)	°C	(cm² sec⁻¹)	(cm² sec⁻¹)	(cal/ g At)			
Ag	Sb	2,25	2	650	$3{,}85 \cdot 10^{-10}$	$5{,}30 \cdot 10^{-5}$	21700	2	1936	102
				760	$1{,}45 \cdot 10^{-9}$					
				800	$2{,}00 \cdot 10^{-9}$					
				895	$4{,}3 \cdot 10^{-9}$					
	Sb¹²⁴	Spuren		648,5—935		0,29	39400		1952	105
	Sb*	Spuren		469—942		0,169	38320		1954	105b
	Sn	2,20	2	650	$6{,}20 \cdot 10^{-10}$	$7{,}81 \cdot 10^{-5}$	21400	2	1936	102
				760	$2{,}36 \cdot 10^{-9}$					
				800	$3{,}5 \cdot 10^{-9}$					
				895	$7{,}3 \cdot 10^{-9}$					
	Zn	5	7,99	750	$4{,}6 \cdot 10^{-9}$			6	1937	24
		5	7,99	850	$1{,}2 \cdot 10^{-8}$			6	1937	
		10	15,49	750	$7{,}0 \cdot 10^{-9}$			6	1937	24
		10	15,49	850	$2{,}3 \cdot 10^{-8}$			6	1937	
		15	22,55	650	$3{,}5 \cdot 10^{-9}$			6	1937	24
		15	22,55	750	$1{,}3 \cdot 10^{-8}$			6	1937	
Al	Ag	5	1,3	465	$1{,}95 \cdot 10^{-10}$	1,1	32600	2	1939	8
				467	$2{,}23 \cdot 10^{-10}$					
				500	$7{,}3 \cdot 10^{-10}$					
				530	$1{,}38 \cdot 10^{-9}$					
				573	$3{,}52 \cdot 10^{9}$					
		2,5—17	0,6—4,9	500	$(2{,}0\text{—}1{,}1) \cdot 10^{-9}$		38500	1	1941	76

Cu	0,4	0,17	565	$1,3 \cdot 10^{-9}$	$8,4 \cdot 10^{-2}$	32600	2	1939	8
	2	0,86	457	$8,46 \cdot 10^{-11}$	$8,4 \cdot 10^{-2}$	32600	2	1939	8
			497	$2,52 \cdot 10^{-10}$					
			515	$5,12 \cdot 10^{-10}$					
			565	$1,39 \cdot 10^{-9}$					
	1—5	0,4—2,2	500	$(1,5—5,8) \cdot 10^{-10}$		33900	1	1941	76
	Eutekt.	Eutekt.	440	$5,0 \cdot 10^{-11}$	2,3	34900	3	1937	20
	Eutekt.	Eutekt.	540	$1,4 \cdot 10^{-9}$	2,3	34900	3	1937	—
Mg	1,2	1,32	450	$1,9 \cdot 10^{-9}$			2	1936	41
	0,25—2	0,3—2,2	500	$(1,1—2,1) \cdot 10^{-9}$		32200	1	1941	76
	4,77—7,20	5,27—7,94	420—520	$(0,76—52) \cdot 10^{-10}$		38000	1	1938	25
	5	5,51	413	$1,19 \cdot 10^{-10}$	$1,2 \cdot 10^{-1}$	28600	2	1939	8
	5	5,51	447	$2,6 \cdot 10^{-10}$					
			511	$1,4 \cdot 10^{-9}$					
			514	$1,53 \cdot 10^{-9}$					
	5	5,51	577	$4,4 \cdot 10^{-9}$					
	6	6,6	395	$5,6 \cdot 10^{-11}$					
	10	11,0	395	$6,8 \cdot 10^{-11}$					
	13,75	15,02	420	$(7,2—8,9) \cdot 10^{-11}$			1	1938	25
	Eutekt.	Eutekt.	365	$8,6 \cdot 10^{-12}$	$1,5 \cdot 10^{-2}$	38500	3	1937	20
	Eutekt.	Eutekt.	440	$3,3 \cdot 10^{-10}$	$1,5 \cdot 10^{-2}$	38500	3	1937	—

Tabelle 1. (Fortsetzung.)

Grund-metall	Zusatz-metall	Ausgangskonzentration		t	D	D_0	Q	Me-thode	Jahr	Lite-ratur
		(Gew.-%)	(At.-%)	°C	(cm² sec⁻¹)	(cm² sec⁻¹)	(cal/ g At.)			
Al	Si	0,52	0,5	465	$3,4 \cdot 10^{-10}$	$9,0 \cdot 10^{-1}$	30550	2	1939	8
				500	$9,85 \cdot 10^{-10}$					
				509	$1,33 \cdot 10^{-9}$					
				537	$2,36 \cdot 10^{-9}$					
		0,52	0,5	600	$9,3 \cdot 10^{-9}$					8
		1,95	1,88	510	$2,0 \cdot 10^{-9}$			2	1936	41
		0,2—0,7	0,2—0,7	500	$(20,0-7,5) \cdot 10^{-10}$		31500	1	1941	76
	Zn	2	0,84	415	$2,4 \cdot 10^{-10}$	12	27800	2	1939	8
				450	$3,97 \cdot 10^{-10}$					
				473	$5,3 \cdot 10^{-10}$					
				507	$2,04 \cdot 10^{-9}$					
				555	$5,04 \cdot 10^{-9}$					
		2,5—32	1,1—16,4	500	$(2,0-3,8) \cdot 10^{-9}$		25800	1	1941	76
Au	Ag	5	8,77	806	$7,6 \cdot 10^{-10}$	$2,4 \cdot 10^{-2}$	37000	2a	1950	34
				858	$1,6 \cdot 10^{-9}$					
				891	$2,9 \cdot 10^{-9}$					
				931	$4,4 \cdot 10^{-9}$					
				966	$6,7 \cdot 10^{-9}$					
				1017	$1,4 \cdot 10^{-8}$					

Au[198]				721	$3,7 \cdot 19^{-13}$	$2 \cdot 10^{-2}$	51000	8a	1938	74
				893	$7,2 \cdot 10^{-12}$					
				966	$2,5 \cdot 10^{-11}$					
				800	$3,1 \cdot 10^{-12}$	0,16	53000	8b	1937	92 93
				900	$2,5 \cdot 10^{-11}$					
				1020	$1,5 \cdot 10^{-10}$					
Au[198]				680—1060		0,265	45300		1954	42 c
Au[198]				800	$1,8 \ 10^{-10}$		$\sim$45 000		1952	42b
				900	$1,6 \ 10^{-9}$					
				1000	$4,2 \ 10^{-9}$					
Cu		100	100	301	$1,5 \ \cdot 10^{-13}$	$1,06 \cdot 10^{-3}$	27400	5	1932	55
				444	$(4,05\text{—}5,3) \cdot 10^{-12}$					
				560	$9,3 \ \cdot 10^{-11}$					
				604	$1,39 \cdot 10^{-10}$					
				616	$2,2 \ \cdot 10^{-10}$					
		10	25,6	443	$2,4 \ \cdot 10^{-12}$	$5,8 \cdot 10^{-4}$	27400	5	1932	56
				648	$1,74 \cdot 10^{-10}$					
				740	$9,3 \ \cdot 10^{-10}$					
				870	$8,3 \ \cdot 10^{-9}$					
				970	$3,25 \cdot 10^{-9}$					
Fe		5,0	15,6	753	$5,4 \cdot 10^{-10}$	$1,2 \cdot 10^{-4}$	24400	5	1944	60
				800	$1,4 \cdot 10^{-9}$					
				903	$3,1 \cdot 10^{-9}$					
				955	$5,4 \cdot 10^{-9}$					
				1003	$7,5 \cdot 10^{-9}$					
Ni		4,9	15	800	$7,8 \cdot 10^{-10}$	$1,74 \cdot 10^{-3}$	31200	5	1944	60
				852	$1,3 \cdot 10^{-9}$					
				902	$2,3 \cdot 10^{-9}$					
				929	$3,7 \cdot 10^{-9}$					
				1003	$7,0 \cdot 10^{-9}$					

Tabelle 1. (Fortsetzung.)

Grund-metall	Zusatz-metall	Ausgangskonzentration		t	D	D_0	Q (cal/ g At.)	Me-thode	Jahr	Lite-ratur
		(Gew.-%)	(At.-%)	°C	$(\text{cm}^2\,\text{sec}^{-1})$	$(\text{cm}^2\,\text{sec}^{-1})$				
Au	Pd	10	17,1	727	$5{,}8 \cdot 10^{-12}$	$1{,}13 \cdot 10^{-3}$	37400	5	1932	56
				820	$5{,}2 \cdot 10^{-11}$					
				870	$8{,}3 \cdot 10^{-11}$					
				970	$3{,}2 \cdot 10^{-10}$					
	Pt	20	20,1	740	$4{,}7 \cdot 10^{-12}$	$1{,}24 \cdot 10^{-3}$	39000	5	1932	56
				824	$2{,}2 \cdot 10^{-11}$					
				927	$6{,}2 \cdot 10^{-11}$					
				986	$(1{,}7\text{—}2{,}8) \cdot 10^{-10}$					
Bi (∥ c-Achse)	ThC			269	$9{,}0 \ \cdot 10^{-11}$		31000		1933	103
				267	$4{,}03 \cdot 10^{-11}$					
				264	$7{,}77 \cdot 10^{-11}$					
				263	$3{,}28 \cdot 10^{-11}$					
				261	$2{,}22 \cdot 10^{-11}$					
				255	$1{,}66 \cdot 10^{-11}$					
				254	$5{,}57 \cdot 10^{-12}$					
				252	$4{,}95 \cdot 10^{-12}$					
				218	$1{,}46 \cdot 10^{-16}$					
				214	$6{,}74 \cdot 10^{-17}$					
				209	$2{,}03 \cdot 10^{-17}$					
				269	$5{,}70 \cdot 10^{-10}$					
				264	$1{,}61 \cdot 10^{-10}$					
				218	$1{,}63 \cdot 10^{-15}$					

⊥ c-Achse				265	$2{,}87 \cdot 10^{-16}$		140000			
				258	$2{,}03 \cdot 10^{-16}$					
				238	$1{,}17 \cdot 10^{-16}$					
				212	$2{,}41 \cdot 10^{-17}$					
				269	$2{,}15 \cdot 10^{-16}$					
				249	$1{,}1 \cdot 10^{-16}$					
				238	$4{,}16 \cdot 10^{-17}$					
Cd	Hg	6,93	4	156	$2{,}7 \cdot 10^{-10}$	2,6	19600	6	1934	98
		6,93	4	202	$2{,}5 \cdot 10^{-9}$	2,6	19600	6	1934	—
	Pb	3,63	2	252	$8 \cdot 10^{-12}$			2	1934	98
Co	Co^{60}			1050—1250		0,37	67000	8a	1951	80
				1050—1250		0,032	61900		1951	90
Cu	Ag	5	3	720—860		$2{,}9 \cdot 10^{-2}$	37200		1950	61
	Ag^{110}	100	100	460	$1{,}1 \cdot 10^{-20}$		94800	8a	1951	94
				500	$3{,}72 \cdot 10^{-19}$					
				550	$1{,}02 \cdot 10^{-17}$					
				600	$7{,}72 \cdot 10^{-16}$					
	Al	0 gegen 7—10	0 gegen 15—20,7	500	$1{,}7 \cdot 10^{-12}$	$7{,}1 \cdot 10^{-2}$	39100	5	1934	73
		0 gegen 7—10	0 gegen 15—20,7	850	$2{,}2 \cdot 10^{-9}$	$7{,}1 \cdot 10^{-2}$	39100	5	1934	—

Tabelle 1. (Fortsetzung.)

Grund-metall	Zusatz-metall	Ausgangskonzentration		t	D	D_0	Q	Me-thode	Jahr	Lite-ratur
		(Gew.-%)	(At.-%)	°C	(cm² sec⁻¹)	(cm² sec⁻¹)	(cal/ g At.)			
Cu	Au	0 gegen 7—10	0 gegen 2,4—3,5	400	$(4,3-7,2) \cdot 10^{-13}$	$6,8 \cdot 10^{-6}$	22400	5	1934	73
				510	$2,9 \cdot 10^{-12}$					
				650	$2,6 \cdot 10^{-11}$					
				700	$4,9 \cdot 10^{-11}$					
				850	$2,9 \cdot 10^{-10}$					
				970	$1,3 \cdot 10^{-9}$					
	Cd	5,2	3	720—860		$3,04 \cdot 10^{-4}$	23700		1950	61
	Cu⁶⁴			650	$3,2 \cdot 10^{-12}$	0,34	46800	8a	1942	85
				850	$2,6 \cdot 10^{-10}$			8a	1942	
	Cu⁶⁴			750	$9 \ \cdot 10^{-12}$	11	57200	8a	1939	107
				850	$1,5 \cdot 10^{-10}$					
				950	$8 \ \cdot 10^{-10}$					
	Cu⁶⁴			830	$4,0 \cdot 10^{-11}$	47	61400	8b	1939	88
				940	$3,5 \cdot 10^{-10}$					
				1030	$2,8 \cdot 10^{-9}$					
	Cu			500	$(0,82-230) \cdot 10^{-14}$	70	56000		1949	62
				600	$(1,6-80) \cdot 10^{-12}$					
				700	$(1,5-40) \cdot 10^{-11}$					
				800	$(4,9-16) \cdot 10^{-10}$					
				900	$(9,8-18) \cdot 10^{-9}$					
				1000	$(4,3-4,7) \cdot 10^{-8}$					
	Cu*	Einkristall				0,6	49000		1942	72a
		Polykristall				0,1	45100			

			700	$4{,}06 \cdot 10^{-12}$	4,1	54000		1950	27
			800	$4{,}60 \cdot 10^{-11}$					
			850	$1{,}53 \cdot 10^{-10}$					
			900	$3{,}58 \cdot 10^{-10}$					
			950	$6{,}8 \cdot 10^{-10}$					
			1000	$1{,}95 \cdot 10^{-9}$					
Mn	7—10	8—11,4	400	$2{,}0 \cdot 10^{-13}$	$7{,}1 \cdot 10^{-6}$	23200	5	1934	73
			500	$(3{,}6—9{,}5) \cdot 10^{-13}$					
			650	$3{,}7 \cdot 10^{-11}$					
			850	$1{,}3 \cdot 10^{-10}$					
			950	$6{,}5 \cdot 10^{-10}$					
Ni	7—10	7,5—10,7	550	$7{,}1 \cdot 10^{-13}$	$6{,}5 \cdot 10^{-5}$	29800	5	1934	73
			700	$1{,}4 \cdot 10^{-11}$					
			950	$2{,}1 \cdot 10^{-10}$					
Pd	7—10	4,3—6,2	490	$9{,}0 \cdot 10^{-13}$	$1{,}6 \cdot 10^{-6}$	21900	5	1934	73
			580	$3{,}1 \cdot 10^{-12}$					
			700	$1{,}3 \cdot 10^{-11}$					
			860	$1{,}3 \cdot 10^{-10}$					
			950	$(2{,}6—2{,}9) \cdot 10^{-10}$					
Pt	7—10	2,4—3,5	490	$5{,}8 \cdot 10^{-13}$	$1{,}0 \cdot 10^{-6}$	21900	5	1934	73
			580	$4{,}5 \cdot 10^{-12}$					
			700	$1{,}3 \cdot 10^{-11}$					
			850	$3{,}5 \cdot 10^{-11}$					
			960	$(1{,}1—2{,}3) \cdot 10^{-10}$					

Tabelle 1. (Fortsetzung.)

Grund-metall	Zusatz-metall	Ausgangskonzentration		t	D	D_0	Q	Me-thode	Jahr	Lite-ratur
		(Gew.-%)	(At.-%)	°C	(cm² sec⁻¹)	(cm² sec⁻¹)	(cal/ g At.)			
Cu	Sn	7—10	3,9—5,6	400	$4,8 \cdot 10^{-13}$	$4,1 \cdot 10^{-3}$	31 200	5	1934	75
				500	$6,7 \cdot 10^{-12}$					
				650	$6,9 \cdot 10^{-11}$					
				760	$1,4 \cdot 10^{-9}$					
				850	$3,9 \cdot 10^{-9}$					
	Zn	α-Messing	α-Messing	350	$5,8 \cdot 10^{-11}$				1928	59
		α-Messing	α-Messing	400	$2,3 \cdot 10^{-13}$				1926	51
		α-Messing	α-Messing	600	$8,6 \cdot 10^{-11}$		39 000	5	1939	57
				655	$3,54 \cdot 10^{-10}$					
				720	$1,3 \cdot 10^{-9}$					
		α-Messing	α-Messing	727—955			18 500		1939	83
		0—9,58	0—9,25	641	$5,07 \cdot 10^{-14}$	$5,8 \cdot 10^{-4}$	42 000	6	1926	32
				725	$4,09 \cdot 10^{-13}$					
				775	$9,1 \cdot 10^{-13}$					
				842	$3,36 \cdot 10^{-12}$					
				884	$6,33 \cdot 10^{-12}$					
		0—23,5	0—24	750	$(2,0—61) \cdot 10^{-10}$			1	1938	86
				800	$(3,0—70) \cdot 10^{-10}$					
				900	$(1,7—28,5) \cdot 10^{-9}$					

		0—29,08	0—28,6	641 725 775 842 884	$2,26 \cdot 10^{-13}$ $1,62 \cdot 10^{-12}$ $(4,1—4,32) \cdot 10^{-12}$ $2,26 \cdot 10^{-11}$ $3,36 \cdot 10^{-11}$	$3,2 \cdot 10^{-3}$	42000	6	1926	32
		0—33,8	0—33,2	800	$(1,2—3,1) \cdot 10^{-8}$			6	1938	100
		2,9	3	720—860		$3,7 \cdot 10^{-6}$	22000		1950	61
		0 gegen 7—10	0 gegen 6,8—9,8	360	$9,6 \cdot 10^{-13}$	$3 \cdot 10^{-6}$	19700	5	1934	73
		0 gegen 7—10	0 gegen 6,8—9,8	880	$5,6 \cdot 10^{-10}$	$3 \cdot 10^{-6}$	19700	5	1934	—
		10,0	10,25	800	$(6,5—7,3) \cdot 10^{-10}$			6	1940	47
		22,0	22,5	785	$5,1 \cdot 10^{-9}$				1946	104
		25,0	25,5	780	$3,8 \cdot 10^{-9}$				1942	58
		27,0—34,8	27,5—35,4	700—950			24500		1934	23
		27,4	28,0	700 780 820	$2,67 \cdot 10^{-10}$ $0,93 \cdot 10^{-9}$ $4,6 \cdot 10^{-9}$			6	1926	47
		28,4	29	400—600			46000		1947	52
		37,3	37,9	800	$(0,86—1,65) \cdot 10^{-9}$			6	1940	47
		43,5—50	42,7—49	800	$(1,2—1,4) \cdot 10^{-7}$			6	1938	100
		β-Messing	β-Messing	350	$1,3 \cdot 10^{-9}$				1928	59

Tabelle 1. (Fortsetzung.)

Grund-metall	Zusatz-metall	Ausgangskonzentration		t	D	D_0	Q (cal/ g At.)	Me-thode	Jahr	Lite-ratur
		(Gew.-%)	(At.-%)	°C	(cm² sec⁻¹)	(cm² sec⁻¹)				
Cr	Co	0—43	0—40	1000—1360		0,443	63600		1951	109
Fe	Al	100	100	900	$3{,}8 \cdot 10^{-9}$		44000	3	1930	1
		100	100	1050	$2{,}0 \cdot 10^{-8}$		44000	3	1930	—
	B	0,0038		950	$2{,}6 \cdot 10^{-7}$	0,002	21000		1953	26
		C = 0,43		992	$3{,}6 \cdot 10^{-7}$					
		Mn = 1,64		998	$4{,}1 \cdot 10^{-7}$					
		P = 0,02		1000	$4{,}5 \cdot 10^{-7}$					
		S = 0,019		1000	$5{,}8 \cdot 10^{-7}$					
		Si = 0,37		1072	$8{,}3 \cdot 10^{-7}$					
		Ni = 0,01		1072	$9{,}0 \cdot 10^{-7}$					
		Cr = 0,04		1203	$10{,}9 \cdot 10^{-7}$					
		Mo = 0,01		1299	$23{,}3 \cdot 10^{-7}$					
	C	Elektrolyteisen	Elektrolyteisen	925	$1{,}2 \cdot 10^{-7}$			9	1921	91
		0,1—1	0,45—4,49	750—1250		$0{,}12 \pm 0{,}07$	32000		1940	111
	Gas-förmiges Kohlungs-mittel	C = 0,07 P = 0,003 Mn = 0,27	C = 0.33 P = 0,05 Mn = 0,27	925	$3{,}0 \cdot 10^{-7}$			3	1922	108
		Si = Spuren	Si = Spuren	1000	$1{,}93 \cdot 10^{-6}$			3	1922	108

				°C	D	D₀	Q	n		
		Armco-Eisen C = 0,02 Si = 0,02 Mn = 0,05 S = 0,03 P = 0,012	Armco-Eisen C = 0,093 Si = 0,04 Mn = 0,05 S = 0,05 P = 0,022	800 900 950 1000 1050 1100	$1,5 \cdot 10^{-8}$ $7,5 \cdot 10^{-8}$ $1,18 \cdot 10^{-7}$ $2,0 \cdot 10^{-7}$ $2,8 \cdot 10^{-7}$ $4,5 \cdot 10^{-7}$	$1,67 \cdot 10^{-2}$	28700	1	1926 1927 1929	15 16 17 18
	Entkohlung von weißem Gußeisen in CO-CO₂-Mischungen	C = 1,82—3,16 Si = 0,33—0,45 Mn = 0,36—0,52 P = 0,067—0,143	7,91—13,16 0,61— 0,80 0,34— 0,48 0,10— 0,23	950 1000 1050 1100	1 Gew.-% C 1,5 Gew.-% C $1,17 \cdot 10^{-7}$ $1,3 \cdot 10^{-7}$ $2,83 \cdot 10^{-7}$ $2,88 \cdot 10^{-7}$ $4,54 \cdot 10^{-7}$ $5,27 \cdot 10^{-7}$ $8,3 \cdot 10^{-7}$ $7,1 \cdot 10^{-7}$			6	1943	7
	Verschwei-ßung von hochgekohl-tem Stahl mit Armco-Eisen	Hochgek. Stahl Armco-Eisen C = 1,10 0,030 Si = 0,282 0,005 Mn = 0,230 0,027 P = 0,014 0,012 S = 0,006 0,028	Hochgek. Stahl Armco-Eisen C = 4,9 0,14 Si = 0,54 0,010 Mn = 0,22 0,027 P = 0,025 0,022 S = 0,10 0,049	925 1000 1100 1200 1250	$1,08 \cdot 10^{-7}$ $2,7 \cdot 10^{-7}$ $7,23 \cdot 10^{-7}$ $(1,95—2,25) \cdot 10^{-6}$ $2,8 \cdot 10^{-6}$	$4,86 \cdot 10^{-1}$	36600	1	1935	82
		0,02	0,09	−35 bis +200		0,02	20100	11	1950	113
		etwa 0,015	etwa 0,07	−35 bis +100		0,008	19800	11	1950	112
				1000 1100 1000 1100	$4,2 \cdot 10^{-7}$ $1,14 \cdot 10^{-6}$ $1,04 \cdot 10^{-6}$ $1,2 \cdot 10^{-6}$				1921	44
α Fe γ Fe	Co⁶⁰ Co⁶⁰			700—900 1100—1200		0,2 300	54000 87000		1954 1954	46a —
	Cr	Fe-Cr-Pulver 100 100	Fe-Cr-Pulver 100 100	1200 1150 1350	$(1,7—8,1) \cdot 10^{-9}$ $6,8 \cdot 10^{-10}$ $(2,2—5,3) \cdot 10^{-8}$		 13500 13500	5 1 1	1934 1932 1932	50 4 —
	Cu*	0,16	0,14			3	61000			72

Tabelle 1. (Fortsetzung.)

Grund-metall	Zusatz-metall	Ausgangskonzentration		t	D	D_0	Q	Me-thode	Jahr	Lite-ratur
		(Gew.-%)	(At.-%)	°C	(cm² sec⁻¹)	(cm² sec⁻¹)	(cal/ g At.)			
γ-Fe	Fe*						67800		1950	22
α-Fe	Fe*			715— 887		$3,4 \cdot 10^{+4}$	77200		1948	9
				720— 776		$2,3 \cdot 10^{+3}$	73200		1950	10
						6,2	59800		1952	21
γ-Fe	Fe*			935—1112		$1,04 \cdot 10^{-3}$	48000		1948	9
				970—1357		5,8	74200		1950	10
α-Fe	H₂					0,002	2900		1950	43
γ-Fe	H₂					0,011	9950		1950	—
	Mn	3	3	1400	$9,6 \cdot 10^{-8}$			1	1935	82
		~ 27	~ 27	960	$3 \ \cdot 10^{-10}$			1	1923	42
	Mo	0—0,6	0—0,31	1200	$(2,3{-}3,0) \cdot 10^{-9}$			1	1930	45
		15	9,36	1150	$1,7 \cdot 10^{-9}$			4a	1951	40
γ-Fe	N	< 0,02	< 0,08	955	$1,9 \cdot 10^{-7}$				1951	28
		$\sim 0,02$	$\sim 0,08$	1348	$3,1 \cdot 10^{-6}$				1951	—
α-Fe		0,025	0,1	9,5	$2,4 \cdot 10^{-17}$	0,0066	18600		1954	36
				21,5	$1,1 \cdot 10^{-16}$					
				500	$3,8 \cdot 10^{-8}$					
				600	$1,4 \cdot 10^{-7}$					
				950	$(3,1 \cdot 10^{-6})$					
γ-Fe				950	$6,5 \cdot 10^{-8}$					

Fe	Ni	22,8	22	1200	$9,3 \cdot 10^{-11}$			1	1923	42
	P			950	$7,2 \cdot 10^{-10}$		46100		1935	14
				1000	$1,4 \cdot 10^{-9}$					
				1040	$2,25 \cdot 10^{-9}$					
	S			950	$3,0 \cdot 10^{-10}$		26700		1935	14
				1000	$5,55 \cdot 10^{-10}$					
				1050	$6,95 \cdot 10^{-10}$					
				1100	$9,95 \cdot 10^{-10}$					
				1150	$1,3 \cdot 10^{-9}$					
	Si	21,3	35	960	$7,5 \cdot 10^{-9}$			1	1923	42
		21,3	35	1150	$1,45 \cdot 10^{-8}$			1	1923	
γ-Fe		0,0—1,0	0,0—2,0	1206	$4,0 \cdot 10^{-10}$			1	1952	6
		0,0—1,0	0,0—2,0	1293	$1,7 \cdot 10^{-9}$			1	1952	
α-Fe		2,3—3,7	4,5—7,1	1095	$1,5 \cdot 10^{-8}$	0,44	48000	1	1952	6
				1194	$2,4 \cdot 10^{-8}$					
				1201	$4,2 \cdot 10^{-8}$					
				1202	$3,2 \cdot 10^{-8}$					
α-Fe		2,3—3,7	4,5—7,1	1249	$5,0 \cdot 10^{-8}$			1	1952	6
				1255	$5,7 \cdot 10^{-8}$					
				1284	$1,3 \cdot 10^{-7}$					
				1300	$9,0 \cdot 10^{-8}$					
				1306	$1,1 \cdot 10^{-7}$					
				1344	$1,2 \cdot 10^{-7}$					
				1347	$1,3 \cdot 10^{-7}$					
		17	29	1150	$1,1 \cdot 10^{-8}$			4a	1951	40
		3,0—4,0	5,7—7,6	1435	$1,1 \cdot 10^{-7}$			2a	1953	13

Tabelle 1. (Fortsetzung.)

Grund-metall	Zusatz-metall	Ausgangskonzentration		t °C	D (cm² sec⁻¹)	D_0 (cm² sec⁻¹)	Q (cal/ g At.)	Me-thode	Jahr	Lite-ratur
		(Gew.-%)	(At.-%)							
Fe	Sn	100	100	950	$9,7 \cdot 10^{-10}$		46000	3	1931	3
				1000	$2,0 \cdot 10^{-9}$					
				1050	$3,9 \cdot 10^{-9}$					
				1100	$7,6 \cdot 10^{-9}$					
	W	0— 3,9	0—1,2	1330	$3,7 \cdot 10^{-10}$			1	1927	46
		0— 4,2	0—1,3	1280	$2,4 \cdot 10^{-9}$			1	1927	46
		0—10,4	0—3,4	1330	$1,0 \cdot 10^{-8}$			1	1927	46
Ge	As	Spuren		900	$2 \ \cdot 10^{-10}$			12	1952	30
				800	$3,6 \cdot 10^{-11}$	0,71	51000		1952	38
	Ga	Spuren		800	$3 \cdot 10^{-12}$			12	1952	30
	Cu	Spuren		825	$1,3 \cdot 10^{-5}$	0,02	12000	12	1952	39
		Spuren		800	$2,2 \cdot 10^{-5}$				1953	103a
	In	Spuren		900	$2 \cdot 10^{-13}$			12	1952	30
	Li	Spuren		150—851		0,0025	11800		1953	103a
		Spuren		450—1000		0,0013	10700		1953	42a
	P	Spuren		900	$8 \cdot 10^{-11}$				1952	30

	Sb	Spuren				0,71	51000	12	1952	38
	Sb^{124}	Spuren		837	$5,5 \cdot 10^{-11}$	10	57000		1952	31
				900	$2,1 \cdot 10^{-10}$					
	Sb	Spuren		900	$2 \cdot 10^{-10}$			12	1952	30
	Zn	Spuren		900	$1 \cdot 10^{-11}$				1952	30
In	In^{114}	—	—	50—155		1,02	17900		1952	35
	Tl^{204}	—	—	50—155		0,049	15500		1952	35
Mo	B	—	—	900—1300		$8,84 \cdot 10^{-6}$	12200		1953	93a
	Th			1615	$3,6 \cdot 10^{-10}$			7	1940	79
				2000	$1,0 \cdot 10^{-6}$			7	1940	—
Na	Na^{22}			0,3	$9,22 \cdot 10^{-10}$	0,242	10450		1952	78
				1,0	$9,66 \cdot 10^{-10}$					
				39,4	$1,31 \cdot 10^{-8}$					
				39,4	$1,24 \cdot 10^{-8}$					
				69,4	$5,26 \cdot 10^{-8}$					
				94,2	$1,43 \cdot 10^{-7}$					
Nb	C					0,015	27000		1950	114
Ni	C			725—1020		2,48	40200		1952	64
	Co^{60}			900—1250		1,46	68300		1951	90
	Cu	100	100	650	$(3,9—4,3) \cdot 10^{-12}$	$1,04 \cdot 10^{-3}$	35500	5	1932	73a
		100	100	890	$(1,9—2,4) \cdot 10^{-10}$	$1,04 \cdot 10^{-3}$	35500	5	1932	73a
	H					0,002	8700		1942	5
	Mo		20,8	1120	$1,43 \cdot 10^{-10}$	0,0134	50800	1	1953	20a
				1290	$1,03 \cdot 10^{-9}$					

Tabelle 1. (Fortsetzung.)

Grund-metall	Zusatz-metall	Ausgangskonzentration		t	D	D_0	Q (cal/ g At.)	Me-thode	Jahr	Lite-ratur
		(Gew.-%)	(At.-%)	°C	(cm² sec⁻¹)	(cm² sec⁻¹)				
Pb	Ag	$< 0,06$	$< 0,12$	220	$1,5 \cdot 10^{-8}$	$7,4 \cdot 10^{-2}$	15100	1	1932	101
				245	$3,1 \cdot 10^{-8}$					
				265	$5,4 \cdot 10^{-8}$					
				285	$9,1 \cdot 10^{-8}$					
	Au	0,03—0,09	0,03—0,09	100	$2,3 \cdot 10^{-9}$	0,35	14000	1	1915	81
				150	$5,0 \cdot 10^{-8}$					
				197	$8,8 \cdot 10^{-8}$					
		0,03—0,09 oder 100	0,03—0,09 oder 100	165	$5,8 \cdot 10^{-8}$	0,35	14000	1	1896	87
		0,03—0,09 oder 100	0,03—0,09 oder 100	200	$8,6 \cdot 10^{-8}$	0,35	14000	1		
				256	$3,2 \cdot 10^{-7}$	0,35	14000	1		
		wechselnd	wechselnd	113	$2,9 \cdot 10^{-9}$	0,35	14000	1	1934; 1935	95 96
				148	$2,4 \cdot 10^{-8}$					
				154	$2,9 \cdot 10^{-8}$					
				190	$6,9 \cdot 10^{-8}$					
				206	$2,7 \cdot 10^{-7}$					
				210	$2,5 \cdot 10^{-7}$					
				228	$4,1 \cdot 10^{-7}$					
				240	$4,4 \cdot 10^{-7}$					
				253	$3,8 \cdot 10^{-7}$					
				262	$8,4 \cdot 10^{-7}$					
				300	$1,5 \cdot 10^{-6}$					

Bi	2	2	220	$4,9 \cdot 10^{-11}$	$1,83 \cdot 10^{-2}$	18500	2	1932	101
			265	$2,3 \cdot 10^{-10}$					
			285	$4,4 \cdot 10^{-10}$					
Cd	0,6	1	167	$4,6 \cdot 10^{-11}$	$1,85 \cdot 10^{-3}$	15400	2a	1934	98
			200	$1,3 \cdot 10^{-10}$					
			252	$8,7 \cdot 10^{-10}$					
Hg	3,9	4	177	$2,4 \cdot 10^{-11}$	$3,5 \cdot 10^{-1}$	1900		1934	98
	3,9	4	197	$5,9 \cdot 10^{-11}$	$3,5 \cdot 10^{-1}$	1900		1934	
Mg	0,03	0,26	250	$(2,5\text{—}3,7) \cdot 10^{-10}$			2	1940	97
	0,03	0,26	270	$9,4 \cdot 10^{-10}$			2	1940	
	0,23	1,9	220	$1,2 \cdot 10^{-10}$			2	1940	
	0,23	1,9	270	$1,3 \cdot 10^{-9}$			2	1940	
	0,5	4,1	250	$(6,4\text{—}7,8) \cdot 10^{-10}$			2	1940	
	0,7	5,4	245	$(1,2\text{—}1,7) \cdot 10^{-9}$			2	1940	
In	0,3	1	285	$2,3 \cdot 10^{-10}$			2a	1934	98
	0,9	3	252	$3,5 \cdot 10^{-11}$			2a	1934	
	0,9	3	320	$3,5 \cdot 10^{-10}$			2a	1934	
β-Sn	1,2	2	245	$3,1 \cdot 10^{-11}$	4,0	23800	2	1932	101
			265	$7,0 \cdot 10^{-11}$					
			285	$1,6 \cdot 10^{-10}$					
			300	$2,9 \cdot 10^{-10}$					

Tabelle 1. (Fortsetzung.)

Grund-metall	Zusatz-metall	Ausgangskonzentration (Gew.-%)	Ausgangskonzentration (At.-%)	t °C	D (cm² sec⁻¹)	D_0 (cm² sec⁻¹)	Q (cal/g At.)	Me-thode	Jahr	Lite-ratur
Pb	Tl	1,97	2	220	$2,8 \cdot 10^{-11}$	$2,55 \cdot 10^{-2}$	20800	2	1932	101
				265	$1,5 \cdot 10^{-10}$					
				285	$3,1 \cdot 10^{-10}$					
	Tl	0 gegen 8,5—53	0 gegen 8,4—52,7	270	$1,1 \cdot 10^{-10}$	1,03	24600	2	1940	97
				300	$3,6 \cdot 10^{-10}$					
				315	$5,9 \cdot 10^{-10}$					
Pb Einkristall	ThB			106	$1,68 \cdot 10^{-16}$	6,66	28000	8a	1932	48
				182	$4,77 \cdot 10^{-13}$					
				196	$6,6 \cdot 10^{-13}$					
				238	$8,5 \cdot 10^{-12}$					
				301	$1,9 \cdot 10^{-10}$					
				165	$7 \cdot 10^{-16}$				1925	49
				260	$7 \cdot 10^{-12}$					
				285	$2,3 \cdot 10^{-10}$					
				324	$1,62 \cdot 10^{-9}$					
Pb Einkristall verformt				196	$4,78 \cdot 10^{-13}$	6,66	28000	8a	1932	48
				217	$3,32 \cdot 10^{-12}$			8a	1932	
				237	$7,83 \cdot 10^{-12}$					
Pb Polykristall				207	$9,5 \cdot 10^{-13}$			8a	1932	48
				270	$5,30 \cdot 10^{-11}$					
				275	$6,9 \cdot 10^{-11}$					
				290	$8,3 \cdot 10^{-11}$					
				312	$1,87 \cdot 10^{-10}$					
				322	$2,73 \cdot 10^{-10}$					
				324	$5,54 \cdot 10^{-10}$					

Tabelle 1.

					Temp. °C	D	D_0	Q		Jahr	Lit.
	Pb Polykristall verformt	—			233	$5,29\cdot10^{-12}$			8a	1932	48
					254	$3,46\cdot10^{-11}$					
	Pb Einkristall aus der Schmelze				222	$2,84\cdot10^{-12}$			8a	1932	48
					245	$7,60\cdot10^{-12}$					
					317	$3,26\cdot10^{-10}$					
		Korngrenzen			215—300		1,17	25700		1954	80a
							0,81	15700		1954	
							0,28	24210		1954	78a
	Pd	H					0,015	6800		1942	14
	Pt	Cu	5,0	13,9	1041	$(2,2\text{—}2,6)\cdot10^{-11}$	$4,9\cdot10^{-2}$	55700	5	1944	60
					1150	$1,1\cdot10^{-10}$					
					1152	$1,6\cdot10^{-10}$					
					1213	$1,4\cdot10^{-10}$					
					1241	$6,7\cdot10^{-10}$					
					1350	$1,5\text{—}1,6\cdot10^{-9}$					
					1401	$1,7\cdot10^{-9}$					
		Ni	5,2	14,9	1043	$5,3\cdot10^{-11}$	$7,9\cdot10^{-4}$	43100	5	1944	60
					1149	$1,8\cdot10^{-10}$					
					1241	$4,9\cdot10^{-10}$					
					1374	$1,5\cdot10^{-9}$					
					1401	$1,6\cdot10^{-9}$					
	Si	Li	Spuren		150—851		0,0019	14700		1953	103a
					450—1000		0,0094	18100		1953	42a
⊥ c-Achse	Sn	Sn*					$1,2\cdot10^{-5}$	10500		1950	37
‖ c-Achse							$3,7\cdot10^{-8}$	9500			
	Ta	C					0,015	27000		1950	114

Tabelle 1. (Fortsetzung.)

Grund-metall	Zusatz-metall	Ausgangskonzentration (Gew.-%)	(At.-%)	t °C	D (cm² sec⁻¹)	D_0 (cm² sec⁻¹)	Q (cal/g At.)	Me-thode	Jahr	Lite-ratur
W	B			900—1300		$1{,}37 \cdot 10^{-5}$	17200		1953	93a
	C	wechselnd	wechselnd	1700	$(0{,}52\text{—}2{,}55) \cdot 10^{-12}$			7	1927	116
				1702—1727		0,31	59000		1947	84
	Ce			1727	$9{,}5 \cdot 10^{-10}$	1,15	83000		1927	33
	Cs 1. ads. Schicht	Oberflächen-diffusion		27	$1{,}2 \cdot 10^{-11}$	0,2	14000	7	1932; 1933	65; 66
				227	$1{,}5 \cdot 10^{-7}$					
				427	$8{,}0 \cdot 10^{-6}$					
				540	$4{,}0 \cdot 10^{-5}$					
	Cs 2. ads. Schicht			27	$3{,}4 \cdot 10^{-4}$	0,0164	2300	7	1932; 1933	65; 66
				227	$2{,}2 \cdot 10^{-3}$					
				427	$3{,}2 \cdot 10^{-3}$					
	Fe	0,04	0,13	1927—2527		11,5	140000		1945	71
	K			207	$5{,}7 \cdot 10^{-6}$		15200	7	1936	12
				317	$1{,}0 \cdot 10^{-4}$					
				507	$2{,}8 \cdot 10^{-3}$					

Ein-kristall	Mo			1533 1770 2010 2260	$2{,}6\ \cdot 10^{-13}$ $1{,}12\cdot 10^{-12}$ $2{,}2\ \cdot 10^{-11}$ $7{,}8\ \cdot 10^{-11}$	$6{,}3\cdot 10^{-4}$	80500	1	1932	70
Poly-kristall	Mo			1533 1770 2010 2260	$1{,}3\ \cdot 10^{-12}$ $1{,}1\ \cdot 10^{-11}$ $1{,}06\cdot 10^{-10}$ $6{,}4\ \cdot 10^{-10}$	$5\cdot 10^{-3}$	80500	1	1932	70
	Na			20 227 417 527	$8{,}0\cdot 10^{-6}$ $5{,}0\cdot 10^{-4}$ $2{,}7\cdot 10^{-3}$ $3{,}3\cdot 10^{-3}$	0,1	5560	7	1935	11
	Th			1782 2027 2127 2227	$1{,}1\ \cdot 10^{-10}$ $1{,}12\cdot 10^{-9}$ $3{,}57\cdot 10^{-9}$ $6{,}8\ \cdot 10^{-9}$	1,13 (ber. 0,47)	94000 (ber. 90000)	7	1922; 1923; 1934	67; 68 69
	U			1727	$1{,}3\cdot 10^{-11}$	1,14	100000	7	1927	33
	Y			1727	$1{,}82\cdot 10^{-8}$	0,11	62000	7	1927	33
	Zr			1727	$3{,}24\cdot 10^{-9}$	1,1	78000	7	1927	33

Tabelle 1. (Fortsetzung.)

Grund-metall	Zusatz-metall	Ausgangskonzentration		t	D	D_0		Q		Me-thode	Jahr	Lite-ratur
		(Gew.-%)	(At.-%)	°C	(cm² sec⁻¹)	(cm² sec⁻¹)		(cal/g At.)				
						$\parallel c$-Achse	$\perp c$-Achse	$\parallel c$-Achse	$\perp c$-Achse			
Zn	Zn^{65}			410	$1{,}1 \cdot 10^{-8}$　90° ✩	$4{,}6 \cdot 10^{-2}$	93	20400 ± 900	31000 ± 3000	8 b	1942	77
				400	$9{,}1 \cdot 10^{-9}$							
					$8{,}9 \cdot 10^{-9}$							
				375	$5{,}2 \cdot 10^{-9}$							
					$5{,}0 \cdot 10^{-9}$							
				365	$4{,}6 \cdot 10^{-9}$							
					$4{,}2 \cdot 10^{-9}$							
				355	$2{,}9 \cdot 10^{-9}$							
					$3{,}1 \cdot 10^{-9}$							
				403	$1{,}16 \cdot 10^{-8}$　70°							
					$9{,}3 \cdot 10^{-9}$							
				382	$5{,}9 \cdot 10^{-9}$							
					$6{,}3 \cdot 10^{-9}$							
				369	$4{,}2 \cdot 10^{-9}$							
				381	$3{,}5 \cdot 10^{-9}$　15°							
					$5{,}8 \cdot 10^{-9}$　60,5°							
				359	$2{,}6 \cdot 10^{-9}$　46°							
				335	$1{,}2 \cdot 10^{-9}$　54,5°							
				413	$1{,}2 \cdot 10^{-9}$　90°							
					$1{,}3 \cdot 10^{-9}$							
					$1{,}9 \cdot 10^{-9}$							
					$1{,}9 \cdot 10^{-9}$							

Tabelle 1.

Zr	N			920—1640			0,015	30700		1954	72b
				383	$4,9 \cdot 10^{-9}$	Poly-kristall					
					$5,6 \cdot 10^{-9}$						
					$6,4 \cdot 10^{-9}$						
					$7,1 \cdot 10^{-9}$						
					$6,5 \cdot 10^{-9}$						
					$6,6 \cdot 10^{-9}$						
				362	$4,1 \cdot 10^{-9}$						
					$2,6 \cdot 10^{-9}$						
					$2,7 \cdot 10^{-9}$						
				348	$2,9 \cdot 10^{-9}$						
					$1,4 \cdot 10^{-9}$						
					$1,9 \cdot 10^{-9}$						
				405	$1,1 \cdot 10^{-8}$						
				378	$3,6 \cdot 10^{-9}$						
				354	$2,7 \cdot 10^{-9}$						

Schrifttum.

1. AGEEW, N. W., u. O. J. VHER: J. Inst. Metals (London) **44**, 83 (1930).
2. ARNOLD, J. O., u. A. M'WILLIAM: J. Iron Steel Inst. **1**, 85 (1899).
3. BANNISTER, C. O., u. W. D. J. JONES: J. Iron Steel Inst. **124**, 71 (1931).
4. BARDENHEUER, P., u. R. MÜLLER: Mitt. Kaiser-Wilhelm-Inst. Eisenforsch. **14**, 295 (1932).
5. BARRER, R. M.: Trans. Faraday Soc. **38**, 78 (1942).
6. BATZ, W., H. W. MEAD u. T. E. BIRCHENALL: J. Metals **4**, 1070 (1952).
7. BAUKLOH, W., F. SCHULTE u. H. FRIEDRICHS: Arch. Eisenhüttenw. **16**, 341 (1943).
8. BEERWALD, A.: Z. Elektrochem. **45**, 789 (1939).
9. BIRCHENALL, C. E., u. R. F. MEHL: J. appl. Physics **19**, 217 (1948).
10. BIRCHENALL, C. E., u. R. F. MEHL: Trans. AIME **188**, 144 (1950).
11. BOSWORTH, R. C. L.: Proc. Roy. Soc. Lond. A **150**, 58 (1935).
12. BOSWORTH, R. C. L.: Proc. Roy. Soc. Lond. A **154**, 112 (1936).
13. BRADSHAW, F. J., O. HOYLE u. K. SPEIGHT: Nature, Lond. **171**, 488 (1953).
14. BRAMLEY, A., F. W. HAYWOOD, A. T. COOPERS u. J. T. WATTS: Trans. Faraday Soc. **31**, 707 (1935).
15. BRAMLEY, A., u. A. JINKINGS: J. Iron Steel Inst. Carneg. Scol. Mem. **15**, 127 (1926).
16. BRAMLEY, A., u. LAWTON: J. Iron Steel Inst. Carneg. Scol. Mem. **16**, 35 (1927).
17. BRAMLEY, A., u. H. D. LORD: Iron Steel Inst. Carneg. Scol. Mem. **18**, 1 (1929).
18. BRAMLEY, A.: J. Iron Steel Inst. Carneg. Scol. Mem. **15**, 155 (1926).
19. BRAUNE, H.: Z. phys. Chem. Abt. B **110**, 147 (1924).
20. BRICK, R. M., u. A. PHILLIPS: Metals Technol. **4**, Techn. Publ. Nr. 781 (1937).
20a. BUDDE, K.: Dissertation Münster 1954.
21. BUFFINGTON, F. S., u. M. COHEN: J. Metals **4**, 859 (1952).
22. BUFFINGTON, F. S., I. D. BAKALAR u. M. COHEN: Trans. AIME **188**, 1374 (1950).
23. BUGAKOW, W., u. W. NESKUTSCHAEV: J. techn. Physik. USSR **4**, 1342 (1934).
24. BUGAKOW, W., u. B. SSIROTKIN: J. techn. Physik USSR **7**, 1577 (1937).
25. BUNGARDT, W., u. F. BOLLENRATH: Z. Metallkunde **30**, 377 (1938).
26. BUSBY, P. E., M. E. WARGA u. C. WELLS: J. Metals **5**, 1463 (1953).
27. COHEN, G., u. G. C. KUCZYNSKI: J. appl. Physics **21**, 1340 (1950).
28. DARKEN, L. S., R. P. SMITH u. E. W. FILER: J. Metals **3**, 1174 (1951).
29. DOEHLEMANN, E.: Z. Elektrochem. **42**, 561 (1936).
30. DUNLAP, W. C.: Phys. Rev. **86**, 615 (1952).
31. DUNLAP, W. C., u. D. E. BROWN: Phys. Rev. **86**, 417 (1952.
32. DUNN, J. ST.: J. chem. Soc. (London) **129**, 2973 (1926).
33. DUSHMAN, S., D. DENISSEN u. N. B. REYNOLDS: Phys. Rev. **29**, 903 (1927).
34. EBERT, H., u. G. TROMMSDORF: Z. Elektrochem. **54**, 294 (1950).
35. ECKERT, R. E., u. H. G. DRICKAMER: J. chem. Physics **20**, 13 (1952).
36. FAST, J. D., u. M. B. VERRIJP: J. Iron Steel Inst. **163**, 24 (1954).
37. FENSHAM, P. J.: Austral. J. Scient. Res. **3**, 91 (1950).
38. FULLER, C. S.: Phys. Rev. **86**, 615 (1952).
39. FULLER, C. S., u. J. D. STRUTHERS: Phys. Rev. **87**, 526 (1952).
40. FITZER, E.: Mikroskopie **6**, 174 (1951).

41. Freche, H. R.: Trans. Amer. Inst. Min. Met. Engr. **122**, 324 (1936).

42. Fry, A.: Stahl u. Eisen **43**, 1093 (1923).

42a. Fuller, C. S., u. J. A. Ditzenberger: Phys. Rev. **91**, 193 (1953).

42b. Gatos, H. C. u. A. Azzam: J. Metals. **4**, 407 (1952).

42c. Gatos, H. C., u. A. D. Kurtz: Trans. Amer. Inst. Min. Met. Engr. **200**, 616 (1954).

43. Geller, W., u. T.-H. Sun: Arch. Eisenhüttenw. **21**, 423 (1950).

44. Giolitti u. Mitarb.: s. I. Runge: Z. anorgan. Chem. **115**, 293 (1921).

45. Grube, G., u. F. Lieberwirth: Z. anorgan. Chem. **188**, 274 (1930).

46. Grube, G., u. K. Schneider: Z. anorgan. Chem. **168**, 17 (1927).

46a. Gruzin, P. L., u. D. F. Litvin: Doklady Akad. Nauk SSSR **94**, 44 (1954).

47. Hertzruecken, S. D., u. Mitarb.: J. techn. Physik USSR **10**, 786 (1940).

48. Hevesy, G. v., W. Seith u. A. Keil: Z. Physik **79**, 197 (1932).

49. Hevesy, G. v., u. A. Obrutschewa: Nature, Lond. **115**, 674 (1925).

50. Hicks, L. C.: Trans. Amer. Inst. Min. Met. Engr. **113**, 163 (1934).

50a. Hollomon, J. H. u. D. Turnbull: U. S. Antomic Energy Commission Publ. 1953 (50—2030).

51. Jenkins, J.: vgl. Intern. Crit. Tables V, 77 (1926).

52. Jenkins, J.: J. Inst. Metals **73**, 641 (1947).

53. Johnson, W. A.: Trans. Amer. Inst. Min. Engr. **143**, 107 (1941).

54. Jost, W.: Z. phys. Chem. Abt. B **9**, 73 (1930).

55. Jost, W.: Z. phys. Chem. Abt. B **16**, 123 (1932).

56. Jost, W.: Z. phys. Chem. Abt. B **21**, 158 (1933).

57. Kirkendall, E., L. Thomassen u. C. Upthegrove: Trans. Amer. Inst. Min. Met. Engr. **133**, 186 (1939).

58. Kirkendall, E.: Trans. Amer. Inst. Min. Met. Engr. **147**, 104 (1942.)

59. Köhler, W.: Zbl. Hütten- u. Walzwerke **31**, 650 (1928).

59a. Kryukov, S. N,. u. A. A. Zhukovitsky: Doklady Akad. Nauk. SSSR **90**, 379 (1953).

60. Kubaschewski, O., u. H. Ebert: Z. Elektrochem. **50**, 138 (1944).

61. Kubaschewski, O.: Trans. Faraday Soc. **46**, 713 (1950).

62. Kuczynski, G. C.: J. Metals **1**, 169 (1949).

63. Kuczynski, G. C.: J. appl. Physics **21**, 632 (1950).

64. Lander, J. J., H. E. Kern u. H. L. Beach: J. appl. Physics **23**, 1305 (1952).

65. Langmuir, J., u. J. B. Taylor: Phys. Rev. **40**, 463 (1932).

66. Langmuir, J., u. J. B. Taylor: Phys. Rev. **44**, 423 (1933).

67. Langmuir, J.: Phys. Rev. **20**, 113 (1922).

68. Langmuir, J.: Phys. Rev. **22**, 357 (1923).

69. Langmuir, J.: J. Franklin Inst. **217**, 534 (1934).

70. Liempt, I. A. M. van: Rec. Trav. Chim. Pays-Bas **51**, 114 (1932).

71. Liempt, I. A. M. van: Rec. Trav. Chim. Pays-Bas **64**, 239 (1945).

72. Lindner, R.: persönliche Mitteilung.

72a. Maier, M. S., u. H. R. Nelson: Trans. AIME **147**, 39 (1942).

72b. Mallet, M. W., J. Belle u. B. B. Cleland: J. Electrochem. Soc. **101**, 1 (1954).

73. Matano, C.: Japan. J. Phys. **9**, 41 (1934).

73a. Matano, C.: Mem. Coll. Sci. Kyoto Imp. Univ. A **15**, 351 (1932).

74. McKay, H. A. C.: Trans. Faraday Soc. **34**, 845 (1938).

75. Mehl, R. F., u. N. F. Rhines: Metals Technol. **6**, Techn. Publ. 1072 (1939).

76. Mehl, R. F., N. F. Rhines u. K. A. von den Steinen: Metals and Aloys **13**, 41 (1941).

77. Miller, P. H., u. F. R. Banks: Phys. Rev. **61**, 648 (1942). — Banks, F. R.: Phys. Rev. **59**, 376 (1941).

78. NACHTRIEB, N. H., E. CATALANO u. J. A. WEIL: J. chem. Physics **20**, 1185 (1952).
78a. NACHTRIEB, N. H., u. G. S. HANDLER: persönl. Mitteilung.
79. NELTING, H.: Z. Physik **115**, 469 (1940).
80. NIX, F. C., u. F. E. JAUMOT: Phys. Rev. **83**, 72 (1951).
80a. OKKERSE, B.: Acta metallurgica **2**, 551 (1954).
81. OSTRAND, C. E. VAN, u. F. P. DEWEY: U. S. Geol. Survey Prof. Paper **95**, 83 (1915).
82. PASCHKE, M., u. A. HAUTTMANN: Arch. Eisenhüttenw. **9**, 305 (1935).
83. PETRENKO, B. G., u. B. E. RUBINSTEIN: J. physik. Chem. USSR **13**, 508 (1939).
84. PIRANI, M., u. J. SANDOR: J. Inst. Metals **73**, 385 (1947).
85. RAYNOR, C. L., L. I. THOMASSEN u. L. J. ROUSE: Trans. Amer. Soc. Met. **30**, 313 (1942).
86. RHINES, F. N., u. R. F. MEHL: Trans. Amer. Inst. Min. Met. Engr. **128**, 185 (1938).
87. ROBERTS-AUSTEN, W. C.: Phil. Trans. Roy. Soc. Lond. A **187**, 404 (1896).
88. ROLLIN, B. V.: Phys. Rev. **55**, 231 (1939).
89. ROYSTON, G. P.: Rev. Met. Mem. **11**, 752 (1897).
90. RUDER, R. C., u. C. E. BIRCHENALL: J. Metals **3**, 142 (1951).
91. RUNGE, I.: Z. anorgan. Chem. **115**, 243 (1921).
92. SAGRUBSKIJ, A. M.: Bull. Acad. Sci. USSR, Sèr. phys. **1937**, 903.
93. SAGRUBSKIJ, A. M.: Physik. Z. Sowjetunion **12**, 118 (1937).
93a. SAMSONOV, G. V.: Doklady Akad. Nauk SSSR. **93**, 859 (1953).
94. SCHREINER, H., u. H. H. MAYR: Mh. Chem. **82**, 748 (1951).
95. SEITH, W., u. K. ETZOLD: Z. Elektrochem. **40**, 829 (1934).
96. SEITH, W., u. K. ETZOLD: Z. Elektrochem. **41**, 122 (1935).
97. SEITH, W., u. J. HERRMANN: Z. Elektrochem. **46**, 213 (1940).
98. SEITH, W., E. HOFER u. H. ETZOLD: Z. Elektrochem. **40**, 322 (1934).
99. SEITH, W., u. A. KOTTMANN: Angew. Chem. **64**, 379 (1952).
100. SEITH, W., u. W. KRAUSS: Z. Elektrochem. **44**, 98 (1938).
101. SEITH, W., u. J. G. LAIRD: Z. Metallkunde **24**, 193 (1932).
102. SEITH, W., u. E. PERETTI: Z. Elektrochem. **42**, 570 (1936).
103. SEITH, W.: Z. Elektrochem. **39**, 538 (1933).
103a. SEVERIENS, J. C., u. C. S. FULLER: Phys. Rev. **92**, 1322 (1953).
104. SMIGELSKAS, A. D., u. E. KIRKENDALL: Metals Technol. **13**, Techn. Publ. 2071 (1946).
105. SLIFKIN, L., D. LAZARUS u. T. TOMIZUKA: J. appl. Physics **23**, 1405 (1952).
105a. SLIFKIN, L., D. LAZARUS u. T. TOMIZUKA: J. appl. Physics **23**, 1032 (1952).
105b. SONDER, E., L. SLIFKIN u. T. TOMIZUKA: Phys. Rev. **93**, 970 (1954).
106. STANLEY, J. K.: J. Metals **1**, 752 (1949).
107. STEIGMANN, J., W. SHOCKLEY u. F. C. NIX: Phys. Rev. **56**, 13 (1939).
108. TAMMANN, G., u. K. SCHÖNFRT: Z. anorg. Chem. **122**, 27 (1922).
109. WEETON, I. W.: Nat. Advis. Comm. Aeronaut., Rep. **1951**, 1.
110. WELLS, C., W. BATZ u. R. F. MEHL: Trans. Amer. Inst. Min. Met. Engr. **188**, 553 (1950).
111. WELLS, C., u. R. F. MEHL: Metals Technol. **7**, Techn. Publ. 1180, (1940).
112. WERT, C. A., u. C. ZENER: Phys. Rev. **76**, 1169 (1949).
113. WERT, C. A.: Phys. Rev. **79**, 601 (1950).
114. WERT, C. A.: J. appl. Physics **21**, 1196 (1950).
115. WERTENSTEIN u. DOBROWOLSKA: J. Physique Radium **4**, 324 (1923).
116. ZWIKKER, C: Physica **7**, 189 (1927).

5. Allgemeine Gesetzmäßigkeiten und Theorie.

a) Platzwechselvorgänge.

Ein fester, kristalliner Stoff ist dadurch gekennzeichnet, daß seine Elementarbausteine, seien es nun Atome, Ionen oder Molekeln, an feste Plätze gebunden sind, in Anordnungen, die sich nach den Dimensionen des Raumes periodisch wiederholen. Die Gesamtheit dieser Plätze nennt man Kristallgitter.

Die Gitter der elementaren Metalle zeichnen sich im allgemeinen durch besonders einfache geometrische Verhältnisse aus. Am häufig-

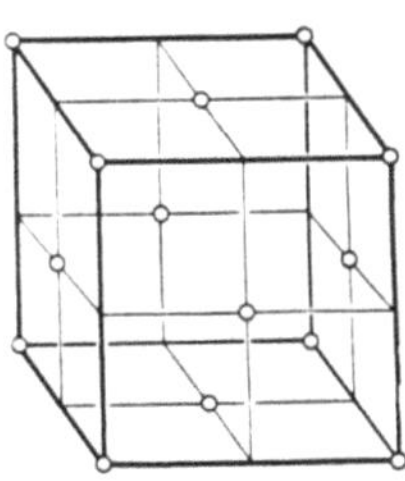

Abb. 26. Kubisch-flächenzentriertes Gitter. (Gitterpunkte).

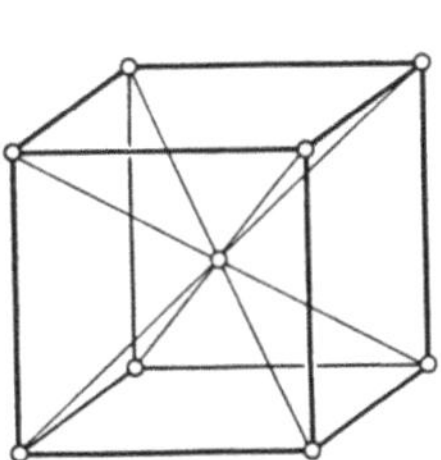

Abb. 27. Kubisch-raumzentriertes Gitter. (Gitterpunkte.)

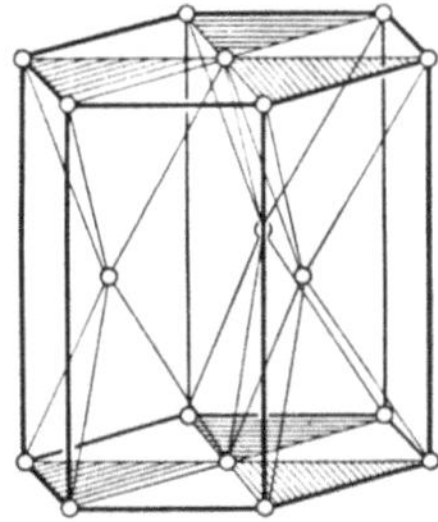

Abb. 28. Hexagonales Gitter. (Gitterpunkte.)

sten kommen drei Atomanordnungen vor, die in den Abb. 26 bis 28 zu sehen sind. Die erste ist ein Würfel, dessen Ecken und Flächenmitten von Atomen besetzt sind. Man nennt diese Anordnung „kubisch flächenzentriert". Beim zweiten Würfel sind die Ecken und das Würfelzentrum von Atomen eingenommen, was die „kubisch raumzentrierte" Anordnung ergibt. Das dritte Bild zeigt ein „hexagonales" Gitter. Die Abstände der Gitterpunkte sind sehr klein. Sie zählen meist wenige Ångström-Einheiten (1 Å = 10^{-8} cm). Um einen eben sichtbaren Kristall zu erhalten, muß man sich die gezeichnete Grundzelle nach allen Richtungen des Raumes millionenmal aneinandergereiht denken. In den Abb. 26 bis 28 sind nur die

Abb. 29. Wie Abb. 26, aus Kugeln aufgebaut.

Mittelpunkte der Atome markiert. In Wirklichkeit muß man sich jedoch vorstellen, daß es sich in erster Näherung um Kugeln handelt, die einander berühren. Dieses Bild führt zu einer Darstellung der Kristallgitter, wie sie in Abb. 29 bis 31 gegeben ist. Diese Vorstellungen von einem „idealen" Gitter lassen zunächst keinen Platz für die Möglichkeit einer Diffusion der Atome.

Die Erfahrung lehrt jedoch, daß die Atome unter bestimmten Bedingungen ihre Plätze verlassen oder vertauschen können. Solche Vorgänge wollen wir ganz allgemein als Platzwechselreaktionen bezeichnen. Sie können

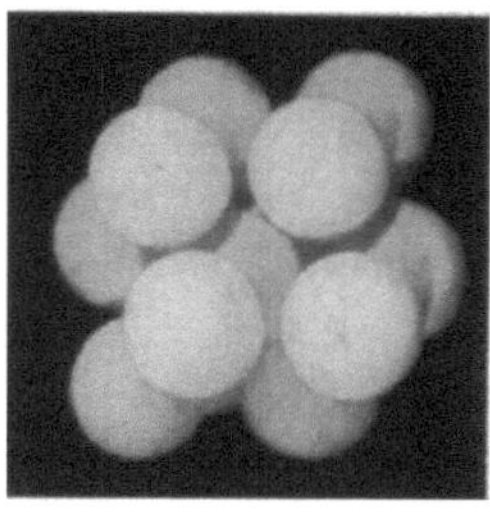

Abb. 30.
Wie Abb. 27, aus Kugeln aufgebaut.

Abb. 31.
Wie Abb. 28, aus Kugeln aufgebaut.

sehr vielseitig sein. Die eigentlichen Diffusionsvorgänge stellen nur einen Spezialfall dar, der dadurch gekennzeichnet ist, daß diese Platzwechselvorgänge innerhalb einer homogenen Phase vor sich gehen und zu einem Konzentrationsausgleich führen.

Am einfachsten lassen sich Platzwechselreaktionen am Rande eines Kristalls erklären. Solche treten z. B. beim Verdampfen eines Kristalls oder beim Entstehen eines Kristalls aus dem Dampf auf. Besonders der Zustand, in dem ein Kristall mit seinem Dampf im Gleichgewicht steht, ist dadurch gekennzeichnet, daß die Anzahl der Atome, die den Kristall verlassen und in den Dampfraum gehen, gleich ist derjenigen, die aus dem Dampf auf den Kristall auftreffen und dort eingebaut werden. Die Mechanismen dieser Vorgänge sind weitgehend geklärt [1]. Die Atome stehen im Kristallgitter nicht still, sondern führen Wärmeschwingungen aus. Die Amplituden dieser Schwingungen sind von den Energien bestimmt, welche die Atome besitzen. Der Durchschnittswert dieser Energie hat für jede Temperatur einen bestimmten Wert und steigt mit dieser an. Die einzelnen Atome eines Kristalls besitzen verschiedenen Energieinhalt, wobei sich allerdings die Mehrzahl in der Nähe des Durchschnittswertes hält. Die Wahrscheinlichkeit für größere und kleinere Werte nimmt mit zunehmender Differenz vom Mittelwert stark ab.

In einer Kristalloberfläche wird es also immer einige Atome geben, die eine so große Energie besitzen, daß sie sich aus dem Gitterverband ablösen können. Die Zahl dieser Atome nimmt mit der Temperatur entsprechend dem Dampfdruck zu. Die Energie, die notwendig ist, um ein Atom von seinem Gitterplatz abzulösen, hängt von seiner Lage im Kristall ab. Dies hat STRANSKI [2] in einer Reihe von Arbeiten systematisch untersucht. Abb. 32 zeigt eine schematische Darstellung der Möglichkeiten, die verschiedenen Ablöseenergien entsprechen. An einem vollkommenen Kristall ist sie für ein Atom an einer Ecke (3) am kleinsten und für ein Atom in einer unverletzten Fläche (1) am größten. Atome in oder an unvollständigen Schichten haben besonders geringe Ablöseenergien (4 bis 20). Die Betrachtung dieser Platzwechselvorgänge, die an Phasengrenz-flächen vor sich gehen, ist für die Diffusion deshalb von Wichtigkeit, weil

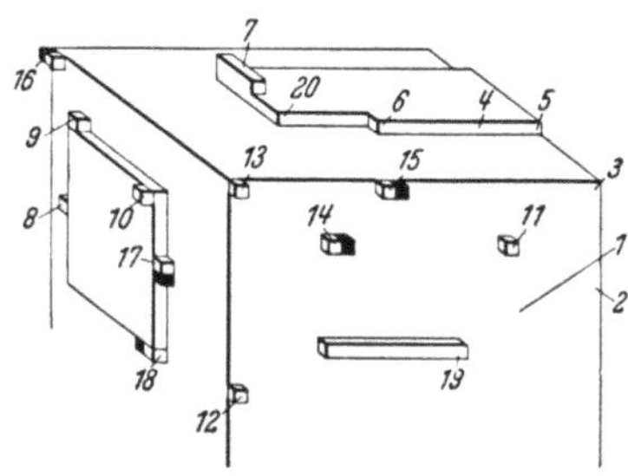

Abb. 32. Atomlagen an der Oberfläche.
(Nach STRANSKI.)

auch dort Platzwechsel an Unregelmäßigkeiten, Versetzungen und inneren Oberflächen eine Rolle spielen können. Derartige Platzwechselvorgänge sind auch zwischen festen und flüssigen Phasen möglich, wenn z. B. ein Metallkristall mit seiner Schmelze oder einer Lösung, welche das Metall in Ionenform enthält, im Gleichgewicht steht.

Auch an der Grenze zweier fester Phasen sind Platzwechselvorgänge anzutreffen. Bei Oxydations- und Anlaufvorgängen z. B. treten die Atome aus dem metallischen Gitter in das Gitter des Anlaufproduktes über. Allerdings wird das nur in dem Maße geschehen, als ein Überschuß des zweiten Partners, meist Sauerstoff oder Schwefel, durch Diffusionsvorgänge aufrechterhalten werden kann. In rein metallischen Systemen kennen wir Platzwechselvorgänge beim Entstehen und Verschwinden von Phasen im Kristallgefüge der Legierungen in vielen verschiedenen Erscheinungsformen. Auch die Rekristallisation und das Kornwachstum gehören schließlich hierher, da hierbei die Atome aus dem Gefüge eines weniger stabilen Kristalls zu einem stabileren Nachbarn übergehen. Die Verformung eines Kristalls, die auch mit dem Platzwechsel zahlreicher Atome verbunden ist, soll jedoch hier nicht betrachtet werden, da es sich nicht um ein Ablösen einzelner Atome, sondern um ein Aneinandervorbeigleiten von begrenzten Abschnitten des Gitters handelt.

Von all den genannten Platzwechselvorgängen ist derjenige der Diffusion im Inneren eines intakten Kristalls am schwersten vorstellbar und auch noch am wenigsten geklärt. Obwohl G. P. ROYSTON [3]

schon 1897 feststellen konnte, daß, wenn man ein Stück Stahl und ein
Stück Eisen, die sich an einer Fläche berühren, im Vakuum erhitzt, das
eine so viel an Gewicht gewinnt, als das andere verliert, fehlte es nicht
an Stimmen [4], die immer wieder für die Erklärung eintraten, daß eine
Diffusion in festen Stoffen stets durch einen vielleicht nicht unmittelbar
erkennbaren Übergang in die Dampfphase vermittelt werden müßte.

Wenn zwei Metalle im festen Zustand ineinander diffundieren sollen,
so ist dies nur möglich, wenn diese Mischkristalle miteinander bilden
können. Diese Bedingung haben schon frühzeitig L. GUILLET und
V. BERNARD [5] erkannt. Am einfachsten kann man sich noch die Diffusion in den Einlagerungsmischkristallen modellmäßig vorstellen. Bei
den Einlagerungsmischkristallen können sämtliche vorhandenen Gitterplätze von den Atomen des Grundmetalls besetzt sein. Der zweite Partner, der meist in erheblich geringerer Menge vorhanden ist, lagert sich
zwischen den Atomen des Grundmetalls in den Lücken des Gitters ein.
Dort können ohne weiteres Verschiebungen vor sich gehen, deren Elementarvorgang im Sprung eines Atoms der Zusatzkomponente von
einem stabilen Zwischengitterplatz zum nächst benachbarten besteht.
Das Schema eines solchen Platzwechselmechanismus ist in Abb. 33
dargestellt. Bei diesen Übergängen muß eine gewisse
Ablösungsenergie aufgebracht werden. Von ihrer Größe
hängt die Häufigkeit der einzelnen Übergänge und damit der DK ab. Durch die Arbeiten von A. WEST-
GREEN [6] sind wir über die Lage der Kohlenstoffatome im Gitter des γ-Eisens unterrichtet. Den Einbau der Kohlenstoffatome im Austenit zeigt Abb. 34.
E. SCHEIL [6a] hat nun berechnet, wie groß kugelförmige Atome sein können, die sich in die Lücken des
γ-Eisens ohne Zwang einbauen lassen. In Abb. 34 ist
ein Schnitt durch das kubisch-flächenzentrierte Gitter
des γ-Eisens in der Richtung einer Rhombendodekaeder-

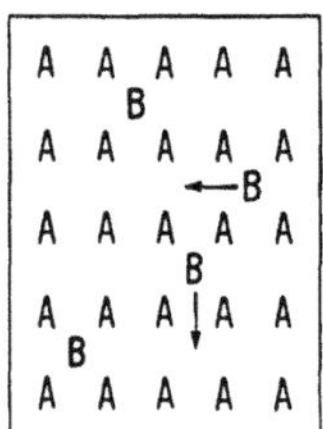
Abb. 33. Diffusion
im Einlagerungs-
mischkristall,
schematisch.

ebene dargestellt, wobei die in größten Kreisen geschnittenen Eisen-
atome stark ausgezogen sind. An den mit 0 bezeichneten Stellen
berühren sich zwei kugelförmige Atome, die hinter und vor der Zei-
chenebene liegen. Die ausgezogenen Linien geben die geometrischen
Orte, an denen Kugeln mit den angeschriebenen Radien eben ohne
Zwang Platz haben. Man erkennt zwei Stellen, die in bezug auf
ihre Umgebung eine Maximalstellung einnehmen. An der einen (a)
können Atome mit einem Radius von 0,52 Å, an der anderen (b) solche
mit 0,27 Å eingebaut werden. Da ein Kohlenstoffatom einen Radius
von 0,77 Å hat, muß bei seinem Einbau stets eine gewisse Verformung
des Gitters eintreten, die sich, wie bekannt, in einer Erhöhung der
Gitterkonstante bemerkbar macht. Die Kohlenstoffatome werden sich

am leichtesten an den Stellen (a) aufhalten können, weniger wahrscheinlich ist die Lage (b). Wenn nun ein Kohlenstoffatom von einer Position (a) in die benachbarte übergeht, so wird es dabei den Weg wählen, längs dessen die Radien einbaufähiger Kugeln möglichst groß bleiben. Dies ist längs der stark ausgezogenen Linien der Fall. Von den acht von jeder Stelle (a) ausgehenden Linien liegen nur vier in der Bild-

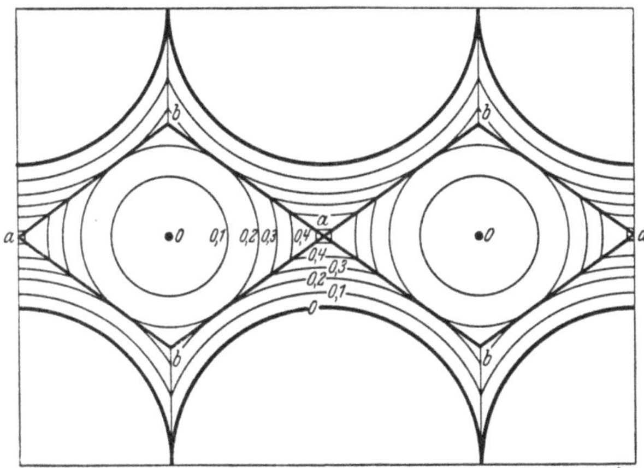

Abb. 34. Diffusionswege des Kohlenstoffs im Eisen. (Nach Scheil.)

ebene. Der Übergang erfolgt stets über die zweite mögliche Lage (b). Da bei der geringen Konzentration des Kohlenstoffs im Eisen die Wahrscheinlichkeit, daß die Nachbarzellen besetzt sind, gering ist, stellen sich dieser Vorstellung keine Bedenken entgegen.

Schwieriger scheint eine modellmäßige Darstellung des Platzwechselmechanismus in einem Substitutionsmischkristall zu sein. Hier sind die Atome beider Partner auf die Gitterplätze verteilt. Nimmt man an, daß sämtliche Gitterplätze besetzt sind, so erscheint zunächst nur ein Plätzetausch zwischen zwei benachbarten Atomen möglich (Abb. 35). Mit Hilfe dieser Vorstellung ließen sich die Selbstdiffusion und die Fremddiffusion (Konzentrationsausgleichsdiffusion) erklären. Ein solcher Plätzetausch, der die gleichzeitige Ablösung von zwei Atomen für einen Elementarvorgang benötigt, ist aus energetischen Gründen sehr unwahrscheinlich. Noch ein zweiter Grund spricht gegen diese Vorstellung. Wir können

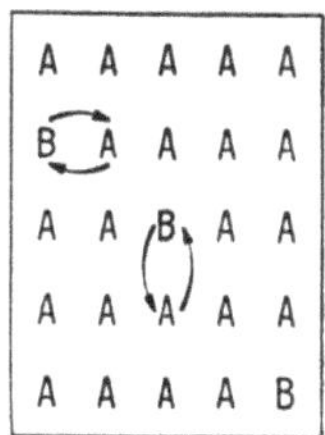

Abb. 35.
Diffusion durch
Platztausch.

nämlich auch in Salzkristallen die Fremd- und Selbstdiffusion beobachten und wissen, daß ihr der gleiche Mechanismus zugrunde liegt wie dem elektrolytischen Stromtransport durch Ionen. Ein solcher

Stromtransport läßt sich jedoch durch einen Plätzetausch gleichartiger Teilchen nicht erklären.

Als erster hat FRENKEL [7] versucht, diese Elementarvorgänge in zwei Schritte zu zerlegen. Das Atom oder Ion soll sich demnach zunächst von seinem Gitterplatz ablösen und im Zwischengitter eine irreguläre Gleichgewichtslage einnehmen. Von diesem Zwischengitterplatz kann es nun entweder auf einen ebenso frei gewordenen Gitterplatz oder eine weitere irreguläre Lage übergehen. Bei dieser Vorstellung treten zwei Ablöseenergien auf, die den zwei möglichen Lagen entsprechen. Später haben C. WAGNER und SCHOTTKY [8] die Platzwechselvorgänge in Kristallen einer eingehenden Betrachtung unterzogen. Nachdem ihre Ansätze für Salzkristalle eine Reihe dort bekannter Erscheinungen erklären konnten, wendete sich C. WAGNER [9] den Metallen zu und prüfte zunächst die Möglichkeit des Platzwechsels unter der Bedingung, daß in einem verdünnten Substitutionsmischkristall wohl die Mehrzahl der Atome auf Gitterplätzen eingebaut sind, daß sich jedoch auch ein kleinerer Teil im Zwischengitter befindet. Das Verhältnis der Zahl der Atome auf Gitterplätzen zu der der Atome auf Zwischengitterplätzen sollte dabei durch ein thermodynamisches Gleichgewicht geregelt sein. Es wurden zunächst zwei Hauptfälle behandelt. In dem ersten wurde angenommen, daß dabei alle Gitterplätze des Grundgitters besetzt sind und ein kleiner Bruchteil der Atome der Grundsubstanz A und der Zusatzkomponente B sich auf Zwischengitterplätzen befinden. Die Diffusion wird durch die Beweglichkeit dieser Atome im Zwischengitter und ihre Fähigkeit, mit Atomen auf Gitterplätzen zu tauschen, ermöglicht. Im zweiten Falle wird angenommen, daß ein kleiner Bruchteil der Gitterplätze nicht besetzt ist, sondern daß im Kristallgitter eine kleine Anzahl von Leerstellen besteht. Diese Leerstellen befinden sich mit den besetzten Gitterstellen ebenfalls im thermodynamischen Gleichgewicht. Durch Übertreten eines Nachbaratoms in eine Leerstelle kann diese wandern und so eine Diffusion vermitteln. Als Resultat sei hier vorweggenommen, daß aus diesen Vorstellungen Ansätze über die Konzentrationsabhängigkeit des DK und der Beziehung zwischen den Diffusionsgeschwindigkeiten der Zusatzelemente und der Selbstdiffusion des Grundmetalls gewonnen werden, die in vielen Fällen mit den experimentellen Befunden in Einklang stehen.

Neuerdings hat C. ZENER [10] einen Mechanismus diskutiert, welcher auf der Annahme beruht, daß vier benachbarte Atome in einem Ringtausch gleichzeitig ihre Plätze wechseln. In Abb. 45 und 46 ist ein Ringtausch angedeutet. Dieser als Ringdiffusion bezeichnete Mechanismus stellt einen Sonderfall des direkten Platzwechsels dar und verzichtet auf die Annahme von Fehlstellen im Gitter. Energetisch scheint ein solcher Platzwechsel möglich. Auf die Einzelheiten soll später noch eingegangen werden.

b) Platzwechselmechanismen und Temperaturabhängigkeit.

Zur Deutung der Diffusionserscheinungen und insbesondere zur Erklärung der Temperaturabhängigkeit der Diffusion ist es notwendig, sich ein Bild von dem Platzwechselmechanismus zu machen. Im vorhergehenden Abschnitt wurde das Problem schon angedeutet. Hier soll einmal versucht werden, die Gedankengänge von C. Wagner [9] und Schottky [8] wiederzugeben. C. Wagner ist es gelungen, die Erscheinungen, die bei der elektrolytischen Leitfähigkeit von festen Salzen und beim Zundern fester Metalle beobachtet werden, zu deuten. Seine Theorie ist auch für die Diffusion von Metallen von Bedeutung.

Betrachtet wird ein System von zwei Komponenten (A) und (B), die miteinander Mischkristalle bilden[1]. In diesen übertrifft die Menge der Komponente A die von B beträchtlich $(c_B \ll c_A)$. In den Kristallen soll jeweils die überragende Mehrzahl der Atome an Gitterplätzen sitzen und je ein kleiner Teil, etwa $1/10^5$, im Zwischengitter eingebaut sein. Entstehen und verschwinden können Zwischengitteratome *nur* an den äußeren Oberflächen des beobachteten Kristalls, denn *nur* dort besteht die Möglichkeit, Atome anzubauen oder, ohne daß eine Gitterlücke entsteht, fortzunehmen. Im Inneren des Kristalls soll das Verhältnis der Zahl der Gitteratome jeder Art zur Zahl der Zwischengitteratome konstant sein. Das Gleichgewicht ist ein thermodynamisches und von der Temperatur abhängig. Im Inneren des Kristalls kann die Diffusion dadurch zustande kommen, daß Zwischengitteratome wandern oder ein Platzwechsel zwischen Gitteratomen und Zwischengitteratomen stattfindet.

In Anlehnung an die chemische Schreibweise kann das Gleichgewicht zwischen Atomen A auf Gitterplätzen und Atomen A auf Zwischengitterplätzen in folgender Weise geschrieben werden:

$$\text{Atom } A(z) \rightleftharpoons \text{Atom } A(g). \tag{1}$$

Bei Anwendung des Massenwirkungsgesetzes ergibt sich dann:

$$\frac{c_{A(z)}}{c_{A(g)}} = K_I. \tag{2}$$

Die Indizes g und z bezeichnen Gitter- und Zwischengitterplätze. Da die Gesamtkonzentration von A c_A und auch $c_{A(g)}$ praktisch konstant sind, ist:

$$c_{A(z)} = c^0_{A(z)}. \tag{2a}$$

$c^0_{A(z)}$ bedeutet die Konzentration der Atome $A(z)$ im reinen Metall A. An der Oberfläche soll $c_{A(z)}$ stets den gleichen Wert haben wie im reinen

---

[1] Bei Wagner steht I und II anstatt A und B.

Metall A. Die Vertauschung der Plätze im Kristallinneren erfolgt nach den Gleichungen:

$$\text{Atom } B(g) + \text{Atom } A(z) \rightleftharpoons \text{Atom } B(z) + \text{Atom } A(g), \qquad (3)$$

$$\frac{c_{B(g)}\, c_{A(z)}}{c_{B(z)}\, c_{A(g)}} = K_{II}. \qquad (4)$$

Da die Zahl der Atome auf Gitterplätzen praktisch mit der Gesamtzahl der Atome übereinstimmt, kann geschrieben werden:

$$\frac{c_{B(z)}}{c_{A(z)}} = \frac{c_B}{c_A}\,\frac{1}{K_{II}}. \qquad (5)$$

C. Wagner weist besonders darauf hin, daß die beiden letzten Gleichgewichte (4), (5) sich im ganzen Kristall einstellen können, während das zuerst angeschriebene (2) sich nur an der Oberfläche einregulieren kann. Er schreibt diesem Umstand die bei höheren Konzentrationen des Zusatzmetalls auftretenden Sondereffekte zu.

Nach dem Vorhergegangenen ist die Reaktion zwischen den Atomen B auf Gitterplätzen und Zwischengitterplätzen schon bestimmt, denn man erhält durch Subtraktion der ersten Reaktionsgleichung (1) von der zweiten (3):

$$\text{Atom } B(z) = \text{Atom } B(g) \quad \text{(an der Oberfläche)}, \qquad (6)$$

das dazugehörige Gleichgewicht ist:

$$c_{B(z)} = c_B\,\frac{c^0_{A(z)}}{c_A}\,\frac{1}{K_{II}}, \qquad (7)$$

$$c_{B(z)} = c_B\,K_{III}, \qquad (7\,\text{a})$$

wenn man als neue Konstante K_{III}

$$K_{III} = \frac{c^0_{A(z)}}{c_A}\,\frac{1}{K_{II}} \qquad (8)$$

setzt. Aus (5) und (8) erhält Wagner:

$$\frac{c_{B(z)}}{c_{A(z)}} = \frac{c_B}{c^0_{A(z)}}\,K_{III}. \qquad (9)$$

Es wird nun ein spezielles Diffusionsproblem betrachtet, das ungefähr den im Laboratorium häufig angewandten Anordnungen entspricht. In einem linearen Diffusionssystem soll das zweite Ficksche Gesetz gelten:

$$\frac{\partial c_i}{\partial t} = D_{i(z)}\,\frac{\partial^2 c_{i(z)}}{\partial \xi^2}, \qquad (10)$$

wobei i die Indizes A und B bedeuten kann. Da während des ganzen Diffusionsvorganges die Summe der Konzentrationen beider Komponenten an jeder Stelle gleich bleiben soll, kann man schreiben:

$$\frac{\partial c_A}{\partial t} + \frac{\partial c_B}{\partial t} = D_{A(z)}\cdot\frac{\partial^2 c_{A(z)}}{\partial \xi^2} + D_{B(z)}\,\frac{\partial^2 c_{B(z)}}{\partial \xi^2} \approx 0. \qquad (11)$$

Die Grenzbedingungen für die Integration werden folgender experimenteller Anordnung entsprechend gewählt. Zwei Diffusionsräume *1* und *2* grenzen aneinander. Zur Zeit 0 herrscht in *1* (links) überall die Konzentration $c_B = \gamma'_B$, in *2* (rechts) $c_B = \gamma''_B$. An den Endflächen der beiden Räume soll bei der gewählten Versuchsdauer noch keine Konzentrationsänderung eintreten. Es sollen sich dort jedoch stets die Gleichgewichte an der Oberfläche einstellen können. Die Wegkoordinate (ξ) läuft von links nach rechts. Der Nullpunkt fällt mit der Grenze zusammen.

Zunächst wird in Gl. (11) durch Einführen von Gl. (5) die Größe $c_{A(z)}$ eliminiert.

$$D_{A(z)} \frac{\partial^2}{\partial \xi^2} \left(\frac{c_{B(z)}}{c_B} c_A K_{II} \right) + D_{B(z)} \frac{\partial^2 c_{B(z)}}{\partial \xi^2} = 0. \tag{12}$$

Wir dividieren durch $D_{B(z)}$ und führen $\alpha = \dfrac{D_{A(z)}}{D_{B(z)}} c_A K_{II}$ ein und erhalten

$$\alpha \frac{\partial^2}{\partial \xi^2} \left(\frac{c_{B(z)}}{c_B} \right) + \frac{\partial^2}{\partial \xi^2} (c_{B(z)}) = 0, \tag{13}$$

nach doppelter unbestimmter Integration

$$\alpha \frac{c_{B(z)}}{c_B} + c_{B(z)} = I_1 + I_2 \xi. \tag{14}$$

I_i sind Integrationskonstanten. Führt man nun die Grenzbedingungen ein, daß für $\xi = -a$ und $\xi = +a$ die Konzentration der Atome B gleich γ'_B und γ''_B, also für die Atome $B(z)$ nach Gl. (7a) gleich $K_{III}\, \gamma'_B$ und $K_{III}\, \gamma'_B$ sind, so ist

$$c_{B(z)} = K_{III} \left\{ \left[\frac{1}{2} (\gamma'_B + \gamma''_B) + \alpha \right] - \left[\frac{1}{2} (\gamma'_B - \gamma''_B) \right] \frac{\xi}{a} \right\} \frac{c_B}{c_B + \alpha}, \tag{15}$$

$$c_{A(z)} = c^0_{A(z)} \{\cdots \cdots \cdots\} \frac{1}{c_B + \alpha}. \tag{16}$$

Der Wert von $c_{A(z)}$ bzw. $c_{B(z)}$ ist nun in Gl. (10) einzusetzen.

$$\frac{\partial c_B}{\partial t} = D_{B(z)} K_{III} \frac{\partial^2}{\partial \xi^2} \left[\{\cdots \cdots\} \frac{c_B}{c_B + \alpha} \right]. \tag{17}$$

Im weiteren wendet C. WAGNER diese Gleichung auf einige leicht übersehbare Beispiele an:

1. Grenzfall. Der erste Fall ist dadurch charakterisiert, daß die Konzentration des Zusatzmetalls B klein sein soll gegen den Wert von α.

$$c_B \ll \alpha. \tag{18}$$

Die Gl. (15) geht dann in die Form über:

$$c_{B(z)} \cong K_{III}\, c_B; \tag{19}$$

dieser Wert wird in Gl. (17) eingesetzt:

$$\frac{\partial c_B}{\partial t} = D_{B(z)} K_{.II} \frac{\partial^2 c_B}{\partial \xi^2}; \tag{20}$$

wir erhalten so ein einfaches Diffusionsproblem. Der Koeffizient der Fremddiffusion, den wir normalerweise bei unseren Versuchen erhalten $(D^0_{A\,B})$, ist gleich dem Produkt des DK der Atomart B im Zwischengitter und der Konstante K_{III}, die ein Maß für die im Zwischengitter vorhandenen Atome ist.

$$D^0_{A\,B} = D_{B(z)}\,K_{III}.\tag{21}$$

Die Beziehung von $c_{A(z)}$ zu $c^0_{A(z)}$, d. h. die Veränderung der Zahl der Atome A auf Zwischengitterplätzen durch gleichzeitige Anwesenheit von Atomen B, geht aus Gl. (16) hervor, die sich ebenfalls vereinfachen läßt. In erster Näherung ist $c_{A(z)} = c^0_{A(z)}$. In zweiter Näherung ($\xi \cong 0$) ist

$$c_{A(z)} = c^0_{A(z)}\left(1 + \frac{1}{2}\frac{\gamma'_B + \gamma''_B}{\alpha} - \frac{c_B}{\alpha}\right)\tag{22}$$

für $c_B \ll \alpha$. Bei diesen Betrachtungen ist angenommen, daß das Konzentrationsgefälle der Atome A auf Zwischengitterplätzen durch das Verhältnis der DK beider Atomarten auf Zwischengitterplätzen stets so geregelt wird, daß die Zahl der Atome B, die durch einen Querschnitt von rechts nach links wandern, durch die gleiche Zahl der Atome A ausgeglichen wird, die sich in entgegengesetzter Richtung bewegen. Setzt man diese Bedingung voraus, die, wie wir später sehen werden, durchaus nicht immer zutrifft, so führt dies zu einer eigenartigen Verteilung der Atome $A(z)$ und $B(z)$ längs des Diffusionsweges, da sich diese nur an der Oberfläche mit den Atomen $A(g)$ und $B(g)$ ins Gleichgewicht setzen können. In Tab. 2 sind einige Werte

Tabelle 2. *Zahlenwerte, die den Diffusionskurven von C. Wagner zugrunde liegen.*

Grenzfall	1. Abb. 36	2. Abb. 37	3. Abb. 38	
$D_{A(z)}$	10^{-6}	10^{-8}	10^{-8}	$\mathrm{cm^2\,sec^{-1}}$
$D_{B(z)}$	10^{-5}	10^{-5}	10^{-5}	$\mathrm{cm^2\,sec^{-1}}$
D^0_A	10^{-11}	10^{-13}	10^{-13}	$\mathrm{cm^2\,sec^{-1}}$
$D^0_{A\,B}$	10^{-9}	10^{-9}	10^{-9}	$\mathrm{cm^2\,sec^{-1}}$
α	10^{-3}	10^{-5}	10^{-5}	$\mathrm{Mol\,cm^{-3}}$
γ'_B	$1\cdot10^{-4}$	$1\cdot10^{-4}$	$1\cdot10^{-4}$	$\mathrm{Mol\,cm^{-3}}$
γ''_B	0	0	$0,9\cdot10^{-4}$	$\mathrm{Mol\,cm^{-3}}$

$c_A = 10^{-1}$; $c^0_{A(z)} = 10^{-6}$; $K_I = 10^{-5}$;

$K_{II} = 10^{-1}$; $K_{III} = 10^{-4}$

zusammengestellt, die der Praxis entsprechen werden. Mit ihrer Hilfe sind die Abb. 36 bis 38 gezeichnet, deren erste den besprochenen Fall wiedergibt. Aus den drei übereinanderstehenden Kurven kann man jeweils die Verteilung von B, $B(z)$ und $A(z)$ längs des Diffusionsweges

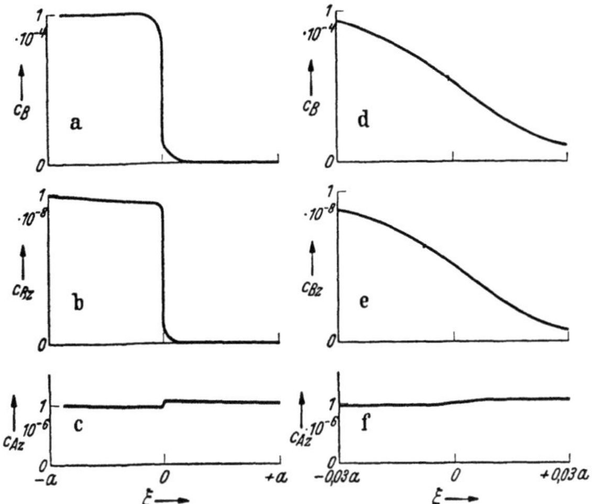

Abb. 36. Konzentrationsverlauf bei der Diffusion. (Nach C. WAGNER.)

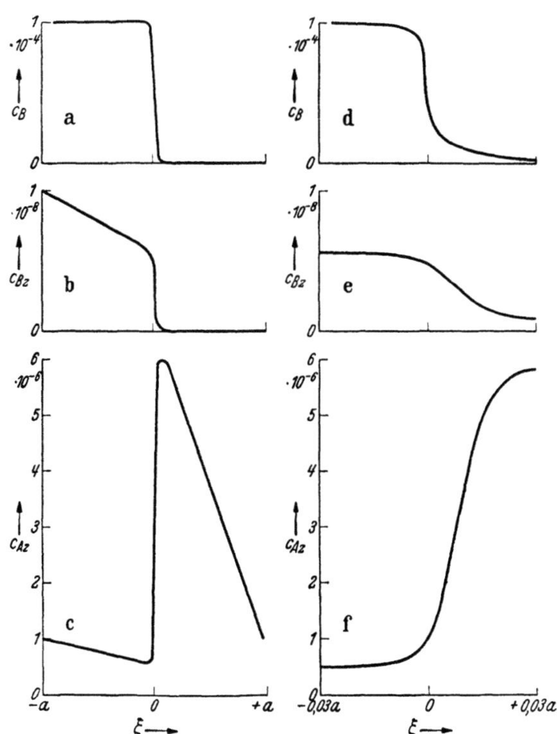

Abb. 37. Konzentrationsverlauf bei der Diffusion. (Nach C. WAGNER.)

6*

verfolgen. Die rechts stehenden Bilder geben jeweils das Gebiet unmittelbar an der Grenzfläche mit einem gedehnten Maßstab für den Diffusionsweg wieder.

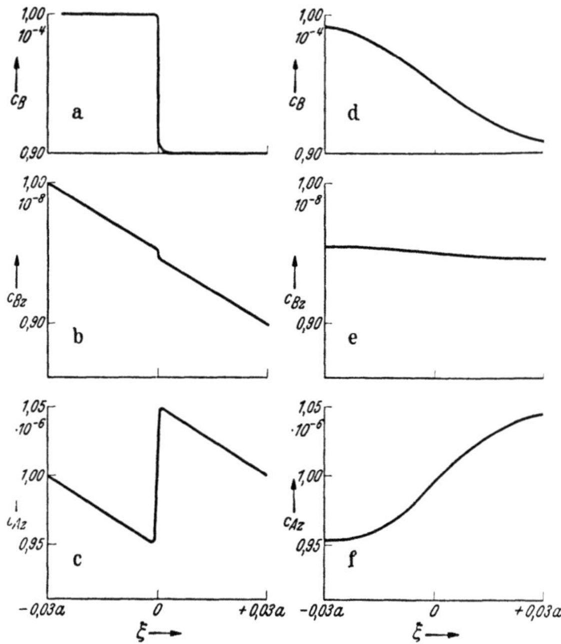

Abb. 38. Konzentrationsverlauf bei der Diffusion. (Nach C. WAGNER.)

2. Grenzfall. Es wird weiterhin angenommen, daß $c_B \ll c_A$. Es soll jedoch $\gamma'_B \gg \alpha$ und $\gamma''_B = 0$ sein. Dies ist nur möglich, wenn die Selbstdiffusion des reines Stoffes A klein ist gegen die Fremddiffusion für den Fall $c_B \to 0$. Die Diffusion kann hier nicht mehr mit Hilfe des zweiten Fickschen Gesetzes gedeutet werden. In Abb. 37 sind die c-ξ-Kurven für einen beliebigen Zeitpunkt dargestellt. Die zugrunde gelegten Daten sind ebenfalls in Tab. 2 zusammengestellt. Man erkennt, daß es im zweiten Grenzfall zu einer außerordentlich starken Anreicherung der Atome $A(z)$ kommen muß, um ein Konzentrationsgefälle auszubilden, das bei dem kleinen Selbstdiffusionskoeffizienten eine genügende Menge Atome $A(z)$ nach links strömen läßt, die den in der Gegenrichtung laufenden Atomen $B(z)$ entspricht. In diesem Beispiel ist $c_{B(z)}$ nicht mehr proportional c_B und $c_{A(z)}$ nicht mehr gleich $c^0_{A(z)}$ zu setzen. Die Folge ist eine Konzentrationsabhängigkeit von $D_{A(z)}$. Die Konzentrationsverteilung längs der Diffusionsstrecke ist nicht mehr normal (Abb. 39, Kurve *b*), sondern verläuft so, daß der Kopf der Diffusionswelle $D_{A(z)}$ höher und am Ende niedriger erscheint (Kurve *a*) als im Normalfall.

3. Grenzfall. Hier werden die Bedingungen so gewählt wie im vorigen Beispiel, doch sollen zur Zeit 0 in den beiden Räumen Konzentrationen herrschen, die sich nur wenig voneinander unterscheiden. Dadurch erhält man wieder ein normales Diffusionsproblem (Abb. 38).

Bei den bisherigen Betrachtungen wurde angenommen, daß Leerstellen im Gitter nicht vorkommen. Rechnet man auch mit dieser Möglichkeit, so werden zwei weitere Platzwechselarten in Erscheinung treten können. In Abb. 40 ist die Selbstdiffusion über Leerstellen angedeutet, wobei die vorhandene Schwankungsbewegung nicht berücksichtigt wurde. Ähnlich liegen die Verhältnisse bei der Fremddiffu-

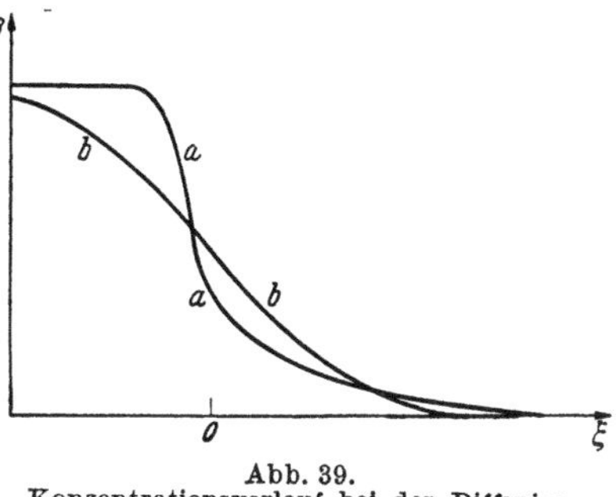

Abb. 39.
Konzentrationsverlauf bei der Diffusion.
(Nach C. WAGNER.)

sion, für welche Abb. 41 ein Beispiel bringt. Es sind für die Bewegung eines Atoms B in einer bestimmten Richtung wie bei der Selbstdiffusion des Grundmetalls A sehr viele Einzelplatzwechsel der Leerstellen

Abb. 40. Selbstdiffusion über Gitterlücken, schematisch.

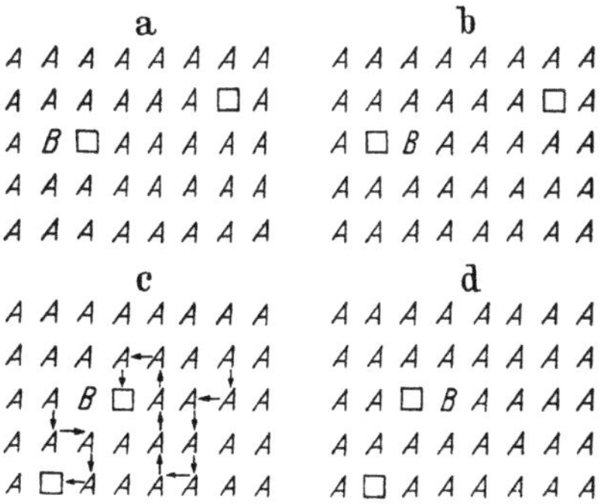

Abb. 41.
Fremddiffusion über Gitterlücken,
schematisch.

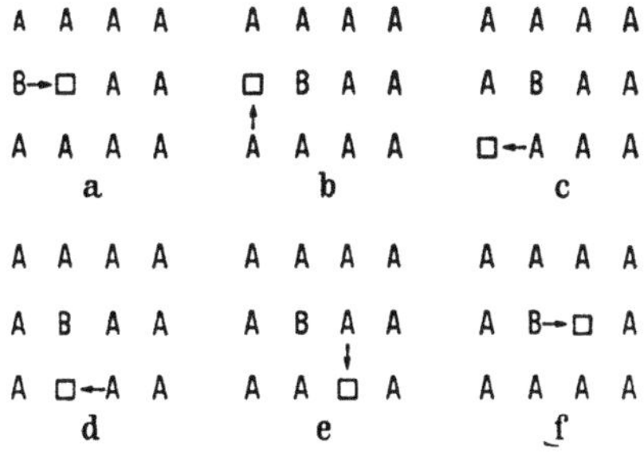

Abb. 42.
Fremddiffusion über Gitterlücken,
schematisch.

nötig, damit aus der Anordnung, wie Abb. 41a zeigt, wieder eine gleiche entsteht (Abb. 41c), welche einen erneuten Platzwechsel ermöglicht. Während Platzwechsel der Atome A häufig vor sich gehen kann, sind für die Bewegung eines bestimmten Atomes B sehr viele Einzelplatzwechsel nötig, wie aus Abb. 41 c zu ersehen ist. Der DK setzt sich dann zusammen aus einem solchen, der für die Zwischengitterdiffusion und einem, der für die Lückendiffusion gilt. Wenn beide gleich sind, so resultiert ein konzentrationsunabhängiger DK. Überwiegt die Zwischengitterdiffusion, so nähern wir uns den bereits besprochenen Fällen. Wenn der Leerstellenmechanismus ausschlaggebend ist, dann ist zu erwarten, daß der DK der Fremddiffusion mit abnehmender Konzentration sich dem DK der Selbstdiffusion annähert.

Während sich diese Betrachtungen bei der Deutung des Leitfähigkeitsmechanismus von Salzen gut bewährt haben, muß doch schon hier hervorgehoben werden, daß sie auf Metalle nicht ohne weiteres übertragbar sind, da hier häufig zwei Voraussetzungen nicht zutreffen. Erstens wandern in vielen Fällen nicht gleich viele Atome nach rechts und links und zweitens zeigt die Beobachtung von mikroskopischen Löchern, daß auch die Summe der Konzentrationen der beiden Partner nicht als konstant angesehen werden kann.

Nach dem Mechanismus von Abb. 41 könnte die Ablösearbeit Q eines Fremdatoms nicht wesentlich kleiner sein als die Ablösearbeit Q_0 bei der Selbstdiffusion. R. P. JOHNSON [33] nimmt deshalb an, daß eine besondere Neigung der gelösten Atome besteht, sich mit Löchern zu „Molekeln" zu vereinigen, welche dann als solche durch „Inversion und Reorientierung" durch den Kristall wandern (Abb. 42).

Bereits in Kap. 4 wurde gezeigt, daß die Temperaturabhängigkeit des DK in Metallen im allgemeinen durch die Gleichung:

$$D = D_0 e^{-\frac{Q}{RT}} \tag{23}$$

wiedergegeben werden kann. Durch Logarithmieren erhält man:

$$\log \mathrm{nat}\, D = \log \mathrm{nat}\, D_0 - \frac{Q}{RT}$$

oder

$$\log_{10} D = \log_{10} D_0 - 0{,}4343 \frac{Q}{RT} = \log_{10} D_0 - \frac{1}{T} \frac{Q}{4{,}574},$$

sofern Q in cal gemessen wird.

Die Gleichung ist in bezug auf $\log D$ und $1/T$ linear. Die Differentiation ergibt eine einfache Möglichkeit zur Berechnung der Ablösearbeit Q.

$$\frac{d \log D}{d\, 1/T} = - \frac{Q}{4.574} . \tag{24}$$

Trägt man in eine graphische Darstellung als Abszissen die Kehrwerte der absoluten Temperaturen und als Ordinaten die Logarithmen der

DK auf, so erhält man z. B. für die Diffusion von Gold in Silber eine Figur wie Abb. 22. Die Zeichnung entspricht der Gleichung

$$D = 5{,}3 \cdot 10^{-4} \cdot e^{-\frac{29\,800}{1{,}987\,T}} \; \text{cm}^2/\text{sec}. \tag{25}$$

Für die Selbstdiffusion des Bleis gilt folgende Gleichung:

$$D = 6{,}7 \cdot e^{-\frac{27\,870}{1{,}987\,T}} \; \text{cm}^2/\text{sec}. \tag{26}$$

Die Ablösearbeit von 27870 cal/g-Atom ordnet sich in die übrigen Energiegrößen des festen Bleis folgendermaßen ein [11]:

Schmelzwärme . . . . 1300 cal/g-Atom
Energieinhalt am Schmelzpunkt . 3500 cal/g-Atom
Ablösearbeit[1] . . . . 27900 cal/g-Atom
Verdampfungswärme . . . . . . 42000 cal/g-Atom

Es ist auffallend und für das Folgende wesentlich, daß die Ablösearbeit sehr viel größer ist als die Schmelzwärme, aber immer noch kleiner als die Verdampfungswärme. Es hat nicht an Versuchen gefehlt, unter Zugrundelegung irgendwelcher ausgedachter Diffusionsmechanismen die Ablösearbeit und auch die Konstante D_0 zu berechnen. Im folgenden sollen einige dieser Versuche wiedergegeben werden.

S. DUSHMAN [12] hat eine halbempirische Gleichung für die monomolekulare Reaktion aufgestellt:

$$K = \frac{Q}{N\,h}\, e^{-\frac{Q}{R\,T}}. \tag{27}$$

In dieser Gleichung bedeutet:

K die Konstante der Reaktionsgeschwindigkeit,
N die LOSCHMIDTsche Zahl,
h das PLANCKsche Wirkungsquantum.

Diese Gleichung wurde nun auf den Diffusionsvorgang übertragen [13] unter der Voraussetzung, daß die Diffusion ebenfalls als eine Reaktion erster Ordnung aufgefaßt werden kann. Der DK wird aus dem Atomabstand d als der Sprungweite bei einem Elementarvorgang und der Wahrscheinlichkeit $K\,dt$, mit der ein solcher Übergang zwischen zwei benachbarten Atomen eintritt, hergeleitet.

$$D = d^2 K. \tag{28}$$

Eingesetzt in die Gl. (27) ergibt diese:

$$D = \frac{Q\,d^2}{N\,h}\, e^{-\frac{Q}{R\,T}}. \tag{29}$$

---

[1] Für die Ablösearbeit des Bleis wird neuerdings ein etwas niedrigerer Wert angegeben (s. S. 88).

Mit dieser Gleichung kann man aus einem einzigen Meßwert des DK den Verlauf für alle Temperaturen und auch die Ablösearbeit Q berechnen. Wendet man diese Rechnung auf die Selbstdiffusion des Bleis an und setzt $d = a$ gleich der Länge der Kante des Elementarwürfels, so erhält man für: $T = 573°$ K; $D = 1{,}9 \cdot 10^{-10}$ cm^2 sec^{-1}; $d = 4{,}93 \cdot$ $\cdot 10^{-8}$ cm; $N = 6{,}025 \cdot 10^{23}$; $h = 1{,}58 \cdot 10^{-34}$ cal eine Gleichung, die erfüllt ist, wenn für Q der Wert 25 000 cal/g-Atom eingesetzt wird. Der berechnete Wert ist deutlich kleiner als der von uns angegebene Wert von 27 900, der aus der Steigung der log D-1/T-Kurve berechnet ist. Während der Drucklegung dieses Buches sind uns zwei neue Arbeiten von NACHTRIEB und HANDLER [30] und von OKKERSE [34] bekannt geworden, deren Ergebnisse wir noch einfügen wollen. Es werden dort folgende Gleichungen angegeben:

$$\text{NACHTRIEB und HANDLER} \quad \ldots \quad D = 0{,}28 \exp\left(-24\,210/\mathrm{RT}\right) \text{ (RaD)},$$
$$\text{OKKERSE} \quad \ldots \ldots \ldots \quad D = 1{,}17 \exp\left(-25\,700/\mathrm{RT}\right) \text{ (ThB)}.$$

Die danach gezeichneten Kurven liegen so, daß sie sich bei hohen Temperaturen mit unseren früheren Messungen, die nach der α-Strahlenmethode ausgeführt sind, decken. Bei tiefen Temperaturen liegen unsere Werte zu tief. Wir möchten das dadurch erklären, daß wir dort die Aktivität der austretenden Rückstoß-Strahlen gemessen haben. Ihre Reichweite konnte nur indirekt berechnet werden, während die Reichweite der α-Strahlen im Blei gemessen ist. Aus der Unsicherheit der Reichweite der Rückstoß-Strahlen sind die Abweichungen in die Messung hineingekommen.

Bei der Anwendung der Gleichung von DUSHMAN ist zu bedenken, daß als Sprungweite (d) nicht nur die Würfelkante, sondern im kubisch-flächenzentrierten Gitter vor allem die halbe Flächendiagonale, als kürzeste Entfernung, und eventuell auch die Würfelraumdiagonale in Frage kommen. Setzt man diese Entfernungen für d ein, so erhält man für Q 24 200 bzw. 26 300 cal/gAt. Ob man aus einem Vergleich der berechneten Aktivierungswärmen mit den gemessenen Größen einen Schluß auf den Mechanismus der Diffusion ziehen darf, ist noch ungewiß, obwohl diese neuen experimentellen Daten besser mit der Theorie übereinstimmen als unsere Werte aus dem Jahre 1931.

In Abb. 43 sind die log D-1/T-Kurven miteinander verglichen. Oben ist mit besonderem Ordinatenmaßstab auch die von OKKERSE gemessene Korngrenzendiffusion in Blei mit eingetragen.

Interessant ist, daß nicht nur bei der Selbstdiffusion dieses einfache Gesetz erfüllt scheint, sondern daß auch die außerordentlich raschen Diffusionsbewegungen der Gold- und Silberatome in Blei zu Sprungweiten führen, die in den Dimensionen der Gitterkonstanten liegen. Es ist wohl erlaubt, daraus zu schließen, daß diese rasche Diffusion auf der geringen Ablösearbeit beruht und nicht etwa darauf zurückgeführt werden kann, daß ein einmal abgelöstes Atom einen längeren Weg im Gitter zurücklegen kann, ehe es wieder fest eingebaut wird.

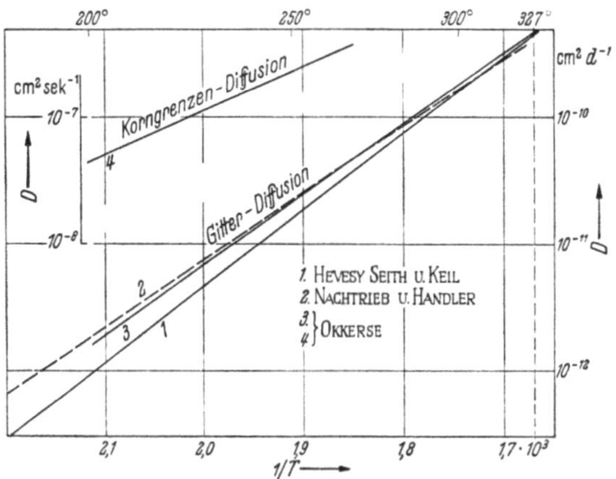

Abb. 43. Selbstdiffusion des Bleis.

In Tab. 3 sind eine Reihe von Beispielen für die Gültigkeit und auch das gelegentliche Versagen der Gleichung (29) zusammengestellt.

Da die Wärmeschwingungen bei der Diffusion von ausschlaggebender Bedeutung sein müssen, hat H. Braune [14] versucht, diese zur Ableitung der Temperaturfunktion des DK. heranzuziehen. Er geht dabei von der Voraussetzung aus, daß nur diejenigen Atome einen Platzwechsel ausführen können, die eine gewisse Mindestenergie E besitzen. Die Zahl dieser Atome als Bruchteil der Gesamtzahl ist:

$$\frac{dN}{N} = e^{-\frac{E}{kT}} . \quad (30)$$

Die Diffusionsgröße ist dann dieser Größe proportional, so daß wir die bekannte Gleichung erhalten:

Tabelle 3 (*nach* Mehl). *Ablösearbeiten in cal.*

Grundstoff	Zusatz	Experimentell	Berechnet
Cu	Zn(9,58%)	41,700	41,700
	Zn(29,08%)	41,700	38,000
	Sn(10%)	40,200	40,000
Pb	Pb	25,000	25,000
	Sn	24,000	23,200
	Tl	21,000	22,380
	Bi	18,600	21,900
	Cd	18,000	19,970
	Ag	15,200	15,700
	Au	13,000	13,300
Ag	Au	29,800	28,000
W	Th	94,000	96,700
	Th	94 450	118,200
	U	100,000	100,500
	Ce	83,000	82,700
	Zr	78,000	77,400
	Y	68,000	70,100
Fe	N	34,600	38,100
	C	36,000	36,700

$$D = D_0 e^{-\frac{E}{kT}} = D_0 e^{-\frac{Q}{RT}} . \quad (31)$$

Die Theorie des Schmelzvorganges von LINDEMANN [15] besagt, daß
das Schmelzen eintritt, wenn das Gitter dadurch instabil wird, daß die
mittlere Amplitude der Atomschwingungen einen bestimmten Wert r_s
erreicht hat. Die Amplitude r_0, welche der Platzwechselenergie entspricht, soll zu dieser in einem einfachen Verhältnis stehen:

$$r_0 = b\, r_s. \tag{32}$$

Es wird ferner gesetzt:

$$E = a^2\, r_0^2. \tag{33}$$

Beim Schmelzpunkt ist der Energieinhalt gegeben durch:

$$a^2\, r_s^2 = 3\, k\, T_s, \tag{34}$$

$$a^2 = \frac{3\, k\, T_s}{r_s^2} = \frac{3\, b^2\, k\, T_s}{r_0^2}, \tag{35}$$

$$\frac{E}{k} = \frac{Q}{R} = 3\, b^2\, T_s, \tag{36}$$

$$D = D_0\, e^{-\frac{3\, b^2\, T_s}{T}}. \tag{37}$$

Es wird angenommen, daß b für die einzelnen Stoffe nicht allzu verschiedene Werte annimmt. Die Vorstellungen von BRAUNE sind nicht
weiter auf ihre Gültigkeit untersucht. Sie stellen jedoch einen wert-
vollen Beitrag für die weitere Entwicklung dieser Fragen dar. Eine
Proportionalität von Q und T_s, wie sie hier gefordert wird, ist in einigen
Fällen aufgefunden worden (Tab. 4).

Tabelle 4.

Metall	Q in kcal	Q/L	Q/T_v	Q/T_s
Ag	46	0,73	19	37,6
Au	52	0 61	16	39,1
Co	64	0,73	18,5	36,3
Cu	50	0,66	17,5	36,9
Fe	74	0,84	24	40,0
Fe	60	0,68	20	33,2
Na	10,4	0,43	9	38,4
Pb	28	0,64	14	46,4
Zn$_{\parallel c\text{-Achse}}$	20 4	0,70	17	29,5
Zn$_{\perp c\text{-Achse}}$	31	1,06	26	44,8

L = Sublimationswärme; T_v = Siedetemp.;
T_s = Schmelztemp.

Einen weiteren Beitrag gibt J. A. M. VAN LIEMPT [16], der von ganz
ähnlichen Voraussetzungen ausgeht. Er gelangt zu der Gleichung:

$$D = \frac{\pi\, d^2\, v}{6}\, e^{-\frac{3\, b^2\, T_s}{T}}. \tag{38}$$

In die Gleichung geht der Atomabstand d, die charakteristische Atomfrequenz ν, die Konstante b, die schon in Gl. (37) auftritt, ein, ebenso die Schmelztemperatur T_s, da auch hier auf die Vorstellungen von LINDEMANN zurückgegriffen wird.

Nach einer Gleichung für die monomolekulare Reaktion von M. POLANYI und E. WIGNER [17] würde sich eine ähnliche Form der Gleichung ergeben:

$$D = \frac{2\,\nu\,Q\,d^2}{R\,T}\,e^{-\frac{Q}{R\,T}}. \tag{39}$$

In dieser Gleichung ist die sonst temperaturunabhängige Konstante D_0 durch ein temperaturabhängiges Glied ersetzt. Die Wirkung ist jedoch nicht ins Gewicht fallend, da der Einfluß von T im Exponenten stark überwiegt.

I. FRENKEL [7] führt in diese Betrachtungen eine neue Vorstellung ein, indem er annimmt, daß beim Platzwechsel ein Atom zunächst von einem Gitterplatz auf einen metastabilen Platz im Zwischengitter springt, dort eine Zeitlang verweilt, um dann auf einen freien Gitterplatz überzugehen. In seine Gleichung gehen daher zwei Ablöseenergien Q_g und Q_z ein und ferner die Verweilzeiten τ_g und τ_z der Atome an den beiden Plätzen.

$$D = \frac{d^2}{6\,\sqrt{g\,\tau_g\,\tau_z}}\,e^{-\frac{Q_g + Q_z}{2\,R\,T}}. \tag{40}$$

In neuerer Zeit wurde eine Reihe von Rechnungen durchgeführt, in welchen die Gitterbaufehler Berücksichtigung finden. So hat BARRER [18] auf Grund der kinetischen Theorie zunächst die Zahl m_1 der Atome pro Einheit der Gitterfläche berechnet, welche die für den Platzwechsel notwendige Energie besitzen und im Verlauf einer Sekunde für einen solchen Platztausch in Frage kommen. Liegt an der betrachteten Einheitsfläche die Konzentration c der Atome vor, deren Wanderung beobachtet werden soll, dann gilt:

$$m_1 = \tfrac{1}{6}\,c\,d\,\nu\,e^{-\frac{Q}{R\,T}}, \tag{41}$$

wenn von den als gleichwertig angenommenen sechs Richtungen im Kristall eine bestimmte herausgenommen ist. Für die benachbarte Gitterebene bekommen wir dann entsprechend für m_2:

$$m_2 = \frac{1}{6}\left(c - \frac{\partial c}{\partial x}\,d\right)d\,\nu\,e^{-\frac{Q}{R\,T}}. \tag{42}$$

d ist der Abstand der Gitterebenen. Diese Ausdrücke liefern die Zahl der tatsächlich am Platzwechsel teilnehmenden Atome, wenn sie mit der Wahrscheinlichkeit multipliziert werden, welche angibt, wie viele von den Atomen, die mit der notwendigen Aktivierungsenergie ausgestattet sind, in Wirklichkeit in die Nachbarebene eingebaut werden können. Dieser Wahrscheinlichkeitsfaktor p ist gleich dem Fehlordnungsgrad α. Die Größe α hängt ab von der Art der Fehlordnung, d. h. davon, ob es sich um eine sog. SCHOTTKY-WAGNERsche oder um eine FRENKELsche Fehlordnung handelt. Sie wächst exponentiell mit steigender Temperatur. Aus der Differenz von Gl. (41) und (42) erhält man unter Berücksichtigung der Fehlordnung:

$$\frac{1}{6}\,d^2\,\nu\,\alpha\,e^{-\frac{Q}{kT}}\,\frac{\partial c}{\partial x} = D\,\frac{\partial c}{\partial x}\ . \tag{43}$$

Ist der Freiheitsgrad der Aktivierung n, dann muß noch mit dem Ausdruck:

$$\left(\frac{Q}{RT}\right)^{n-1}\frac{1}{(n-1)!} \tag{44}$$

multipliziert werden. Für die Diffusion in Metallen dürfte jedoch die Annahme gerechtfertigt sein, daß $n = 1$ oder höchstens $n = 2$ ist.

Die Gleichungen beschränken sich auf ideale Lösungen und sind daher nur für die Selbstdiffusion streng anwendbar.

Von EYRING [19] ist auf allgemeine Weise nach der Methode der Übergangszustände und der Theorie der Reaktionsgeschwindigkeiten folgender Ausdruck für den DK abgeleitet worden:

$$D = p\,d^2\,\frac{F^*}{F}\,\frac{kT}{h}\,e^{-\frac{Q}{RT}} = p\,d^2\,\frac{kT}{h}\,e^{\frac{\Delta S}{R}}\,e^{-\frac{Q}{RT}}\ . \tag{45}$$

F^* ist gleich der Zustandssumme des aktivierten Zwischenzustandes und F gleich der des normalen Zustandes. ΔS bedeutet die Entropiedifferenz zwischen diesen beiden Zuständen. Das Entropieglied gelangt durch Einführen der freien Energie in diese Formeln. Der Ausdruck (45) scheint den Tatsachen noch am besten gerecht zu werden. Man kann sich vorstellen, daß der Platzwechselvorgang eine gewisse Unordnung und demnach eine Entropieerhöhung verursacht. Die Entropieerhöhung wird dann um so größer sein, je höher die Ordnung oder je geringer der Fehlordnungsgrad im Kristall ist. Das dürfte im Einklang mit der Erfahrungstatsache stehen, daß die D_0-Werte bei reinen Metallen sehr große Beträge annehmen, bei den stärker ungeordneten Mischkristallen hingegen in der Regel wesentlich kleiner sind. Der Fehlordnungstyp wird durch den Faktor p berücksichtigt.

Ist der Mechanismus der Diffusion bekannt, dann läßt sich aus der Gl. (45) mit dem experimentell bestimmten D_0 die Entropieänderung ΔS berechnen. Für die Diffusion des C in Eisen ist der Mechanismus eindeutig. Für diesen Fall haben WERT [20] und ZENER [21] aus ihren Messungen am α-Fe die Entropiedifferenz ermittelt und erhalten

$\Delta S \cong 5$ Clausius. Die von ihnen für die C-Diffusion theoretisch abgeleitete und für die Rechnung benutzte Formel lautet:

$$D = \beta \, d^2 v \, n \, e^{\frac{\Delta S}{R}} \, e^{-\frac{Q}{RT}} = D_0 \, e^{-\frac{Q}{RT}} . \tag{46}$$

β ist ein vom Gittertyp abhängiger Zahlenfaktor, welcher für das kubisch-raumzentrierte α-Eisen den Wert $1/_{24}$ und für das kubisch-flächenzentrierte γ-Eisen den Wert $1/_{12}$ besitzt. n berücksichtigt die Zahl der für einen Platzwechsel gleichwertigen Richtungen im Gitter. Nach WERT [20] sind die Formeln, die von EYRING [19] und von WERT und ZENER [21] für die mittlere Aufenthaltszeit τ (vgl. S. 24) eines Atoms auf einem Gitterplatz abgeleitet worden sind und zu den Gl. (45) und (46) führen, einander identisch.

G. J. DIENES [22] gibt an, daß die D_0-Werte in der Hauptsache von dem Ausdruck e^{Q/T_S} abhängen. Q/T_S stellt im Sinne der obigen Erörterungen die Entropie der Aktivierung dar und wird von DIENES als eine Art Schmelzentropie gedeutet. Dieser Deutung liegt die Vorstellung zugrunde, daß das platzwechselnde Atom eine solche Unordnung hinterläßt, die einem örtlichen Aufschmelzen gleichkommt [23].

Fast alle theoretischen Erörterungen befassen sich mit der Berechnung der Konstanten D_0. Wie die vorstehenden Erörterungen zeigen, steht diese Größe in direktem Zusammenhang mit dem Fehlordnungstyp und dem Diffusionsmechanismus. Die theoretischen Betrachtungen können den erstaunlich weiten Bereich von ~ 8 Zehnerpotenzen, welchen die gemessenen Werte von D_0 bestreichen, durchaus verständlich machen [23]. Aus der Übereinstimmung zwischen theoretischen und experimentellen Werten kann man jedoch nicht mit Sicherheit schließen, daß der Mechanismus, welcher der Berechnung zugrunde gelegt wurde, auch tatsächlich vorliegt.

Versuche, auch die Aktivierungsenergie Q aus theoretischen Betrachtungen zu bestimmen, scheiterten daran, daß es heute noch nicht gelingt, die Gitterenergie eines Metalls genügend genau zu berechnen. Eine Ausnahme bilden die Alkalimetalle, für welche sich die Berechnung der Gitterenergie leichter gestaltet. Für das Kupfer ist von FUCHS [24] ein Ausdruck für das Gitterpotential abgeleitet worden, welcher in bezug auf Gitterkonstante und elastische Größen relativ gute Übereinstimmung mit der Erfahrung liefert. Diese Berechnungsart haben nun HUNTINGTON und SEITZ [25, 26] dazu benutzt, um für verschiedene Platzwechselmechanismen die Schwellenenergien zu berechnen. In Abb. 44 sind die drei betrachteten Typen dargestellt. Es sind dies der direkte Platzwechsel A, die Zwischengitterdiffusion B und C und die Diffusion über Gitterlücken D und E. Es werden drei Parameter eingeführt, welche der Verschiebung der Nachbaratome während des Platztausches — in Abb. 44 durch Pfeile angedeutet — Rechnung tragen und solche Werte erhalten, daß die Schwellen- oder Aktivierungsenergie einen minimalen Betrag annimmt. Die von SEITZ und HUNTINGTON bestimmten Aktivierungsenergien sind in Tab. 5 zusammengestellt. Danach sollte die Diffusion in kubisch-flächenzentrierten Metallen nur über Leerstellen erfolgen. Das Ergebnis erscheint durchaus verständlich, wenn man bedenkt, daß für den Einbau von Atomen im Zwischengitter in der dichtesten Kugelpackung kaum Platz vorhanden ist.

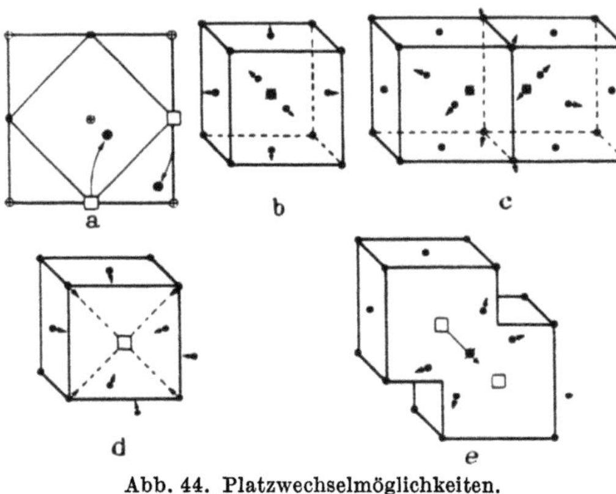

Abb. 44. Platzwechselmöglichkeiten.
(Nach HUNTINGTON und SEITZ.)

Die tatsächlich beobachtete Aktivierungswärme für die Selbstdiffusion von Kupfer beträgt etwa 46 kcal.

Wenn auch der direkte Platztausch von zwei benachbarten Atomen (vgl. Abb. 35) aus energetischen Gründen auszuschließen ist, so dürfte

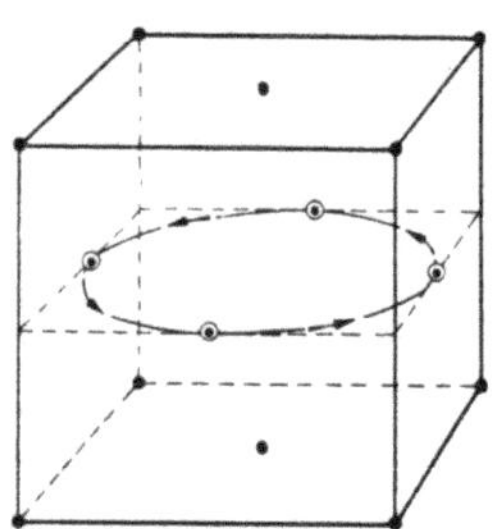

Abb. 45. Ringtausch
im kubisch-flächenzentrierten Gitter
mit vier Atomen. (ZENER.)

Tabelle 5. *Berechnete Aktivierungsenergien für verschiedene Diffusionsmechanismen.*

Typ	Q in cal
Direkter Platztausch	253 000
Zwischengitterdiffusion	230 000
Gitterlückenwanderung	64 000
Ringdiffusion n. ZENER	91 000
Experimenteller Wert	~46 000

ein solcher direkter Platzwechsel in einer modifizierten Form durchaus im Bereich der Möglichkeit liegen. Es handelt sich um die von ZENER [*10*] diskutierte Ringdiffusion. Die Abb. 45 bis 47 zeigen einige Fälle im kubisch-flächenzentrierten und kubisch-raumzentrierten Gitter. In Abb. 47 ist eine 3-Ring-Diffusion, in Abb. 45 und 46 eine 4-Ring-Diffusion dargestellt. Den letzteren Fall hat ZENER für Cu durchgerechnet und die Aktivierungsenergie bestimmt, indem er das gleiche Verfahren benutzt, welches HUNTINGTON und SEITZ [*25*] für ihre Berechnungen verwendet haben. Der erhaltene Betrag von 91 kcal

für die Aktivierungsenergie liegt beträchtlich tiefer als der für den Ringtausch mit zwei Atomen und erreicht damit die Größenordnung des
experimentellen Wertes. Der Mechanismus des direkten Platzwechsels
läßt aber nicht zu, daß in einem Mischkristall die Partner verschiedene

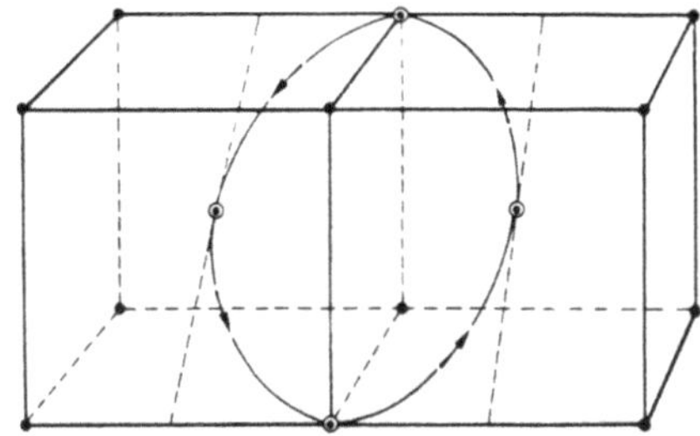

Abb. 46. Ringtausch
im kubisch-raumzentrierten Gitter
mit vier Atomen. (Nach ZENER.)

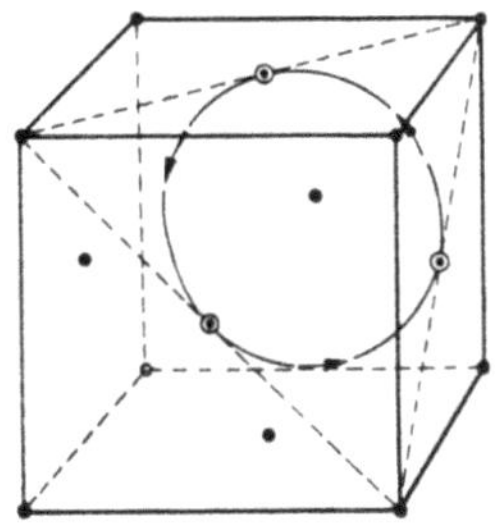

Abb. 47. Ringtausch
im kubisch-flächenzentrierten Gitter
mit drei Atomen. (Nach ZENER.)

Beweglichkeiten besitzen. Die neueren Untersuchungen [27] bis [29]
haben aber gezeigt, daß man im allgemeinen mit verschiedenen DK
rechnen muß. Es ist jedoch nicht ausgeschlossen, daß die Ringdiffusion nach ZENER bei der Selbstdiffusion in reinen Metallen eine
Rolle spielt.

LE CLAIRE [35] zeigt durch seine Rechnungen, welche die mit
einem Platzwechsel verbundene elastische Energie berücksichtigen,
daß in einem kubisch-raumzentrierten Metall eine Ringdiffusion
am wahrscheinlichsten ist. Für die kubisch-flächenzentrierten Metalle fordert das gleiche Rechenverfahren einen Leerstellenmechanismus.

Von PANETH [36] wird ein Mechanismus diskutiert, der für die
Alkalimetalle zutreffen soll und der darin besteht, daß die Diffusion
in Richtung der Raumdiagonalen erfolgt, in welcher trotz der dichtesten
Belegung Zwischengitteratome angeordnet sind. Die Ansammlung
(Crowdion) der Zwischengitteratome soll derart sein, daß auf 8 Gitterplätze 9 Metallatome verteilt sind, was unseren Vorstellungen über
eine Versetzung sehr nahe kommen dürfte.

Obwohl die besprochenen Ansätze auf Spekulationen beruhen,
geben sie doch schon ein ungefähres Bild des Diffusionsmechanismus.
Es ist zumindest als sicher anzusehen, daß die Diffusion im allgemeinen
über Fehlstellen im Gitter verläuft. Hierfür kommen Zwischengitterplätze und Leerstellen in Frage. Um sich ein Bild über die Zahl der
Fehlstellen in einem Kristall machen zu können, kann man eine Rechnung von C. WAGNER [8] heranziehen. Wenn die Zahl der Atome
gleich N ist, ein kleiner Teil davon n_z an metastabilen Stellen im

Zwischengitter sitzt und dafür im Gitter n_l Leerstellen offen bleiben, dann gilt nach WAGNER und SCHOTTKY

$$n_z = N\,e^{-\frac{Q}{2RT}}. \tag{47}$$

Wenn n_z gleich n_l ist, was jedoch nicht unbedingt der Fall zu sein braucht, erhält man $n_z\,n_l$.

$$n_z\,n_l \approx N\,e^{-\frac{Q}{RT}}.$$

Der Fehlordnungsgrad wird analog dem Dissoziationsgrad definiert.

$$\alpha = \frac{n_z}{N}.$$

Dieser ist somit der Berechnung leicht zugänglich. Tab. 6 gibt eine Übersicht über die Fehlordnungsgrade bei verschiedenen Ablösearbeiten mit verschiedenen Temperaturen. Wir werden im weiteren sehen, daß der Mechanismus der Diffusion besonders in Mischkristallen recht kompliziert sein kann. Es scheint jedoch immerhin möglich, daß die Weiterentwicklung der Gedanken, die hier in großen Zügen skizziert sind, eine allgemeine Ableitung der DK und ihrer Temperaturabhängigkeit bringen kann. Eingehende theoretische Erläuterungen dieser Probleme finden sich auch in den Monographien von LE CLAIRE [23], BARRER [31] und JOST [32].

Tabelle 6. *Fehlordnungsgrade.*

Q	$T = 400°$	$800°$	$1200°$ abs.
10000	$2\cdot10^{-3}$	$4\cdot10^{-2}$	$1\cdot10^{-1}$
25000	$2\cdot10^{-7}$	$4\cdot10^{-4}$	$6\cdot10^{-3}$
40000	$1\cdot10^{-11}$	$4\cdot10^{-6}$	$2\cdot10^{-4}$

Schrifttum.

1. KOSSEL, W.: Naturwiss. **18**, 901 (1930). — STRAUMANIS: Z. phys. Chem. Abt. B **13**, 316 (1931); **19**, 63 (1932).
2. STRANSKI, J.: Z. phys. Chem. **136**, 259 (1928).
3. ROYSTON, G. P.: J. Iron Steel Inst. **1**, 166 (1897); s. a. F. W. ADAMS: J. Iron Steel Inst. **91**, 255 (1915).
4. Zum Beispiel: C. H. DESH: Trans. Amer. Inst. Mini. Metal. Engr. **75**, 527 (1927). — P. BARDENHEUER u. R. MÜLLER: Mitt. K.-Wilh.-Inst. Eisenforsch. **1932**, 295. — SPECHT: Metallbörse **23**, 447 (1933).
5. GUILLET, L., u. V. BERNARD: Rev. Metal. Mem. **11**, 752 (1914).
6. WESTGREEN, A., u. G. PHRAGMÉN: Z. Metallkunde **18**, 279 (1926).
6a. SCHEIL, E.: Z. anorg. Chem. **211**, 249 (1935).
7. FRENKEL, I.: Z. Physik **35**, 652 (1926).
8. WAGNER, C., u. W. SCHOTTKY: Z. Phys. Chem. Abt. B **11**, 163 (1930).
9. WAGNER, C.: Z. Phys. Chem. Abt. B **38**, 325 (1938).
10. ZENER, C.: Acta Cryst. **3**, (5) 346 (1950).
11. HEVESY, G. v., W. SEITH u. A. KEIL: Z. Physik **79**, 197 (1932).
12. DUSHMAN, S.: J. Amer. chem. Soc. **43**, 397 (1921).

13. DUSHMAN, S.: Phys. Rev. **20**, 113 (1922).
14. BRAUNE, H.: Z. phys. Chem. **110**, 147 (1924).
15. LINDEMANN: Physik. Z. **11**, 609 (1910).
16. LIEMPT, I. A. M. VAN: Z. anorg. Chem. **195**, 366 (1931).
17. POLANYI, M., u. E. WIGNER: Z. phys. Chem. Abt. A **139**, 439 (1928).
18. BARRER, D. M.: Trans. Faraday Soc. **37**, 590 (1941).
19. GLASSTONE, K. J. RAIDLER u. H. EYRING: The Theory of Rate Process. McGraw Hill 1941.
20. WERT, C.: Phys. Rev. **79**, 601 (1950).
21. WERT, C., u. C. ZENER: Phys. Rev. **76**, 1169 (1949).
22. DIENES, G. J.: Phys. Rev. **79**, 123 (1950) — J. appl. Physics **21**, 1189 (1950).
23. LE CLAIRE, A. D.: Progr. in Metal Physics **1**, 336 (1949); **4**, 265 (1953).
24. FUCHS, K.: Proc. Roy. Soc., Lond. (A) **151**, 585 (1935); **153**, 622 (1936); **157**, 444 (1937).
25. HUNTINGTON, H. B., u. F. SEITZ: Phys. Rev. **61**, 315 (1942); **76**, 1728 (1949).
26. SEITZ, F.: Acta Cryst. **3**, 355 (1950).
27. DA SILVA, L. C. C., u. R. F. MEHL: J. Metals **3**, 155 (1951).
28. SEITH, W., u. A. KOTTMANN: Angew. Chem. **64**, 379 (1952).
29. HEUMANN, TH., u. A. KOTTMANN: Z. Metallkunde **44**, 139 (1953).
30. NACHTRIEB u. HANDLER: Persönl. Mitteilung.
31. BARRER, R. M.: Diffusion in and through Solids. University Press Cambr. 1951.
32. JOST, W.: Diffusion in Solids, Liquids and Gases. New York: Acad. Press Inc. Publ. 1952.
33. JOHNSON, R. P.: Phys. Ber. **56**, 814 (1939).
34. OKKERSE, B.: Acta Metall. **2**, 551 (1954).
35. LE CLAIRE, A. D.: Acta Metall. **1**, 438 (1953).
36. PANETH, H.: Phys. Rev. **80**, 708 (1950).

6. Konzentrationsabhängigkeit des Diffusionskoeffizienten.

a) MATANO-Auswertung.

Bei der Auswertung der Diffusionsversuche wurde in den meisten Fällen eine Konzentrationsabhängigkeit des DK nicht berücksichtigt; denn nur unter diesen Bedingungen ist die Lösung der FICKschen Gleichung in der in Kap. 2 beschriebenen Art möglich. Diese Vereinfachung erschien unbedenklich, da es zunächst darauf ankam, ungefähre Werte der noch unbekannten Diffusionsgeschwindigkeiten festzulegen. Bei den ersten Messungen waren überdies die Fehler, die durch andere Umstände das Ergebnis verfälschen konnten, ebenso groß wie eine eventuell zu erwartende Konzentrationsabhängigkeit. In einer Reihe von Beispielen hat man die DK bei niedrigen Legierungskonzentrationen bestimmt, da man dort mit einer geringen Konzentrationsabhängigkeit rechnete.

Zur Berechnung des Konzentrationseffektes ist die Aufstellung der c-x-Kurve mit höchster Exaktheit erforderlich. Zum ersten Male wurden solche Versuche von GRUBE und JEDELE [1] bei der Diffusion zwischen zwei reinen Metallen ausgeführt. Eines der damals beschriebenen Beispiele ist die gegenseitige Diffusion von Kupfer und Nickel,

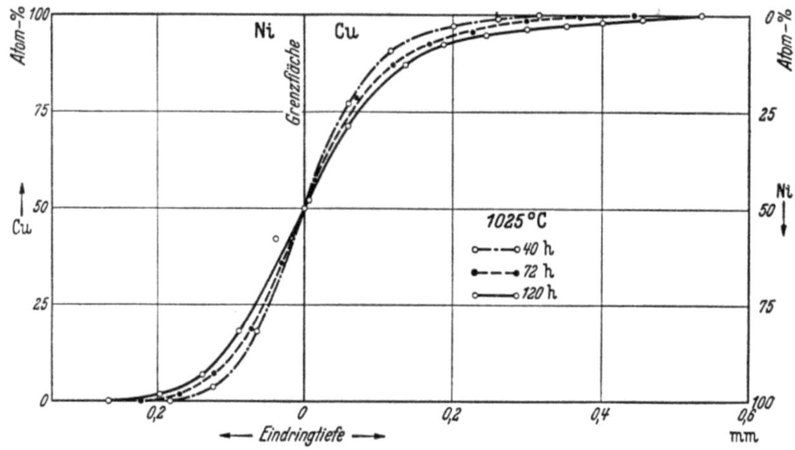

Abb. 48. Gegenseitige Diffusion von Kupfer und Nickel. (Nach GRUBE und JEDELE.)

Tabelle 7. *Gegenseitige Diffusion von Kupfer und Nickel.* *Nach* GRUBE *und* JEDELE [1].

x cm	c %	$D \cdot 10^{10}$ cm^2 sec^{-1}
Ni in Cu		
0,005	30,6	1.1
0,010	18,7	1,5
0,015	11,3	1,7
0,020	6,9	2,1
0,025	4,5	2,5
0,030	3,5	3,1
0,035	2,7	3,8
0,040	1,9	4,3
0,045	1,1	4,4
0,050	0,4	4,1
Cu in Ni		
0,005	31,0	1,2
0,010	14,8	1,05
0,015	4,8	0,95
0,020	1,4	0,96
0 025	0,2	0,91

die dann später immer wieder bei den Betrachtungen der Konzentrationsabhängigkeit herangezogen wurde. In Abb. 48 sind einige c-x-Kurven für diesen Fall dargestellt. Man erkennt, daß die Diffusion von Ni in Cu rascher erfolgt als von Cu in Ni. Die einzelnen Werte des DK wurden dadurch bestimmt, daß man als Grenzfläche der beiden Diffusionsräume diejenige zur Diffusionsrichtung normale Ebene definierte, in der die Konzentration der beiden Partner 50 Atom-% betrug. GRUBE und JEDELE werteten dann die Punkte beider Kurvenäste nach Gl. (18), Kap. 2, aus. Für einen Versuch bei 1025° und 5 Tagen Dauer erhielten sie dann Werte, die in Tab. 7 zusammengestellt sind. Es zeigte sich eine sehr ausgeprägte Abhängigkeit des DK von der Eindringtiefe, d. h. von der Konzentration. Auch die Metallpaare Gold-Platin, Gold-Palladium und Gold-Nickel [2] zeigten dieselben Erscheinungen (Abb. 49). Der DK wurde auch hier, wie beschrieben, berechnet. Er beträgt für die Diffusion von Nickel und Gold bei kleinen Ni-Konzentrationen $6 \cdot 10^{-10}\,\mathrm{cm^2\,sec^{-1}}$, bei 50 Atom-% $1{,}2 \cdot 10^{-10}\,\mathrm{cm^2\,sec^{-1}}$

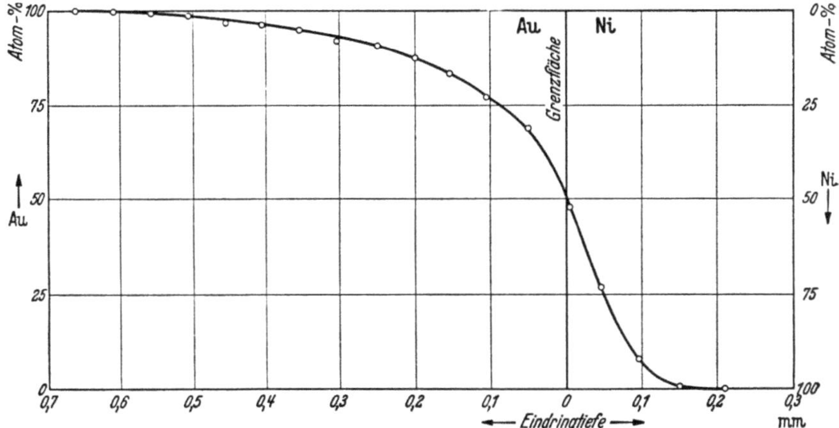

Abb. 49. Gegenseitige Diffusion von Gold und Nickel. (Nach GRUBE und JEDELE.)

für beide Metalle, und dann fällt der DK für Gold in Nickel auf $0{,}35 \cdot 10^{-10}\,\mathrm{cm^2\,sec^{-1}}$ für kleine Au-Konzentrationen ab. Dieses Auswertverfahren zeigt wohl, daß eine Konzentrationsabhängigkeit des DK vorhanden ist. Die berechneten Werte sind jedoch nicht exakt.

Um den DK bei einer bestimmten Konzentration zu bestimmen, muß man eine andere Methode der Auswertung wählen. Diesen Weg hat zuerst MATANO [3] gezeigt. Zurückgehend auf Gedankengänge, die schon von BOLTZMANN stammen, wird eine Lösung für die zweite FICKsche Gleichung

$$\frac{\partial c}{\partial t} = \frac{\partial}{\partial x}\left(D\,\frac{\partial c}{\partial x}\right) \tag{1}$$

gefunden, welche den Versuchsanordnungen angepaßt ist. Zunächst gelten folgende Bedingungen: Für $t = 0$ ist $c = 1$ im Gebiet $x < 0$ und $c = 0$ im Gebiet $x > 0$. Ferner ist bei $x = \pm\infty$ stets $dc/dx = 0$. Dies entspricht den schon früher besprochenen und in den meisten Fällen angewandten Versuchsbedingungen. Es wird nun nach BOLTZMANN als neue Variable (λ) die Größe $x/\sqrt{t}$ eingeführt und dabei angenommen, daß x eine lineare Funktion von $\sqrt{t}$ ist (s. S. 6). Eine Nachprüfung dieses linearen Zusammenhanges entscheidet darüber, ob die Diffusion ungestört verläuft. In Abb. 50 sind für verschiedene Konzentrationen die Werte für x und $\sqrt{t}$ gegeneinander aufgetragen. Sie liegen mit befriedigender Genauigkeit auf Geraden, die durch den Nullpunkt des Koordinatensystems gehen. Die geforderte Bedingung ist demnach erfüllt.

Man kann nun die Gl. (1) schreiben:

$$-\frac{\lambda}{2}\frac{dc}{d\lambda} = \frac{d}{d\lambda}\left(D\frac{dc}{d\lambda}\right).\tag{2}$$

Die Lösung unter den gegebenen Randbedingungen lautet dann:

$$D = -\frac{1}{2}\frac{d\lambda}{dc}\int_0^c \lambda\,dc.\tag{3}$$

Da die Versuchszeit t längs einer c-x-Kurve konstant ist, kann man schreiben:

$$D = -\frac{1}{2t}\frac{dx}{dc}\int_0^c x\,dc\tag{4}$$

mit der Bedingung:

$$\int_0^1 x\,dc = 0.\tag{5}$$

Die letzte Bedingung wirkt sich praktisch dahin aus, daß als Grenze der beiden Diffusionsräume eine Fläche so durch die Probe gelegt werden

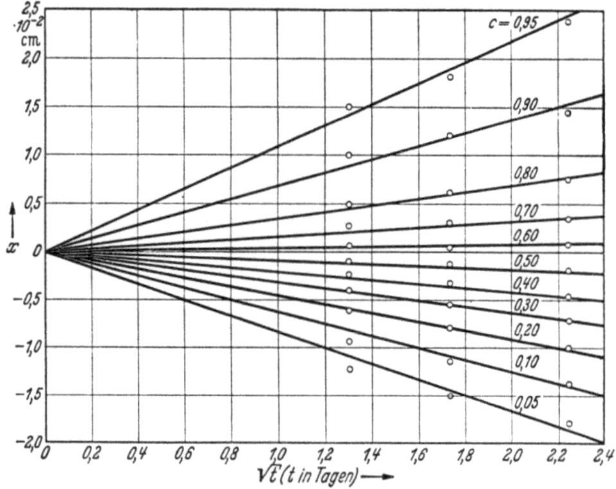

Abb. 50. Funktion $x/\sqrt{t}$ = konst. (Nach MATANO.)

muß, daß die auf der einen Seite weggewanderte Menge des diffundierenden Stoffes gleich der auf der anderen Seite hinzugekommenen ist. In Abb. 51 müssen dann die Flächen A und B gleich groß sein, d. h.

$$\int_0^{c_M} x\,dc = -\int_{c_M}^1 x\,dc.$$

Die so definierte Grenze der beiden Diffusionsräume mit der Konzentration c_M liegt nicht mehr an der Stelle, an der die Konzentration gleich der halben Ausgangskonzentration ist. Sie braucht auch nicht mit der ursprünglichen Schweißfläche zusammenzufallen.

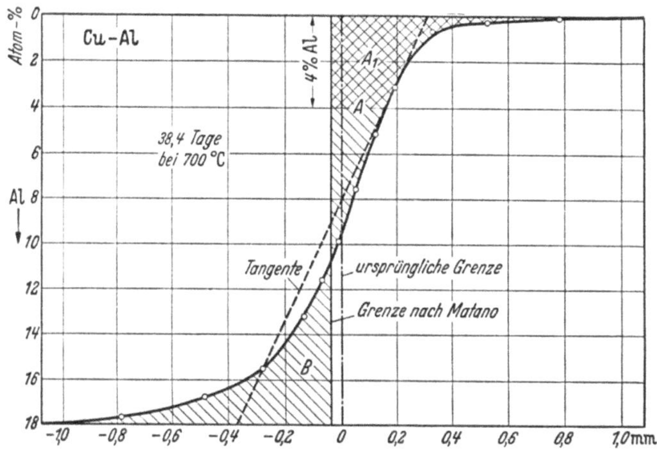

Abb. 51. Auswertung bei konzentrationsabhängigem Diffusionskoeffizienten.
(Nach MEHL.)

Zur Auswertung der Gleichung muß man sich die Werte von dx/dc und $\int_0^c x\,dc$ bzw. $\int_c^1 x\,dc$ auf graphischem Wege verschaffen. Zur Bestimmung von dx/dc legt man an die c-x-Kurve an der Stelle, die dem gewünschten Konzentrationswert entspricht, eine Tangente und mißt ihre Steigung. Um den Wert des Integrals zu erhalten, bestimmt man den Inhalt des doppelt schraffierten Stückes A_1 in $x\,c$-Einheiten. Die so erhaltenen Werte werden in die Gl. (4) eingesetzt und so die Größe des DK erhalten, welcher der dem Berührungspunkt der Tangente entsprechenden Konzentration zukommt. Bei solchen Versuchen ist zu beachten, daß die c-x-Kurve sehr genau bekannt sein muß, eine Bedingung, die besonders in der Nähe der Anfangskonzentration analytisch nicht einfach zu verwirklichen ist. Das Anlegen der Tangente schließt natürlich subjektive Fehler nie ganz aus.

b) Experimentelle Ergebnisse.

Die Versuche von GRUBE und JEDELE [1] sind von MATANO nach der beschriebenen Methode neu berechnet worden (Abb. 52). Wir erkennen, daß die beiden Methoden in den Ni-reichen Legierungen nahezu übereinstimmende Werte geben, während in den Cu-reichen Legierungen größere Unterschiede auftreten. Es hängt dies damit zusammen, daß offensichtlich in den Ni-reichen Legierungen die Konzentrationsabhängigkeit gering ist. Auffallend ist, daß sich der Diffusionskoeffizient im Konzentrationsbereich von 0 bis 60% Kupfer nur

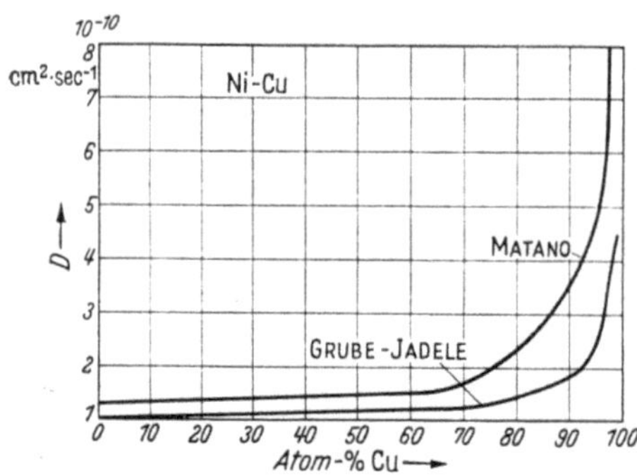

Abb. 52. Diffusion **Cu-Ni.**
Werte von GRUBE-JEDELE und von MATANO.
(Lies JEDELE statt JADELE)

wenig ändert, um dann sehr rasch anzusteigen. Ganz ähnlich liegen die Verhältnisse bei der Diffusion von Gold und Platin, Gold und Palladium, Gold und Nickel, die von JEDELE [2] untersucht und ebenfalls von MATANO [4] ausgewertet wurde (Abb. 53).

Über die Diffusion von Aluminium, Beryllium, Cadmium, Silicium, Zinn und Zink in Kupfer berichten F. N. RHINES und R. F. MEHL [5]. Die DK sind nach der Methode von MATANO berechnet und zum Teil stark von der Konzentration der Legierung abhängig. In einzelnen Fällen, z. B. bei Aluminium und Zink, sind die erhaltenen Werte des DK bei verschiedener Versuchsdauer gut reproduzierbar (Abb. 54). Bei den Versuchen mit Silizium und Zinn

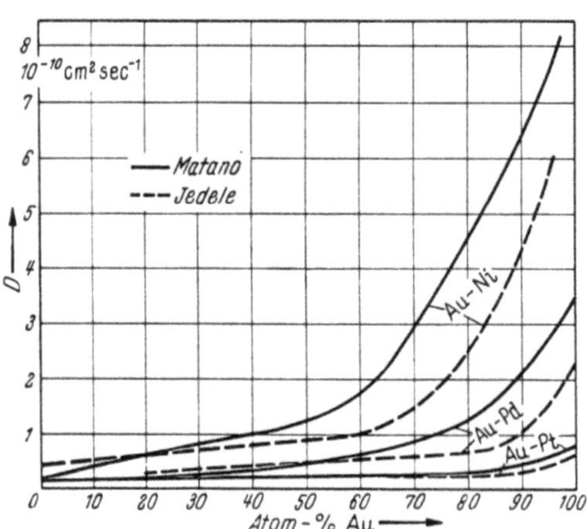

Abb. 53. Konzentrationsabhängigkeit in den Systemen **Au-Ni, Au-Pd und Au-Pt.**

gilt dies jedoch nur für die niedrigste Versuchstemperatur (700°), während bei höheren Temperaturen ganz beträchtlicheStreuungenauftreten. Bei allen diesen Beispielen wird festgestellt, daß der DK mit abnehmender Konzentration einem Grenzwert zustrebt. Die einzelnen Zusammenhänge können am besten aus den Abb. 54 und 55 entnommen werden.

Konzentrationsabhängige DK sind weiterhin bei der Diffusion verschiedener Metalle in Aluminium beobachtet worden. Die Ergebnisse von MEHL, RHINES und VON DEN STEINEN [6] und von BÜCKLE [7] sind in den Abb. 56 bis 61 zusammengestellt. Zu bemerken ist, daß die DK mit wachsendem Gehalt an Legierungsbestandteilen mit Ausnahme von Zn stets kleiner werden.

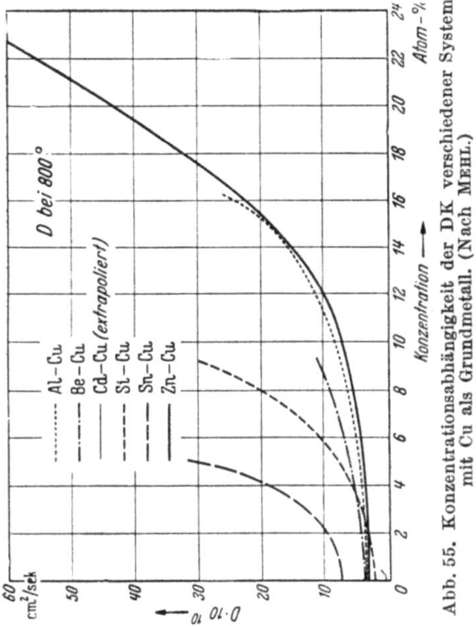

Abb. 55. Konzentrationsabhängigkeit der DK verschiedener Systeme mit Cu als Grundmetall. (Nach Mehl.)

Neuere Untersuchungen in den Systemen Cu–Zn, Cu–Al, Cu–Sn von DA SILVA und MEHL [8] konnten den früheren Befund von RHINES und MEHL [5] bestätigen (Abb. 62). Die erstgenannten sowie JOHNSON [9] und THOMAS und BIRCHENALL [14] haben die DK in Ni–Cu-Legierungen bestimmt (Abb. 63). Aus den Meßdaten wurden auch die Aktivierungsenergien (Q) und die D_0-Werte in Abhängigkeit von der Konzentration ermittelt. Während Zn und Sn die Aktivierungswärme erniedrigen (Abb. 64 und 65), wird diese in den Systemen Cu–Al und Cu–Ni (Abb. 66 und 67) mit wachsender Konzentration erhöht. Überraschend ist das Maximum bei Cu–Ni in der Nähe von 80 Atom-% Cu. Eine weniger ausgeprägte, aber

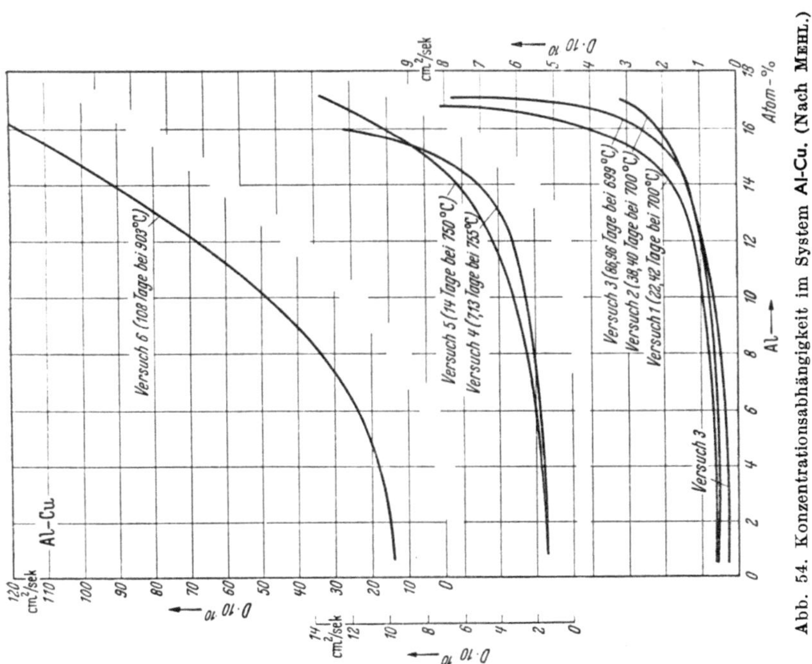

Abb. 54. Konzentrationsabhängigkeit im System Al-Cu. (Nach MEHL.)

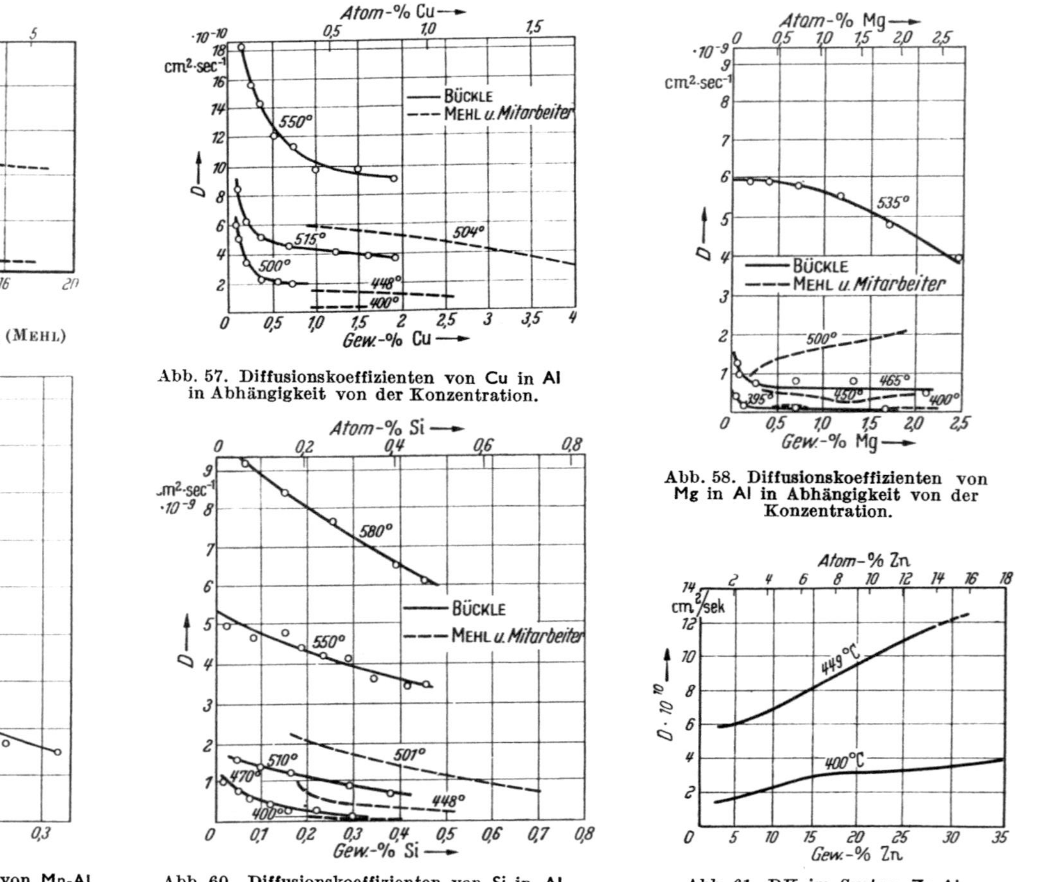

Abb. 56. DK im System Ag-Al. (Mehl.)

Abb. 57. Diffusionskoeffizienten von Cu in Al in Abhängigkeit von der Konzentration.

Abb. 58. Diffusionskoeffizienten von Mg in Al in Abhängigkeit von der Konzentration.

Abb. 59. Diffusionskoeffizienten von Mn-Al in Abhängigkeit von der Konzentration.

Abb. 60. Diffusionskoeffizienten von Si in Al in Abhängigkeit von der Konzentration.

Abb. 61. DK im System Zn-Al.

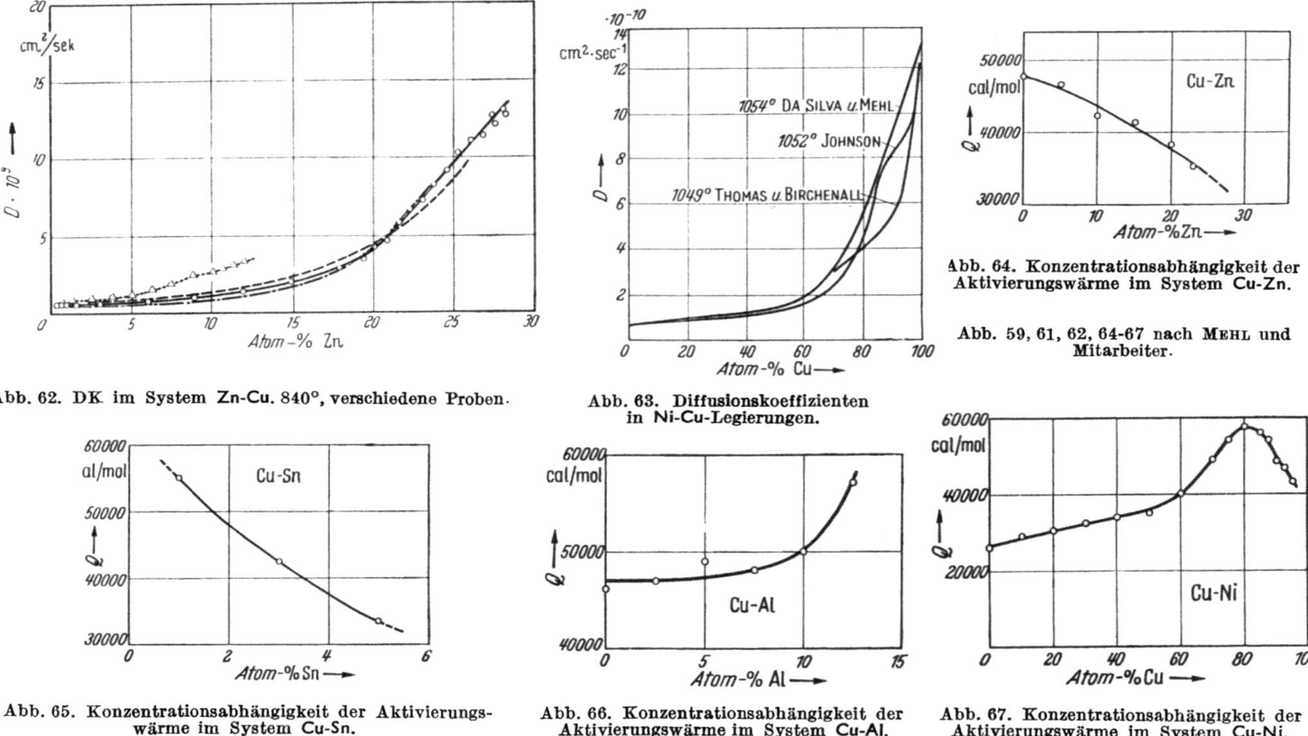

Abb. 62. DK im System Zn-Cu. 840°, verschiedene Proben.

Abb. 63. Diffusionskoeffizienten in Ni-Cu-Legierungen.

Abb. 64. Konzentrationsabhängigkeit der Aktivierungswärme im System Cu-Zn.

Abb. 59, 61, 62, 64-67 nach MEHL und Mitarbeiter.

Abb. 65. Konzentrationsabhängigkeit der Aktivierungswärme im System Cu-Sn.

Abb. 66. Konzentrationsabhängigkeit der Aktivierungswärme im System Cu-Al.

Abb. 67. Konzentrationsabhängigkeit der Aktivierungswärme im System Cu-Ni.

deutlich meßbare Abhängigkeit des DK im Bereich von 0 bis 100 %
Au für die **Ag–Au**-Legierungen ist von SEITH und KOTTMANN [10] gefunden worden (Abb. 68). Eine noch geringere Konzentrationsabhängigkeit wurde im System Kobalt-
Nickel [11] angetroffen.

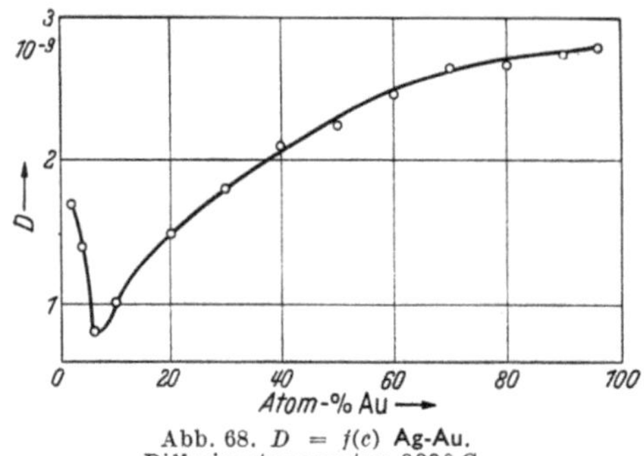

Abb. 68. $D = f(c)$ **Ag-Au**.
Diffusionstemperatur 900° C.

Auch die Diffusion des Kohlenstoffs im Austenit, in welchem
ein Einlagerungskristall vorliegt,
ändert sich mit der Konzentration erheblich. Nach WELLS,
BATZ und MEHL [12] durch-
läuft der DK die Werte von
$12 \cdot 10^{-7}$ cm² sec⁻¹ bis 49 ·
· 10^{-7} cm² sec⁻¹ in dem Konzentrationsintervall von 0 bis

7,5 Atom-% (1,7 Gew.-%) **C** bei einer Temperatur von 1127° C. Der
Anstieg von 0 bis 3 Atom-% ist gering (Abb. 69), nimmt aber mit
wachsendem **C**-Gehalt rascher
zu. Den Gang und die Höhe
der entsprechenden Aktivie-

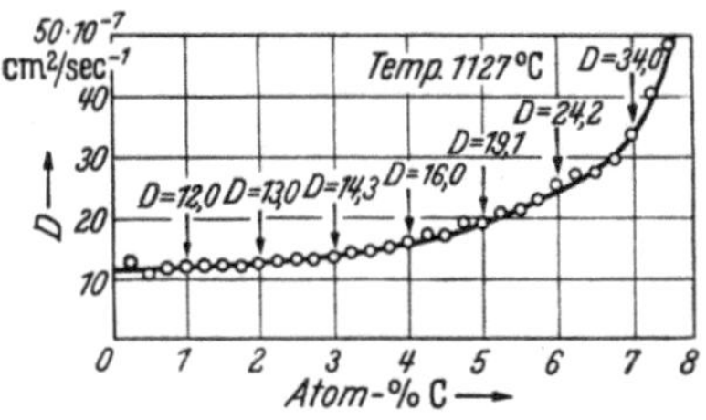

Abb. 69.
Konzentrationsabhängigkeit des DK
von **C** im Austenit.

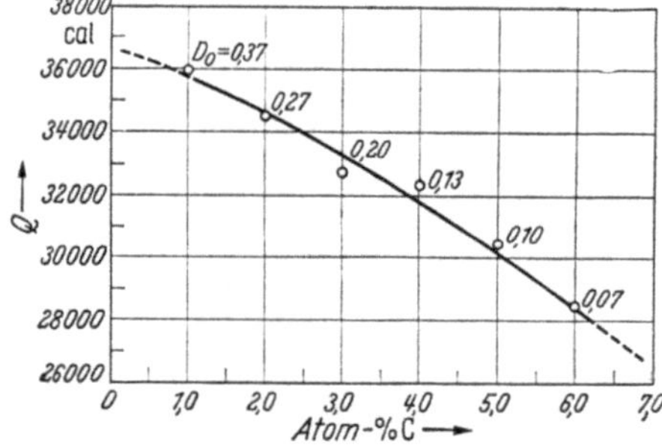

Abb. 70.
Q und D_0 gegen die **C**-Konzentration
im Austenit aufgetragen.

rungsenergien und der D_0-Werte erkennt man an Abb. 70. Beide Größen
fallen mit zunehmender **C**-Konzentration ab.

Bei der Diffusion zwischen reinen Metallen sind im Falle lückenloser
Löslichkeit auch Kurven für die Konzentrationsabhängigkeit des DK
gefunden worden, die einen S-förmigen Verlauf haben. Wir finden eine
solche Abhängigkeit in den Systemen **Fe–Ni** [10, 13] und **Cu–Pd** [14]. Die
Ergebnisse lassen sich am besten durch Wiedergabe der Bilder ver-
anschaulichen (Abb. 71 und 72). Einen besonderen Typ stellt das System
Cu–Au [15] in Bezug auf Konzentrationsabhängigkeit des DK dar.
Bei etwa 60 Atom-% **Au** durchläuft der DK ein Maximum (Abb. 73).
Im nächsten Abschnitt wird davon noch die Rede sein.

Auch in den intermetallischen Phasen ist mit einer mehr oder weniger stark ausgeprägten Abhängigkeit des DK von der Zusammensetzung

zu rechnen. Nachgewiesen wurde diese in den β-Phasen der Systeme **Cu–Zn** [20] und **Ag–Zn** [21] und im Wüstit [23]. Auf indirektem Wege konnte auch in der ε- und γ-Phase des Messings eine Abhängigkeit festgestellt werden [16].

Bei der Betrachtung der Konzentrationsabhängigkeit kann man beobachten, daß diese im allgemeinen gering ist, wenn die diffundierenden Metalle einander ähnlich sind, hingegen groß, wenn diese eine geringere Verwandtschaft zeigen. SEITH und HERRMANN [17] konnten z. B. beobachten, daß die Konzentrationsabhängigkeit bei der Diffusion von **Tl** in **Pb** nicht vorhanden oder doch recht gering sein muß, daß sie jedoch bei der Diffusion von **Mg** in **Pb** sehr deutlich hervortritt. Faßt man die neueren Versuchsergebnisse zusammen, so gewinnt man den Eindruck, daß ein streng konzentrationsunabhängiger DK, abgesehen von der Selbstdiffusion, überhaupt nicht existiert.

Da sich die Schmelztemperatur einer Legierung im allgemeinen mit der Konzentration ändert, lag die Annahme nahe, daß die Konzentrationsabhängigkeit des DK damit zusammenhängt, daß Legierungen verschiedener Konzentration, bei ein und derselben Temperatur betrachtet, verschieden weit von ihrem Schmelzpunkt entfernt sind. Diesen Einfluß suchten SEITH und KEIL [18] schon früher darzustellen, allerdings wurde damals die Konzentrationsabhängig-

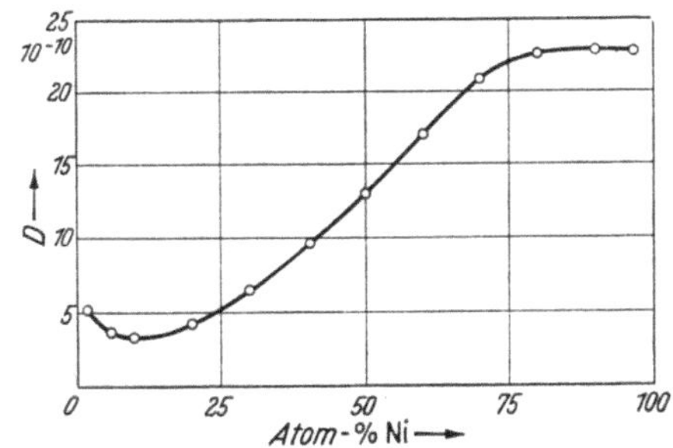

Abb. 71. $D = f(c)$ **Fe-Ni**.
Diffusionstempertaur 1310° C.

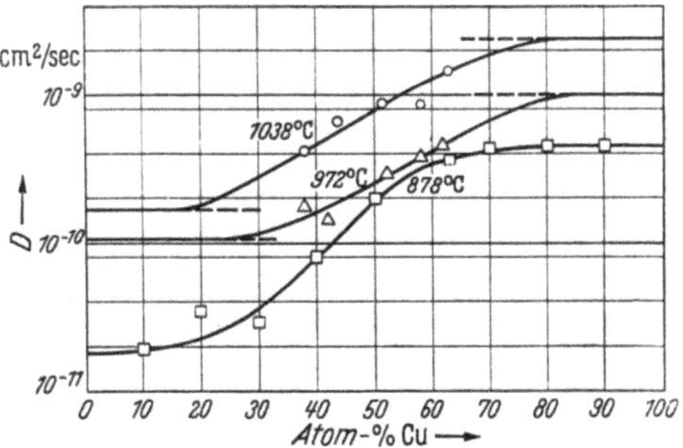

Abb. 72. $D = f(c)$ im System **Cu-Pd**.

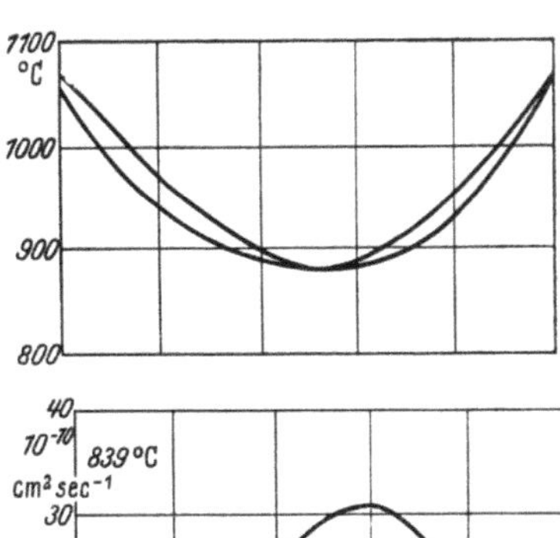

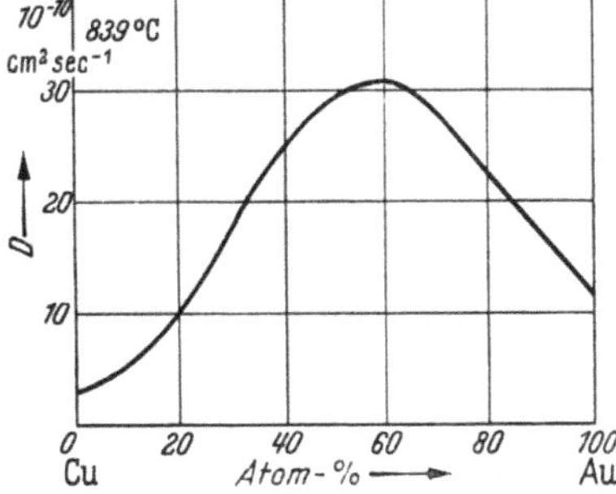

Abb. 73. Vergleich von Zustandsdiagramm und Diffusion im System **Cu-Au**.

keit des DK noch nicht exakt berechnet. Es wurden die durchschnittlichen DK in α-Messing, ausgehend von 29%iger und 10%iger Legierung, gemessen. Dann wurde das Verhältnis Versuchstemperatur durch Schmelztemperatur T/T_s gebildet und als reduzierte Temperatur bezeichnet. Diese Versuchsergebnisse wurden auf die Konzentration 0% Zn reduziert, indem man die Temperatur ausrechnete, die zur Schmelztemperatur des reinen Cu im gleichen Verhältnis stand. In Abb. 74 sind die Werte für beide Meßreihen eingetragen. Die reduzierten Werte liegen auf einer Geraden. Das Verfahren ist zwar roh und heute überholt, kann aber dennoch den Einfluß der Schmelztemperatur aufzeigen.

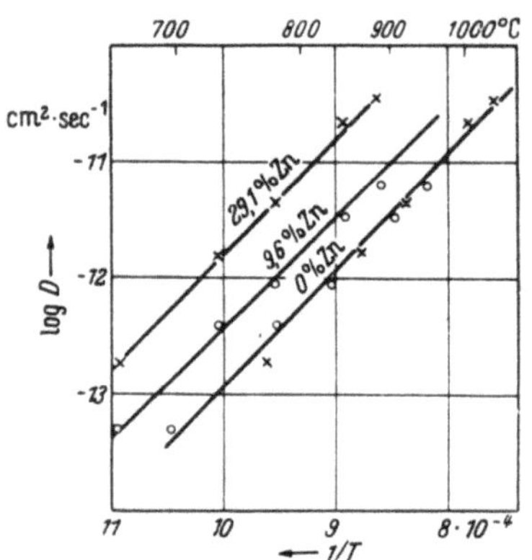

Abb. 74. Diffusion von Zn in α-Messing auf gleiche reduzierte Temperaturen umgerechnet.

In einem zweiten Versuch wurden die DK der Selbstdiffusion von Pb in reinem Pb und einer Legierung von Pb und Bi, deren Schmelztemperatur bei 294°C lag, bestimmt. Multipliziert man die Temperatur, bei welcher die Selbstdiffusion in der Legierung gemessen wurde, mit 600 : 567, das ist Schmelztemperatur des reinen Pb durch Schmelztemperatur der Legierung in °K, so liegen alle Punkte bei der für die Selbstdiffusion geltenden log D–1/T-Geraden (Abb. 75). Das Resultat erscheint plausibel, weil sich die untersuchte Legierung im Aufbau nur wenig vom reinen Pb unterscheidet, so daß hier nur der Einfluß der Schmelztemperatur maßgebend ist.

Ein eindrucksvolles Beispiel, welches diese Zusammenhänge besonders klar erkennen läßt, bildet das System Cu–Au (Abbildung 73). Das in diesem System vorliegende Schmelzpunktminimum bewirkt, daß der DK in dem entsprechenden Kon-

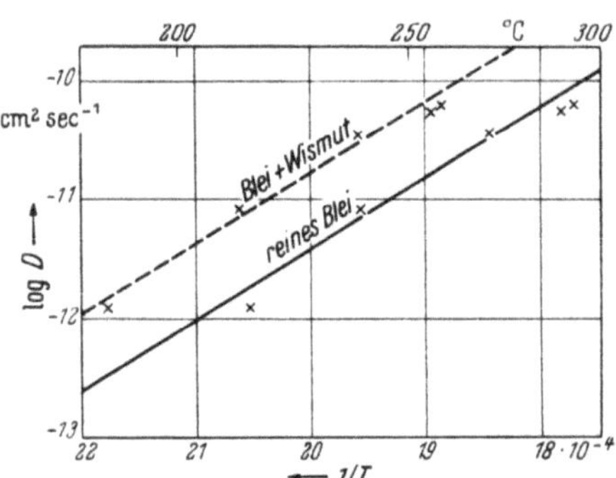

Abb. 75. Abhängigkeit der Selbstdiffusion von Pb vom Schmelzpunkt erniedrigenden Bi-Zusätzen.

zentrationsbereich einen maximalen Wert annimmt.

Betrachtet man alle bis jetzt untersuchten Systeme mit konzentrationsabhängigem DK unter diesem Gesichtspunkt, so muß man feststellen, daß die Änderung des DK mit der Konzentration nicht immer im gleichen Sinne erfolgt. In den Systemen Ag-Au, Al-Cu,

Al–Ag, Al–Mg und Al–Bi wird der DK mit wachsender Konzentration des Legierungsbestandteiles trotz fallender Schmelztemperatur kleiner. In anderen Systemen wiederum bleibt er nahezu konstant.

Wenn man bedenkt, daß der Platzwechsel und damit die Diffusion Vorgänge sind, welche durch die Höhe und die Art der Bindungsenergie und durch die Fehlordnung gesteuert werden, wenn man weiterhin berücksichtigt, daß unsere Kenntnisse über die Bindungsverhältnisse in Legierungen noch sehr lückenhaft sind, dann ist nicht zu erwarten, daß das Ansteigen des DK mit sinkender Schmelztemperatur eine allgemein gültige Regel ist. Einen tieferen Einblick in diese Verhältnisse dürfte man gewinnen, wenn man die Konzentrationsabhängigkeit der Aktivierungsenergien und der D_0-Werte heranzieht. Da jedoch die Zusammenhänge zwischen Platzwechselgeschwindigkeit einerseits, den Bindungskräften der Atome und den Mechanismen andererseits heute noch nicht quantitativ genau angegeben werden können, muß man sich mit mehr qualitativen Schlußfolgerungen begnügen derart, daß bei gleichbleibendem Mechanismus einer höheren Aktivierungsenergie eine größere Bindungsenergie zugeordnet wird.

In bezug auf die Konzentrationsabhängigkeit des DK ist von verschiedenen Forschern [5, 14, 19] die Vermutung ausgesprochen worden, daß die auf 0% extrapolierten Werte der Fremddiffusion die Koeffizienten der Selbstdiffusion des Grundmetalls ergeben. Die Diskussion über diesen Punkt wurde dadurch in Gang gebracht, daß SEITH und KEIL [18] auf Grund ihrer Untersuchungen über die Diffusion in Blei eine Regel aufgestellt haben, die besagt, daß die Diffusion der Metalle Tl, Hg, Au und Sn, In, Cd, Ag in der gegebenen Reihenfolge ansteigt, die einer immer weiteren Entfernung vom Grundmetall im periodischen System entspricht. Es wurde damals schon darauf hingewiesen, daß diese Reihenfolge einer abnehmenden Löslichkeit gleichläuft. MEHL glaubte nun, daß unsere Regel dadurch vorgetäuscht würde, daß die gleichbleibende Ausgangskonzentration verschiedene Bruchteile der Gesamtlöslichkeit umfaßt, was dann infolge der Konzentrationsabhängigkeit des DK das beschriebene Verhalten ergäbe. Es ist jedoch unwahrscheinlich, daß z. B. in dem schmalen Bereich von 0,12 Atom-% Ag bzw. von wenigen tausendstel Prozent Au, welcher dem Lösungsvermögen von Ag bzw. Au in Pb entspricht, der DK eine Spanne von 3 bis 4 Zehnerpotenzen durchlaufen soll, um den Wert des Koeffizienten der Selbstdiffusion von Pb zu erreichen.

Das bis jetzt vorliegende Versuchsmaterial läßt erkennen, daß die auf 0% extrapolierten DK nur in wenigen Fällen mit dem Betrag der Selbstdiffusion annähernd übereinstimmen. Die Abb. 76 und 77 von THOMAS und BIRCHENALL [14], in welchen die Meßwerte für die Diffusion in Cu-Legierungen dargestellt sind, veranschaulichen den

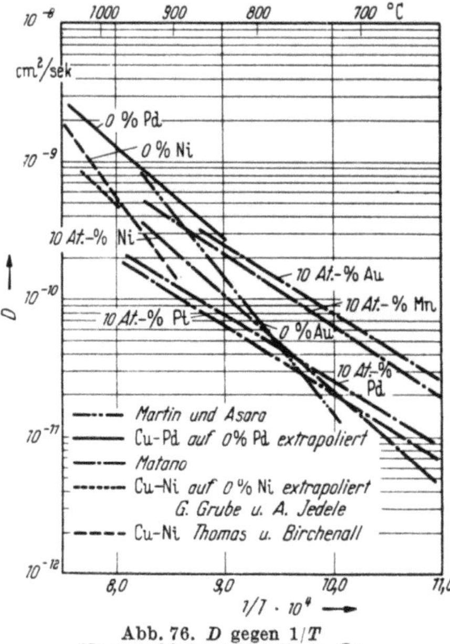

Abb. 76. D gegen $1/T$ für verschiedene Metalle in Cu.

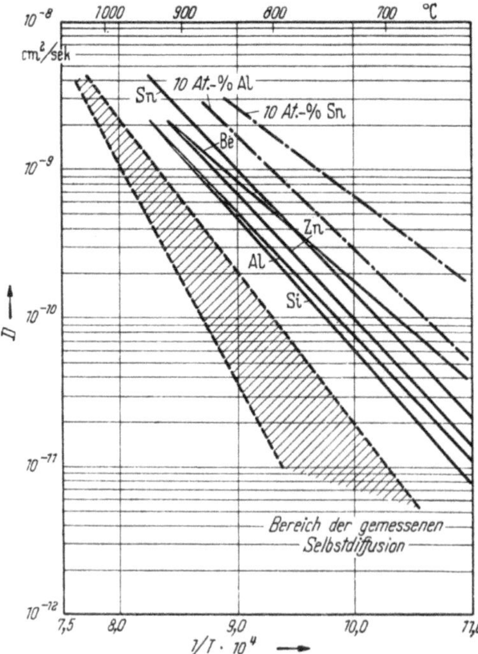

Abb. 77. D gegen $1/T$ für verschiedene Metalle in Cu.

Sachverhalt. Die **Ag-Au**-Mischkristalle liefern einen DK für 100% **Au**, der deutlich höher liegt als der Selbstdiffusionskoeffizient für reines Gold. Obwohl im System **Ag-Au** die Schmelztemperatur vom **Ag** zum **Au** ansteigt und obwohl die Selbstdiffusion des Silbers größer ist als diejenige des Goldes, steigt der DK wider Erwarten in der Richtung zum reinen Gold hin an. Eine Übereinstimmung wird voraussichtlich in bezug auf die Selbstdiffusion und die auf 0% extrapolierte Fremddiffusion nur in Mischkristallen mit streng idealem Verhalten vorhanden sein können. Da die Fremdatome infolge unterschiedlicher Radien und Bindungskräfte fast immer eine mehr oder weniger ausgeprägte Störung im Grundgitter verursachen, welche meistens zu einer Erniedrigung der Aktivierungsenergie führt, sollte die Fremddiffusion auch bei kleinsten Konzentrationen in der Regel größer sein als die Selbstdiffusion. Die Bestimmung des Koeffizienten der Selbstdiffusion von **Sb** in **Ag** bei extrem kleinen Konzentrationen von SLIFKIN LAZARUS und TOMIZUKA [24] dürfte das bestätigen. Es wird unseres Erachtens besser sein, an Stelle der Extrapolation auf die Konzentration 0 die Vorstellung einzuführen, daß ein einzelnes Fremdatom im Gitter von lauter Atomen des Grundmetalls umgeben ist. Besonders wenn in der Nachbarschaft des Fremdmetallatoms sich eine Gitterlücke befindet, wird man in allen Fällen eine Erhöhung der Beweglichkeit der umgebenden Atome annehmen können. Daß dabei auch eine kleine Anzahl von Atomen des Grundmetalls eine Erhöhung ihrer Beweglichkeit erfährt, wird sich der direkten Beobachtung entziehen, da ihr Einfluß auf den Gesamtwert des Selbstdiffusion zu gering ist. Bei höheren Konzentrationen ist der Effekt jedoch nachweisbar. Wie wir später noch sehen werden, ist die Selbstdiffusion des Bleis in einer Pb–Bi-Legierung von SEITH und KEIL [18] um den Betrag höher gefunden worden, der auf Grund der DK der Fremddiffusion des Wismuts zu erwarten war.

c) Berechnung des Konzentrationsverlaufes bei konzentrationsabhängigem DK.

Man interessiert sich häufig für den Verlauf einer c-x-Kurve, der für einen gegebenen DK nach einer bestimmten Diffusionszeit t vorliegt, um die Eindringtiefe eines Diffusionspartners festzustellen. Ist der DK konstant, dann läßt sich die Eindringkurve mit Hilfe des bereits oben erwähnten Wahrscheinlichkeitspapiers leicht ermitteln. Liegt hingegen ein von der Konzentration abhängiger DK vor, dann ist die gestellte Aufgabe nur durch mehrere Schritte unter Verwendung einiger Hilfsfunktionen zu lösen. C. WAGNER [22] hat eine Methode angegeben, die im folgenden beschrieben werden soll.

Es wird vorausgesetzt, daß der DK in dem betrachteten Konzentrationsbereich bekannt ist und sich in der Form

$$D = D_a e^{\{\beta[c - \frac{1}{2}(c_1 + c_2)]\}} \tag{1}$$

darstellen läßt. c_1 und c_2 sind die Ausgangskonzentrationen; die Anfangsbedingungen lauten demnach:

$$c = c_1 \quad \text{für} \quad x < 0 \quad \text{und} \quad t = 0,$$
$$c = c_2 \quad \text{für} \quad x > 0 \quad \text{und} \quad t = 0.$$

D_a ist nach Gl. (1) der DK für die mittlere Konzentration $\frac{1}{2}(c_1 + c_2)$. In vielen Fällen wird eine exponentielle Abhängigkeit des DK von der Konzentration gemäß (1) beobachtet. Auch bei Abweichungen kann man nach C. WAGNER mit obigem Ansatz die c-x-Kurve mit hinreichender Genauigkeit zeichnen. In Abb. 78 sind einige $\lg D$-c-Kurven dargestellt, welche gleichzeitig eine Vorstellung von der Größe der Abweichungen geben. Es wird nun zunächst der Zahlenwert für β aus der Steigung der Geraden ermittelt:

$$\beta = \frac{d \ln D}{d c}. \tag{2}$$

Aus der Gleichung

$$\gamma_2 - \gamma_1 = \beta\,(c_2 - c_1) \tag{3}$$

erhält man die Differenz zweier Größen γ_2 und γ_1, welche als Grenzwerte einer neuen Variablen γ den Randbedingungen zugeordnet sind.

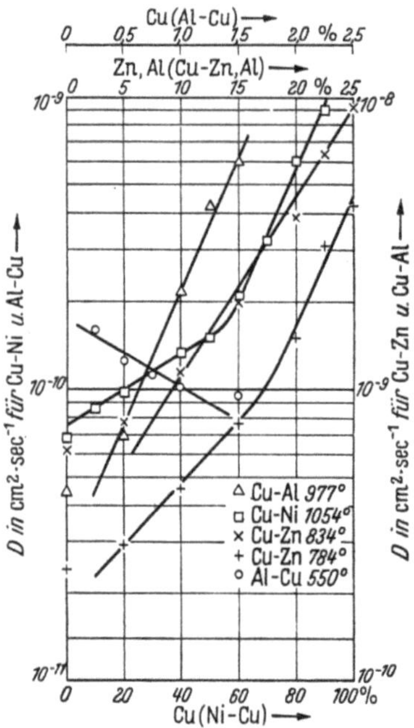

Abb. 78. Verschiedene Typen der Konzentrationsabhängigkeit der DK.

Zu diesen Grenzwerten gibt es einen bestimmten Hilfsparameter g, der so bemessen ist, daß für ihn gilt:

$$\left(\frac{d\gamma}{dz}\right)_{z=0} = g\,.$$

Den Zusammenhang zwischen γ_1, γ_2 und g erhält man aus den Lösungen der Differentialgleichung

$$\frac{d}{dz}\left(e^{\gamma}\,\frac{d\gamma}{dz}\right) + 2z\,\frac{d\gamma}{dz} = 0\,. \tag{4}$$

Diese ergibt sich durch Substitution der Konzentration c und der Ortskoordinate x in der zweiten Fickschen Gleichung durch

$$\gamma = \beta\,(c - c_0) \tag{5}$$

und

$$z = \frac{x}{2\sqrt{D_0 t}}\,. \tag{6}$$

c_0 und D_0 sind die für die Matano-Ebene gültigen Größen, die zunächst unbekannt sind. Der DK D_0 wird berechnet aus der Beziehung

$$D_0 = D_a\,e^{-\frac{1}{2}(\gamma_1 + \gamma_2)}\,, \tag{7}$$

die man durch Einführen von Gl. (5) in die Definitionsgleichung (1) erhält. Der Exponent $-\tfrac{1}{2}(\gamma_1 + \gamma_2)$ wird in der Weise graphisch er-

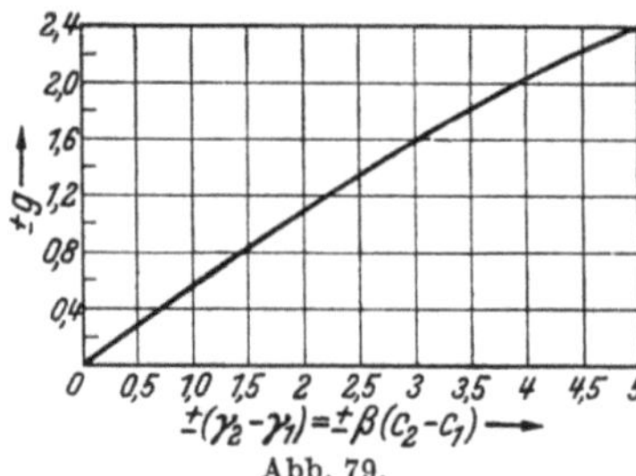

Abb. 79.
Kurve zur Berechnung von c-x-Kurven.

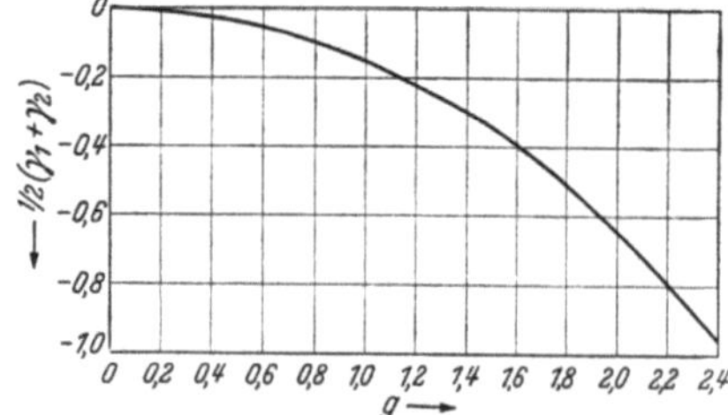

Abb. 80. Zur Berechnung der c-x-Kurve bei konzentrationsabhängigem DK. $\tfrac{1}{2}(\gamma_1 + \gamma_2)$ als Funktion von g.

mittelt, daß zunächst aus Gl. (3) die Differenz $\gamma_2 - \gamma_1$ bestimmt wird, aus Abb. 79 dann der Parameter g und zu diesem aus Abb. 80 die Größe $-\tfrac{1}{2}(\gamma_1 + \gamma_2)$.

Um eine einfache Umrechnung der γ-Werte aus der Differentialgleichung (4) vornehmen zu können, ist eine weitere Funktion ψ eingeführt, die mit c und γ folgendermaßen verknüpft ist:

$$c = \tfrac{1}{2}(c_1 + c_2) + \tfrac{1}{2}(c_2 - c_1)\,\psi, \qquad (8)$$

$$\psi = \frac{\gamma - \tfrac{1}{2}(\gamma_1 + \gamma_2)}{\tfrac{1}{2}(\gamma_2 - \gamma_1)}. \qquad (9)$$

In Tab. 38 S. 294 sind nun die Werte $1000\,\psi$ als Funktion von g und z
nach WAGNER zusammengestellt. g durchläuft den Bereich von 0,0 bis
2,4 in Intervallen von 0,2. Für Zwischenwerte ist ψ zu interpolieren. Für
einen von der Konzentration unabhängigen DK ist g gleich 0. Großen
Beträgen von g entspricht eine starke Änderung des DK mit der Konzentration. Für $g = 2,4$ ist $D(c_2)/D(c_1) = 150$. Die der Tabelle ent-
nommenen z- und ψ-Werte für ein bestimmtes g liefern schließlich mit
Gl. (6) und (8) die gesuchte c-x-Kurve.

An Stelle der graphischen Bestimmung von g und $\tfrac{1}{2}(\gamma_1 + \gamma_2)$
aus Abb. 79 und 80 lassen sich auch empirische Interpolationsformeln
benutzen.

$$g = 0,564\,(\gamma_2 - \gamma_1) - 5 \cdot 10^{-3}(\gamma_2 - \gamma_1)^3 + 6,4 \cdot 10^{-5}(\gamma_2 - \gamma_1)^5. \quad (10)$$

$$\tfrac{1}{2}(\gamma_1 + \gamma_2) = -0,144\,g^2 - 0,0038\,g^4. \qquad (11)$$

Ist die Konzentrationsabhängigkeit der DK nicht streng exponentiell,
dann kann man, ohne einen großen Fehler zu machen, folgende Werte
für β und D_a verwenden.

$$\beta = \frac{1}{\tfrac{1}{2}(c_2 - c_1)} \ln \frac{D(c')}{D(c'')}, \qquad (12)$$

$$D_a = \sqrt{D(c')\,D(c'')}, \qquad (13)$$

$$\text{mit} \quad c' = \tfrac{1}{2}(c_1 + c_2) + \tfrac{1}{4}(c_2 - c_1)$$

$$\text{und} \quad c'' = \tfrac{1}{2}(c_1 + c_2) - \tfrac{1}{4}(c_2 - c_1).$$

An Hand eines praktischen Beispiels soll das Verfahren näher erläutert werden. Wir legen die von DA SILVA und MEHL [8] beobachteten DK für die Diffusion in α-Messing bei 784° zugrunde. Die entsprechenden Werte, welche in Abb. 78 dargestellt sind, zeigen keinen
streng exponentiellen Verlauf mit der Konzentration. Wir benutzen
daher die Gl. (12) und (13) zur Berechnung von β und D_a. Die Ausgangskonzentrationen sollen $c_1 = 0$ und $c_2 = 0,3$ sein. Mit $c' = 0,225$
und $c'' = 0,075$ bzw. $D(c') = 3,1 \cdot 10^{-9}$ cm^{2}sec^{-1} und $D(c'') = 0,37 \cdot$
$\cdot 10^{-9}$ cm^{2}sec^{-1} — die letzteren Werte entnimmt man der Abb. 78 —
berechnet sich β zu 14,2 und D_a zu $1,07 \cdot 10^{-9}$ cm^{2}sec^{-1}. Gl. (3) liefert
sodann $\gamma_2 - \gamma_1 = 4,25$. Diesem Betrag ist gemäß Abb. 79 die Größe
$g = 2,12$ zugeordnet. Aus der im Anhang befindlichen Tabelle inter-
poliert man leicht die zwischen $+1,0$ und $-1,0$ liegenden Funktions-

werte von $\psi(z, g)$, welche in Tab. 8 in Abhängigkeit von z dargestellt sind. Um aus der Substitutionsgleichung (6) die Ortskoordinate x zu erhalten, benötigen wir noch den DK D_0, der aus Gl. (7) zu berechnen ist. Die dazu notwendige Größe $\frac{1}{2}(\gamma_1 + \gamma'_2)$ gewinnen wir aus Abb. 80, aus der wir in unserem Beispiel für $g = 2{,}12$ den Wert $-0{,}731$ ablesen, womit $D_0 = D_a\, e^{0{,}731} = 2{,}23 \cdot 10^{-9}\ \mathrm{cm^2\,sec^{-1}}$ wird. Als Versuchszeit t in Gl. (6) wählen wir die von Da Silva und Mehl verwendete mit 691 h, um eine Vergleichsmöglichkeit zu haben. Die noch fehlende Konzentration c (in Molenbrüchen) ergibt sich gemäß Gl. (8)

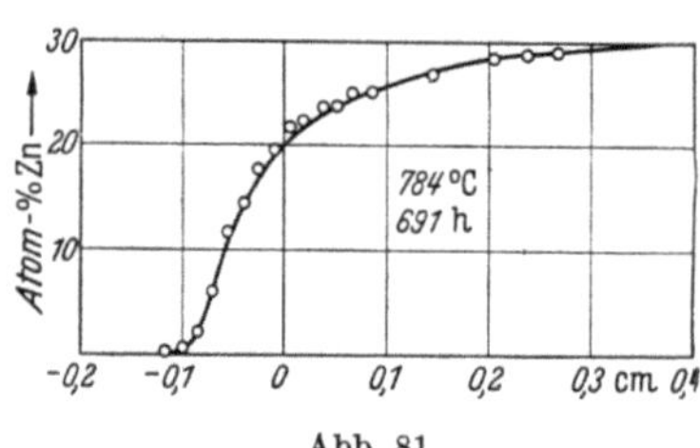

Abb. 81.
c-x-Kurve berechnet für Cu-Zn-Diffusion.

Tabelle 8.

z	ψ	x in mm	c
2	0,951	2,98	0,2925
1,6	0,916	2,38	0,287
1,2	0,8585	1,79	0,279
0,8	0 768	1,19	0,265
0,4	0,6172	0,59	0,2426
0,2	0,5074	0,3	0,226
0,0	0,3374	0,0	0,201
$-0{,}2$	0,0874	$-0\ 3$	0,163
$-0{,}4$	$-0{,}3462$	$-0{,}6$	0 098
$-0{,}6$	$-0{,}914$	$-0{,}89$	0,013
$-0{,}8$	$-0{,}9987$	$-1{,}19$	0,0

zu $c = 0{,}15 + 0{,}15 \cdot \psi$. Die so berechneten c- und x-Werte enthält ebenfalls Tab. 8. Die entsprechende Kurve ist in Abb. 81 gezeichnet, in die gleichzeitig die Meßpunkte von Da Silva und Mehl eingetragen sind. Wir finden eine ausgezeichnete Übereinstimmung, obwohl der für das Verfahren vorausgesetzte exponentielle Gang des DK mit der Konzentration nicht vorliegt.

Schrifttum.

1. Grube, G., u. A. Jedele: Z. Elektrochem. **38**, 799 (1932).
2. Jedele, A.: Z. Elektrochem. **39**, 691 (1933).
3. Matano: Jap. J. Physics 8, 109 (1933).
4. Matano: Proc. phys. math. Soc. Japan **15**, 405 (1933).
5. Rhines, F. N., u. R. F. Mehl: Trans. AIME **128**, 185 (1938).
6. Mehl, R. F., F. N. Rhines u. K. A. von den Steinen: Metals and Alloys **13**, 41 (1941).
7. Bückle, H.: Z. Elektrochem. **49**, 328 (1943).
8. Da Silva, L. C. C., u. R. F. Mehl: J. Metals **3**, 155 (1951).
9. Johnson, R. P.: Trans. AIME **166**, 114 (1946).
10. Seith, W., u. A. Kottmann: Angew. Chem. **64**, 379 (1952).
11. Heumann, Th., u. A. Kottmann: Z. Metallkunde **44**, 139 (1953).
12. Wells, C., W. Batz u. R. F. Mehl: Trans. AIME **188**, 553 (1950).
13. Wells, C., u. R. F. Mehl: Trans. AIME **145**, 329 (1941).
14. Thomas, D. E., u. C. E. Birchenall: J. Metals **4**, 867 (1952).
15. Batz, W., u. C. E. Birchenall: Atom Movements. Publ. Amer. Soc. Metals, Cleveland S. 122 (1951).
15. Batz, W., u. C. E. Birchenall: unveröffentlicht.

16. HEUMANN, TH.: unveröffentlicht.
17. SEITH, W., u. J. HERRMANN: Z. Elektrochem. **46**, 213 (1940).
18. SEITH, W., u. A. KEIL: Z. Metallkunde **27**, 213 (1935).
19. LIEMPT, I. A. M. VAN: Recueil Trav. chim. Pays-Bas **64**, 239 (1945).
20. LANDERGREN, L. S., u. R. F. MEHL: persönliche Mitteilung.
21. HEUMANN, TH., u. P. LOHMANN: demnächst.
22. WAGNER, C.: J. Metals **4**, 91 (1952).
23. HIMMEL, L., R. F. MEHL u. C. E. BIRCHENALL: J. Metals **5**, 827 (1953).
24. SLIFKIN, L., D. LAZARUS u. T. TOMIZUKA: J. appl. Physics **23**, 1405 (1952).

7. Ermittlung von Diffusionskoeffizienten im Falle einer Volumenänderung.

Bei der Ableitung des zweiten FICKschen Gesetzes wurde bereits erwähnt (vgl. S. 5), daß innerhalb der Diffusionszone die zur Diffusionsrichtung senkrecht stehenden Ebenen konstanten Querschnitt haben müssen. Für Substitutionsmischkristalle wird häufig eine weitere Bedingung verlangt. Die Gesamtzahl der Atome bzw. Mole in der Volumeneinheit soll sich in der Diffusionszone nicht ändern. Erfolgt die Diffusion in einem schmalen Konzentrationsbereich, dann sind diese Bedingungen in der Regel weitgehend erfüllt. Die neueren Untersuchungen erstrecken sich aber häufig über größere Bereiche, meist sogar über den gesamten Mischkristallbereich von 0 bis 100%. In solchen Fällen muß man mit mehr oder weniger starken Abweichungen rechnen, die dadurch eintreten, daß sich die Gitterparameter mit der Zusammensetzung ändern.

Wenn die Querschnittsänderungen vernachlässigbar klein sind, die Größe der Querschnittsfläche demnach praktisch als konstant anzusehen ist, dann läßt sich für den Fall, daß die Gesamtzahl der Mole pro Volumeneinheit in der Diffusionszone variiert, durch Einführen neuer, sinnvoller Größen an die Stelle der Konzentration c und der Ortskoordinate x die zweite FICKsche Gleichung wieder streng ableiten. HARTLEY und CRANK [1] sowie WAGNER [2] ersetzen die Konzentration c durch den Molenbruch γ und die Ortskoordinate x durch eine Größe ξ, die folgendermaßen definiert ist:

$$\xi = \int\limits_0^x \frac{V_r}{V}\, dx. \tag{1}$$

Einer differentiellen Änderung von x entspricht eine Änderung von ξ:

$$d\xi = \frac{V_r}{V}\, dx. \tag{2}$$

V ist das Molvolumen des Mischkristalls an der Stelle x. Die Größe V_r, ein passend gewähltes Bezugsvolumen, wird deswegen eingeführt, damit die Variable ξ die gleiche Dimension wie x besitzt. Analog Gl. (1), S. 99, erhält die zweite FICKsche Gleichung die Form:

$$\frac{\partial \gamma}{\partial t} = \frac{\partial}{\partial \xi}\left(D\,\frac{\partial \gamma}{\partial \xi}\right).$$

(3)

Für Mischkristalle mit kubischer Struktur kann man auch mit

$$d\xi = \left(\frac{a_r}{a}\right)^3 dx$$

(4)

transformieren. Um eine Auswertung nach Gl. (3) vornehmen zu können, muß das Molvolumen V bzw. die Gitterkonstante a für den untersuchten Konzentrationsbereich bekannt sein. Für jede Konzentration c, der ein bestimmtes x entspricht, erhält man aus Gl. (1) die gewünschten ξ-Werte, mit denen die ξ-γ-Kurve zu zeichnen ist. Der auf diese Weise bestimmte DK hat ebenfalls die Dimension cm^{2}sec^{-1}.

In einer kürzlich erschienenen Arbeit schlagen COHEN, WAGNER und REYNOLDS [2a] vor, eine Größe ξ ohne das Bezugsvolumen V_r einzuführen und analog Gl. (2) folgendermaßen zu definieren:

$$d\xi = \frac{dx}{V}.$$

(5)

Die mit dieser Größe ξ erhaltenen DK, D_ξ, besitzen eine andere Dimension. In erster Näherung gilt für die Umrechnung:

$$D = D_\xi V^2,$$

(6)

wenn D der übliche DK ist.

DA SILVA und MEHL [3] beschreiten einen anderen Weg, indem sie die Wegachse in Einheiten der Gitterkonstanten auftragen. Hier lautet die Transformationsgleichung

$$d\xi = \frac{1}{a}\,dx \quad \text{und} \quad \xi = \int_0^x \frac{dx}{a}.$$

(7)

ξ ist jetzt eine dimensionslose Zahl.

Mit dieser Transformation läßt sich nur dann die zweite FICKsche Gleichung ableiten, wenn die Zahl der Elementarzellen in den Querschnittsflächen innerhalb des Diffusionsbereiches unverändert bleibt, während der Querschnitt selber, gemessen in cm^2, in seiner Größe variieren darf. Bezeichnen wir die Zahl der Teilchen einer der beiden Partner pro Elementarzelle mit z, dann liefert die Rechnung

$$\frac{\partial z}{\partial t} = \frac{\partial}{\partial \xi}\left(D_a\,\frac{\partial z}{\partial \xi}\right).$$

(8)

Dieser auf die Gitterkonstante bezogene DK D_a ist mit dem normalen DK durch die Beziehung

$$D_a = \frac{D}{a^2}$$

(9)

verknüpft.

DA SILVA und MEHL [3] haben auf diese Weise die DK in α-Messing und in Cu–Ni gemessen. Ihre nach Gl. (9) umgerechneten Werte unterscheiden sich nur geringfügig von den aus der c-x-Kurve ermittelten DK anderer Autoren. Die Abweichungen liegen im Bereich der Fehlergrenze.

Eine Schwierigkeit, die in dieser Methode liegt, besteht darin, daß die Ausgangsproben mit verschiedenen Gitterkonstanten streng genommen verschieden große Querschnitte haben müßten, damit die Bedingung gleicher Anzahl von Elementarzellen erfüllt wird.

Die oben erläuterten Verfahren versagen, wenn innerhalb der Diffusionszone Formänderungen und Löcher auftreten. In der letzten Zeit sind immer wieder solche Erscheinungen beobachtet worden, welche meist nicht mehr zu vernachlässigende Fehlerquellen darstellen und die errechneten DK-Werte fälschen können. SEITH und KOTTMANN [4] haben ihren Einfluß untersucht und beobachtet, daß der DK dort, wo die Lochbildung auftritt,

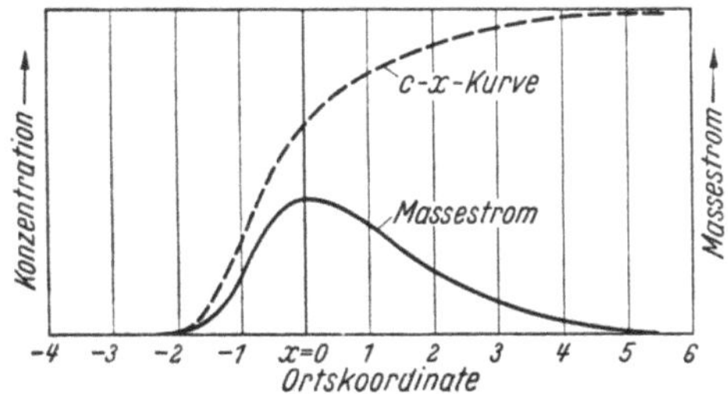

Abb. 82. Konzentration und Massestrom längs des Diffusionsweges.

einen nicht reellen Anstieg zeigt. Im nächsten Kapitel werden diese Vorgänge eingehend behandelt.

Für den Fall, daß die oben geforderten Bedingungen, welche zur Ableitung des zweiten FICKschen Gesetzes erfüllt sein müssen, nicht gegeben sind, läßt sich nach einem allgemeineren Verfahren unter Verwendung des ersten FICKschen Gesetzes trotzdem der DK berechnen. Dieses Verfahren [5], das nachfolgend beschrieben wird, beschränkt sich allerdings auf die Ermittlung des DK in der Schweißfläche der Diffusionsprobe. Wie wir später sehen werden, bedeutet dieses aber nur eine unwesentliche Einschränkung.

Den Ausgangspunkt der Berechnung bildet die Tatsache, daß es innerhalb der Diffusionszone eine Stelle gibt, an welcher der Strom der diffundierenden Teilchen ein Maximum besitzt. In Abb. 82 ist ein solcher Teilchenstrom in Abhängigkeit vom Orte für irgendeinen gegebenen Zeitpunkt schematisch dargestellt. Für einen konstanten DK fällt das Maximum mit dem Wendepunkt der c-x-Kurve zusammen. Die Lage des Maximums soll gleichzeitig den Koordinatenursprung festlegen, und die Nullpunktebene möge auf diese allgemeine Weise gekennzeichnet sein. Aus der Tatsache des maximalen Diffusionsstromes folgt zunächst, daß an der Stelle $x = 0$ die Konzentration über alle Zeiten konstant bleibt. Auf Grund der Eigenschaften für ein Extremum diffundieren nämlich in einen unendlich schmalen Streifen um die Ebene $x = 0$ genausoviel Atome hinein, wie aus ihm herausdiffundieren. Konstanz der Konzentration und maximaler Masmefluß entsprechen einander. Wenn die oben angeführten Bedingungen erfüllt sind, welche zur Ableitung des zweiten Fickschen Gesetzes notwendig sind, dann erkennt man den allgemein gültigen Tatbestand an diesem Gesetz. Es gilt nämlich, wenn m der pro Sekunde durch die Einheitsfläche hindurchdiffundierende Strom ist,

$$\frac{\partial m}{\partial x} = \frac{\partial}{\partial x}\left(D\frac{\partial c}{\partial x}\right) = \frac{\partial c}{\partial t} = 0 \, . \tag{10}$$

Diese ausgezeichnete Stelle kann andererseits nur die ursprüngliche Trennfläche der Diffusionsproben sein, da in ihr zur Zeit $t = 0$ gewissermaßen alle Konzentrationen, also auch die über alle Zeiten konstant bleibende Konzentration c_0, vertreten sind.

Die gesamte Menge einer Komponente, welche aus der einen Diffusionsprobe in die andere hineindiffundiert und deren Verteilung durch die c-x-Kurve festgelegt ist, muß die ursprüngliche Trennfläche passiert haben. Diese Menge sei M, und es gilt für die Diffusionszeit t

$$M = \int_0^t D\frac{\partial c}{\partial x} q \, dt = D q_0 \int_0^t \frac{\partial c}{\partial x} \, dt \, . \tag{11}$$

Da in der Trennfläche $c = c_0$ konstant ist, bleiben auch der DK. und der Querschnitt q — hier $q = q_0$ gesetzt — konstant, wenn andere mit der Diffusion nicht im Zusammenhang stehende Vorgänge ausgeschlossen sind. Aus dem parabolischen Wachstumsgesetz folgt für die Zeitabhängigkeit des Konzentrationsgefälles in der Trennfläche $\frac{\partial c}{\partial x} = \frac{b}{\sqrt{t}}$ mit $b = \text{konst.}$ Damit ergibt sich

$$M = D q_0 \int_0^t \frac{b}{\sqrt{t}} \, dt = D q_0 \, b \, 2\sqrt{t} = D q_0 \left(\frac{\partial c}{\partial x}\right)_t 2\, t \, . \tag{12}$$

da $M = 0$ für $t = 0$.

Die Menge M läßt sich auf verschiedene Weise ermitteln, so z. B. aus dem experimentell bestimmten Gang der Konzentration und des Querschnitts q:

$$M = \int_0^\infty (c_2 - c)\, q \, dx = \int_{-\infty}^0 (c - c_1)\, q \, dx \, , \tag{13}$$

wenn c_1 und c_2 die Ausgangskonzentrationen der Diffusionsproben sind.

Die entgegengesetzt gerichteten Diffusionsströme der beiden Partner, welche die Trennfläche passiert haben, sind einander gleich. Wir erhalten dann

$$D = \frac{1}{2t}\, \frac{\partial x}{\partial c}\, \frac{1}{q_0} \int\limits_0^\infty c_2 - c)\, q\, dx. \tag{14}$$

Ist q über den gesamten Diffusionsbereich konstant, $q = q_0$, geht obige Formel in die bekannte Beziehung von MATANO über.

Nach Gl. (12) läßt sich der DK berechnen. Dazu ist es notwendig, das Konzentrationsgefälle und den Querschnitt in der ursprünglichen Trennebene sowie die insgesamt durch diese Ebene hindurchdiffundierte Menge M experimentell zu bestimmen. Es ist also nicht erforderlich, die ganze c-x-Kurve aufzunehmen. Querschnittsänderungen diesseits und jenseits der ursprünglichen Trennfläche, welche durch Variation der Gitterkonstanten, durch Loch- und Wulstbildung sowie durch Einschnürungen auf der Mantelfläche der Proben auftreten können, werden durch die direkte Messung der Größe M berücksichtigt. Voraussetzung ist, daß sich das Konzentrationsgefälle in der Trennfläche entsprechend einem parabolischen Wachstumsgesetz umgekehrt proportional der Wurzel aus der Zeit verändert, was trotz der oben erwähnten Abweichungen in der Regel zutrifft.

8. Beziehung zwischen dem Koeffizienten der Selbstdiffusion und der Fremddiffusion in binären Mischkristallen.

In den vorhergehenden Kapiteln ist des öfteren die Rede von der Selbstdiffusion gewesen. Es ist darunter fast ausnahmslos die Platzwechselgeschwindigkeit der Atome in einem reinen Metall verstanden. Über die Bestimmung des DK mittels radioaktiver Indikatoren wurde bereits berichtet (Kap. 3). Bei der Wanderung von Isotopen in einem homogenen Stoff handelt es sich um den Idealfall der Diffusion schlechthin. Das zweite FICKsche Gesetz ist streng erfüllt und der DK eine Konstante. Die mit einem radioaktiven Isotop ermittelten DK werden allgemein mit den wahren Koeffizienten der Selbstdiffusion identifiziert. Inwieweit das gerechtfertigt ist, bedarf noch einer genaueren Prüfung. Ein Einfluß der Masse des betreffenden Isotops ist nach den Untersuchungen von JOHNSON [6] als sehr wahrscheinlich anzusehen. Der Autor hat bei der Diffusion von Ni und Cu festgestellt, daß die leichten Nickelisotope schneller wandern als die schweren. Seine Meßergebnisse lassen sich am besten deuten, wenn man einen DK annimmt, der umgekehrt proportional der Wurzel aus der Isotopenmasse ist. Dieser Masseneffekt wird naturgemäß bei den leichten Elementen mehr ins Gewicht fallen als bei den schweren. Um solche Effekte zu untersuchen, ist es notwendig, Meßmethoden zu entwickeln, welche die bisher verwendeten an Genauigkeit erheblich übertreffen. Bei den zur Zeit vorliegenden experimentellen Ergebnissen bezüglich der Selbstdiffusion ist der Einfluß der Masse daher zu vernachlässigen.

Nach den gleichen Methoden, mittels derer man die Selbstdiffusion in reinen Metallen mißt, lassen sich auch die Koeffizienten der Selbstdiffusion eines jeden Bestandteiles innerhalb einer Legierung bestimmen, indem man das radioaktive Isotop der betreffenden Atomsorte in der homogenen Legierung diffundieren läßt. Gerade diese DK beanspruchen aus theoretischen, experimentellen und praktischen Gründen besonderes Interesse. Die Zahl solcher Messungen ist bis heute noch recht bescheiden. Tab. 9, S. 128, enthält die Ergebnisse. Welche Bedeutung diese Werte haben, wird im nächsten Kapitel gezeigt.

Die Koeffizienten der Selbstdiffusion sind nur gültig für eine homogene Legierung. Liegt dagegen ein Konzentrationsgefälle vor, dann ist ein anderer Koeffizient wirksam, für den sich die Bezeichnung *chemischer DK* eingebürgert hat. Zwischen beiden besteht eine Beziehung, die im folgenden abgeleitet werden soll. Nur im Falle einer idealen Lösung sind die beiden DK identisch.

Der Beziehung liegt das Prinzip zugrunde, daß wie bei allen physikalischen und chemischen Erscheinungen auch die Diffusion ein Vorgang ist, der zu einem Zustand minimaler freier Enthalpie bzw. Energie führt. Es sei die freie Enthalpie einer Legierung, welche einen Mischkristall aus den beiden Atomsorten 1 und 2 bilden möge, gegeben durch

$$G = g_1 \gamma_1 + g_2 \gamma_2 , \tag{15}$$

wo g_1 und g_2 die molaren partiellen Größen und γ_1, γ_2 die Molenbrüche bedeuten. Wir beschränken uns bei den weiteren Rechnungen auf die Atomsorte 1. Liegt nun ein Konzentrationsgefälle und demnach auch ein Gefälle der freien Enthalpie vor, dann wirkt offenbar auf ein einzelnes Atom der Sorte 1 in Richtung des Gefälles die Kraft

$$K = - \frac{1}{N_L} \frac{\partial g_1}{\partial x} = - k\,T \frac{\partial \ln a_1}{\partial x} . \tag{16}$$

In die Formel geht die Aktivität a_1 ein, da sich das Potential g_1 darstellen läßt in der Form

$$g_1 = \mu_1^0 + R\,T \ln a_1 . \tag{17}$$

Das Grundpotential μ_1^0 ist eine Konstante. Die Geschwindigkeit, mit der sich das Atom in dem Kraftfeld bewegt, ist dann

$$v_1 = B_1 K = - B_1 k T \frac{\partial \ln a_1}{\partial x}. \tag{18}$$

B_1 ist die Beweglichkeit, welche definitionsgemäß die Geschwindigkeit bedeutet, die die Einheitskraft einem Teilchen erteilt. Die Zahl Δm_1 der Atome 1, die pro Sekunde durch den Einheitsquerschnitt senkrecht zur Strömungsrichtung hindurchwandern, beträgt demnach

$$\Delta m_1 = v_1 n_1 = - B_1 k T n_1 \frac{\partial \ln a_1}{\partial x}, \tag{19}$$

wenn n_1 die Zahl der Atome 1 im ml darstellt, welche durch die Beziehung $n_1 = c_1 N_L$ mit der Konzentration c_1 verknüpft ist. Die Aufgabe besteht nun darin, Gl. (19) in die Form des ersten FICKschen Gesetzes zu bringen. Durch Einführen des Aktivitätskoeffizienten $f_1 = a_1 / \gamma_1$ und nachfolgende Umformungen erreicht man dieses Ziel.

$$\begin{aligned}
\Delta m_1 &= - B_1 k T n_1 \left(\frac{\partial \ln f_1}{\partial x} + \frac{\partial \ln \gamma_1}{\partial x} \right) \\
&= - B_1 k T n_1 \left(\frac{d \ln f_1}{d \gamma_1} \frac{\partial \gamma_1}{\partial x} + \frac{1}{\gamma_1} \frac{\partial \gamma_1}{\partial x} \right) \\
&= - B_1 k T \left(1 + \frac{d \ln f_1}{d \ln \gamma_1} \right) \frac{n_1}{\gamma_1} \frac{\partial \gamma_1}{\partial x} \\
&= - B_1 k T \left(1 + \frac{d \ln f_1}{d \ln \gamma_1} \right) \frac{\partial n_1}{\partial x} \\
&= - B_1 k T \left(1 + \frac{d \ln f_1}{d \ln \gamma_1} \right) N_L \frac{\partial c_1}{\partial x}. \tag{20}
\end{aligned}$$

Die Gesamtzahl der Atome pro ml $n_1 + n_2 = n$ bzw. der g-Atome $c_1 + c_2 = c$ muß in der Diffusionszone konstant sein, damit $d\gamma_1 = \frac{1}{n} dn_1$ gesetzt werden kann. Der Vergleich mit der ersten FICKschen Gleichung

$$\frac{\Delta m_1}{N_L} = - D \frac{\partial c_1}{\partial x} \tag{21}$$

liefert also den DK in der Form

$$D = B_1 k T \left(1 + \frac{d \ln f_1}{d \ln \gamma_1} \right). \tag{22}$$

Den Klammerausdruck bezeichnet man als thermodynamischen Faktor. Derselbe wird gleich 1 für eine ideale Lösung. Die Größe $B_1 k T$ ist nach EINSTEIN der DK für die ideale Diffusion und ist identisch mit dem Koeffizienten der Selbstdiffusion der Komponente 1 in der Legierung mit der Zusammensetzung c_1. Wir schreiben deshalb

$$D = D^* \left(1 + \frac{d \ln f_1}{d \ln \gamma_1} \right) = D^* \frac{d \ln a_1}{d \ln \gamma_1}. \tag{23}$$

und deuten durch das Sternchen an, daß es sich um einen Koeffizienten der Selbstdiffusion handelt.

Die Beziehung (22) ist von mehreren Autoren abgeleitet und erörtert worden. Während HARTLEY [7], DARKEN [8] und LE CLAIRE [9] ihr Hauptaugenmerk dabei auf die Diffusion im allgemeinen richten, benutzen DEHLINGER [10] und BECKER [11] ihre Ableitungen zur Erläuterung der Ausscheidungsvorgänge in übersättigten Mischkristallen. Diese Erscheinungen umfassen den Bereich der „negativen Diffusion“, die in der anglo-amerikanischen Literatur mit „up hill“-Diffusion bezeichnet wird. Eine eingehendere Diskussion der Gl. (22) und (23) soll später gebracht werden.

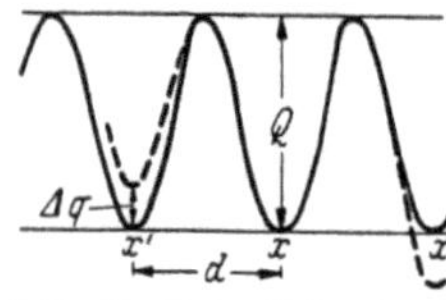

Abb. 83. Potentialverlauf und Aktivierungswärme.

Da der Zusammenhang $D^* = BkT$ aus den obigen Darlegungen nicht unmittelbar zu erkennen ist, soll Gl. (23) noch auf einem anderen Wege abgeleitet werden.

In Kap. 5, das die Temperaturabhängigkeit des DK behandelt, ist gezeigt, daß man die Zahl der pro Sekunde in der Einheitsfläche in einer bestimmten Richtung platzwechselnden Atome durch den Ausdruck (S. 91.)

$$m_1 = A\, d\, n_1\, e^{-\frac{Q}{RT}} \tag{24}$$

darstellen kann. Es möge wiederum nur die Atomsorte 1 betrachtet werden. d ist der Abstand zweier benachbarter Gitterebenen, die übrigen Konstanten sind in der Größe A zusammengefaßt. Das Produkt $d\, n_1$ gibt die Zahl der Atome 1 in der betreffenden Einheitsfläche an. Wir wollen zunächst den Koeffizienten der Selbstdiffusion unter Verwendung eines geeigneten radioaktiven Isotops der Komponente 1 in einer homogenen Legierung der Zusammensetzung c_1 berechnen. An die Stelle von (24) tritt nun

$$m_1^* = A\, d\, n_1^*\, e^{-\frac{Q}{RT}}. \tag{25}$$

n_1^* bedeutet analog n_1 die Zahl der Atome des Isotops pro ml. In Abb. 83 ist der Potentialverlauf in Richtung einer Gittergeraden, die als Diffusionsrichtung gelten soll, für eine Legierung bestimmter Zusammensetzung schematisch dargestellt. Die Höhe des Potentialberges entspricht der Aktivierungsenergie Q. Die Mulden, deren Abstand d beträgt, liegen in einer homogenen Legierung auf gleichem Niveau. Es möge nun ein Konzentrationsgefälle des Isotops vorliegen. Dabei ist zu beachten, daß die Gesamtzahl der aktiven und inaktiven Atome der Sorte 1 im ml an jeder Stelle konstant ist und entsprechend der Konzentration c_1 gleich $c_1 N_L$ beträgt. Im Punkte x' (vgl. Abb. 83)

sei die Zahl der radioaktiven Atome pro ml $n_1^{*'}$, und in x sei sie n_1^{*}.
Nach Gl. (25) erhalten wir nunmehr den in Richtung des Gefälles fließenden Strom.

$$\Delta m_1^* = A\,d\,n_1^{*'}\,e^{-\frac{Q}{RT}} - A\,d\,n_1^*\,e^{-\frac{Q}{RT}} \tag{26}$$

$$= -A\,d^2\,e^{-\frac{Q}{RT}}\,\frac{\partial n_1^*}{\partial x}. \tag{27}$$

Auf Mole und Konzentration c_1^* bezogen, ergibt sich

$$\frac{\Delta m_1^*}{N_L} = -A\,d^2\,e^{-\frac{Q}{RT}}\frac{\partial c_1^*}{\partial x} = -D_1^*\frac{\partial c_1^*}{\partial x}. \tag{28}$$

Der DK der Selbstdiffusion der Atomsorte 1
läßt sich also darstellen in der Form

$$D_1^* = A\,d^2\,e^{-\frac{Q}{RT}}. \tag{29}$$

In der gleichen Weise wird nun der Fluß
der Atome 1 in einem Konzentrationsgefälle
berechnet, und zwar für das Gefälle,
welches bei der oben betrachteten Zusammensetzung $c_1 = n_1/N_L$ vorliegen möge.
An der Stelle x' (Abb. 83) herrsche
nun die Konzentration c_1', an der Stelle
x'' c_1'', in der Mitte zwischen x' und x''
betrage sie c_1. Für die Atomzahl pro ml

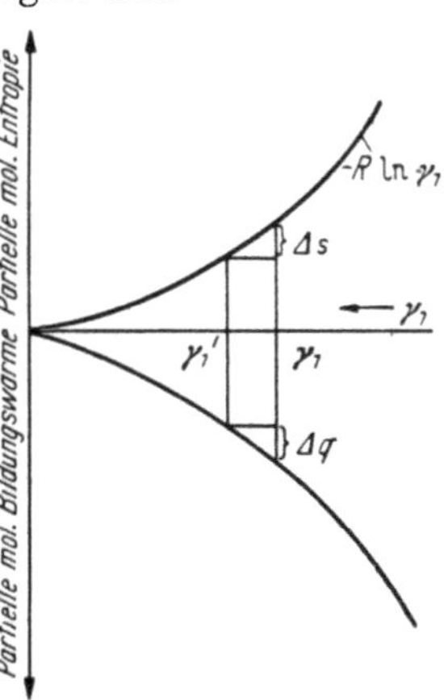

Abb. 84. Partielle molare Bildungswärme und Entropie.

gilt dann an den betreffenden Stellen n_1'; n_1'', und n_1. Handelt es sich
um eine nichtideale Lösung, dann tritt im Konzentrationsgefälle auch
eine Änderung des Energieinhaltes auf. Da in festen Legierungen der
Unterschied zwischen Bildungsenthalpie und Bildungswärme zu vernachlässigen ist, rechnen wir im folgenden mit der freien Energie.
In Abb. 84 ist die partielle molare Bildungswärme, auf welche es hier
ankommt, für die Komponente 1 in Abhängigkeit vom Molenbruch
γ_1 schematisch aufgetragen. Es ist als Beispiel ein System mit exothermer Reaktion und demgemäß negativen q-Werten genommen.
γ_1', γ_1'' und γ_1 entsprechen den Konzentrationen c_1', c_1'' und c_1.
Aus dieser Darstellung entnimmt man den Betrag Δq, um den das
Potential an der Stelle x' in Abb. 83 zu erhöhen und in x'' zu erniedrigen ist. Unter diesen Umständen ist die Zahl der pro Sekunde
nach x überwechselnden Atome der Sorte 1 nach Gl. (24)

$$m_1' = A\,d\,n\,\gamma_1'\,e^{-\frac{(Q+\Delta q)}{RT}}, \tag{30}$$

während

$$m_1 = A\,d\,n\,\gamma_1\,e^{-\frac{Q}{RT}} \tag{31}$$

die Menge der in der Gegenrichtung strömenden Atome angibt. Hier ist zu beachten, daß $n_1' = n\,\gamma_1'$ bzw. $n_1 = n\,\gamma_1$ ist und $\varDelta q$ eine negative Größe darstellt. Aus (30) und (31) ergibt sich der Strom zu

$$m_1' - m_1 = \varDelta m_1 = A\,d\,n\,e^{-\frac{Q}{RT}}\left(\gamma_1'e^{-\frac{\varDelta q}{RT}} - \gamma_1\right). \tag{32}$$

Wir ersetzen nun $\varDelta q$ durch die Änderung der partiellen freien Energie und der Entropie $\varDelta q = \varDelta F + T\,\varDelta S$

$$\varDelta m_1 = A\,d\,n\,e^{-\frac{Q}{RT}}\left(\gamma_1'e^{-\frac{\varDelta S}{R}}e^{-\frac{\varDelta F}{RT}} - \gamma_1\right). \tag{33}$$

Für reguläre Lösungen, die in Legierungen in der Regel vorliegen und für welche eine ideale Mischungsentropie zutrifft, gilt

$$\gamma_1'\,e^{-\frac{\varDelta S}{R}} = \gamma_1. \tag{34}$$

Diese Gleichung läßt sich verifizieren, wenn man für $\varDelta S/R$ den Wert $\ln\gamma_1' - \ln\gamma_1$ einsetzt. Abb. 84. Unter Berücksichtigung dieser Beziehung geht Gl. (33) über in

$$\varDelta m_1 = A\,d\,n\,e^{-\frac{Q}{RT}}\gamma_1\left(e^{-\frac{\varDelta F}{RT}} - 1\right). \tag{35}$$

Da $\varDelta F$ klein gegen RT ist, kann man schreiben

$$\varDelta m_1 = -A\,d\,e^{-\frac{Q}{RT}}n\,\gamma_1\,\frac{\varDelta F}{RT}. \tag{36}$$

Mit $\varDelta F = RT\,\dfrac{\partial\ln a_1}{\partial x}\,d$ ergibt sich schließlich

$$\varDelta m_1 = -A\,d^2\,e^{-\frac{Q}{RT}}n_1\,\frac{\partial\ln a_1}{\partial x}. \tag{37}$$

Die gleichen Umformungen, wie sie an Formel (19) durchgeführt sind, ergeben

$$\frac{\varDelta m_1}{N_L} = -D\,\frac{\partial c_1}{\partial x} = -A\,d^2\,e^{-\frac{Q}{RT}}\left(1 + \frac{d\ln f_1}{d\ln\gamma_1}\right)\frac{\partial c_1}{\partial x} \tag{38}$$

oder

$$D = D_1^*\left(1 + \frac{d\ln f_1}{d\ln\gamma_1}\right), \tag{39}$$

wo D_1^* gemäß (29) den Koeffizienten der Selbstdiffusion der Komponente 1 bedeutet.

Die Diffusion in einem Konzentrationsgefälle unterscheidet sich also von der Selbstdiffusion in einer homogenen Legierung. Bestehen zwischen den beiden Partnern 1 und 2 stärkere Bindungsenergien als zwischen den reinen Komponenten unter sich, dann wird der thermodynamische Faktor größer als 1. Bei geringeren Bindungskräften zwischen den Atomsorten ist dieser Faktor kleiner als 1. Je nach Größe der Bindungsenergie diffundieren demnach die Atome im Konzentrationsgefälle rascher oder langsamer als in der betreffenden homogenen Legierung. Nur in Mischkristallen mit idealem Verhalten ist die Platzwechselgeschwindigkeit in beiden Fällen gleich.

Es wurde bereits erwähnt, daß die Gl. (23) auch den Bereich der negativen Diffusion umfaßt. In solchen Fällen wird der chemische DK negativ, wenn der Ausdruck

$$\frac{d\ln f_1}{d\ln\gamma_1} < -1 \tag{40}$$

ist. Die Grenze zwischen positiver und negativer Diffusion liefert mit

$$\frac{d\ln f_1}{d\ln\gamma_1} = -1 \tag{41}$$

eine Gleichung für die sog. Spinodale.

Die hier erläuterten Zusammenhänge machen deutlich, wie wichtig die Kenntnis der Aktivitätskoeffizienten auch für die Diffusion ist. Es ist daher auch aus einer Reihe anderer Gründe dringend erwünscht, das Tatsachenmaterial, welches gegenwärtig noch recht gering ist, in dieser Richtung zu erweitern. Um eine Vorstellung von der Größenordnung des thermodynamischen Faktors zu vermitteln, seien einige Zahlenangaben gemacht. Für eine **Ag–Au**-Legierung mit 50 Atom-% **Au** beträgt der Faktor 1,8. In einer **Fe–C**-Legierung mit 4,5 Atom-% **C** hat er den Wert 1,33 bei 1070°. Im Wüstit erreicht er sogar den Betrag von 29,5.

Unter Berücksichtigung der Ergebnisse, die man neuerdings bei Untersuchungen der Diffusionsvorgänge in metallischen Mischkristallen gewonnen hat und nach welchen die Gitterleerstellen eine ausschlaggebende Rolle spielen, hat BARDEEN [12] gezeigt, daß die Beziehung (23) nur dann streng gültig ist, wenn die Leerstellenkonzentration konstant bleibt. Die Leerstellen sind gewissermaßen als dritte Komponente anzusehen und daher in Gl. (15) durch ein zusätzliches Glied zu berücksichtigen.

Schrifttum.

1. HARTLEY, G. S., u. J. CRANK: Trans. Faraday Soc. **45**, 801 (1949).
2. WAGNER, C.: J. Metals **4**, 91 (1952).
2a. COHEN, M., C. WAGNER u. J. E. REYONLDS: J. Metals **5**, 1534 (1953).
3. DA SILVA, L. C. C., u. R. F. MEHL: J. Metals **3**, 155 (1951).
4. SEITH, W., u. A. KOTTMANN: Angew. Chem. **64**, 379 (1952).
5. HEUMANN, TH.: Z. phys. Chem. **201**, 168 (1952).
6. JOHNSON, W. A.: Trans. AIME **166**, 114 (1946).
7. HARTLEY, G. S.: Phil. Mag. **29**, 245 (1937).

 8. DARKEN, L. S.: Trans. AIME **150**, 157 (1942).
 9. LE CLAIRE, A. D.: Progress in Met. Phys. **1**, 306 (1949).
10. DEHLINGER, U.: Z. phys. Chem. Unterr. **50**, 134 (1937).
11. BECKER, R.: Z. Metallkunde **29**, 245 (1937).
12. BARDEEN, J.: Phys. Rev. **76**, 1403 (1949).

9. Partielle Diffusionskoeffizienten.

a) Allgemeine Betrachtungen.

Im vorhergehenden Abschnitt ist immer nur die Wanderungsgeschwindigkeit einer einzigen Komponente untersucht worden. Die Frage, ob der zweite Partner denselben DK besitzt, ist zunächst unbeachtet geblieben. Wir kennen eine größere Anzahl von Verbindungen, in denen die Partner unterschiedliche Platzwechselgeschwindigkeiten haben. So wandern in den Phasen FeO, FeS, NiO, NiS, Cu_2S und Ag_2S praktisch nur die Metallionen, in $PbCl_2$ dagegen nur die Anionen. Besonders eingehend ist die Diffusion von C in Fe untersucht worden. Der DK des C liegt um 4 bis 5 Zehnerpotenzen höher als der des Eisens. All diesen Beispielen ist gemeinsam, daß bei ihnen die beiden Partner im Kristall Teilgitter einnehmen, derart, daß sie nur innerhalb ihres eigenen Teilgitterbereiches Plätze austauschen können. Ein Anion kann keinen Kationenplatz besetzen. Auch die Einlagerungsmischkristalle von $Fe–C$ und $Fe–N$ fallen unter diese Gruppe insofern, als die Zwischengitterplätze ebenfalls eine Art Teilgitter darstellen. Danach bedeutet es keine Schwierigkeit, in solchen Phasen und Verbindungen das unterschiedliche Diffundieren der Partner verständlich zu machen.

Ganz anders sind nun die Verhältnisse bei Substitutionsmischkristallen, die in der Regel in Legierungen vorliegen und mit denen wir uns zu beschäftigen haben. Bei der statistischen Verteilung können alle Gitterplätze mit gleicher Wahrscheinlichkeit von Atomen A und B besetzt werden. Man sollte daher erwarten, daß in Mischkristallen vom Substitutionstyp die Platzwechselwahrscheinlichkeit für beide Partner gleich groß sei und daß demnach nur ein gemeinsamer DK vorliegt, den die Auswertung der c-x-Kurve liefert. Bei den in den Tabellen und Abbildungen des Kap. 4 zusammengestellten experimentellen Werten handelt es sich ohne Ausnahme um solche gemeinsame DK.

Entgegen diesen Erwartungen sprechen nun mehrere Gründe dafür, daß auch in Mischkristallen vom Substitutionstyp die Komponenten verschieden schnell diffundieren. Betrachten wir einmal die Aktivierungsenergie. Es liegt auf der Hand, daß diese in irgendeinem Zusammenhang mit der Gitterenergie bzw. den atomaren Bindungskräften steht [43]. Aus den Bindungskräften ist ja letzten Endes die Aktivierungswärme zu berechnen, wie es SEITZ und HUNTINGTON [1] und

ZENER [2] an Kupfer durchgeführt haben. Sehen wir die Sublimationswärme als grobes Maß für die Bindungskräfte an, dann sollte das Verhältnis der Aktivierungs- zur Sublimationswärme einen solchen Zusammenhang erkennen lassen. Spalte 3 in Tab. 4 S. 90, mag als Beleg für den Zusammenhang dieser Größen dienen.

Auch in Mischkristallen dürfte die Aktivierungsenergie von den Bindungskräften abhängen. In solchen ist aber zu unterscheiden zwischen $(A\text{-}A)$-, $(B\text{-}B)$- und $(A\text{-}B)$-Bindungen. Beim Platzwechsel eines Atoms A sind die $(A\text{-}A)$- und die $(A\text{-}B)$-Bindungen, beim Platzwechsel eines Atoms B die $(B\text{-}B)$- und $(A\text{-}B)$-Bindungen zu berücksichtigen. Da nun die $(A\text{-}A)$- und $(B\text{-}B)$-Bindungsenergien im allgemeinen verschieden sind, sollten auch die entsprechenden Aktivierungswärmen nicht die gleiche Größe besitzen. Man kann sich also unschwer vorstellen, daß die Platzwechselgeschwindigkeit der beiden Partner und damit auch die Diffusion verschieden groß ist. Die im Kap. 8 durchgeführten Rechnungen, welche sich nur auf die Komponente A beziehen, (dort mit 1 bezeichnet) müssen demnach auch auf die Atomsorte B ausgedehnt werden. Wir würden für die einzelnen chemischen DK folgende beide Beziehungen erhalten:

$$D_A = D_A^* \left(1 + \frac{d \ln f_A}{d \ln \gamma_A} \right) \tag{1}$$

$$D_B = D_B^* \left(1 + \frac{d \ln f_B}{d \ln \gamma_B} \right). \tag{2}$$

Die thermodynamischen Faktoren sind auf Grund der DUHEM-MARGULESSchen Gleichung einander gleich, so daß der für möglich erachtete Unterschied der DK einzig im Unterschied der Koeffizienten der Selbstdiffusion begründet läge.

Die ersten Bestimmungen des Koeffizienten der Selbstdiffusion in einer Legierung sind von SEITH und KEIL [3] durchgeführt worden. Es wurde die Diffusion von ThB in den Legierungen des Pb mit Au, Ag und Bi gemessen. Das Ergebnis war überraschend. In den Mischkristallen mit Au und Ag diffundiert das Pb mit der gleichen Geschwindigkeit wie in reinem Pb, während die DK der Fremddiffusion um etwa 4 Zehnerpotenzen höher liegen. In der Pb-Bi-Legierung ist die Selbstdiffusion des Pb gegenüber der im reinen Metall um einen Faktor von der Größenordnung 5 erhöht. Wenn auch die Selbstdiffusion des zweiten Legierungsbestandteiles nicht gemessen wurde, so läßt der Vergleich mit den Werten der Fremddiffusion doch mit ziemlicher Sicherheit erkennen, daß die DK für Pb einerseits und für Au und Ag andererseits verschieden groß sind.

In den silberreichen Ag-Pb- und Ag-Sb-Legierungen ist die Selbstdiffusion des Ag [4] einerseits und die des Sb [5] andererseits gemessen worden, ferner wurde der Koeffizient der Selbstdiffusion von Tl in In [6] und der von Ag [7] in einer Ag-Pd-Legierung bestimmt (siehe Tab. 9).

Tabelle 9.

Legierung $A - B$	Gehalt an B in At.- %	Radioakt. Element	D_0 in cm² sec⁻¹	Q in kcal	Lit.
Pb-Ag	0,1	Pb	6,7	28	3
Pb-Au	0,03	Pb	6,7	28	3
Pb-Bi	10	Pb	26	28	3
Ag-Au	50	Ag	0,39	44,7	8
Ag-Au	50	Au	0,12	44,1	8
Ag-Pb	1,3	Ag	0 4	42,7	4
Ag-Sb	Spuren	Sb	0,29	39,4	5
In-Tl	Spuren	Tl	0,049	15,5	6
Ag-Pd	25	Ag	115	59,7	7
Ag-Zn	47,7 (β-Phase)	Ag	0,0045	17,6	24
Cu-Zn	β-Phase	Cu	0,038	24,9	39
Cu-Zn	β-Phase	Zn	0,024	22,8	39
Cu-Zn	30	Cu	$D = 1{,}5 \cdot 10^{-9}$ cm² sec⁻¹ bei 825°		38
Cu-Zn	30	Zn	$= 4{,}83 \cdot 10^{-9}$ cm² sec⁻¹ bei 825°		38

Wir kennen in der Literatur bisher leider nur einige Untersuchungen, bei denen in einem homogenen Mischkristall vom Substitutionstyp die Koeffizienten der Selbstdiffusion *beider* Partner bestimmt worden sind. Die erste dieser Art ist die von JOHN-SON [8] im Jahre 1942 durchgeführte Untersuchung an einer Ag-Au-Legierung mit 50 Atom-% Au. Die Ergebnisse enthält Tab. 9. Die Messungen sind von JOHN-SON mit großer Sorgfalt gemacht worden und erstrecken sich über einen Temperaturbereich von etwa 700° bis 1000° C. Wegen ihrer besonderen Bedeutung sind die Meßwerte in Abb. 85 wiedergegeben. Es wurde eindeutig nachgewiesen, daß die DK für Ag höher liegen als die für Au, und zwar etwa um den Faktor 2,4. Dieser Unterschied ist sicher als reell anzusehen.

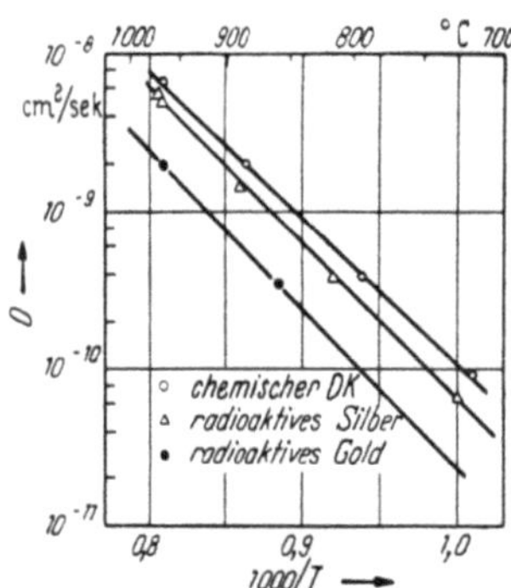

Abb. 85.
Chemischer DK und radioaktiv gemessene Selbstdiffusionen. (Nach Johnson.)

Außerdem sind im α- und β-Messing die DK der Selbstdiffusion von Cu und Zn von INMAN [39] und von JOHNSTON [38] gemessen.

Die Feststellungen JOHNSONS sind in der Folgezeit häufig diskutiert worden. Erst im Jahre 1948 gelang es DARKEN [9], diese Tatsachen richtig zu deuten. Wie weiter unten gezeigt wird, besteht heute wohl kein Zweifel mehr, daß auch in Substitutionsmischkristallen fast ausnahmslos die Partner verschiedene DK besitzen. Die einzelnen DK sollen in der Folge als partielle Diffusionskoeffizienten bezeichnet werden [10].

b) Kirkendall-Effekt und Darkensche Formeln.

Im Jahre 1947 wurde von Smigelskas und Kirkendall [11] eine weitere wichtige Feststellung gemacht, welche die Untersuchungen der Diffusion in Legierungen in ein ganz neues Stadium treten ließ. Ihre Beobachtung betrifft den Effekt der Stäbchenwanderung. Eine solche Wanderung tritt, wie wir noch sehen werden, immer dann auf, wenn in einem Mischkristall vom Substitutionstyp die Partner verschieden schnell diffundieren. Versuche, mit Hilfe von Stäbchen oder Drähtchen als Markierungen, Diffusionsvorgänge zu studieren, sind schon von Pfeil [12] bei der Zunderung von Eisen durchgeführt worden. Aus der Tatsache, daß sich die Markierungen stets an der Grenze Eisen/Wüstit vorfanden, konnte geschlossen werden, daß im Wüstit nur die Fe-Ionen wandern. Bückle [13] berichtet 1946 von einem Wanderungseffekt, den Mikrohärteeindrücke während der Diffusion im System Ag-Zn zeigen. Hartley [37] benutzte Titandioxydpulver als Markierung, um den durch Diffusion von Aceton in Zelluloseacetat hervorgerufenen Quelleffekt zu studieren. Smigelskas und Kirkendall machten ihre Diffusionsversuche an α-Messing. Sie umwickelten einen Messingblock mit dünnen Molybdändrähtchen und brachten anschließend auf elektrolytischem Wege eine Cu-Schicht auf. Sie hatten die Absicht, durch Messung von Abstandsänderungen eine Wanderung der ursprünglichen Trennfläche genauer zu verfolgen. Die von den Autoren benutzte Anordnung der Proben ist in Abb. 86 schematisch wiedergegeben. Die Messung vor und nach der Diffusion ergab, daß sich der Abstand der gegenüberliegenden Stäbchen verkürzt hatte. Es war also eine Wanderung in Richtung des Cu-Diffusionsstromes in die Messingprobe eingetreten.

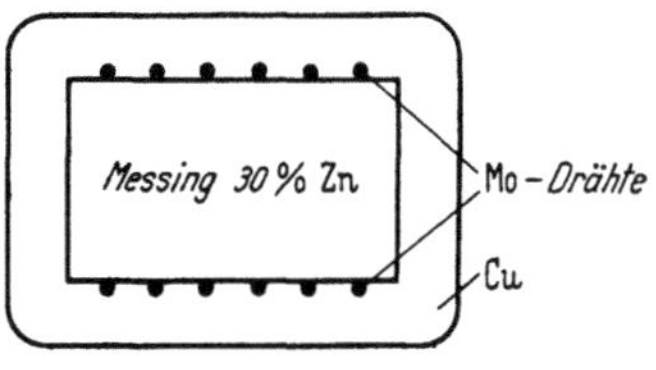

Abb. 86. Einbau von Markierungsstäbchen. (Nach Smigelskas und Kirkendall.)

Um den Kirkendall-Effekt zu erklären, sah sich Darken, die Deutungsvorschläge Kirkendalls aufgreifend, veranlaßt, den beiden Komponenten Cu und Zn in α-Messing verschiedene DK zuzuordnen. Diffundieren die Zn-Atome in größerer Menge aus dem Messing heraus, als Cu-Atome nachgeliefert werden, dann tritt im Messing eine Verarmung an Gitterteilchen ein, der zufolge der Messingblock schrumpft, und die Markierungsdrähtchen wandern. Auf Grund seiner Vorstellungen über den Diffusionsablauf gelang es Darken [9], eine Beziehung zwischen den beiden partiellen DK, D_{Cu} und D_{Zn} einerseits, und dem nach MATANO bestimmten gemeinsamen DK, D, und der beobachteten Wanderung der Drähtchen andererseits aufzustellen. Wie sich diese Beziehung nach DARKEN ableiten läßt, wird weiter unten erläutert.

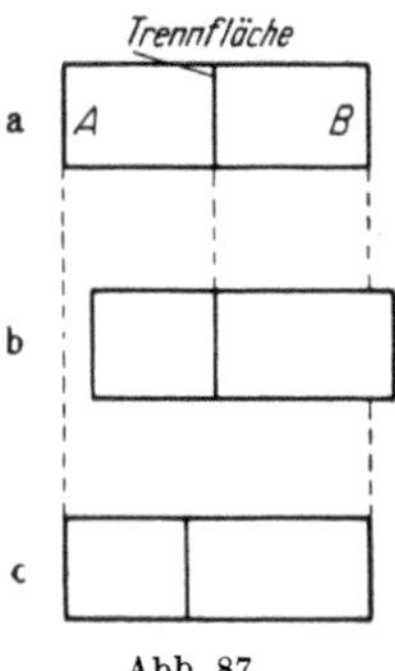

Abb. 87.
Mögliche Lagen der Trennfläche (Schweißnaht).

Ehe die Rechnung nach DARKEN durchgeführt wird, möge die Frage entschieden werden, ob die Markierungsdrähtchen und damit die Schweißnaht tatsächlich wandern oder ob sie am Orte festliegen. Die beiden möglichen Fälle sind in Abb. 87b u. c dargestellt. Abb. 87a zeigt den Ausgangszustand zweier Proben, die zur Diffusion gebracht werden sollen. Der Partner A möge der schnellere sein. Nach Abb. 87b bleibt während der Diffusion die ehemalige Trennfläche ortsfest, der Überschuß baut sich auf der B-Seite an. Demnach ist die B-Seite nach der Diffusion länger, die A-Seite kürzer geworden. Den gleichen Endzustand erhält man auch, wenn gemäß Abb. 87c die Probenenden festliegen und die Trennfläche sich zur A-Seite verschiebt. An einem sinnvoll angestellten Versuch konnten nun DA SILVA und MEHL [14] nachweisen, daß die Schweißfläche wandert. Um diesen Nachweis zu erbringen, legten die Autoren in die Trennfläche der Proben eine dreieckige Metallfolie, deren Spitze auf die Probenachse zeigte. Während an der Spitze die Diffusion nahezu ungestört verlaufen konnte, war sie in den breiteren Teilen des Foliendreiecks vollständig gehemmt, so daß die Folie dort den Ort der ehemaligen Trennfläche fixierte. An einem passend gelegten Schnitt durch die Probe senkrecht zur Folie konnte nach der Diffusionsbehandlung festgestellt werden, daß die Folienspitze in Richtung auf die schnellere Komponente umgebogen war. Abb. 83 zeigt das Ergebnis dieser Untersuchung für die Diffusion in α-Messing.

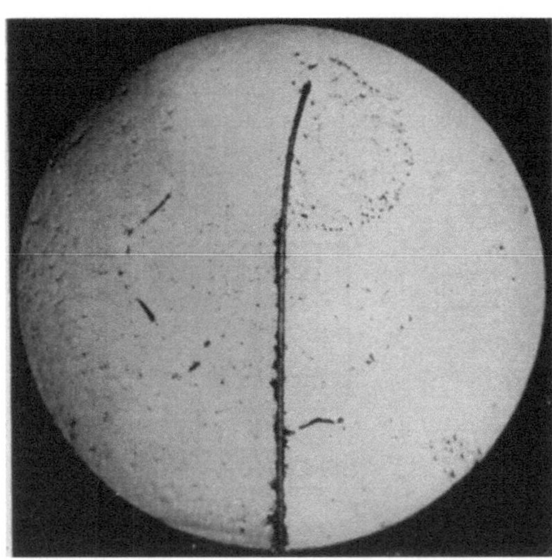

Abb. 88. Verschiebung der Spitze einer Folie. (Nach DA SILVA und MEHL.) Vergrößerung 20×.

Um die gewünschte Beziehung zwischen den verschiedenen DK zu erhalten, wird die durch die Einheitsfläche pro Sekunde hindurchtretende Menge der beiden Komponenten für den Fall berechnet, daß diese Fläche, in welcher die Konzentration c_A vorliegen möge, mit der Geschwindigkeit v wandert. Für den Partner A beträgt nach Darken diese Menge

$$\Delta \dot m_A = -D_A \frac{\partial c_A}{\partial x} + c_A v. \tag{3}$$

D_A ist der partielle DK der Komponente A. Für den Partner B gilt analog

$$\Delta m_B = -D_B \frac{\partial c_B}{\partial x} + c_B v \tag{4}$$

mit $D_A \neq D_B$.

Alle Bedingungen, welche die zweite Ficksche Gleichung fordert, sollen erfüllt sein, insbesondere muß $c_A + c_B = c$ an jeder Stelle konstant sein. Dann gilt

$$\frac{\partial c_A}{\partial t} = \frac{\partial}{\partial x}\left(D_A \frac{\partial c_A}{\partial x} - c_A v\right) \tag{5}$$

$$\frac{\partial c_B}{\partial t} = \frac{\partial}{\partial x}\left(D_B \frac{\partial c_B}{\partial x} - c_B v\right). \tag{6}$$

Die Summe beider Gleichungen muß verschwinden.

$$\frac{\partial}{\partial t}(c_A + c_B) = 0 = \frac{\partial}{\partial x}\left(D_A \frac{\partial c_A}{\partial x} + D_B \frac{\partial c_B}{\partial x} - c v\right) \tag{7}$$

Aus Gl. (7) folgt

$$D_A \frac{\partial c_A}{\partial x} + D_B \frac{\partial c_B}{\partial x} - c v = \text{konst.} \tag{8}$$

Die Integrationskonstante erhält den Wert Null, wenn man die Werte für $x = +\infty$ oder $-\infty$ einsetzt. Im Raume außerhalb der Diffusionszone sind nämlich das Gefälle und die Geschwindigkeit gleich Null. Zwischen der Wanderungsgeschwindigkeit v und den partiellen DK besteht also wegen $\frac{\partial c_B}{\partial x} = -\frac{\partial c_A}{\partial x}$ folgender Zusammenhang:

$$(D_A - D_B)\frac{\partial c_A}{\partial x}\frac{1}{c} = (D_A - D_B)\frac{\partial \gamma_A}{\partial x} = v \tag{9}$$

Setzt man in Gl. (5) für v diesen Wert ein, dann resultiert

$$\frac{\partial c_A}{\partial t} = \frac{\partial}{\partial x}\left(D \frac{\partial c_A}{\partial x}\right) = \frac{\partial}{\partial x}\left\{D_A \frac{\partial c_A}{\partial x} - \gamma_A(D_A - D_B)\frac{\partial c_A}{\partial x}\right\}$$

$$= \frac{\partial}{\partial x}\left\{[D_A(1 - \gamma_A) + D_B \gamma_A]\frac{\partial c_A}{\delta x}\right\} \tag{10}$$

und damit

$$D = D_A(1 - \gamma_A) + D_B \gamma_A. \tag{11}$$

Mit den Gl. (9) und (11) ist der gesuchte Zusammenhang hergestellt.

Etwa 1 Jahr später kamen HARTLEY und CRANK [15] unabhängig von DARKEN zu dem gleichen Ergebnis bezüglich der obigen Gleichungen. Diese Autoren bezeichnen die partiellen DK als „intrinsic" DK.

Die Versuche von KIRKENDALL haben gezeigt, daß die ursprüngliche Trennfläche proportional der Quadratwurzel aus der Zeit, einem parabolischen Wachstumsgesetz entsprechend, wandert. Bezeichnen wir die gewanderte Strecke, welche experimentell zu bestimmen ist, mit l, und die Wachstumskonstante mit b, dann muß gelten:

$$v = \frac{dl}{dt} = \frac{d}{dt}\left(b\sqrt{t}\right) = \frac{b}{2\sqrt{t}} = \frac{l}{2t}. \tag{12}$$

Wir können nun aus einem Diffusionsversuch, in welchem die Wanderung l der ursprünglichen Trennfläche für die Versuchszeit t gemessen und der gemeinsame DK aus der c-x-Kurve ermittelt wird, die partiellen DK D_A und D_B aus Gl. (9) und (11) berechnen.

Die Meßergebnisse von SMIGELSKAS und KIRKENDALL [11] hat DARKEN auf diese Weise ausgewertet und die partiellen DK für Cu und Zn in α-Messing für die Konzentration in der Schweißfläche bestimmt. Es ergab sich, daß die Diffusion der Zn-Atome größer als die der Cu-Atome ist, wie zu erwarten war.

In der Folgezeit findet man in der Literatur zunächst keine weiteren Berechnungen der partiellen DK, obwohl der KIRKENDALL-Effekt in mehreren Untersuchungen beobachtet wurde. Die Gründe dafür sind, daß man die Richtigkeit der Vorstellungen DARKENS teilweise bezweifelte und daß im Zusammenhang mit dem KIRKENDALL-Effekt neue Beobachtungen gemacht wurden, über die im nächsten Abschnitt berichtet wird. Diesen zufolge mußte die übliche MATANO-Auswertung. mit welcher die Berechnung partieller DK erfolgt, zu fehlerhaften Ergebnissen führen.

Um diese Fehlerquellen möglichst auszuschalten, ist von HEUMANN [16] vorgeschlagen, die partiellen DK auf einem anderen, und zwar direkten Wege zu bestimmen. Die zur Berechnung verwendeten Gleichungen beruhen auf der Annahme, daß nur die partiellen DK physikalisch sinnvoll, „intrinsic", sind und diese den Fortgang der Diffusion bestimmen.

Die im Kap. 7 durchgeführte Berechnung des DK nach Gl. (12) auf Grund des maximalen Masseflusses ist als Sonderfall zu betrachten, für welchen $D_A = D_B$ ist. Sind die partiellen DK verschieden groß, dann ist die durch die ursprüngliche Trennfläche hindurchdiffundierte Menge der Atomsorte A ungleich der in entgegengesetzter Richtung strömenden Menge der Sorte B. Bei Gültigkeit des parabolischen Wachstumsgesetzes können wir in Analogie zu den Ausführungen in Kap. 7 an Stelle der dort abgeleiteten Beziehung (12) für die Schweißfläche, deren Konzentration ebenfalls konstant bleibt, setzen:

$$M_A = D_A\, q_0\, 2t\, \frac{\partial c_A}{\partial x} \qquad (13)$$

$$M_B = -D_B\, q_0\, 2t\, \frac{\partial c_B}{\partial x}. \qquad (14)$$

M_A und M_B — hier als absolute Beträge genommen — sind die während der Versuchszeit t insgesamt durch die ursprüngliche Trennfläche hindurchdiffundierten Mengen des Partners A und B (vgl. Abb. 89). Alle Atome etwa der Sorte A, welche sich nach der Diffusion in der anliegenden Probe vorfinden, müssen die Schweißfläche, die als ehemalige Trennebene der Diffusionsproben ohne Zweifel eine ausgezeichnete Fläche darstellt, passiert haben. Für die Atome B gilt das gleiche. Im Falle $M_A = M_B$ ist die Matano-Ebene gleichzeitig Schweißebene. Im allgemeinen aber sind die Mengen verschieden groß, so daß die Schweißfläche nicht mehr mit der Matano-Ebene zusammenfällt. In der in Abb. 89 als Beispiel dargestellten schematischen c-x-Kurve mit unsymmetrischem Verlauf liegt die ehemalige Trennebene rechts von der Matano-Ebene. Nach Gl. (13) und (14) kann man die DK bestimmen, wenn die Steigung $\partial c_A/\partial x$ bzw. $\partial c_B/\partial x$ — im allgemeinen Fall sind ihre absoluten Beträge verschieden — und der Querschnitt q_0 in der Schweißfläche, ferner die durch die Trennebene hindurchgetretenen Mengen M_A und M_B ermittelt sind. Volumen- und Querschnittsänderungen innerhalb des Diffusionsbereiches, mit denen fast immer in mehr oder weniger großem Ausmaß zu rechnen ist und die eine Auswertung nach dem zweiten Fickschen Gesetz erschweren, sind in den Größen M_A und M_B berücksichtigt. Voraussetzung für die Anwendbarkeit obiger Gl. (13) und (14) ist lediglich, daß das Gefälle $\partial c/\partial x$ umgekehrt proportional der Wurzel aus der Zeit, entsprechend dem parabolischen Wachstum, ist, was in der Regel zutrifft.

Bleibt der Querschnitt der Diffusionsproben über den ganzen Konzentrationsbereich konstant q_0, dann läßt sich gemäß Abb. 89 im Falle $D_A > D_B$ bzw. $M_A > M_B$ für M_A schreiben:

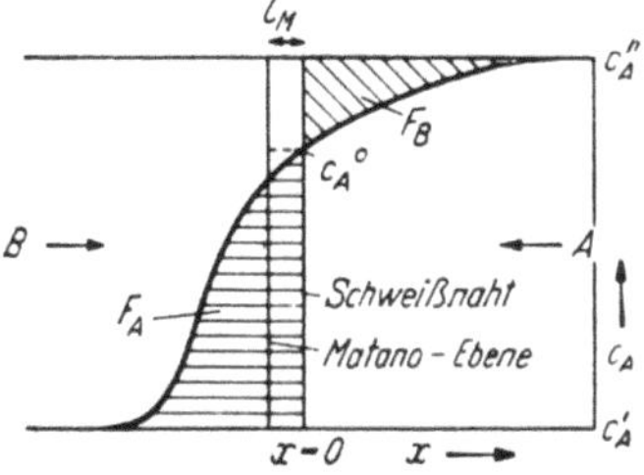

Abb. 89. Schematische c-x-Kurve zur Berechnung der partiellen DK.

$$M_A = q_0 \int_{-\infty}^{0} (c_A - c_A')\, dx + l\, q_0\, c_A'$$

$$= q_0 \int_{0}^{\infty} (c_A'' - c_A)\, dx + l\, q_0\, c_A'' = D_A\, 2t\, \frac{\partial c_A}{\partial x}\, q_0, \qquad (15)$$

wenn l die während der Versuchszeit t eingetretene Verschiebung der Schweißebene in Richtung des Diffusionsstromes von B ist. Gl. (15) ist ein Ausdruck für die Tatsache, daß die in die B-seitige Probe hineingewanderte Menge von A identisch mit der aus der A-seitigen Probe hinausgewanderten ist. Die Berechnung des Gehaltes an A in den beiden Diffusionsproben vor und nach der Diffusion führt zu Gl. (15). Trägt man an Stelle von c_A die Konzentration von B, c_B, auf, dann erhalten wir einen analogen Ausdruck für M_B:

$$M_B = q_0 \int_{-\infty}^{0} (c_B' - c_B)\, dx - l\, q_0\, c_B'$$
$$= q_0 \int_{0}^{\infty} (c_B - c_B'')\, dx - l\, q_0\, c_B'' = -D_B\, 2t\, \frac{\partial c_B}{\partial x}\, q_0\,. \tag{16}$$

c_A' und c_B' bzw. c_A'' und c_B'' sind die Ausgangskonzentrationen der beiden Diffusionsproben. Ist die Gesamtzahl der Mole pro ml an jeder Stelle x gleich groß, $c_A + c_B = c = $ konst., dann liefern Gl. (15) und (16) wiederum die DARKENschen Beziehungen. Um dies zu zeigen, verfahren wir wie folgt. Mit $c = $ konst. erhalten wir aus Gl. (15) und (16)

$$D_A = \frac{1}{2t}\, \frac{\partial x}{\partial c_A}\left[\int_{0}^{\infty} (c_A'' - c_A)\, dx + l\, c_A'' \right]$$
$$= \frac{1}{2t}\, \frac{\partial x}{\partial c_A}\left[\int_{-\infty}^{0} (c_A - c_A')\, dx + l\, c_A' \right] \tag{17}$$

$$D_B = \frac{1}{2t}\, \frac{\partial x}{\partial c_A}\left[\int_{0}^{\infty} (c_A'' - c_A)\, dx - l\,(c - c_A'') \right] \tag{18}$$

Die den Integralen $\int_{0}^{\infty}(c_A'' - c_A)dx$ und $\int_{-\infty}^{0}(c_A - c_A')dx$ entsprechenden Flächen sind in Abb. 89 schraffiert und mit F_B und F_A bezeichnet. Für diese Flächen können wir mit $\xi = x + l_M$ setzen:

$$F_B = \int_{c_A'}^{c_A''} \xi\, dc - l_M\,(c_A'' - c_A^0) \tag{19}$$

$$F_A = \int_{c_A''}^{c_A'} \xi\, dc + l_M\,(c_A^0 - c_A')\,. \tag{20}$$

Die neuen Integrale in Gl. (19) und (20) sind auf die MATANO-Ebene bei $x = -l_M$ als Nullpunkt bezogen, wobei zu beachten ist, daß

$$\int_{c_A''}^{c_A'} \xi\, dc = \int_{c_A^0}^{c_A'} \xi\, dc$$

ist. c_A^0 ist (Abb. 89) die Konzentration in der ursprünglichen Trennebene. In obige Formeln eingesetzt, erhält man:

$$D_A = \frac{1}{2t} \frac{\partial x}{\partial c_A} \left[\int_{c_A^0}^{c_A''} \xi \, dc - l_M(c_A'' - c_A^0) + l \, c_A'' \right]$$

$$= \frac{1}{2t} \frac{\partial x}{\partial c_A} \left[\int_{c_A'}^{c_A'} \xi \, dc + l_M(c_A^0 - c_A') + l \, c_A' \right] \tag{21}$$

$$D_B = \frac{1}{2t} \frac{\partial x}{\partial c_A} \left[\int_{c_A^0}^{c_A''} \xi \, dc - l_M(c_A'' - c_A^0) - l(c - c_A'') \right] \tag{22}$$

Aus Gl. (21) folgt zunächst, daß $l = l_M$ ist. Unter den obigen Voraussetzungen muß also der Abstand MATANO-Ebene—Schweißfläche identisch sein mit der Wanderung l der letzteren.

Unter Berücksichtigung. daß

$$\frac{1}{2t} \frac{\partial x}{\partial c_A} \int_{c_A^0}^{c_A''} \xi \, dc = D_{c_A^0}$$

der gemeinsame DK nach MATANO für die Schweißfläche ist, erhalten wir

$$D_A = D_{c_A^0} + l \, c_A^0 \frac{1}{2t} \frac{\partial x}{\partial c_A}, \tag{23}$$

$$D_B = D_{c_A^0} - l(c - c_A^0) \frac{1}{2t} \frac{\partial x}{\partial c_A}. \tag{24}$$

Mit $l/2t = v =$ Wanderungsgeschwindigkeit der Schweißebene liefert
die Differenz von Gl. (23) und (24) die Formel (9) von DARKEN. Gl. (23)
mit $(c - c_A^0)$ und Gl. (24) mit c_A^0 multipliziert, beide Gleichungen sodann addiert, führt zu Formel (11) nach DARKEN, wenn die Konzentrationen c_A durch die Molenbrüche ersetzt werden. Es muß betont
werden, daß diese Ableitung nur für die Schweißebene gilt.

Die so eingeführten partiellen DK haben eine ganz konkrete und
anschauliche Bedeutung. Mit ihnen lassen sich alle Erscheinungen,
welche mit der unterschiedlichen Diffusion der Partner zusammenhängen, zwanglos erklären. Es bleibt jedoch noch zu prüfen, ob diese aus
den Formeln von DARKEN erhaltenen DK die Gl. (1) und (2) erfüllen,
welche die chemischen DK mit jenen der Selbstdiffusion verknüpfen.

Ehe diese Prüfung durchgeführt wird, wollen wir uns mit den Folge-
erscheinungen befassen, die man bei ungleicher Diffusion der Partner
beobachtet.

c) Folgeerscheinungen bei ungleicher Diffusion der Partner.

Auf Grund der statistischen Verteilung der Partner in Substitutionsmischkristallen war zu erwarten, daß in solchen Mischkristallen die Platzwechselwahrscheinlichkeit der beiden Komponenten gleich groß ist. Wenn nun trotzdem die Diffusionsgeschwindigkeiten verschieden groß sind, dann muß die Diffusion vom normalen Verlauf abweichen. Eine bemerkenswerte Erscheinung dieser Art ist die im vorhergehenden Abschnitt bereits behandelte Wanderung von Markierungsstäbchen. Diese als KIRKENDALL-Effekt benannte Wanderung ist, wie DA SILVA und MEHL [14] zeigen konnten, völlig unabhängig vom Material und von der Form des Stäbchens, welches als Markierung dient. Selbst solche Stäbchen, die allmählich im Grundmaterial gelöst werden, wandern die gleiche Strecke wie indifferente Markierungen. Auch Stoffe wie Al_2O_3 oder Fe_2O_3 können als Markierung dienen. Daraus ist zu schließen, daß die gesamte Trennebene mit allen darin eingeschlossenen Fremdteilchen der Verschiebung unterworfen ist. Eine Wanderung ist bisher in folgenden Systemen beobachtet worden. Cu-α-Messing (30% Zn) von SMIGELSKAS und KIRKENDALL [11], DA SILVA und MEHL [14] und GONSER [17]. Der Letztgenannte hat auch die Diffusion in α-Messing von 0 bis 20% Zn und von 0 bis 10% Zn untersucht. Cu-Al im Bereich des α-Mischkristalls bis 7% Al von DA SILVA und MEHL [14] und von BÜCKLE und BLIN [18], Cu-Sn von 0 bis 10% Sn von DA SILVA und MEHL [14]. Ni-Cu von 0 bis 100% Ni von DA SILVA und MEHL [14] und SEITH und KOTTMANN [19], 0 bis 30% Ni von BIRCHENALL und THOMAS [20], Cu-Au von 0 bis 100% Au von DA SILVA und MEHL [14], Au-Ag von 0 bis 100% Au von DA SILVA und MEHL [14] und SEITH und KOTTMANN [19], von 44,2 bis 57,9% Ag von SEITH, HEUMANN und KOTTMANN [10], W-Ni von 0 bis 58% W, Pd-Ag von 0 bis 100% Pd von SEITH und KOTTMANN [19] und endlich Pd-Ag von 0 bis 30% Pd von SEITH und BUDDE [7]. In all diesen Fällen wandert die ehemalige Trennebene gegen die an zweiter Stelle genannte Komponente, welche den höheren DK besitzt.

Die Schweißflächenverschiebung ist nicht auf die Diffusion in den von den reinen Metallen ausgehenden Mischkristallen begrenzt. Auch in intermetallischen Phasen wird der KIRKENDALL-Effekt beobachtet. In der β-Phase des Systems Cu-Zn wurde von LANDERGREN und MEHL [21] eine beträchtliche Wanderung festgestellt, ebenso in der γ- und ε-Phase desselben Systems von HEUMANN [22]. Bei der Mehrphasendiffusion über den ganzen Konzentrationsbereich in Systemen, welche mehrere intermetallische Verbindungen aufweisen, kann ebenfalls eine Wanderung auftreten. Nachgewiesen wurde diese bei der Cu-Zn-Diffusion von SEITH und KOTTMANN [*19*] sowie von BÜCKLE [*23*], bei der **Ag-Zn**-Diffusion von BÜCKLE [*13*] und HEUMANN und LOHMANN [*24*], bei der **Fe-Zn**-Diffusion von HEUMANN und LOHMANN [*24*], außerdem in den Systemen **Cu-Sn**, **Cu-Al** und **Ag-Al** von BÜCKLE [*23*]. Letzterer hat seine Messungen vorwiegend mit Hilfe von Mikrohärteeindrücken durchgeführt, die sich bei der Diffusion wie eingebaute Markierungsdrähtchen verhalten. Das Verfahren hat den Vorteil, daß man in einfacher Weise den Effekt über die ganze Diffusionszone verfolgen kann. Ein Nachteil besteht darin, daß die Eindrücke ihre Form verändern können und daß störende Oberflächeneffekte die Wanderung beeinflussen könnten. Nach dieser Methode hat BÜCKLE bereits im Jahre 1946 den Wanderungseffekt im System **Ag-Zn** nachgewiesen [*13*]. Eine Deutung war zu dieser Zeit jedoch noch nicht möglich.

Eine Vorstellung über die Größenordnung der Stäbchenwanderung vermittelt Tab. 11. Ganz allgemein läßt sich sagen, daß in den bis jetzt untersuchten Fällen die Verschiebung einige Hundertstel mm bis zu $^1/_{10}$ mm für eine Eindringtiefe von etwa 1 bis 2 mm beträgt. Für die β-Messingphase im Bereich von 40,2 bis 52,5% **Zn** geben LANDERGREN und MEHL [*21*] die empirische Formel $\delta = 0,003 \sqrt{t}$ cm für 750° an, wobei t in Stunden zu rechnen ist. Bei der Diffusion über den ganzen Bereich im **Cu-Zn**-System erreicht die Wanderung nach 213 Stunden bei 395° sogar den Betrag von über 1 mm. Die Meßwerte der Wanderung sind leider erheblichen Schwankungen unterworfen, die bis zu 50% und mehr betragen können und deren Ursache noch unbekannt ist. Der Effekt kann durch dritte Partner beeinflußt werden, wie ACCARY [*44*] am Beispiel des Messings, dem wechselnde Mengen P zugesetzt wurden, gezeigt hat.

Die zweite bedeutsame Folgeerscheinung ist die Lochbildung. Nachdem DA SILVA und MEHL [*14*] auf Grund ihrer Härtemessungen, die sie an einer **Cu-α**-Messing-Probe nach der Diffusion vorgenommen hatten, auf die Existenz von Löchern im Messing hingewiesen haben, konnten in den späteren Untersuchungen immer wieder nach besonders sorgfältigem Polieren und Ätzen innerhalb der Diffusionszone Löcher beobachtet werden. Die Erscheinung wird am besten an Hand von Bildern wiedergegeben.

LE CLAIRE und BARNES [*25*] fanden nach der Diffusion von **Cu-Ni** auf der **Cu**-Seite in der Diffusionszone Löcher (Abb. 90). Dasselbe Ergebnis erhielten SEITH und KOTTMANN [*19*], wie Abb. 91 erkennen läßt. Von letzteren konnten ferner in den Systemen **Ag-Au**, **Au-Ni**, **Ag-Pd** und **Fe-Ni** Löcher beobachtet werden, ebenso bei der **Ag-Au**-, **Cu-Ni**- und **Cu-Zn**-Diffusion von ALEXANDER und BALUFFI [*26*] (Abb. 92).

In α-Messing haben BÜCKLE und BLIN [*18*] zuvor, der Erwartung von DA SILVA und MEHL gemäß, einwandfrei Löcher nachgewiesen (Abb. 93), ebenso in den Cu-Al-Legierungen im Bereich der α-Mischkristalle.

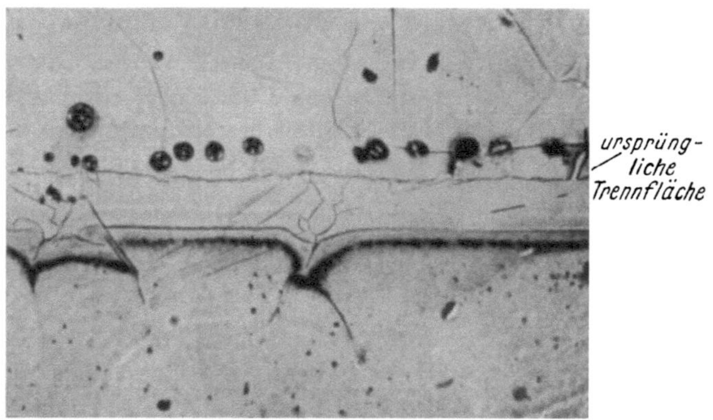

Abb. 90. Lochzone im Cu. (Nach LE CLAIRE und BARNES.) Vergrößerung 170×.

Abb. 91.
Lochzone im Cu. Oben Ni, unten Cu. Schweißebene im unteren Drittel. Vergrößerung 60×.

Die Form der Löcher in Abb. 94 zeigt, daß diese von Kristallflächen begrenzt sind. An den Löchern, welche in der Nähe von Zwillingslamellen liegen. kann man die Orientierung bestimmen.

Die Löcher treten stets auf der Seite der schneller diffundierenden Komponente auf und liegen in der Diffusionszone wahllos verstreut.

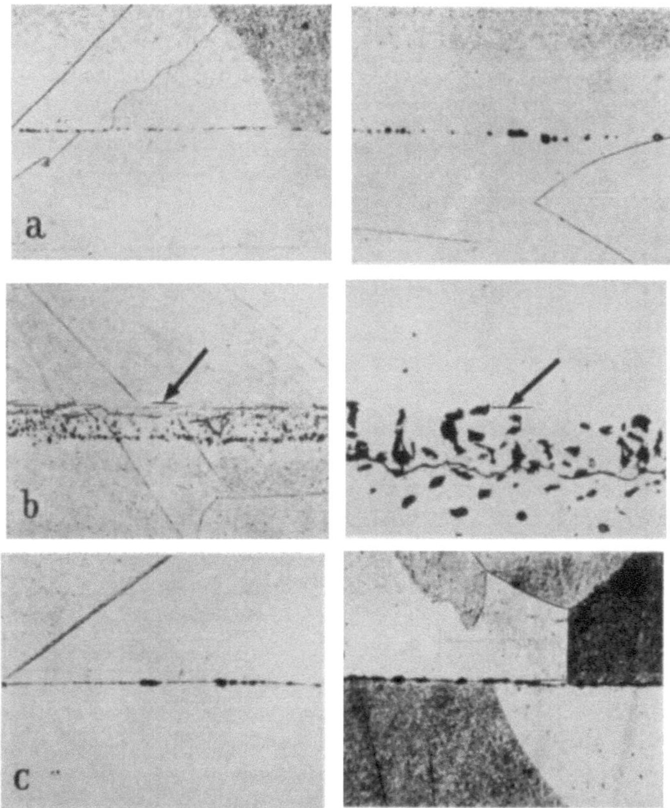

Abb. 92. Lochzone. (Nach ALEXANDER und BALUFFI.)
a Schweißnaht **Au-Au**; — *b* Schweißnaht (→) **Au(oben)-Ag(unten)**; — *c* Schweißnaht **Ag-Ag**.
links vor rechts nach der Diffusionsgleichung. Vergrößerung 110×.

Abb. 93. Lochzone. (Nach BÜCKLE links α-Messing, rechts **Cu**). Vergrößerung 55×.

Oft rücken sie bis an die Schweißfläche heran, wo sie dann plötzlich verschwinden. Bisweilen beobachtet man, wie bei **Ag-Au**, eine ausgeprägte Häufungsstelle von Löchern, die in einem bestimmten Abstand von der ursprünglichen Trennebene liegt (Abb. 95). Diese Zone maximaler Lochbildung verschiebt sich ebenfalls proportional der

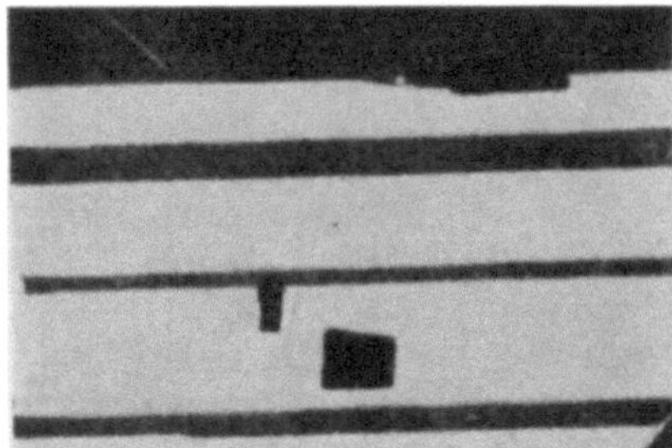 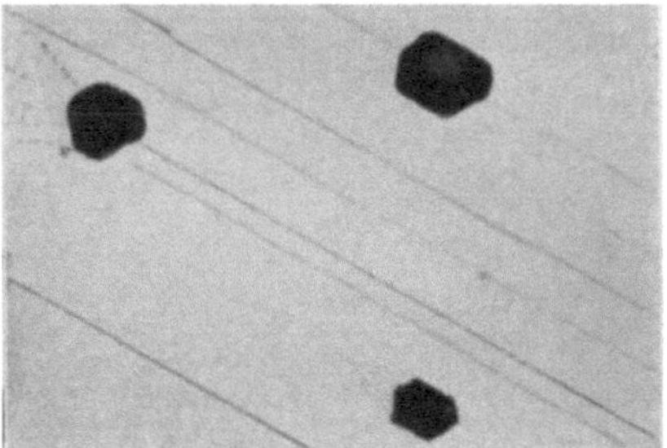

Abb. 94.
Löcher mit Kristallflächen als Begrenzung. (Nach BUCKLE.) Vergroßerung 290 ×.

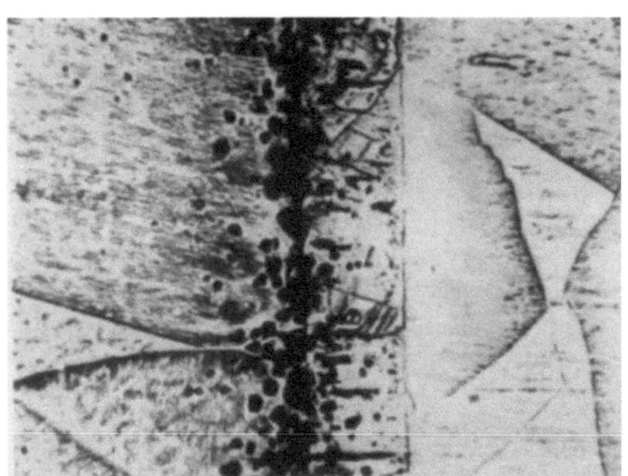 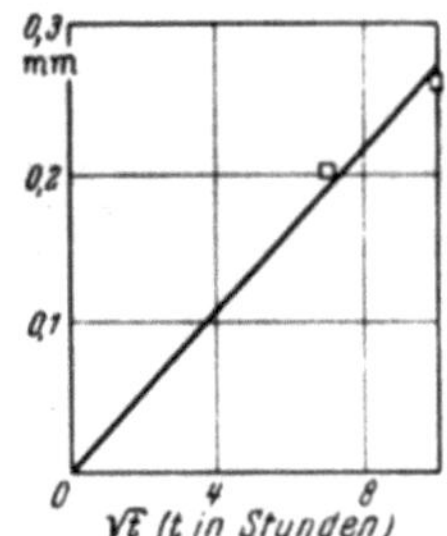

Abb. 96.
Verschiebung
der Häufungszone der Löcher
gegenuber
der Schweißfläche.

Abb. 95. Lochzone zum Spalt erweitert, links **Ag**, rechts **Au**.
Vergroßerung 50 ×.

Wurzel aus der Diffusionszeit, wie Abb. 96 zeigt [27]. Daß in der Schweißfläche selbst keine Löcher auftreten, soll an Hand der Abb. 97 und 98 besonders deutlich gemacht werden. Im ersten Bild ist eine Schnittfläche in einer **Ag-Au**-Diffusionsprobe senkrecht zur Diffusionsrichtung, etwa an der Stelle der stärksten Lochbildung, dargestellt. Der Anteil der Löcher an der Gesamtfläche erreicht fast 50%. Der zweite Schnitt (Abb. 98) liegt in der Schweißebene, in welcher das Markierungsdrähtchen nun in Längsrichtung angeschliffen ist. In dieser Fläche ist kein Loch zu erkennen.

Was die Ursache der Lochbildung betrifft, so ist zunächst mit Recht auf Gasentbindung einerseits und auf Verdampfungseffekte andererseits hingewiesen worden. Die oben angeführten Beispiele aber,

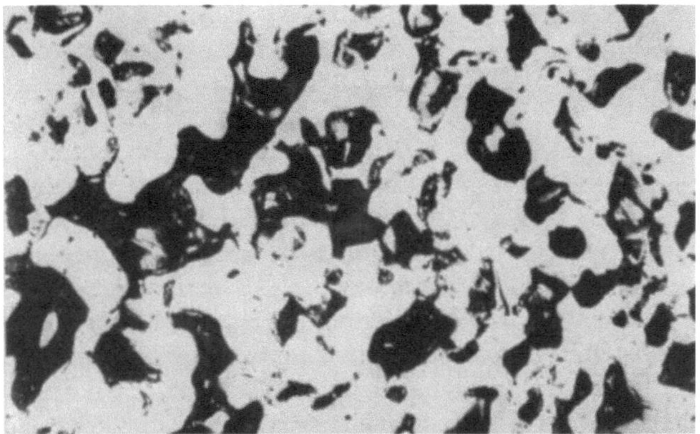

Abb. 97. Lochbildung bei **Ag-Au**-Diffusion. Entfernung = 0,25 mm von der Schweißnaht, senkrecht zur Diffusionsrichtung angeschliffen. Vergrößerung 150×.

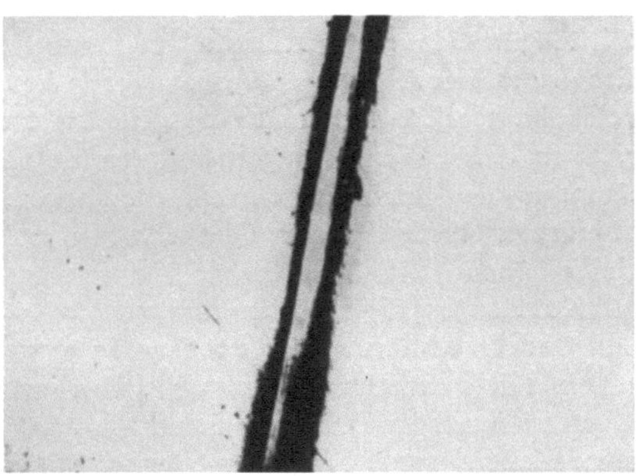

Abb. 98. Schweißebene mit Markierungsdrähtchen. Vergrößerung 125×.

die immer wieder das gleiche Bild ergeben, daß nämlich die Löcher stets auf der Seite der Komponente mit dem größeren partiellen DK beobachtet werden, wobei ein und dasselbe Metall einmal der schnellere (**Cu-Ni**), ein andermal der langsamere Partner (**Cu-Zn**) sein kann, zwingen uns zu der Annahme, daß die Lochbildung eine unmittelbare Folge der unterschiedlichen Diffusionsgeschwindigkeit der Komponenten ist. Wenn Gasentbindung und sonstige Effekte dabei eine Rolle spielen, dann sicher nur eine untergeordnete.

Auch die von Ellwood [28] beobachtete Porenbildung in homogenen Cu-Ni-Legierungen innerhalb eines bestimmten Konzentrationsbereiches, die in Zusammenhang mit den Brillouin-Zonen gebracht wird, kann in den Diffusionsproben nicht auftreten, da jene Art von Poren während der Glühung nach vorausgegangener starker Verformung entsteht, die oben beschriebenen Löcher aber in vorher sorgfältig ausgeglühtem Material festgestellt werden.

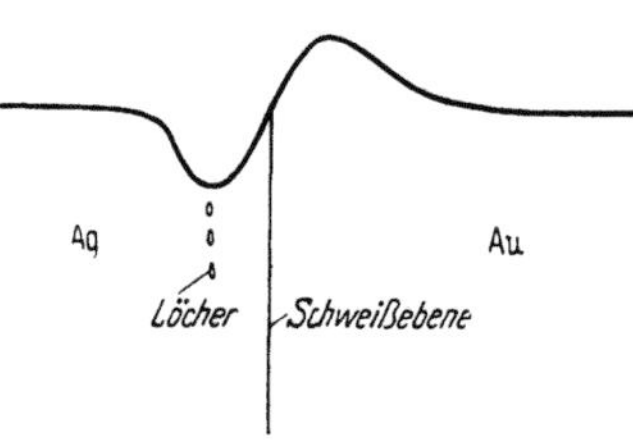

Abb. 99.
Wulst und Einschnürung, schematisch.

Als dritte charakteristische Erscheinung ist schließlich noch die der Formänderung der Diffusionsproben zu erwähnen. Als erster hat Johnson [8] diese Erscheinung beschrieben, die er bei der Au-Ag-Diffusion beobachten konnte. Von diesem Autor wurde festgestellt, daß die ursprünglich zylindrische Probe nach der Diffusion auf der Ag-Seite in der Nähe der Schweißfläche an der Oberfläche eine deutlich erkennbare Einschnürung besaß. Auf der Au-Seite trat, ebenfalls nahe der Trennebene, ein Wulst auf. In Abb. 99 ist die Kontur einer solchen Oberfläche schematisch dargestellt. Johnson war der Meinung, daß diese Erscheinung einzig auf Verdampfungsvorgänge zurückzuführen ist. Ag hat einen wesentlich höheren Dampfdruck als Au. Demnach sollte das an der Oberfläche verdampfende Ag an der Oberfläche der Au-Probe kondensieren und dort den Wulst erzeugen. Es ist schwierig, nach dieser Vorstellung das Auftreten der Einschnürung zu erklären, da diese innerhalb der Diffusionszone liegt und deshalb der Dampfdruck am Ort dieser Querschnittsverengung infolge des schon relativ hohen Au-Gehaltes erheblich verringert ist.

Seith und Kottmann [19] konnten nun nachweisen, daß diese kennzeichnende Oberflächenform auch dann auftritt, wenn die Verdampfung auf ein Mindestmaß reduziert wird. Dies wurde erreicht, indem die Proben während der Diffusionsglühung in Al_2O_3-Pulver eingepackt wurden. Kontrollversuche hatten nämlich ergeben, daß die verdampfte Menge an Ag vernachlässigbar klein blieb. Es ist jedoch der Verdampfungseffekt, wie auch die Versuche Johnsons zeigen, nie ganz auszuschließen.

Einen weiteren Beweis dafür, daß die Bildung des Wulstes und der Einschnürung in direktem Zusammenhang mit der Volumendiffusion steht, kann uns die Abb. 100 liefern. Es handelt sich um das Bild eines in Diffusionsrichtung liegenden Schnittes in einer Ag-Au-Diffusionsprobe, an der die Oberflächenform deutlich zu erkennen ist. Rechts der Schweißebene wölbt sich der Wulst auf, links derselben liegt die Rinne. Das Maximum der Löcher im Innern der Probe, die nicht durch

Verdampfung entstanden sein können, fällt mit dem Grund der Rinne zusammen. Während der Wulst zur **Au**-Seite flach abfällt, ist die Einschnürung auf der **Ag**-Seite scharf ausgebildet. Am linken Bildrand sieht man noch den Verlauf der ehemaligen Oberfläche. Der Querschnitt in der Schweißfläche ist praktisch konstant geblieben.

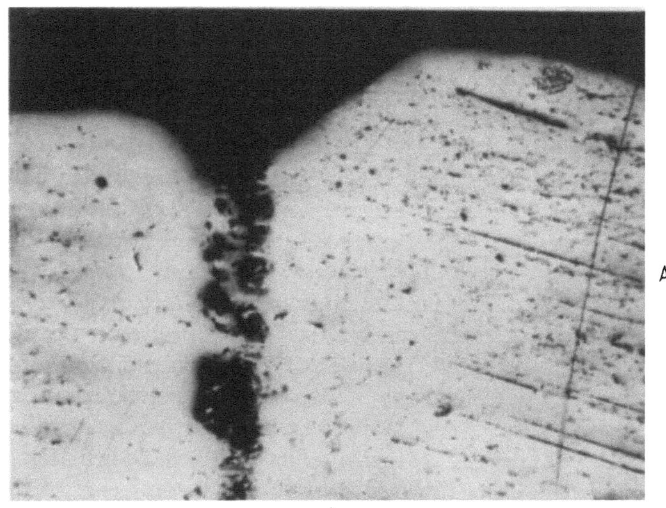

Abb. 100. Wulst und Einschnürung bei **Ag-Au**. Vergrößerung 65×.

Daß die Bildung des Wulstes und der Einschnürung bei früheren Untersuchungen der Beobachtung entgangen ist, mag daran liegen, daß der Konzentrationsbereich, innerhalb dessen die Diffusion untersucht wurde, vielfach zu eng war, ferner daran, daß die Diffusion in den Oberflächenschichten wahrscheinlich infolge ungenügender Verschweißung der Randzone stark gehemmt war.

Die hier beschriebenen Erscheinungen treten in abgewandelter Form auch bei Sinterprozessen auf, die ja im wesentlichen Diffusionsvorgänge sind [29]. RAUB und PLATE [30] berichten, daß bei der Sinterung von **Ag-Au**-Proben eine deutliche Volumenzunahme festzustellen ist, die auf „echte Diffusionsporosität" zurückzuführen sei. Ähnliche Beobachtungen machten BUTLER und HOAR [31] bei der Sinterung von **Cu-Ni**-Pulver mit 52% **Ni** in einem Temperaturbereich von 500 bis 700° C. Die Sintermetallurgie kennt weitere Fälle dieser Art. Diese Tatsachen lassen sich heute auf Grund der unterschiedlichen Diffusionsgeschwindigkeit der Partner zwanglos deuten.

Inwieweit die Loch- und Wulstbildung neben den Querschnittsveränderungen auch Längenänderungen in Diffusionsrichtung erzeugen, ist von SEITH und KOTTMANN eingehend studiert worden. Eine unerläßliche Voraussetzung solcher Untersuchungen ist, daß das Material vor der Diffusion genügend lange ausgeglüht wird. Nicht ausgeglühte Metallproben verändern ihre Dimensionen um solche Beträge, die in der Größenordnung der Stäbchenwanderung liegen können. Begreiflicherweise sind diese Beträge an gewalztem oder gezogenem Material besonders groß, aber auch an langsam aus der Schmelze erstarrten und langsam erkalteten Proben dürfen die Änderungen nicht vernachlässigt werden. So konnten an unbearbeiteten Cu- und Ag-Schmelzreguli nach Glühen bei einer Temperatur dicht unter dem Schmelzpunkt Längenänderungen bis zu 0,002 cm pro cm Länge festgestellt werden.

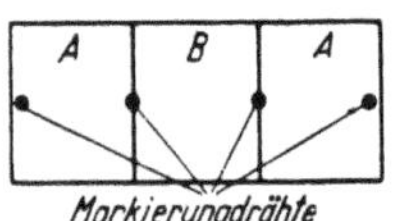

Abb. 101. Anordnung von drei Diffusionsproben (*Sandwich*).

Eine geeignete Anordnung zur Messung von Abstandsänderungen, wie sie auch von DA SILVA und MEHL [*14*] benutzt wurde, ist in Abb. 101 schematisch dargestellt (*Sandwich*). Zwischen zwei gleichen Ausgangsproben A wird die Partnerprobe B mit diesen verschweißt. Es werden in die Schweißflächen und an den Enden der Proben Markierungen eingebaut, deren Abstände vor und nach der Diffusion zu messen sind. Im Idealfall sollte die Gesamtlänge der Probe unverändert bleiben, indem sich nur die Stäbchen in der Schweißebene verschieben. Bis auf einen Fall wurde aber stets eine Längenzunahme beobachtet, welche zwischen 30 und 100% der Schweißflächenwanderung schwankende Beträge annimmt. Das Längerwerden der Proben erklärt sich durch die Lochbildung. Will man also die Verschiebung der ehemaligen Trennebene messen, dann ist dafür zu sorgen, daß die Probe mit der langsamer diffundierenden Komponente bei der Dreieranordnung in der Mitte liegt. Im Beispiel der Abb. 101 muß demnach B den nach A diffundierenden langsameren Partner enthalten. In dieser Anordnung erfolgt nämlich der Anbau auf der B-Seite, welcher immer eine Aufweitung bewirkt, während der Abbau in A wegen der Lochbildung nicht notwendig eine Schrumpfung erzeugen muß.

Entgegen diesem allgemeinen Verhalten hatte sich die Ag-Pd-Diffusionsprobe nicht unbeträchtlich verkürzt. Die Diffusion dieser beiden Metalle verläuft auch in anderer Beziehung recht eigentümlich. Die Wulstbildung ist ungewöhnlich stark, und auf der Pd-Seite treten ebenfalls Löcher auf, obwohl Pd den kleineren DK besitzt. Vermutlich spielt hier die Ausscheidung von H_2 eine Rolle. Abb. 102 zeigt einen Längsschnitt durch die Probe mit der Anordnung Ag/Pd/Ag.

Weitere Formänderungen, die ebenfalls durch die unterschiedlichen partiellen DK verursacht sind, wurden von BALUFFI und ALEXANDER [*32*] und von BÜCKLE [*23*] festgestellt. Während die erstgenannten Auto-

ren an dünnen **Au**-Drähten, in die über die Dampfphase **Ag** hineindiffundiert war, neben einer Dickenzunahme auch eine Längenzunahme
senkrecht zur Diffusionsrichtung beobachtet haben, welche an 0,127 mm
dicken Drähten nach einer Diffusionsbehandlung von 15 Minuten bei

Abb. 102. Besonders ausgeprägte Lochzonen und Wülste bei **Ag-Pd**. Vergrößerung 8×.

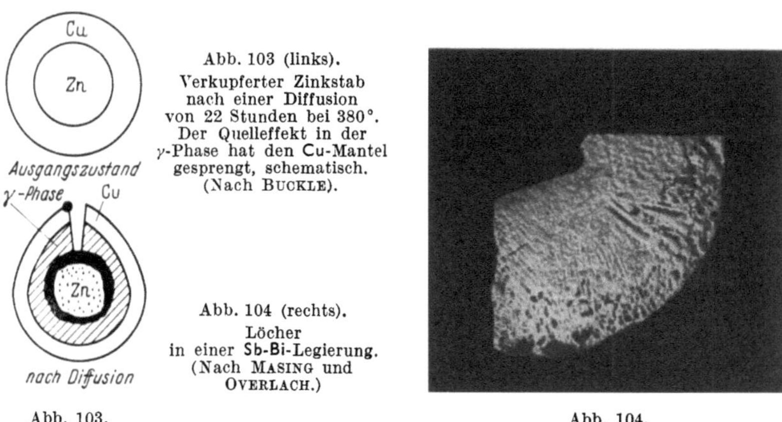

Abb. 103 (links).
Verkupferter Zinkstab
nach einer Diffusion
von 22 Stunden bei 380°.
Der Quelleffekt in der
γ-Phase hat den **Cu**-Mantel
gesprengt, schematisch.
(Nach BUCKLE).

Abb. 104 (rechts).
Löcher
in einer **Sb-Bi**-Legierung.
(Nach MASING und
OVERLACH.)

Abb. 103.   Abb. 104.

940° C bereits 9,3% betrug, berichtet BÜCKLE [23] über eine Erscheinung, die bei der **Cu-Zn**-Diffusion auftritt und in Abb. 103 schematisch
wiedergegeben ist. Ein Zinkstab wurde verkupfert und anschließend
22 Stunden bei 380° einer Diffusionsglühung unterworfen. Das in
das **Cu** eindiffundierende **Zn**, welches im Innern Löcher hinterläßt,
reißt den Kupfermantel auf. Bei dünnen Drähten, welche mit einem
Metall überzogen sind, dessen partieller DK kleiner als der des Kern-

materials ist, kann dieser Effekt dazu führen, daß aus solchen Drähten Röhrchen entstehen.

Eine von MASING und OVERLACH [40] beschriebene Erscheinung, welche an gegossenen und rasch erstarrten Sb-Bi-Legierungen beobachtet

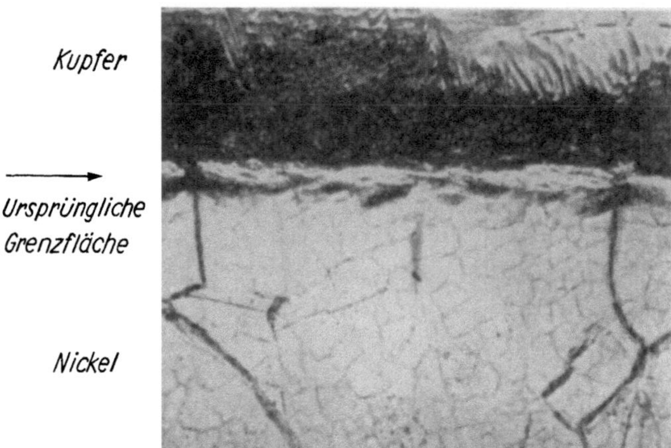

Abb. 105. Rekristallisation in der Diffusionszone. (Nach BALUFFI und ALEXANDER.) Vergrößerung 40×.

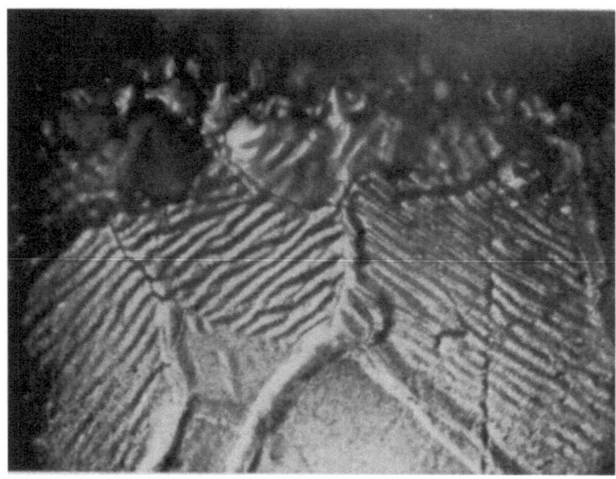

Abb. 106. Spuren von Gleitungen auf der Oberfläche einer Diffusionsprobe. Vergrößerung 100×.

wurde, läßt sich ebenfalls durch verschieden große Beweglichkeit der Partner deuten. Wird das Gußstück nach dem Erkalten zur Homogenisierung einer Diffusionsglühung unterworfen, dann tritt bei gleichzeitiger Änderung der äußeren Form im Innern der Probe eine starke Hohlraumbildung auf (Abb. 104).

In der Anbauzone auf der Seite der Komponente mit der geringeren Beweglichkeit treten Spannungszustände auf, die zu Gefügeänderungen, wie Zwillings- und Gleitlinienbildung sowie Rekristallisationen Anlaß geben. Die Abb. 105 und 106 bringen einige Beispiele. Zur Klärung dieses Einflusses bedarf es weiterer Untersuchungen.

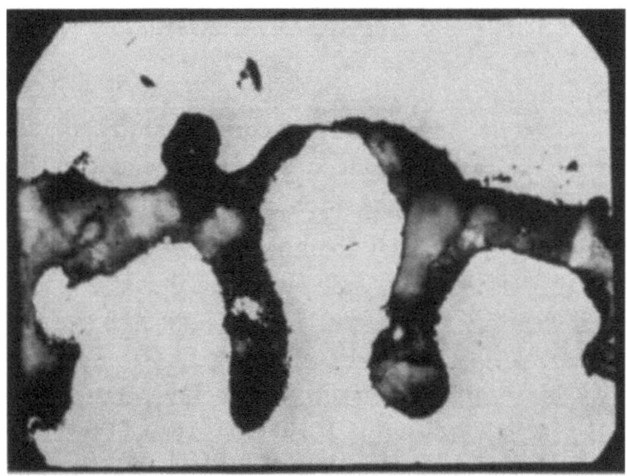

Abb. 107. Zapfenbildung beim Fortwandern eines Spaltes, unten Ni, oben Cu.
Vergrößerung 430×.

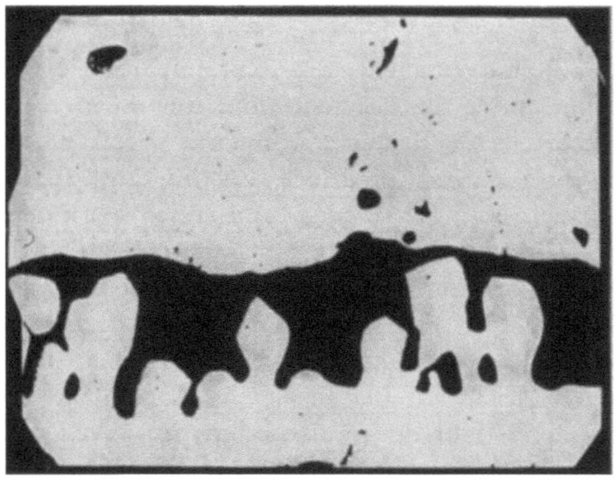

Abb. 108. Wachsen der Zapfen unter Bildung von Löchern, oben Ni, unten Cu.
Vergrößerung 180×.

Eine während der Drucklegung veröffentlichte Arbeit [34] befaßt sich mit der Lochbildung in Cu-Ni-Diffusionsproben. Es wurde festgestellt, daß die nickel- und kupferseitige Begrenzung der Löcher und Spalte sich in bemerkenswerter Weise unterscheiden. Während die Kupferseite eine mehr oder weniger glatte Berandung zeigt, ist die dem Nickel zugekehrte Seite stark zerklüftet. Kennzeichnend für die letztere ist das Vorschießen zahlreicher Zapfen, die als Anbauformen zu deuten sind (Abb. 107). In den vorderen Teilen verdicken sich dieselben, was zu einem seitlichen Verwachsen benachbarter Zapfen führen kann. Dadurch werden Löcher, welche sich am Fuße der Zapfen befinden, allmählich eingeschlossen und vom Spalt abgetrennt (Abb. 108). Die Diffusion, welche trotz der Löcher ungestört verläuft, erfolgt in diesen entlang der inneren Oberflächen oder über die Dampfphase.

All diese Erscheinungen, die als Sekundäreffekte der Wirksamkeit verschiedener partieller DK zuzuschreiben sind, machen deutlich, daß die für die Auswertung der c-x-Kurven notwendige Bedingung der Querschnittskonstanz nicht mehr streng erfüllt ist. Die Bestimmung der DK aus dem zweiten Fickschen Gesetz muß daher notwendigerweise mit Fehlern behaftet sein, wenn in der Diffusionszone Löcher auftreten. Einen besonders krassen Fall dieser Art stellt die Diffusion in Ag und Au dar. Ermittelt man ungeachtet der Löcher aus der c-x-Kurve nach der Methode von Matano die DK, dann beobachtet man auf der Ag-Seite in der Nähe des Konzentrationsbereiches, in welchem die starke Lochbildung auftritt, einen schroffen Wiederanstieg des DK. In Abb. 68 ist der DK in Abhängigkeit von der Konzentration dargestellt. Ein ähnliches, jedoch nicht so starkes Anwachsen des DK wird im System Fe-Ni auf der Fe-Seite festgestellt, welches ebenfalls seine Erklärung in der Lochbildung findet.

Baluffi [47] hat versucht, die experimentelle c-x-Kurve für die Cu-Ni-Diffusion unter Berücksichtigung der Löcher zu korrigieren. Die aus der korrigierten Kurve gewonnenen Werte der DK liegen auf der Cu-Seite beträchtlich niedriger, als die aus der unkorrigierten Kurve erhaltenen. Man erhält also im Bereich der Lochzone stets zu hohe Werte.

Nach den bisherigen Erfahrungen liefert die Auswertung auf der Seite des Partners mit dem kleineren DK bessere Resultate, da die Wulstbildung sich auf Vorgänge beschränkt, die in den oberflächennahen Schichten ablaufen. Bei Proben mit genügend großem Durchmesser dürfte der Effekt der Wulstbildung zu vernachlässigen sein.

d) Diskussion der Formeln von Darken.

Um die Gleichungen von Darken, Gl. (9) und (11), prüfen zu können, ist es notwendig, daß die zur Prüfung herangezogenen experimentellen Untersuchungen die erforderlichen Bedingungen erfüllen. Die Darlegungen im vorhergehenden Abschnitt erwecken aber den Eindruck, daß diese Bedingungen praktisch nie gegeben sind. Trotzdem kennen wir Fälle, in denen die Diffusion im Sinne der zu fordernden

Voraussetzungen nahezu ideal verläuft. Es liegt auf der Hand, daß die Voraussetzungen um so besser erfüllt sind, je enger der Konzentrationsbereich ist, innerhalb dessen die Diffusion abläuft. Zur Prüfung der obigen Gleichungen ist weiterhin die Kenntnis partieller DK notwendig, die mit Hilfe radioaktiver Isotope zu messen sind. Für das System **Ag-Au** sind all diese Forderungen weitgehend erfüllt. Wie im Abschn. a (S.128ff.) erwähnt, hat Johnson die partiellen DK für **Ag** und **Au** in einer Legierung mit 50,8 Atom-% **Au** mit Isotopen gemessen. Da auch die Aktivitäten in diesem System bekannt sind, lassen sich nach Gl. (1) und (2) auch die chemischen partiellen DK für 50 Atom-% **Au** bestimmen, die in einem Konzentrationsgefälle wirksam sind.

Von dem gleichen Autor ist auch innerhalb des schmalen Bereiches von 44,2 Atom-% bis 57,9 Atom-% **Ag** der gemeinsame chemische

Tabelle 10.

Diffusionsintervall At.-% Ag	Temperatur °C	D_{Ag} nach Johnson cm² sec⁻¹	D_{Au} nach Johnson cm² sec⁻¹	l berechnet cm	l beobachtet cm	D nach Darken cm² sec⁻¹	D nach Johnson exper. cm² sec⁻¹
44,2— 57,9	965	$9{,}1 \cdot 10^{-9}$	$3{,}7 \cdot 10^{-9}$	0,003	0,0029	$6{,}3 \cdot 10^{-9}$	$6{,}6 \cdot 10^{-9}$
0 —100	900	$3{,}1 \cdot 10^{-9}$	$1{,}2 \cdot 10^{-9}$	0,013	0,01	$1{,}9 \cdot 10^{-9}$	$2{,}1 \cdot 10^{-9}$
0 —100	910			0,0134[1]	0,0113[2]		
0 —100	925			0,0119[1]	0,0113[2]		

[1] [25];   [2] [14].

DK für verschiedene Temperaturen ermittelt worden. Seine Messungen konnten inzwischen von Birchenall und Mead [33] bestätigt werden. In dem untersuchten Intervall bleibt der DK konstant. In unserem Institut [10] sind in demselben Konzentrationsintervall die Stäbchenwanderung und die Konzentration in der Schweißfläche gemessen worden. In der Diffusionsprobe konnten keine Löcher festgestellt werden, eine Wulstbildung war nach der Diffusion nur andeutungsweise zu erkennen. Hervorzuheben ist noch, daß auch die Gitterkonstanten der Partner nahezu gleich sind.

Wir sind nun in der Lage, mit Hilfe der oben erwähnten Daten nach Darken [Gl.(11)] den gemeinsamen DK sowie nach Gl. (9) u. (12) die Schweißnahtwanderung (l) zu berechnen und mit der experimentell gefundenen zu vergleichen. Tab. 10 bringt die Ergebnisse. Hierbei ist zu bemerken daß die Rechnung insofern nicht ganz streng ist, als die Schweißnahtkonzentration in einem Fall 52,7% und im andern für die Diffusion über den gesamten Diffusionsbereich etwa 60% **Ag** beträgt, während die von Johnson ermittelten partiellen DK für 50 Atom-% zutreffen. Wir dürfen jedoch annehmen, daß sich in diesem kleinen Bereich die partiellen DK kaum ändern.

Die Übereinstimmung zwischen dem berechneten und dem experimentellen Wert des gemeinsamen DK ist in Anbetracht der heute erreichbaren Genauigkeit bei der Messung von DK erstaunlich gut. DARKEN hatte bereits in seiner grundlegenden Arbeit aus den Werten von JOHNSON ebenfalls die gemeinsamen chemischen DK nach seiner Gl. (11) für mehrere Temperaturen berechnet und eine befriedigende Übereinstimmung gefunden. Auch die berechnete und beobachtete Stäbchenwanderung stimmen relativ gut überein. Jedoch ist zu berücksichtigen, daß die gemessenen Markierungswanderungen zur Zeit noch erhebliche Schwankungen aufweisen. Ein ähnliches Ergebnis erhielten LE CLAIRE und BARNES [25], die für die Diffusion von reinem Ag gegen reines Au ebenfalls die Wanderung berechnet und mit der von DA SILVA und MEHL [*14*] gemessenen verglichen haben.

Das Hauptergebnis dieser Feststellung besteht darin, daß die Vorstellungen, die wir uns über den Ablauf der Diffusion bei unterschiedlichen partiellen DK gemacht haben, richtig sind, daß also die Verschiebung der ursprünglichen Trennebene, ideale Verhältnisse vorausgesetzt, tatsächlich durch die verschieden große Beweglichkeit der Partner verursacht ist.

DA SILVA und MEHL [*14*] haben bei ihren Versuchen, die Wanderung der Schweißfläche mit Hilfe von dreieckförmigen Folien zu verfolgen, festgestellt, daß der Abstand zwischen MATANO-Ebene und Schweißfläche in einigen Fällen gleich dem Betrage der Wanderung ist. Die oben durchgeführten Rechnungen zur Ableitung der DARKENschen Formeln fordern diese Gleichheit. Betrachtet man jedoch das vorliegende Tatsachenmaterial unter diesem Gesichtspunkt, dann ist die Übereinstimmung nicht immer befriedigend, wie die Tab. 11 lehrt. In dieser beziehen sich die Konzentrationsangaben auf die schnellere Komponente A. In der Regel ist die gemessene Wanderung der Schweißebene erheblich kleiner als der aus der c-x-Kurve erhaltene Abstand MATANO-Ebene–Schweißfläche, l_M, wenn die Diffusion in einem begrenzten Konzentrationsintervall abläuft. Berechnet man mit Hilfe der DARKENschen Formeln unter Einsetzen der Größe l_M die partiellen DK, dann erhält man oft unwahrscheinlich hohe Werte für das Verhältnis der beiden partiellen DK, manchmal sogar negative DK für den langsameren Partner. Entgegen der Annahme von SEITH und KOTTMANN [*19*], daß die Dimensionsänderungen senkrecht zur Diffusionsrichtung, die zu der oben erwähnten Einschnürung und dem Wulst auf der Probenoberfläche führen, für diese Unstimmigkeit mit verantwortlich sind, glauben BALUFFI und SEIGLE [*48*], daß solche Querschnittänderungen belanglos sind. Die schlechte Übereinstimmung müsse durch andere Ursachen bedingt sein. Da nun die Messung der Wanderung inerter Markierungen zur Zeit noch nicht mit der notwendigen Exaktheit durchgeführt werden kann und da eine Reihe von Sekundärerscheinungen, wie die Ausführungen des vorhergehenden Abschnittes gezeigt haben, eine Störung im Diffusionsablauf verursachen, liegen solche Abweichungen durchaus im Bereich des Möglichen. Will man die partiellen DK genauer ermitteln, dann empfiehlt es sich in jedem Fall, die Messung mit radioaktiven Isotopen vorzunehmen.

Tabelle 11.

System $A-B$	Temperatur in ° C	Zeit in sec	Konzentration der Ausgangsproben γ_A'	γ_A''	d. Schweißebene γ_A^0	l_M in cm	$l_{beobachtet}$ in cm	Literatur
Ag-Au	965	$3,47 \cdot 10^5$	0,442	0,579	0,527	0,021	0,0029	10
Zn-Cu	785	$5,18 \cdot 10^5$	0,0	0,30	0,223	0,014	0,0039	11
Zn-Cu	785	$4,84 \cdot 10^6$	0 0	0,30	0,223	0,035	0,0121	11
Zn-Cu	865	$7,78 \cdot 10^5$	0,0	0,30	0,216	0,019	0,008	17
Zn-Cu	865	$7,78 \cdot 10^5$	0,0	0,193	0,117	0,0055	0,0025	17
Zn-Cu	834	$1,73 \cdot 10^6$	0,0	0,30	0.215	0 019	0,018	14
Zn-Cu	885	$7,10 \cdot 10^5$	0,0	0,30	0 215	0 0148	0,0146	14
Zn-Cu	784	$2,49 \cdot 10^6$	0,0	0,30	0.215	0,0082	0,0110	14
Zn-Cu	395	$8,40 \cdot 10^5$	0,0	1,0	0,850	0 117	0 129	27
Cu-Ni	1054	$1\ 12 \cdot 10^6$	0,0	1,0	0,805	0,014	0,0094	14
Ag-Au	900	$3,52 \cdot 10^5$	0,0	1,0	0,607	0 015	0,0098) 0,0148)	19
Zn-Ag	400	$1,87 \cdot 10^5$	0,0	1,0	0,6	0,026	0,029	24

Nach BALUFFI und ALEXANDER [45] ist es jedoch möglich, auch die chemischen partiellen DK mit größerer Genauigkeit zu bestimmen, wenn eine Komponente einen wesentlich höheren Dampfdruck hat und diese über die Dampfphase in das Gitter der anderen Komponente eindiffundiert. Unter diesen Umständen tritt in der Regel keine Lochbildung auf, und es läßt sich aus dem Verhältnis der Flächen, die sich aus der graphischen Darstellung der Ergebnisse bezüglich Ausdehnung der Probe, Wanderung der ursprünglichen Oberfläche und Konzentration an der Außenfläche ergeben, das Verhältnis der partiellen DK ermitteln. Aus der c-x-Kurve erhält man in bekannter Weise die absoluten Werte der DK. Nach dieser Methode ist die Diffusion von Zn in α-Messing, von Cu in Ni und von Ag in Au untersucht worden. Folgende Ergebnisse wurden erhalten [46]:

$$D_{Zn} : D_{Cu} = 6,3 \cdot 10^{-8} : 1,2 \cdot 10^{-8} = 5,25 \text{ bei } 890\% \text{ u. } 28 \quad \text{At\% Zn}$$

$$D_{Cu} : D_{Ni} = 3,7 \cdot 10^{-10} : 1,7 \cdot 10^{-10} = 2,18 \text{ bei } 1060° \text{ u. } 83 \quad \text{At\% Cu}$$

$$D_{Ag} : D_{Au} = 7,3 \cdot 10^{-9} : 1,7 \cdot 10^{-9} = 4,3 \text{ bei } 940° \text{ u. } 63,6 \text{ At\% Ag}$$

e) Massefluß der Diffusionspartner und Leerstellenkonzentration.

In Kap. 7 ist gezeigt, wie man aus dem Massefluß den DK berechnen kann. Der Massefluß erreicht in der MATANO-Ebene seinen maximalen Wert, wenn die partiellen DK einander gleich sind und die Schweißfläche mit der MATANO-Ebene zusammenfällt. Unter der Annahme, daß auch bei unterschiedlichen partiellen DK die Diffusionsströme der beiden Partner in der ehemaligen Trennebene ihren Höchstbetrag annehmen — ein Maximum des Diffusionstromes muß bei zwei unendlich ausgedehnten Halbräumen immer auftreten —, haben HEUMANN und KOTTMANN [27] versucht, den Ablauf der Diffusion in Substitutionsmischkristallen folgendermaßen zu deuten.

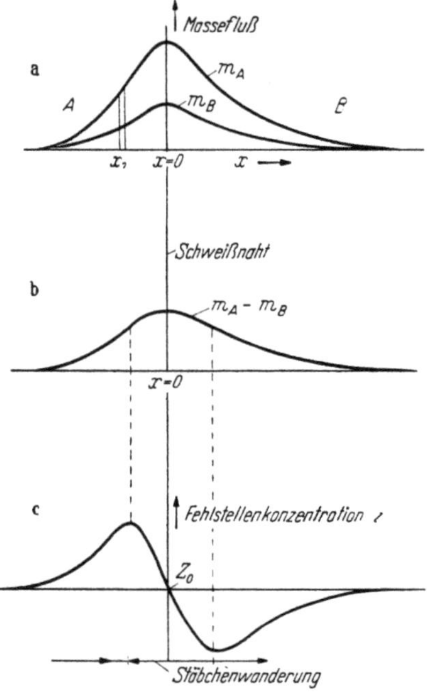

Abb. 109. Massefluß und Leerstellenkonzentration z gegen Wegkoordinate.

Die durch die Einheitsfläche pro Sekunde zur Zeit t hindurchdiffundierenden Mengen m_A und m_B sind in Abb. 109a in Abhängigkeit von der Ortskoordinate schematisch dargestellt. Links der Schweißfläche liege die Komponente A mit dem größeren partiellen DK. Die A-Atome wandern von links nach rechts, die langsameren B-Atome von rechts nach links. In einen unendlich schmalen Streifen um die Schweißfläche wandern genausoviel A- bzw. B-Atome hinein, wie aus ihm herausdiffundieren. Die Gesamtzahl der Atome in diesem Volumenelement bleibt konstant, damit auch die Leerstellenkonzentration z_0.

Diese dürfte der Gleichgewichtskonzentration entsprechen. Wir nehmen der Einfachheit halber an, daß die Gleichgewichtskonzentration der Leerstellen über den betrachteten Konzentrationsbereich konstant ist, da es nur auf die Änderung der Leerstellen in bezug auf den Gleichgewichtswert ankommt.

In einem Streifen der Breite Δx links der Schweißfläche etwa an der Stelle x_1 ist die Verminderung an A pro Sekunde

$$\frac{\partial}{\partial x}\left(D_A \frac{\partial c}{\partial x}\right) \Delta x,$$

die Erhöhung an B

$$\frac{\partial}{\partial x}\left(D_B \frac{\partial c}{\partial x}\right) \Delta x.$$

Die Differenz dieser Beträge gibt an, ob in dem betrachteten Volumenelement ein Abbau oder Anbau von Gitterteilchen stattfindet. Normalerweise ist diese Differenz

$$\frac{\partial}{\partial x}\left\{D_A \frac{\partial c}{\partial x} - D_B \frac{\partial c}{\partial x}\right\} \Delta x \tag{25}$$

mit $D_A > D_B$ auf der linken Seite der Schweißfläche nach Abb. 109 positiv, d. h. die aus dem Volumenelement herausdiffundierenden A-Atome werden durch die von rechts hineindiffundierenden B-Atome nicht ausgeglichen. Es bilden sich zusätzlich Gitterleerstellen. Das Maximum der Bildung von Leerstellen wird dort liegen, wo Gl. (25) einen maximalen Betrag annimmt. Wir haben also die Steigung des Klammerausdruckes, der jeweils die Differenz der Diffusionsströme angibt, zu betrachten. In Abb. 109 b ist diese Differenz entsprechend Abb. 109 a in Abhängigkeit von der Ortskoordinate aufgetragen. Die Stelle mit der stärksten Steigung, welche in Abb. 109 b markiert ist, liegt zur A-Seite in bezug auf die Schweißfläche verschoben und sollte einem Maximum von Leerstellen entsprechen. Rechts der Schweißfläche auf der B-Seite ist die Steigung der Kurve negativ. Das bedeutet, daß in einem betrachteten Volumenelement ein Überschuß von Atomen auftritt oder, mit anderen Worten, eine Verringerung der Gitterleerstellen, da nun in einem Volumenstreifen mehr A-Atome **einwandern** als B-Atome **wegdiffundieren**. Wir haben auch auf der B-Seite eine ausgezeichnete Stelle. Dort, wo die negative Steigung am größten ist, hat die Leerstellenkonzentration ein Minimum. Aus diesen Vorstellungen heraus ergibt sich der in Abb. 109 c dargestellte Verlauf der Leerstellenkonzentration, wenn wir uns diese einmal zeitlich fixiert vorstellen. Von der A-Seite her nimmt die Konzentration allmählich zu, erreicht ein Maximum und fällt steiler auf den Gleichgewichtswert in der Schweißfläche ab, um nach weiterem Absinken auf der B-Seite ein Minimum zu durchlaufen. In der Schweißfläche ist das Gefälle am größten.

Dieser Verlauf läßt nun die Erscheinungen leicht verständlich machen. Entsprechend dem Gefälle $\partial z/\partial x$ zwischen den beiden Extremstellen wird in diesem Bereich ein Wandern von Leerstellen von links nach rechts einsetzen, welchem ein Materialtransport von rechts nach links gleichkommt. An diesem Transport in Richtung auf die schnellere Komponente nehmen A- und B-Atome, ferner eventuell vorhandene Fremdatome, Einschlüsse wie Oxyde usw. oder größere Markierungsdrähtchen in gleicher Weise teil. Die Geschwindigkeit, mit der die Gitterebenen wandern, hängt von der Steilheit des Gefälles $\partial z/\partial x$ ab und ist gemäß Abb. 109 c in der Schweißfläche am größten. An den Extremstellen kommt die Wanderung zum Stillstand. Jenseits der Extremstellen sowohl auf der A- als auch auf der B-Seite wird entsprechend der Vorzeichenänderung des Gefälles $\partial z/\partial x$ ein Transport von Gitterpunkten von links nach rechts stattfinden. Da aber in diesen Bereichen das Gefälle recht flach ist, wird man experimentell eine Stäbchenwanderung schlecht feststellen können.

Auf Grund des parabolischen Wachstumsgesetzes, wonach das Konzentrationsgefälle $\partial c/\partial x$ umgekehrt proportional der Quadratwurzel aus der Zeit ist, kann man leicht einsehen, daß die Steigung des Gefälles $\partial z/\partial x$ und damit auch die Wanderungsgeschwindigkeit der Schweißfläche mit wachsender Diffusionszeit abnehmen. Die z-x-Kurven werden demgemäß mit der Zeit immer flacher, das Maximum verschiebt sich weiter zur A-Seite, das Minimum weiter zur B-Seite. Im Verlauf der Diffusion wird also der Bereich, innerhalb dessen eine Stäbchenwanderung in Richtung auf die schnellere Komponente eintritt, immer größer.

Diese Betrachtungen fordern also ein Wandern von Gitterteilchen und treffen bezüglich der eingangs erörterten beiden Fälle eine Entscheidung zugunsten der Abb. 87c, was andererseits mit den Beobachtungen von Da Silva und Mehl [14], daß die Schweißfläche sich tatsächlich verschiebt, im Einklang steht. Wenn nun der durch die unterschiedliche Diffusion entstandene Über- bzw. Unterschuß an Leerstellen durch die Wanderung derselben im Gefälle sich ausgleichen kann, trifft das für die Extremstellen nicht zu, da hier das Gefälle $\partial z/\partial x = 0$ ist. Es werden sich im Maximum der Leerstellenkonzentration die Leerstellen nach Art der Ausscheidung einer neuen Phase innerhalb eines Mischkristalls über eine Keimbildung zu Löchern zusammenfinden, die schließlich mikroskopisch sichtbare Größen annehmen. In der Nähe der Oberfläche der Diffusionsproben können die Leerstellen zur Oberfläche abwandern und erzeugen dort die oben bereits beschriebene Einschnürung (Abb. 99). In dem Minimum der Leerstellenkonzentration muß umgekehrt ein Anbau neuer Gitterpunkte erfolgen, was einmal an inneren Oberflächen oder durch Zubauen von restlichen Löchern aus dem Bereich des Leerstellenüberschusses geschehen kann. Der Anbau im Kristallinnern wird vermutlich an den Grenzen der Mosaikblöcke stattfinden, wobei nach den Vorstellungen von Seitz [35] und Kochendörfer [36] die Versetzungen eine besondere Rolle spielen dürften. Das beobachtete Wachstum von Kristalliten aus dem Innern heraus wird wahrscheinlich auf diese Weise zu deuten sein. Das Studium dieser Erscheinungen kann offenbar weitere Einblicke in die mit der Diffusion verknüpften Vorgänge, letzten Endes auch Aufschluß über den Mechanismus liefern. Als Folge des Anbaues neuer Gitterpunkte macht sich nicht nur eine Verlängerung der Gesamtprobe bemerkbar, sondern es tritt ebenfalls eine Querschnittsvergrößerung der Proben in den Anbauzonen auf. Außer diesen Anbaumöglichkeiten besteht schließlich noch die auf

der Probenoberfläche. Die letzteren Vorgänge führen zu der beobachteten Wulstbildung. Das Maximum der Lochbildung und die Lage der
Einschnürung deuten demnach in der Diffusionszone etwa die Stelle
an, wo das Maximum der Leerstellenkonzentration liegt. Die Spitze
des Wulstes gibt entsprechend etwa die Minimumstelle an. Die Oberflächenform der Proben innerhalb der Diffusionszone ist daher gewissermaßen ein Spiegelbild des Konzentrationsverlaufs der Leerstellen.

Daß die Wanderung von Gitterpunkten innerhalb des Maximums
und Minimums der Leerstellen in dem vom Konzentrationsgefälle geforderten Sinne erfolgt, wird bestätigt durch die Beobachtung der

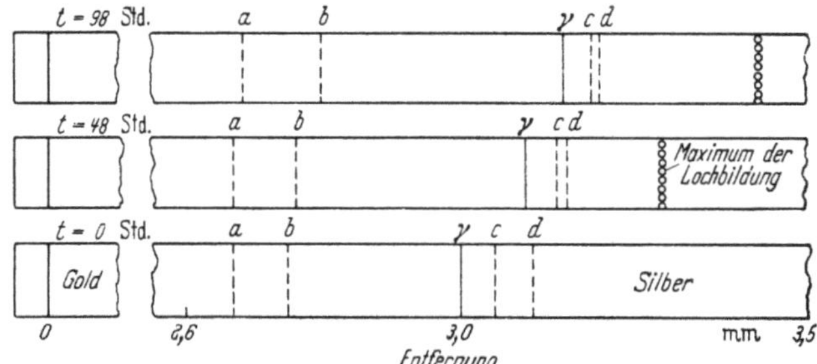

Abb. 110. Wanderungen von Markierungen in einer Silber-Gold-Probe bei 900°.
Der Bezugspunkt liegt in der Gold-Ronde außerhalb der Diffusionszone.

Verschiebung von Markierungsdrähten bei der Diffusion von Silber
und Gold. Es waren außer in der Schweißfläche noch weitere Markierungen angebracht worden. Das Ergebnis gibt Abb. 110 wieder [19].
Das Stäbchen γ in der Schweißfläche und das Stäbchen c sind fast
gleich schnell gewandert, jedoch läßt die geringe Abstandsverkürzung
dieser beiden Stäbchen erkennen, daß das Stächen γ in der Schweißfläche sich etwas schneller verschoben hat. Das von der ursprünglichen
Trennfläche noch weiter entfernt liegende Stäbchen d zeigt eine wesentlich geringere Verschiebung, weil eine Wanderung dieser Markierung
erst dann zu erwarten ist, wenn das Maximum der Leerstellen die markierte Ebene passiert hat. Außerdem ist das Gefälle $\partial z/\partial x$ für das
Drähtchen d kleiner als in der Schweißebene. Es ist anzunehmen,
daß das Leerstellenminimum auf der Au-Seite nach 48 Stunden das
Stäbchen a noch nicht erreicht, nach 98 Stunden aber gerade überschritten hat. Demnach hätte das Leerstellenminimum auf der Goldseite einen bedeutend größeren Abstand von der Schweißfläche als
das Leerstellenmaximum mit der Lochreihe auf der Silberseite. Das
ist verständlich, da die Eindringtiefe der Diffusion auf der Au-Seite
mehr als doppelt so groß wie auf der Ag-Seite ist.

Alle bisher gemachten Beobachtungen, wie die Wanderung von
Markierungen, deren Natur völlig belanglos ist, die Wanderungs-

richtung und -geschwindigkeit, das Auftreten von Löchern, das Fehlen der Löcher in der Schweißfläche, die Wulstbildung, lassen sich auf diese Weise zwanglos erklären. Wenn auch kein Zweifel mehr darüber besteht, daß in Substitutionsmischkristallen in der Regel die Komponenten verschiedene DK besitzen, ist noch die Frage zu prüfen, ob die im Konzentrationsgefälle wirksamen chemischen DK tatsächlich in ihrer Größe den Koeffizienten der Selbstdiffusion entsprechen, welche mit radioaktiven Isotopen im homogenen Mischkristall ermittelt und mit dem thermodynamischen Faktor multipliziert werden müssen. Eine solche Prüfung ist nur möglich, wenn auch die Aktivitäten bekannt sind. Eine genaue Übereinstimmung ist nicht zu erwarten. Vielmehr ist anzunehmen, daß im Konzentrationsgefälle der Unterschied der tatsächlich wirksamen DK kleiner ist. Die infolge der unterschiedlichen Diffusionsströme verursachten Veränderungen im Gitter sind dafür verantwortlich zu machen. Die schnellere Komponente findet beim Durchgang durch die Schweißfläche (nur für diese Ebene erhält man aus einem Diffusionsversuch die DK) eine verringerte Leerstellenzahl vor, die langsamere eine erhöhte. Der erstere DK sollte daher herabgesetzt, der zweite vergrößert werden. Nur dann ist mit einer Übereinstimmung zwischen den chemischen und den mit dem thermodynamischen Faktor multiplizierten DK der Selbstdiffusion zu rechnen, wenn die Leerstellen sich mit einer sehr großen Geschwindigkeit ins Gleichgewicht umsetzen. Die beobachteten Schwankungen in der Stäbchenwanderung für ein und dasselbe System deuten ferner darauf hin, daß auch die Vorgeschichte und der Zustand der Diffusionsproben einen maßgeblichen Einfluß haben.

SEITZ [41] hat versucht, unter Verwendung seiner früheren Berechnungen der Leerstellendiffusion [42], welche wiederum zu den von DARKEN abgeleiteten Gl. (9) und (11) führen, die Überschußkonzentration der Leerstellen gegenüber dem Gleichgewicht zu bestimmen, oberhalb der es zur Lochbildung kommt. In solchen Fällen, bei denen in der Diffusionszone Löcher beobachtet worden sind, ergibt sich eine Überschußkonzentration, die etwa 2 erreichen kann, wenn die vorhergehende Lochbildung diese Konzentration nicht beeinflußt. Die Theorie gibt darüber hinaus die Möglichkeit, die Lebensdauer einer Leerstelle abzuschätzen. Sie entspricht etwa 10^{11} Platzwechseln.

Schrifttum.

1. HUNTINGTON, H. D., u. F. SEITZ: Phys. Rev. **61**, 315 (1942); **76**, 1728 (1949).
2. ZENER, C.: Acta Cryst. **3**, 346 (1950).
3. SEITH, W., u. A. KEIL: Z. phys. Chem. **22** (1933), 50 — Z. Metallkunde **27**, 213 (1935).
4. HOFFMANN, R. E., u. D. TURNBULL: J. appl. Physics **23**, 1409 (1952).
5. SLIFKIN, L., D. LAZARUS u. T. TOMIZUKA: J. appl. Physics **23**, 1405 (1952).
6. ECKERT, R. E., u. H. G. DRICKAMER: J. chem. Physics **20**, 13 (1952).

7. SEITH, W., u. KL. BUDDE: Demnächst.
8. JOHNSON, W. A.: Trans. AIME **147**, 331 (1942).
9. DARKEN, L. S.: Trans. AIME **175**, 184 (1948).
10. SEITH, W., TH. HEUMANN u. A. KOTTMANN: Naturwiss. **39**, 41 (1952).
11. SMIGELSKAS, A. D., u. E. O. KIRKENDALL: Trans. AIME **171**, 130 (1947).
12. PFEIL, L. B.: J. Iron Steel Inst. **119**, 501 (1929); **123**, 249 (1931).
13. BÜCKLE, H.: Z. Metallkunde **37**, 175 (1946).
14. DA SILVA, L. C. C., u. R. F. MEHL: J. Metals **3**, 155 (1951).
15. HARLTEY, G. S., u. J. CRANK: Trans. Faraday Soc. **45**, 801 (1949).
16. HEUMANN, TH.: Z. phys. Chem. **201**, 168 (1952).
17. GONSER, U.: Diplomarbeit, Münster 1950.
18. BÜCKLE, H., u. J. BLIN: J. Inst. Metals **80**, 385 (1951/52).
19. SEITH, W., u. W. KOTTMANN: Angew. Chem. **64**, 379 (1952).
20. THOMAS, D. E., u. C. E. BIRCHENALL: J. Metals **4**, 867 (1952).
21. LANDERGREN, U. S., u. R. F. MEHL: J. Metals **5**, 253 (1953).
22. HEUMANN, TH.: Unveröffentlicht.
23. BÜCKLE, H.: Pulvermetallurgie 1. Plansee-Seminar, hrsg. Benesovsky, Reutte/Tirol 1953.
24. HEUMANN, TH., u. P. LOHMANN: Demnächst.
25. LE CLAIRE, A. D., u. R. S. BARNES: J. Metals **3**, 1060 (1951).
26. BALUFFI, R. W., u. B. H. ALEXANDER: J. appl. Physics **23**, 1237 (1952).
27. HEUMANN, TH., u. A. KOTTMANN: Z. Metallkunde **44**, 139 (1953).
28. ELLWOOD, E. C.: Nature, Lond. **170**, 581 (1952).
29. KUCZYNSKI, G. C.: J. Metals **1**, 169 (1949).
30. RAUB, E., u. W. PLATE: Z. Metallkunde **40**, 206 (1949).
31. BUTLER, J. M., u. T. P. HOAR: J. Inst. Metals **80**, 207 (1952).
32. BALUFFI, R. W., u. B. H. ALEXANDER: J. appl. Physics **23**, 953 (1952).
33. MEAD, H. W., u. C. E. BIRCHENALL: persönl. Mitteilung.
34. SEITH, W., u. R. LUDWIG.: Z. Metallkunde **45**, 401 (1954).
35. SEITZ, F.: Phys. Rev. **79**, 1002 (1950).
36. KOCHENDÖRFER, A.: Z. Elektrochem. **56**, 283 (1952).
37. HARTLEY, G. S.: Trans. Faraday Soc. **42**, 6 (1946).
38. JOHNSTON, D.: persönl. Mitteilung.
39. INMAN, M. C.: persönl. Mitteilung.
40. MASING, G., u. H. OVERLACH: Wiss. Veröff. Siemens-Werk **9**, 330 (1930).
41. SEITZ, F.: Acta Metallurgica **1**, 355 (1953).
42. SEITZ, F.: Acta Cryst. **3**, 355 (1950).
43. DEKHTYAR, S. Y.: DOKLADY Akad. Nauk. SSSR **89**, 49 (1953).
44. ACCARY, A.: C. R. **238**, 1120 (1954).
45. BALUFFI, R. W., u. B. H. ALEXANDER: J. Metals **4**, 1315 (1952).
46. BALUFFI, R. W., u. L. SEIGLE: J. appl. Physics **25**, 607 (1954).
47. BALUFFI, R. W.: J. Metals **5**, 726 (1953).
48. BALUFFI, R. W., u. L. SEIGLE: Naturwissensch. **40**, 524 (1953).

10. Zustandsbild mit mehreren Phasen und Diffusionsverlauf.

a) Allgemeine Bemerkungen zur Diffusion in mehreren Phasen.

In Kap. 8, in welchem die freie Enthalpie in die Diffusionsgleichungen eingeführt wurde, ist gezeigt worden, daß die Platzwechselvorgänge maßgeblich durch das Bestreben nach Gleichgewichtseinstellung gesteuert werden. Zur Beurteilung dessen, ob bei der Diffusion zweier Metalle neue Phasen auftreten können, ist demnach die Kenntnis des Zustandsdiagrammes wichtig. Die meisten Metalle ver-

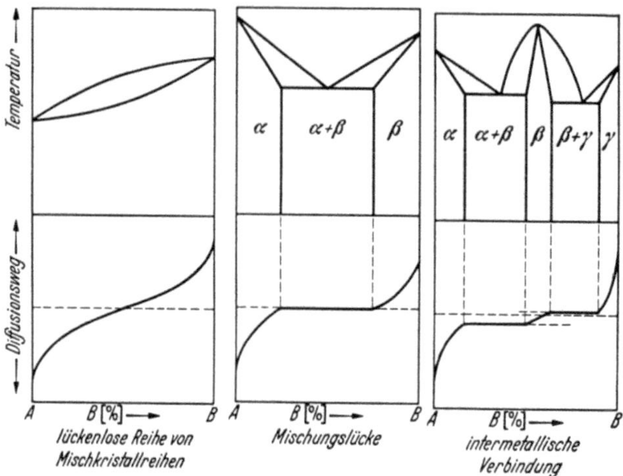

Abb. 111. Schematischer Diffusionsverlauf bei binären Legierungen verschiedener Typen.

Abb. 112. Durch Diffusion entstandene Phasen zwischen Cu und Zn.
Vergrößerung 20×.

mögen miteinander intermetallische Phasen zu bilden, so daß wir es sehr oft mit einer Diffusion über mehrere Phasen zu tun haben. Die c-x-Kurven unterscheiden sich von denen der bisher behandelten Einphasendiffusion dadurch, daß Konzentrationsstufen auftreten. Diese kommen dadurch zustande, daß bei der Reaktion zweier Metalle nur die thermodynamisch möglichen intermetallischen Phasen auftreten, während die im Zustandsdiagramm dazwischenliegenden heterogenen Mischungen nicht gebildet werden können. Die Höhe der Konzentrationsstufe entspricht jeweils der Breite des heterogenen Gebietes. In Abb. 111 sind einige Fälle dargestellt, welche den Zusammenhang mit dem Zustandsdiagramm erkennen lassen, während Abb. 112 als praktisches Beispiel die Anordnung der drei Messingphasen β, γ und ε zeigt, die bei der gegenseitigen Diffusion von reinem Kupfer und reinem Zink entstanden sind. Die γ-Phase nimmt den breitesten Raum ein, die β-Phase bildet einen auf dem Bilde kaum erkennbaren schmalen Saum. An den Phasengrenzen treten jeweils die das heterogene Gebiet umfassenden Konzentrationsstufen auf. Das Wachstum der einzelnen Phasen erfolgt nach einem parabolischen Zeitgesetz, wie Abb. 113 zeigt. Dieses Verhalten wurde auch auch von Bückle [41] bei der Ag-Zn-Diffusion gefunden, welche ebenfalls über eine β-, γ- und ε-Phase erfolgt.

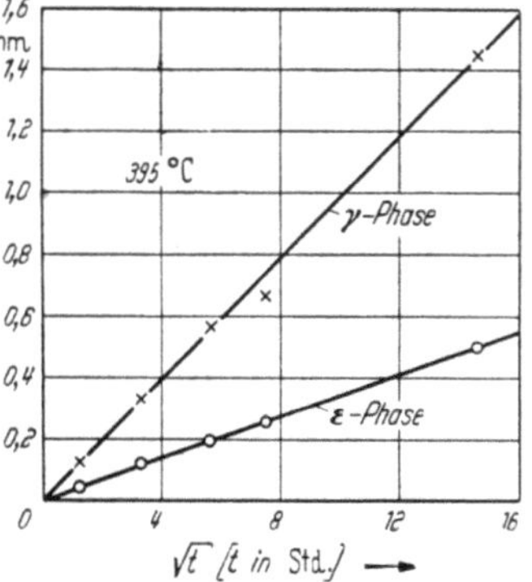

Abb. 113.
Wachstum der
γ- und ε-Messingphasen.

Es taucht nun die Frage auf, ob sich alle nach dem Zustandsdiagramm möglichen Phasen bei der Diffusion bilden und welche Phase am schnellsten wächst. Man kann leicht einsehen, daß zur Beantwortung dieser Frage der DK der betreffenden Phase einen maßgeblichen Faktor darstellt. Es ist daher wichtig, seine Größe und seinen Einfluß kennenzulernen. Auf Grund der neueren Erkenntnisse wissen wir heute, daß die Diffusion in mehreren Phasen keineswegs als Sonderfall zu betrachten ist, sofern nur gewisse Bedingungen erfüllt sind, die nachfolgend erörtert werden sollen.

Eine intermetallische Phase kann nur durch Diffusion wachsen, wenn sie einen Homogenitätsbereich besitzt, innerhalb dessen sich ein Konzentrationsgefälle ausbilden kann. Nun ist gerade die Existenz eines mehr oder weniger breiten Homogenitätsgebietes ein besonderes Merkmal der intermetallischen Phasen, so daß wir in der Regel mit einem Gefälle der Konzentration rechnen dürfen. Es mag bemerkt werden, daß die Bildung einer streng singulären Phase und auch ein gewisses Breitenwachstum derselben durchaus möglich sind, wobei das letztere durch Vorgänge der Selbstdiffusion und durch elektrische Felder bewirkt werden kann. Im Gegensatz zur Einphasendiffusion tritt bei der mehrphasigen noch der Vorgang der Reaktion zur Bildung der intermetallischen Phase auf, welcher stets an der Phasengrenz-fläche erfolgt. Eine der wichtigsten Bedingungen ist nun die, daß diese Reaktion schnell genug abläuft und daß die Diffusion durch solche Vorgänge nicht gehemmt wird. Die Diffusion muß den geschwindig-keitsbestimmenden Schritt darstellen.

Zu Beginn der Diffusion wird eine solche Hemmung immer zu erwarten sein, da bei dem anfänglich vorliegenden großen Konzen-trationsgefälle die Diffusionsgeschwindigkeit sehr hoch ist. Bei Zunder- und Anlaufvorgängen sowie bei der Bildung von Metalloiden mit vorwiegend heteropolarem Bindungscharakter sind die Anfangsstadien des Wachstums experimentell und theoretisch mehrfach untersucht worden [1] bis [6]. Kennzeichnend für dieses Stadium ist, daß elektrische Felder das Wachstum steuern. Der Einfluß geht aber nur bis zu einer aus elektrischen Daten berechenbaren kritischen Größe, die im Ver-hältnis zu den üblichen Schichtdicken bei der Diffusion von 10^{-2} bis 10^{-1} cm verschwindend klein ist. Auch bei intermetallischen Phasen wird oft eine Diffusionshemmung beobachtet, welche sich bei größeren Schichtdicken noch auswirkt und deren Mechanismus noch unklar ist.

Eine solche Hemmung äußert sich darin, daß die Gleichgewichts-konzentrationen nicht erreicht werden. Als Beispiel möge die Unter-suchung von OKNOW und MOROS [7] über die Diffusion von Mo in Fe angeführt werden. Bei der Glühtemperatur von etwa 1200° C treten die flächenzentrierte γ-Phase, die raum-zentrierte α-Phase und die Verbindung Fe_3Mo_2 auf, wenn wir uns auf den Bereich von 0 bis 60% Mo beschränken. Die in Abb. 114 wiedergegebenen c-x-Kurven lassen er-kennen, daß nach kurzer Glühzeit (Kurve 1) die Sättigungs-konzentration der α-Mischkristalle mit etwa 17% Mo kei-neswegs erreicht ist, obwohl sich die Verbin-dung schon gebildet hat. MASING [8] bringt in seinem Lehrbuch weitere Beispiele dieser Art. Es ist daher notwendig, bei der Diffusion über mehrere Phasen sich davon zu überzeugen, daß diese tatsächlich geschwindigkeitsbestimmend ist. Nach genügend langen Diffusionszeiten dürfte das meistens zutreffen. Ein Kriterium bilden das parabolische Wachstum und die an den Phasengrenzen beobachteten Konzentra-tionen.

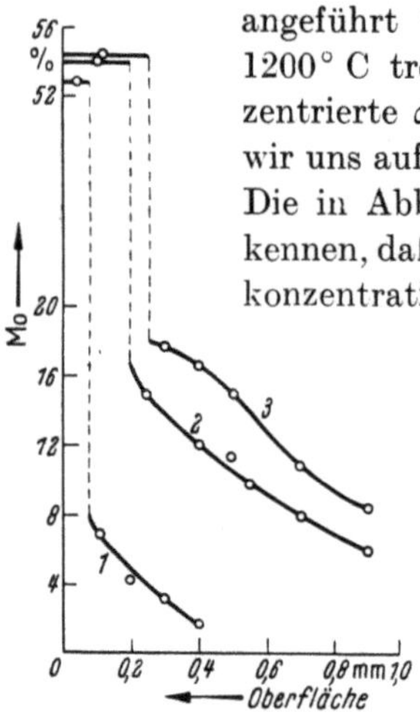

Abb. 114.
Konzentrationsverlauf in der Grenzschicht bei der Diffusion von Molybdän in Eisen.
(Nach OKNOW und MOROS.)

Außer dieser Bedingung müssen zur Aus-wertung einer c-x-Kurve selbstverständlich alle übrigen Forderungen erfüllt sein, welche bei der Einphasendiffusion eingehend untersucht worden sind. Zum Verständnis der folgenden

Erörterungen wollen wir uns der Abb. 115 bedienen, in der eine c-x-Kurve schematisch dargestellt ist. Nach dieser bilden die beiden Komponenten zwei Verbindungen, die mit β und γ bezeichnet sind. Außerdem ist noch eine Mischkristallbildung auf seiten der reinen Metalle, α und δ,

angenommen. Die Bezeichnung der Konzentrationen ist so gewählt, daß die Indizes die betreffende Phase und die jeweilige Nachbarphase kennzeichnen.

Sind nun die oben erläuterten Bedingungen erfüllt, dann kann man eine solche c-x-Kurve ebenfalls nach der MATANO-Methode auswerten. Auf diese Tatsache hat JOST [9] zuerst hingewiesen. Über die praktische Bedeu-

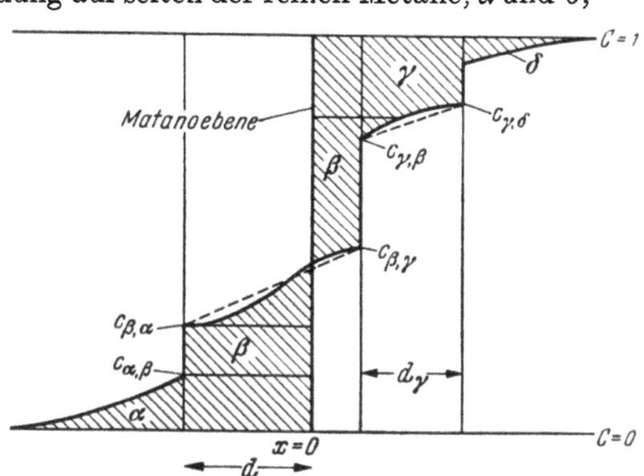

Abb. 115. c-x-Kurve bei mehrphasiger Diffusion.

tung und Anwendung hat HEUMANN [10] eingehend berichtet. Die MATANO-Methode verlangt nur, daß die c-x-Kurve an jeder Stelle integrier- und differenzierbar ist. Diese Eigenschaften gehen aber an den Phasengrenzen mit ihren Unstetigkeitsstellen nicht verloren. Wir haben demnach in Analogie zur Einphasendiffusion den Nullpunkt der Ortskoordinaten so zu legen, daß die von der c-x-Kurve eingeschlossenen Flächen gleich groß sind. In Abb. 115 sind diese Flächen schraffiert, die MATANO-Ebene ist eingezeichnet. In derselben Weise, wie auf S. 100 beschrieben, kann man daher für jede Konzentration durch Ermittlung des Flächeninhaltes und der Steigung $\partial x/\partial c$ an der betreffenden Stelle den DK ermitteln, der im allgemeinen auch innerhalb der Phasen konzentrationsabhängig ist. Die nach dieser Methode erhaltenen DK sind so bemessen, daß in der MATANO-Ebene der Ausdruck $D \cdot \partial c/\partial x$ seinen maximalen Betrag annimmt. Links der Ebene hängen die Kurven nach unten durch, rechts derselben sind sie nach oben gekrümmt. Ist innerhalb der Phase, in welcher die MATANO-Ebene liegt, der DK konstant, dann fällt der Wendepunkt der c-x-Kurve mit dieser Fläche zusammen.

Die Anwendung der MATANO-Auswertung auf eine Phasengrenzfläche liefert eine wichtige Beziehung, die weiter unten noch benutzt werden soll. Für das Beispiel der Phasengrenzfläche α/β ist aus der Abb. 115 abzulesen:

$$D_\beta \left(\frac{\partial c}{\partial x}\right)_{c_{\beta,\alpha}} - D_\alpha \left(\frac{\partial c}{\partial x}\right)_{c_{\alpha,\beta}} = \frac{1}{2t}\int_0^{c_{\beta,\alpha}} x\,dc - \frac{1}{2t}\int_0^{c_{\alpha,\beta}} x\,dc \tag{1}$$

$$= \frac{d}{2t}(c_{\beta,\alpha} - c_{\alpha,\beta}),$$

wenn die auf die MATANO-Ebene bezogene Wachstumsbreite der β-Phase zur α-Seite hin d beträgt. Diese für das Wandern der Phasengrenzfläche gültige Beziehung ist früher schon auf andere Weise abgeleitet worden [1]. Da die einzelnen Phasen proportional der Wurzel aus der Zeit wachsen, stellt der Ausdruck $d/2t$ die Wachstumsgeschwindigkeit dar.

Die obigen Betrachtungen geben uns nunmehr die Möglichkeit, ohne Ermittlung der c-x-Kurven die DK der einzelnen Phasen zu bestimmen, indem man das Konzentrationsgefälle in diesen linear annimmt [10]. Dieses Verfahren liefert schon recht brauchbare Werte für die DK, welche natürlich Mittelwerte darstellen. Das lineare Konzentrationsgefälle erhält man aus den für die Versuchstemperatur als bekannt vorausgesetzten Löslichkeitsgrenzen der einzelnen Phasen und aus der Wachstumsbreite (Abb. 115, gestrichelte Geraden). Eine gewisse Schwierigkeit tritt dadurch auf, daß das Konzentrationsgefälle in den mit α und δ bezeichneten Mischkristallen auf seiten der reinen Komponenten nicht angegeben werden kann. Unter Benutzung geeigneter Ätzmittel wird man jedoch Aufschluß über die ungefähre Breite der Diffusionszone erhalten können. Wie aus Abb. 115 am Beispiel der γ-Phase zu erkennen ist, tritt die dem linearen Konzentrationsgefälle entsprechende Steigung in der wahren c-x-Kurve bei einer mittleren Konzentration der betreffenden Phase auf. Es ist daher zweckmäßig, den DK für die mittlere Konzentration zu bestimmen. Damit ergibt sich z. B. für den DK der γ-Phase

$$D_\gamma = \frac{1}{2t}\,\frac{d_\gamma}{c_{\gamma,\delta}-c_{\gamma,\beta}}\;\int\limits_{1}^{\frac{1}{2}(c_{\gamma,\delta}+c_{\gamma,\beta})} x\,dc. \tag{2}$$

Für die Phase, in welcher die MATANO-Ebene liegt, wählt man ebenfalls am besten eine mittlere Konzentration.

Gl. (1) läßt erkennen, von welchen Größen die Wachstumsgeschwindigkeit abhängt. Diese ist um so größer, je mehr der DK der betreffenden Phase den der benachbarten übertrifft, je enger das angrenzende Zweiphasengebiet und je steiler das Gefälle oder je breiter der Homogenitätsbereich der Phase ist. Umgekehrt muß eine Phase, welche am schnellsten wächst, nicht immer den größten DK besitzen. Wir lernen später einige Fälle dieser Art kennen.

b) Beispiele zur Berechnung der Diffusion in einem mehrphasigen System.

Erfolgt die Diffusion über zwei oder drei Phasen, dann besteht nach WAGNER [11] die Möglichkeit, aus der Wachstumsgeschwindigkeit der Phasen bei bekannten Gleichgewichtskonzentrationen den DK zu berechnen, wenn derselbe als konzentrationsunabhängig angesehen wird und die üblichen Bedingungen erfüllt sind. Es sollen fünf typische Fälle behandelt werden, die bei der Mehrphasendiffusion häufig auftreten können, z. B. bei der Diffusion von C in Ferrit und Austenit. Die Art der Bestimmung des DK, die ohne großen Aufwand durchgeführt werden kann, ist dann besonders zweckmäßig, wenn keine hohe Genauigkeit verlangt wird.

Fall 1. Es liegt eine zweiphasige Ausgangsprobe vor, $\alpha + \gamma$. In die γ-Phase möge unter Mischkristallbildung eine der Komponenten eindiffundieren, wobei an der Oberfläche eine bestimmte, durch äußere Bedingungen festgelegte Konzentration herrscht. Man denke etwa an die Aufkohlung des Austenits. Bei der Hineindiffusion von C soll sich das Volumen der Matrix nicht ändern. Die Verhältnisse erkennt man am besten an dem Verlauf der c-x-Kurven (Abb. 116).

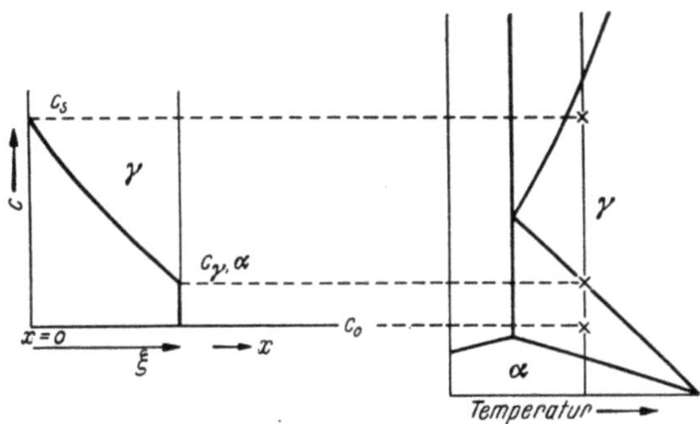

Abb. 116. Verlauf der c-x-Kurve bei zwei Phasen. Beispiel 1.

An der Oberfläche $x = 0$ liegt die Konzentration c_s fest. Der Sättigungswert γ gegen α beträgt $c_{\gamma,\alpha}$, c_0 ist die Ausgangskonzentration der Probe. Die Ebene mit der Konzentrationsstufe $(c_{\gamma,\alpha} - c_0)$, deren Abstand von der Oberfläche ξ betragen möge, verschiebt sich mit fortschreitender Diffusion ins Innere der Probe.

Zur Lösung der Aufgabe stehen drei Gleichungen zur Verfügung.

$$c = c_s - B\,\Psi\left(\frac{x}{2\sqrt{Dt}}\right) \tag{3}$$

als Lösung der zweiten FICKschen Gleichung,

$$(c_{\gamma,\alpha} - c_0)\frac{d\xi}{dt} = -D\left(\frac{\partial c}{\partial x}\right)_{c_{\gamma,\alpha}} \tag{4}$$

als Anwendung der Gl. (1) und

$$\xi = b \cdot 2\sqrt{Dt} \tag{5}$$

als parabolisches Wachstumsgesetz. b ist eine dimensionslose Konstante, die aus den obigen Gleichungen zu ermitteln ist. Wir erhalten aus Gl. (3), (4) und (5) für $x = \xi$

$$\frac{c_s - c_{\gamma,\alpha}}{c_{\gamma,\alpha} - c_0} = \sqrt{\pi}\, b\, e^{b^2}\, \Psi(b) = F(b). \tag{6}$$

Aus einer Tabelle (siehe Anhang) läßt sich b ermitteln, wenn die linke Seite der Gl. (6) bekannt ist. Der DK D wird alsdann aus Gl. (5) berechnet, nachdem man das Wachstum ξ gemessen hat.

Fall 2. Als Ausgangsprobe ist eine solche mit einer Phase, α, mit der Zusammensetzung c_0 gegeben. Durch Hineindiffusion einer Komponente wird die Löslichkeitsgrenze von α erreicht und eine neue Phase γ gebildet. Wiederum sei die Konzentration c_s an der Oberfläche durch äußere Bedingungen vorgegeben. Die c-x-Kurve für $t > 0$ ist in Abb. 117 dargestellt. Der Abstand der Phasengrenze von der Oberfläche $x = 0$ sei ξ. Für jede Phase gilt die zweite FICKsche Gleichung

$$\frac{\partial c}{\partial t} = D_\alpha \frac{\partial^2 c}{\partial x^2} \quad \xi < x < \infty, \tag{7}$$

$$\frac{\partial c}{\partial t} = D_\gamma \frac{\partial^2 c}{\partial x^2} \quad 0 < x < \xi. \tag{8}$$

Statt Gl. (4) ist nun

$$(c_{\gamma,\alpha} - c_{\alpha,\gamma})\frac{d\xi}{dt}$$
$$= -D_\gamma \left(\frac{\partial c}{\partial x}\right)_{c_{\gamma,\alpha}} + D_\alpha \left(\frac{\partial c}{\partial x}\right)_{c_{\alpha,\gamma}} \tag{9}$$

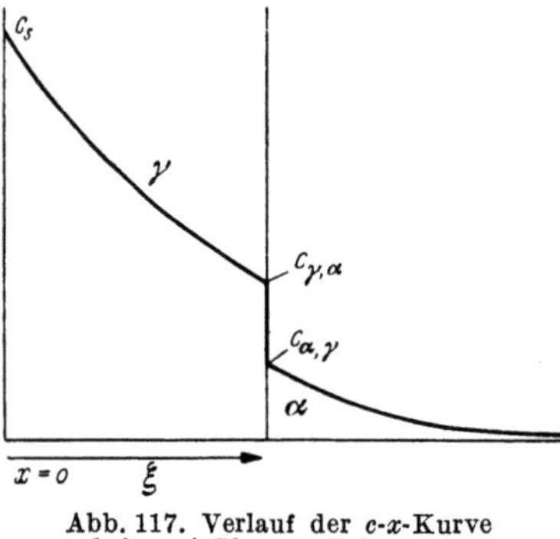

Abb. 117. Verlauf der c-x-Kurve bei zwei Phasen. Beispiel 2.

und bei Gültigkeit des parabolischen Wachstums

$$\xi = b\, 2\sqrt{D_\gamma t} \tag{10}$$

zu setzen. Aus diesen Gleichungen erhält man mit $\varphi = D_\gamma/D_\alpha$, für $x = \xi$

$$c_{\gamma,\alpha} - c_{\alpha,\gamma} = \frac{c_s - c_{\gamma,\alpha}}{\sqrt{\pi}\, b\, e^{b^2}\, \Psi(b)} - \frac{c_{\alpha,\gamma} - c_0}{\sqrt{\pi}\, b\, \sqrt{\varphi}\, e^{b^2 \varphi}\, \Psi(b\sqrt{\varphi})}. \tag{11}$$

Nur wenn einer der DK, D_α oder D_γ, bekannt ist, läßt sich der andere aus Gl. (11) ermitteln.

Fall 3. Eine einphasige Probe, Phase α, mit der Zusammensetzung c_α möge mit einer zweiphasigen Probe, $\alpha + \beta$, mit der Konzentration c_0 zur Diffusion gebracht werden. Im Gegensatz zu den früheren Fällen sind hier zwei unendlich ausgedehnte Halbräume vorhanden. Die Nullebene ist die ursprüngliche Trennebene. Da der DK konzentrationsunabhängig sein soll, hat die c-x-Kurve in ihr einen Wendepunkt (Abb. 118). Die Phasengrenzfläche verschiebt sich mit der Geschwindigkeit $d\xi/dt$ in die heterogene Legierung hinein. Die Rechnung gestaltet sich wie in Fall 1, und wir erhalten gemäß Abb. 118

$$\frac{c_\alpha - c_{\alpha,\beta}}{c_{\alpha,\beta} - c_0} = \sqrt{\pi}\, b\, e^{b^2}(1 + \Psi(b)). \tag{12}$$

Aus der Formel

$$\xi = b \cdot 2 \sqrt{D_\alpha t} \tag{13}$$

ist der DK zu berechnen.

Fall 4. Beide Proben sind einphasig. Bei der Diffusion stellen sich für α und β die Konzentrationen der Löslichkeitsgrenzen ein. Die c-x-Kurve zeigt Abb. 119. Die Phasengrenzfläche kann je nach Ausgangszusammensetzung und Höhe der Konzentrationsstufe entweder in die

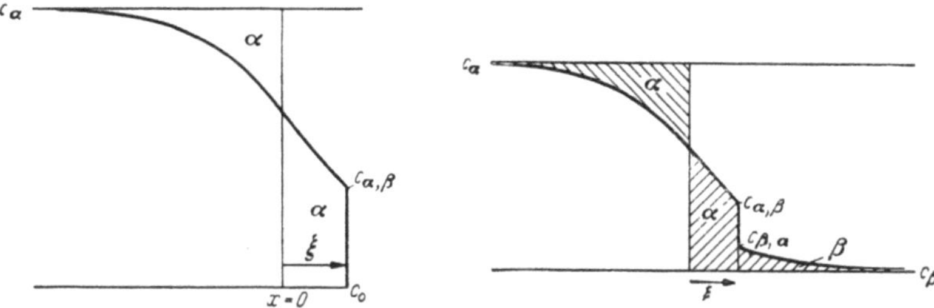

Abb. 118. Verlauf der c-x-Kurve bei zwei Phasen. Beispiel 3.

Abb. 119. Verlauf der c-x-Kurve bei zwei Phasen. Beispiel 4.

α- oder β-Phase hineinwandern. Sie muß gegenüber der·Schweißebene $x = 0$, die gleichzeitig die MATANO-Fläche darstellt, so liegen, daß Flächengleichheit besteht. In Abb. 119 sind diese Flächen durch Strichelung hervorgehoben. Die Berechnung erfolgt analog dem Fall 2, so daß die maßgebende Beziehung mit $\varphi = D_\alpha / D_\beta$ und $\xi = b\,2\sqrt{D_\alpha t}$ lautet:

$$c_{\alpha,\beta} - c_{\beta,\alpha} = \frac{c_{\alpha,\beta} - c_\alpha}{\sqrt{\pi}\, b\, e^{b^2}(1 + \Psi(b))} - \frac{c_{\beta,\alpha} - c_\beta}{\sqrt{\pi}\, b\sqrt{\varphi}\, e^{b^2 \varphi}\left(1 - \Psi(b\sqrt{\varphi})\right)}. \tag{14}$$

Entsprechend dem Fall 2 läßt sich auch hier nur einer der beiden DK berechnen, wenn der andere bekannt ist.

Fall 5. Jede der beiden Proben besteht aus zwei Phasen, so daß die Diffusion im Konzentrationsbereich dreier Phasen α, β und γ stattfindet. In beiden Ausgangsproben liegt die β-Phase mit den entsprechenden Gleichgewichtskonzentrationen vor. Die c-x-Kurve für $t > 0$ ist in Abb. 120 dargestellt. Von der MATANO-Ebene aus bei $x = 0$ haben wir das Wachstum der β-Phase zu betrachten. Die Abstände bis zu den Phasengrenzflächen, für die das parabolische Wachstum zutreffen soll, mögen ξ_α und ξ_γ betragen

Abb. 120. Verlauf der c-x-Kurve bei drei Phasen. Beispiel 5.

$$\xi_\alpha = b_\alpha \cdot 2 \sqrt{D_\beta t} \quad \text{und} \quad \xi_\gamma = b_\gamma \cdot 2 \sqrt{D_\beta t} . \tag{15}$$

Unter Zuhilfenahme der Gleichungen

$$c = c_0 - B\,\Psi\left(\frac{x}{2\sqrt{D_\beta t}}\right) \qquad \xi_\alpha < x < \xi_\gamma, \tag{16}$$

$$(c' - c_{\beta,\alpha})\frac{d\xi_\alpha}{dt} = D_\beta\left(\frac{\partial c}{\partial x}\right)_{c_{\beta,\alpha}}, \tag{17}$$

$$(c_{\beta,\gamma} - c'')\frac{d\xi_\gamma}{dt} = D_\beta\left(\frac{\partial c}{\partial x}\right)_{c_{\beta,\gamma}} \tag{18}$$

erhält man nach Eliminierung von c_0, der Konzentration in der MATANO-Ebene, zwei Bestimmungsgleichungen für b_α und b_γ:

$$\frac{c_{\beta,\alpha} - c_{\beta,\gamma}}{c_{\beta,\gamma} - c''} = \sqrt{\pi}\,b_\gamma\,e^{b_\gamma^2}\big(\Psi(b_\gamma) + \Psi(b_\alpha)\big), \tag{19}$$

$$\frac{c_{\beta,\alpha} - c_{\beta,\gamma}}{c' - c_{\beta,\alpha}} = \sqrt{\pi}\,b_\alpha\,e^{b_\alpha^2}\big(\Psi(b_\gamma) + \Psi(b_\alpha)\big), \tag{20}$$

aus denen diese beiden Größen entweder auf graphischem oder auf numerischem Wege zu ermitteln sind. Den DK D_β liefert sodann die Gleichung

$$\xi_\alpha + \xi_\gamma = \xi = (b_\alpha + b_\gamma)\,2\sqrt{D_\beta t}\,, \tag{21}$$

wo ξ die Gesamtbreite der β-Phase ist.

Dieser letzte Fall ist auch von HEUMANN [10] mit dem gleichen Ergebnis durchgerechnet worden. Die Auswertung erfolgt graphisch, indem die Konzentration c_0 aus Gl. (16) sowohl für die rechte als auch für die linke Phasengrenze berechnet und als Funktion von b_α und b_γ, die als unabgängige Variable aufzufassen sind, aufgetragen wird:

$$c_0 = F(b_\alpha)\,(c_{\beta,\alpha} - c') + c_{\beta,\alpha}, \tag{22}$$

$$c_0 = -F(b_\gamma)\,(c'' - c_{\beta,\gamma}) + c_{\beta,\gamma} \tag{23}$$

mit $F(b) = \sqrt{\pi}\,b\,e^{b^2}\,\Psi(b)$.

Die beiden Kurven gemäß Gl. (22) und (23) liefern für jedes c_0 ein Wertepaar b_α und b_γ. Das richtige Wertepaar und das gesuchte c_0 erhalten wir aus der Beziehung

$$\frac{c_0 - c_{\beta,\alpha}}{c_{\beta,\gamma} - c_0} = \frac{\Psi(b_\alpha)}{\Psi(b_\gamma)}, \tag{24}$$

indem man die linke und rechte Seite der Gl. (24) ebenfalls graphisch aufträgt, und zwar als Funktion von c_0, und die Kurven zum Schnitt bringt.

Der aus Gl. (21) berechnete DK D_β liefert mittels Gl. (15) die beiden Wachstumsstrecken ξ_α und ξ_γ, womit die Nullebene bzw. MATANO-Ebene festgelegt ist. Ein Vergleich mit der experimentell aus der Wanderung von Markierungsdrähtchen beobachteten Lage der MATANO-Fläche entscheidet darüber, ob der DK von der Konzentration abhängt oder nicht. Nur bei konstantem DK fallen beide Ebenen zusammen. Im anderen Falle liegt die experimentell ermittelte MATANO-Ebene in bezug auf die berechnete stets auf der Seite, die den kleineren DK aufweist. In Abb. 120 ist eine c-x-Kurve gestrichelt eingezeichnet für den Fall, daß der DK auf der α-Seite kleiner ist. Die MATANO-Ebene ist gegenüber der berechneten zur α-Seite verschoben. Auf diese Weise konnte nachgewiesen werden, daß die DK in der γ- und ε-Messingphase nicht konstant sind, sondern mit wachsendem Zinkgehalt zunehmen [12]. Diese Feststellung ist nur qualitativ und steht im Einklang mit dem von R. CASTAING [13] bestimmten Verlauf der c-x-Kurve.

In allen oben behandelten Fällen läßt sich auch umgekehrt das Wachstum der Phasen berechnen, wenn die DK bekannt sind.

Nach der MATANO-Methode sind unter Zugrundelegung eines linearen Konzentrationsgefälles für verschiedene Systeme die DK bestimmt worden. Die Werte, die keinen Anspruch auf große Genauigkeit erheben können, besitzen mehr orientierenden Charakter. Im System **Fe-Zn** wächst die δ_1-Phase am schnellsten, ihr DK ist aber kleiner als der der ζ-Phase. In manchen Systemen werden nicht alle Phasen, die nach dem Zustandsdiagramm auftreten sollten, beobachtet. Wenn die Diffusion sonst ohne Störung verläuft, ist die Ursache die, daß der betreffende DK zu klein ist, die Schichtdicke daher unter der Beobachtungsgrenze bleibt, in vielen Fällen dürften jedoch Störungen und Hemmungen vorliegen.

Diffusionsuntersuchungen im Homogenitätsgebiet einer einzigen intermetallischen Phase, wobei es sich also um eine einphasige Diffusion handelt, sind bisher nur wenig durchgeführt worden. SEITH und KRAUSS [14] haben nach der Dampfdruckmethode (vgl. S. 43) den DK in der β-Phase des Systems **Cu-Zn** und **Ag-Zn**, KÖHLER [15] ebenfalls den des β-Messings bei 350° bestimmt. LANDERGREN und MEHL [16] haben bei höheren Temperaturen zwischen 500 und 800° den DK der β-Phase gemessen und eine Abhängigkeit von der Konzentration gefunden. Auf der **Zn**- Seite ist der DK etwa um den Faktor 1,6 bis 1,8 größer als auf der **Cu**-Seite. Für eine mittlere Konzentration fanden die Autoren

$$D_\beta = 6{,}5 \cdot 10^{-3} \exp(-19\,000/RT) \text{ cm}^2 \text{ sec}^{-1}.$$

In fast allen bisher untersuchten Fällen von Mehrphasendiffusionen ist, soweit die ehemalige Trennebene markiert wurde, eine Wanderung derselben beobachtet worden (vgl. S. 136). Daraus ist zu schließen, daß auch in intermetallischen Phasen die einzelnen Bestandteile verschieden große DK besitzen. Alle bei der Einphasendiffusion geschilderten Erscheinungen können auch bei der mehrphasigen Diffusion auftreten. So lassen sich aus der Wanderung der Schweißfläche ebenfalls die partiellen DK berechnen. Für die ε-Messingphase wurde ein Verhältnis der DK gefunden, welches mit $D_{Zn} : D_{Cu} = 47$ alle bis jetzt bekannten Werte weit übersteigt [17]. In derselben Größenordnung scheint das Verhältnis $D_{Zn} : D_{Fe}$ für die ζ-Phase bei 6 Gew.-% Fe zu liegen.

Ganz allgemein gilt für intermetallische Phasen das gleiche, was schon an früherer Stelle gesagt wurde, daß es nämlich besonders wichtig ist, mit Hilfe radioaktiver Isotope die partiellen DK zu messen. Die Kenntnis dieser Werte dürfte ohne Zweifel recht aufschlußreich sein für die Klärung von Fragen, die im Zusammenhang mit den Bindungskräften, der Struktur und den Gitterbaufehlern stehen. Die bis heute zur Verfügung stehenden Daten sind sehr dürftig. SMOLUCHOWSKI und BURGESS [18] haben in NiAl mit radioaktivem Co die DK gemessen. Die Werte kann man wegen der Ähnlichkeit von Co und Ni mit denen der Selbstdiffusion des Ni identifizieren. Die in Abb. 121 dargestellten Ergebnisse, wonach der DK des Ni mit wachsendem Ni-Gehalt beträchtlich zunimmt, sind mit dem vorliegenden Mischkristalltyp und mit den Messungen der Dichte und Gitterkonstanten [19] in Einklang zu bringen. Eine zweite Untersuchung ist von INMAN [20] an β-Messing durchgeführt worden. Siehe Tab. 9. Das Verhältnis $D_{Zn} : D_{Cu}$ beträgt demnach $\sim 2{,}5$. HEUMANN und LOHMANN [34] haben mit radioaktivem Ag den partiellen DK des Silbers in der β-Phase des Systems Ag-Zn bei 52,3 Atom-% Ag bestimmt. Für diesen gilt

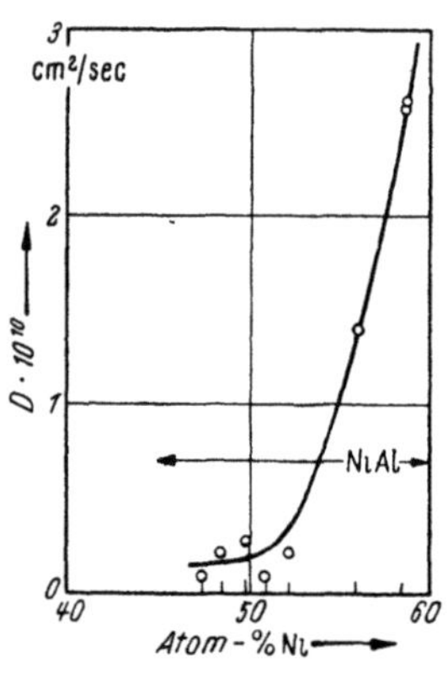

Abb. 121.
Diffusion von Co* in NiAl.
(Nach SMOLUCHOWSKI)

$$D_{Ag}^{*} = 4{,}55 \cdot 10^{-3} \cdot e^{-\frac{17\,600}{RT}} \ \text{cm}^2/\text{sec}.$$

c) Praktische Beispiele.

Die Kenntnis des Ablaufs der Mehrphasendiffusion ist für technische Vorgänge, wie sie bei der Bedampfung, der Plattierung, der Aufbringung elektrolytischer Schichten auftreten, besonders wichtig. Diese Fragen sind in dem Kapitel über technische Anwendungen näher behandelt. Hier sollen einige praktische Beispiele über Reaktionen zwischen Metallen gebracht werden, wobei die vom normalen Diffusionsverhalten abweichenden Erscheinungen oft eine große, manchmal sogar eine ausschlaggebende Rolle spielen.

Die Reaktionen zwischen **Fe** und **Zn** sind bisher am häufigsten untersucht worden. Tempert man diese beiden Metalle in gegenseitiger Berührung einige Zeit bei 300°, so ist bereits Diffusion zu beobachten. Mit steigender Temperatur nimmt die Reaktion rasch an Geschwindigkeit zu. Es entstehen dabei parallele Schichten, die den einzelnen Phasen entsprechen (Abb. 122).

Es werden aber nicht immer parallele Schichten erhalten. Mitunter, besonders wenn die Berührung der Stücke bei Beginn des Versuches nicht vollkommen ist, wachsen auf dem Eisen einzelne Warzen in das Zink. Sie höhlen die Eisenfläche, auf der sie aufsitzen, etwas aus, wodurch ihre Basis leicht konvex wird (Abb. 123a). Diese Erscheinung kann so ausgeprägt sein, daß die Warzen durch die aufgelegte Zinkschicht hindurchwachsen (Abbildung 123b). Diese War-

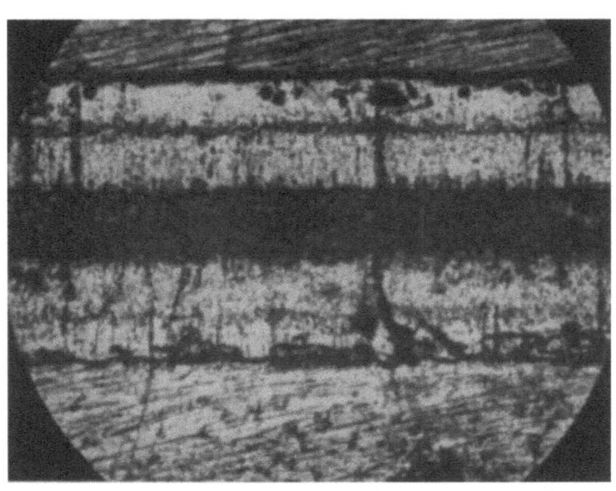

Abb. 122. Schichtenbildung zwischen **Fe** und **Zn**.

zen scheinen nur aus einer einzigen Legierungsphase zu bestehen. Eine eindeutige Erklärung dieses Verhaltens konnte nicht gegeben werden.

Eingehend haben sich SCHEIL und Mitarbeiter [21] mit der Reaktion von Eisen und flüssigem Zink befaßt. Nach ihren Untersuchungen kann der Angriff auf zwei Arten erfolgen. Bei der ersten Art bilden sich mehrere parallele Schichten von intermetallischen Verbindungen aus. Nach neueren Ergebnissen diffundiert vorzugsweise das Zink durch diese Schichten. Die Diffusion bestimmt die Reaktionsgeschwindigkeit. Die Schicht wächst nach einem parabolischen Gesetz mit der Zeit [22] $s^2 = a\,t$ (25a) oder $s = k'\sqrt{t}$ (25b).

Der zweite Mechanismus ist dadurch gekennzeichnet, daß ein Netzwerk von δ_1-Kristallen — Bezeichnung der Phasen nach SCHRAMM [24] — sich auf dem Eisen bildet. Durch die kapillaren Zwischenräume dieses Kristallhaufwerkes drängt das flüssige Zink zur Eisenoberfläche, wo die Reaktion eintritt. Das Wachstum schreitet deshalb linear mit der Zeit und sehr rasch fort. Die Schichten wachsen senkrecht aus der Grundfläche hervor, so daß Wachstumskörper mit einspringenden Kanten und Ecken entstehen (Abb. 124). Die beiden

Angriffsarten können unter Umständen an ein und demselben Stück nebeneinander auftreten (Abb. 125). Nach Scheil und Wurst sowie nach Horstmann [23] tritt die zweite Angriffsart nur im Temperaturbereich zwischen 490 und 520 °C auf. Oberhalb und unterhalb dieses Bereiches erfolgt der Angriff nach dem parabolischen Zeitgesetz. Die Ergebnisse von Horstmann sind in Abb. 126 wiedergegeben, in welcher die Wachstumskonstante a nach Gl. (25a) im logarithmischen Maßstab gegen $1/T$ aufgetragen ist. Kurve *1* gilt für das gesamte Wachstum, Kurve *2* für das der δ_1- und Kurve *3* für das der Γ-Schicht [*24*]. Bemerkenswert ist, daß unter 490° und oberhalb 520° derselbe Linienzug vorliegt als Kennzeichen dafür, daß das gleiche Temperaturgesetz besteht.

Abb. 123 a u. b Zinkwarzen, angeschliffen und in Aufsicht.
(Nach Rigg [*43*].)

Wirkt der Kristallisation eine erhebliche Kraft, z. B. durch ein aufgelegtes Gewicht, entgegen, dann bildet sich zwischen Eisen und δ-Form ebenfalls die Γ-Phase aus. Ist dies eingetreten, so geht das Wachstum auch nach Aufheben der Belastung langsam vor sich. Die Reaktionsfläche befindet sich dann an der Grenze flüssig-fest. In Abb. 127 sind drei Hartzinkschichten abgebildet, die erste enthält kein Γ, während in den beiden anderen die Γ-Schich-

Abb. 124.
Aufwachsungen auf einen Kubus.
(Nach Scheil.) Vergrößerung 1×.

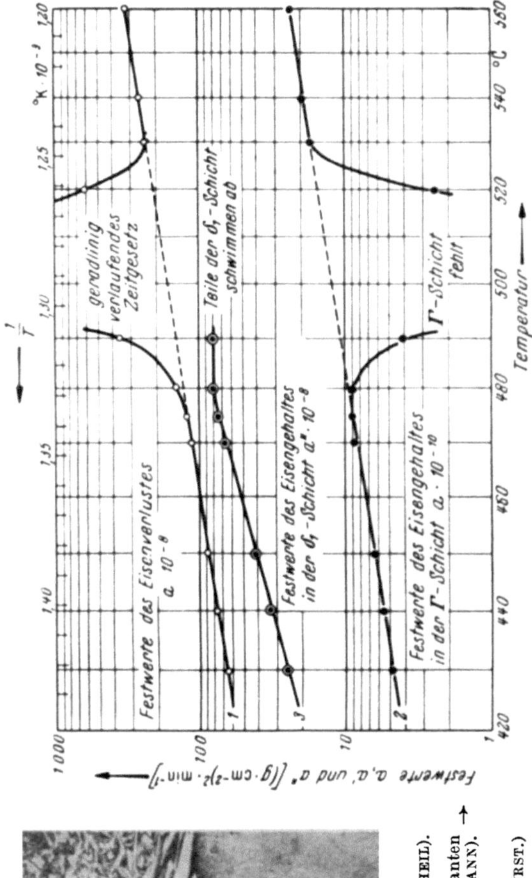

Abb. 125. Zwei verschiedene Angriffsarten bei der Reaktion von Fe mit flüssigem Zn. (Nach SCHEIL).

Abb. 126. Temperaturabhängigkeit und Wachstumskonstanten der Γ- und δ₁-Schicht im System Fe—Zn. (Nach HORSTMANN).

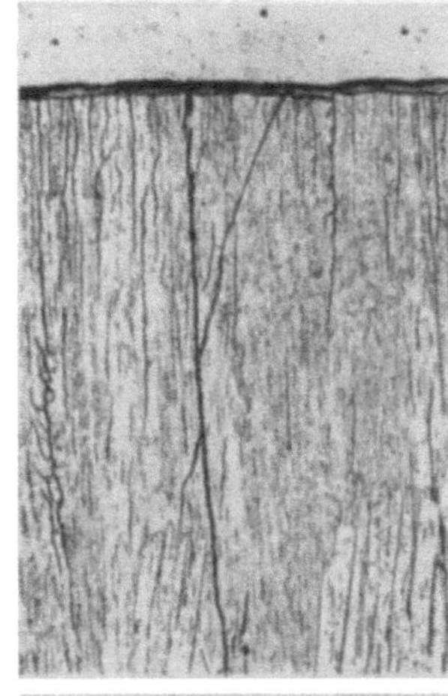

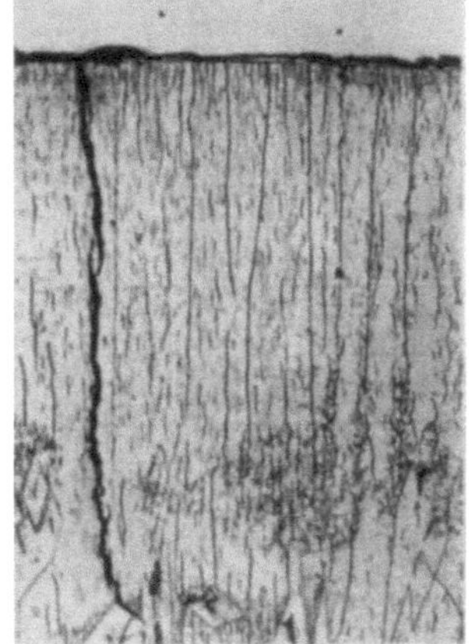

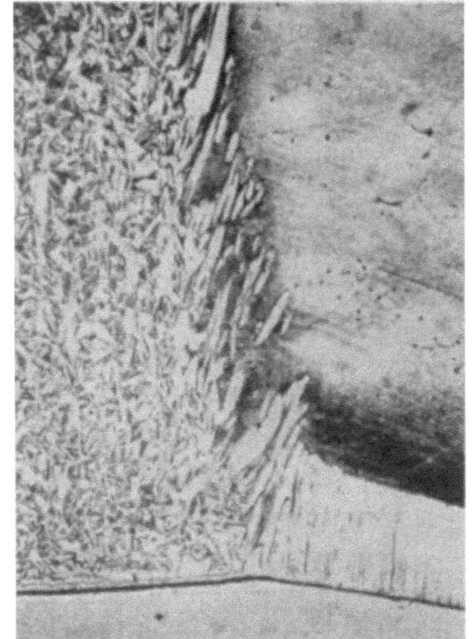

Abb. 127. Schichtenbildung zwischen Fe und Zn. (SCHEIL und WURST.) Vergrößerung 90×.

11 a*

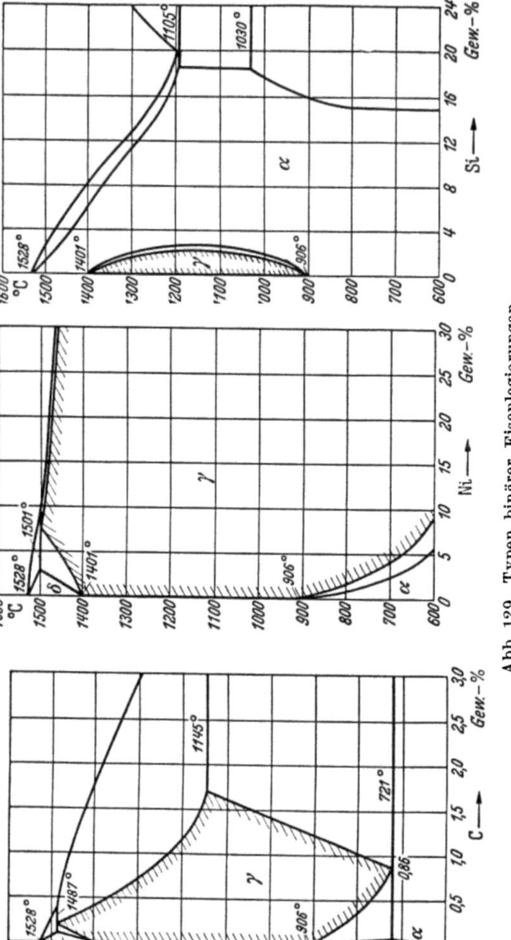

Abb. 129. Typen binärer Eisenlegierungen.

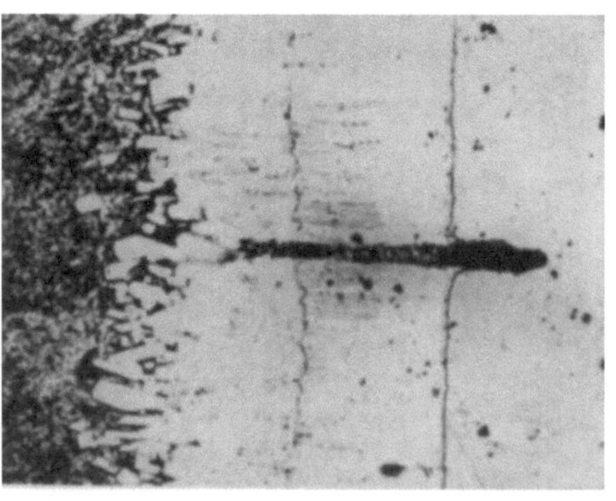

Abb. 128. Oxydeinschluß in Armco-Eisen, der bei der Legierungsschichtenbildung zerteilt wurde. 350×. (Nach RÄDEKER und HAARMANN).

ten deutlich zu erkennen sind.

Nach Beobachtung von BUGAKOW und GLUSKIN [25], welche die bei der Reaktion von festem und flüssigem Zink und Eisen entstehenden Schichten durch chemische Analyse. Röntgenstrukturbestimmung und Härtemessung festlegen, wird ebenfalls das parabolische Wachstumsgesetz gefunden. Aus der Temperaturabhängigkeit des Parameters wird eine Aktivierungswärme von 17 680 cal/Mol für die Diffusion in der Γ-Phase berechnet. HORSTMANN findet dagegen 14 200 cal/Mol für diese Phase.

Eine eigentümliche Erscheinung haben RÄDEKER und HAARMANN [42] bei der Verzinkung von Stahl beobachtet. Oxydeinschlüsse im Stahl können von Zn reduziert werden. An Abb. 128 erkennt man, daß ein solcher Oxydeinschluß im Verlaufe der Einwirkung von Zn zerteilt wird und daß die Reaktionsprodukte in Form kleiner Partikel in die Hartzinkschicht hineinwandern. Diese Erscheinung findet ihre

Erklärung in der Tatsache, daß das Zn in den Schichten eine höhere Beweglichkeit hat als das Fe. Die infolge der Zerteilung des Einschlusses entstandenen Partikelchen wirken wie inerte Markierungen und demonstrieren in eindrucksvoller Weise den KIRKENDALL-Effekt.

Bei höheren Temperaturen ist der Mechanismus der Diffusion von Metallen im Eisen, wie JONES [26] betont, von der Form des γ-Zustandsfeldes im Schaubild abhängig (Abb. 129). Wird das γ-Feld mit wachsender Konzentration erweitert (C, Ni), so kann eine Diffusion unterhalb 906° und oberhalb 1401° bei gegebener Konzentration einen Übergang der α- bzw. δ-Phase in die γ-Phase herbeiführen. Das gleiche gilt bei einer Abschnürung des γ-Feldes (Si) zwischen 906° und 1401°. Die Diffusion verläuft in diesen Fällen nicht mehr innerhalb einer Phase.

Auch KASE [27] konnte das parabolische Wachstumsgesetz an einer Reihe von Beispielen bestätigen. Die Kurven, welche die Temperaturabhängigkeit in üblicher Weise darstellen, bestehen bei den Metallpaaren Al-Fe, Sn-Fe und C-Fe aus zwei geradlinigen Ästen, die bei der α-γ-Umwandlungstemperatur des Eisens (906°)

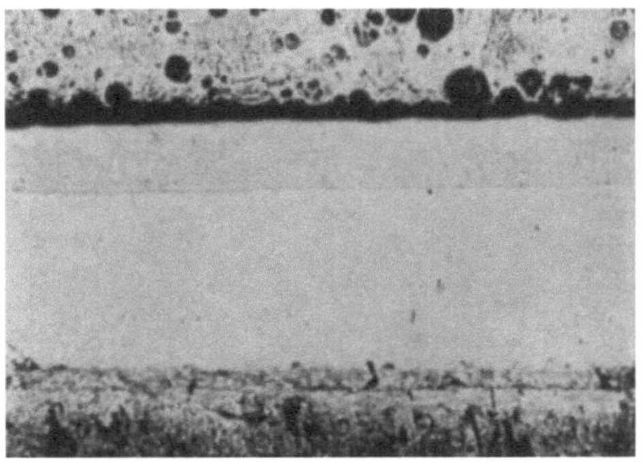

Abb. 130. Schichten zwischen Mg (oben) und Al (unten).

ineinander übergehen ELAM. [28] zeigte, daß bei 400° Zn-Dampf in Berührung mit Kupfer alle überhaupt möglichen Phasen des Messingdiagramms bildet.

Bringt man Aluminium und Magnesium in Berührung, so entstehen beim Erwärmen mehrere Schichten (Abb. 130), die nach BUNGARDT [29] und SEITH und BEERWALD [29a] aus Legierungen folgender Zusammensetzung bestehen: a) α-Al-Mg-Mischkristalle, b) β-Al$_3$Mg$_2$, c) δ-Al$_2$Mg$_3$ und d) η-Mg-Al-Mischkristalle. Die im Zustandsdiagramm von KAWAKAMI [30] weiter auftretende γ-Phase wurde dabei nicht gefunden. Auf Grund der Beobachtungen von BUNGARDT sind von HEUMANN und KOTTMANN [17] nach den oben angegebenen Verfahren die DK für die β- und δ-Phase unter Zugrundelegen eines linearen Konzentrationsgefälles berechnet worden. $D_\beta = 1{,}7 \cdot 10^{-8}$ cm² sec⁻¹, $D_\delta = 2{,}1 \cdot 10^{-9}$ cm² sec⁻¹ für 425°.

Reagiert Al mit Fe, so entsteht nach GUILLET und BERNARD [31] bei 635° eine Schicht, die aus ϑ-Al$_3$Fe besteht. Nach Versuchen von MARTIN [32] bilden sich bei 850° drei Schichten folgender Zusammensetzung: a) Al mit wenig Al,Fe, b) η-Al$_5$Fe$_2$ und c) die α-Phase. Daran schließt sich eine Zone, in welcher der Kohlenstoff, der in Fe-Al-Legierungen unlöslich ist, sich anreichert. Auch Grube [33], welcher von einer Legierung mit 36,5% Fe ausgeht, erhält, vermutlich wegen des Kohlenstoffgehaltes des Eisens, keine gleichmäßige Diffusion. Ageew und Vher [34] untersuchen die Wechselwirkungen zwischen festem Eisen und flüssigem Aluminium bei 1100°. Diese lassen sich weitgehend aus dem Zustandsdiagramm ablesen. Ist eine genügende Menge von flüssigem Al vorhanden und würde man den Versuch lange genug gehen lassen, so würde sich alles Eisen im Aluminium auflösen. Nach dem Erstarren erhielte man eine Legierung, welche die Kristallarten Al und Al$_3$Fe enthielte. Im Anfang der Reaktion bildet sich die Al$_3$Fe-Phase zwischen dem festen und dem flüssigen Metall. Die Konzentration des Eisens in der flüssigen Phase ist durch das Gleichgewicht bei 1100° zu etwa 30% gegeben. Auch

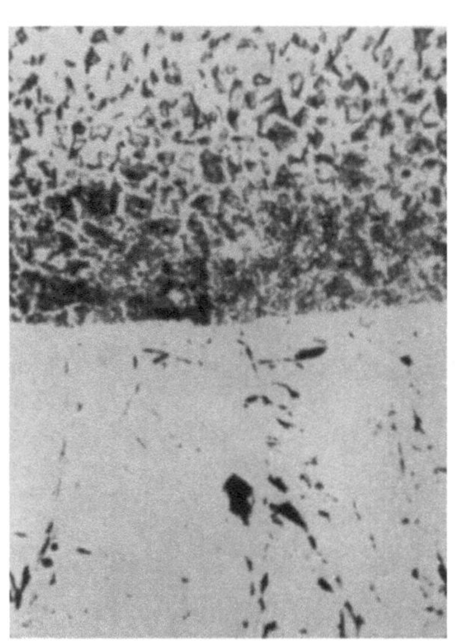

Abb. 131.
Anreicherung von C bei der Reaktion von Fe mit Al. (Nach Ageew und Vher.)

bei diesen Versuchen ist die Anreicherung des Kohlenstoffs in der Randzone des stehengebliebenen Eisens auffallend (Abb. 131). Diese Tatsache läßt einen Schluß auf den Lösungsmechanismus zu. Würde das Eisen sich in dem flüssigen Al lösen, wie etwa Kochsalz in Wasser, so würden etwa darin vorhandene Einschlüsse dadurch herausfallen, daß das sie umgebende Material weggelöst würde. Auf das System Eisen-Kohlenstoff übertragen, würde der Kohlenstoff seines Lösungsmittels beraubt und müßte innerhalb der flüssigen Phase ausgefällt werden. Tatsächlich scheint sich jedoch zwischen dem flüssigen Al und dem festen Fe eine Schicht aus einer intermetallischen Verbindung zu bilden, durch welche der Kohlenstoff nicht hindurch kann. Nur das Eisen und das Aluminium wandern durch diese Schicht, wodurch diese selbst immer weiter in die Probe vordringt und den Kohlenstoff vor sich hertreibt. Bei weiteren Versuchen wurde die Menge des Aluminiums so bemessen, daß während der Versuchsdauer das Existenzgebiet der flüssigen Phase bald überschritten war. Es ließ sich dann auch die Diffusion des Aluminiums im festen Eisen beobachten. Dabei ließen sich die Phasen ϑ und α, ferner ζ-Al$_2$Fe, das aus α beim Abkühlen ausgeschieden wird, bestimmen. Die ε-Phase tritt erst über 1100° auf, und sie zerfällt beim Abkühlen in ζ und α. Die η-Phase wird nicht erwähnt, scheint also nicht nachgewiesen zu sein.

Die bei der Diffusion zwischen Fe und Al bzw. Al_3Fe entstehenden Phasen wurden durch mikroskopische Beobachtung und Mikrohärtemessungen von W. SEITH und C. OCHSENFARTH [44] indentifiziert. Bei 950° C werden folgende Phasen beobachtet: γ-Fe-Mischkristall, α-Fe-Mischkristall, $AlFe_3$, ζ-Al_2Fe und η-Al_5Fe_2.

In der Regel läßt man die Diffusion zwischen 2 Metallen unter Atmosphärendruck oder mäßig erhöhten Drucken ablaufen. STORCHHEIM, ZAMBROW und HAUSNER [45] berichten nun über Versuche, bei denen die Bildung der intermetallischen Phasen zwischen Ni und Al unter Drucken bis zu 5000 Atü untersucht worden ist. Zur Kennzeichnung des Verhaltens wird die Größe $P = x^2/t$ (Penetration coeffizient) benutzt, wo x die Wachstumsbreite der durch Diffusion gebildeten Phasen, Al_3Ni und Al_3Ni_2, und t die Diffusionszeit bedeuten. Der Koeffizient P nimmt mit wachsendem Druck ab, so daß oberhalb etwa 5000 Atü praktisch keine Phasenbildung mehr beobachtet wird. Es konnte festgestellt werden, daß die Phase Al_3Ni_2 bereits bei Drucken zwischen 1700 und 3000 Atü nicht mehr entsteht und oberhalb 3000 Atü sich nur noch die Al_3Ni-Phase bildet.

Abgesehen von dem praktischen Wert, den diese Beobachtungen besitzen — es sei nur an die Vorgänge beim Drucksintern erinnert —, sind sie auch für die reine Forschung sehr bedeutungsvoll. Die Ergebnisse werfen eine Reihe neuer interessanter Fragen auf, die den Einfluß des Druckes auf die Diffusionsgeschwindigkeit, auf die Phasengleichgewichte, auf den KIRKENDALL-Effekt und auf Störungen bei der Diffusion sowie die bei der Phasenbildung auftretenden Volumenänderungen und die Thermodynamik betreffen.

Ein bemerkenswertes Verhalten zeigen Cu und Sb bei ihrer gegenseitigen Diffusion. Diese Metalle können unterhalb 400° drei intermetallische Phasen bilden,

δ ($\sim$31 Gew.-% Sb), ε ($\sim$39 Gew.-% Sb) und ζ ($\sim$48 Gew.-% Sb).

HEINEMANN [46] konnte nun feststellen, daß, wenn reines Cu gegen reines Sb diffundiert, nur die Sb-reichste Phase, ζ, in mikroskopisch meßbarer Breite entsteht. Wählt man dagegen Cu und die ζ-Phase als Ausgangsproben für die Diffusion, dann erscheint nur die ε-Phase. Erst in der Anordnung Cu/ε-Phase tritt schließlich auch die Cu-reiche Verbindung δ auf. Die Ergebnisse lassen erkennen, daß die DK der drei Phasen in der gleichen Größenordnung liegen, das Entstehen und Wachsen derselben aber besonderen Bedingungen unterworfen ist. Über die Ursache und den Mechanismus der hier auftretenden Störungen kann noch nichts Näheres ausgesagt werden; weitere Untersuchungen sind abzuwarten.

Eine vielversprechende Methode zur Untersuchung solcher Vorgänge ist das von BOETTCHER [47] entwickelte, kinematische Aufnahmeverfahren. Bei diesem wird durch eine Schlitzblende ein schmaler Bereich des mit Elektronenstrahlen erhaltenen DEBYE-SCHERRER-Diagramms eines Präparates ausgeblendet, welcher auf einer bewegten Photoplatte registriert wird. Auf diese Weise gelingt es, Strukturänderungen in Abhängigkeit von der Zeit, innerhalb der das Präparat getempert wird, kontinuierlich zu erfassen. Mit Hilfe einer besonderen Aufdampfvorrichtung ist es BOETTCHER gelungen, die beiden zu untersuchenden Metalle nacheinander in Keilform auf den Träger aufzudampfen, so daß in der Längsrichtung des Präparates der gesamte Konzentrationsbereich auftritt.

Bilden zwei Metalle keine intermetallische Verbindungen (siehe Abb. 111 b), so stellen die maximal durch Diffusion erreichbaren Legierungskonzentrationen die Grenze der Existenzgebiete der Mischkristalle dar. Mit Hilfe dieser Methode lassen sich noch sehr geringe Löslichkeiten von Metallen im festen Zustand bestimmen. Die Sättigungsgrenze für bleireiche Blei-Gold-Mischkristalle nach SEITH und ETZOLD [35] ist in Tab. 12 wiedergegeben.

Auf diese Weise gewonnene Werte stimmen befriedigend mit anderweitig bestimmten überein. Abb. 132 zeigt dies am Beispiel der festen Lösung von Silber in Blei [36]. Auf ähnliche Weise hat N. A. ZIEGLER [37] die Löslichkeit von Sauerstoff in festem Eisen bestimmt.

Tabelle 12
Löslichkeiten von
Au *in* **Pb**

$t°$	At-% Au
170	0,03
183	0,04
200	0,08
208	0,09

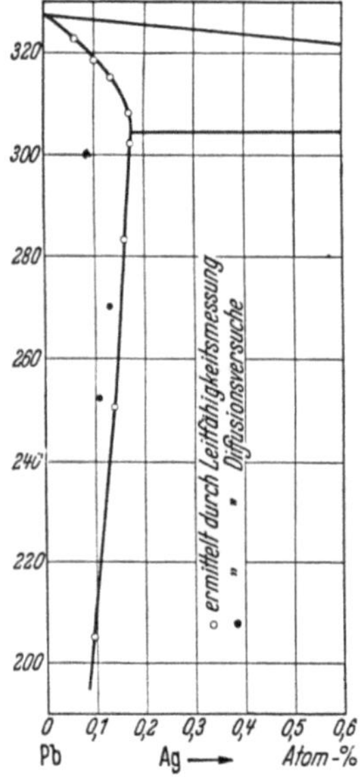

Abb. 132. Löslichkeit von
Ag in festem **Pb**.

Es ist für manche Zwecke der Zementation notwendig, die Konzentration, die in der Oberfläche der Probe entsteht, so zu begrenzen, daß z. B. nur die α-Mischkristallphase auftreten kann. Gleichzeitig möchte man jedoch dem Spender eine möglichst hohe Konzentration geben, um ein rasches Verarmen zu verhindern. Man kann dazu folgendermaßen vorgehen, wie W. SEITH und H. JAG [38] beschreiben. Die Metalle A und B bilden Mischkristalle und intermetallische Verbindungen. Das Gebiet der an A reichen Legierungen sei etwa durch Abb. 133 dargestellt. Die mit x·····x und o---o bezeichneten Legierungen sind miteinander im Reaktionsgleichgewicht. Sie können bei der betreffenden Temperatur nebeneinander existieren und haben gleichen Dampfdruck. Bettet man eine Probe aus dem reinen Metall A in ein Pulver der Verbindung β-($A\,B$) ein, deren Konzentration bei der Versuchstemperatur dem linken Rand der β-Phase entspricht, so kann durch Diffusion auf der Oberfläche der Probe A höchstens diejenige Konzentration von B in A auftreten, die bei der Versuchstemperatur dem rechten Rand des α-Mischkristallgebietes entspricht.

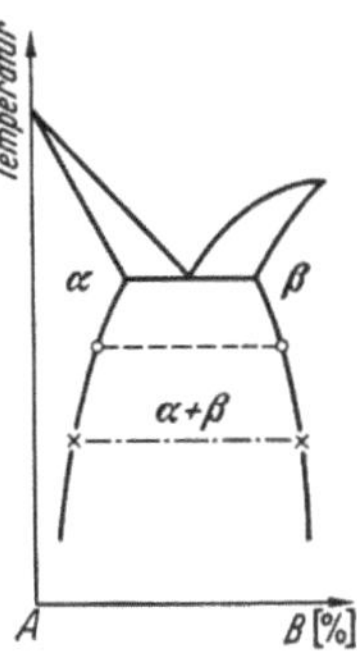

Abb. 133.
Legierungsphasen,
die sich im Gleichgewicht befinden.

Diese Erscheinung wurde an einer Reihe von Beispielen nachgeprüft und gleichzeitig die veredelnde Wirkung in bezug auf Härte und Korrosionsfestigkeit festgestellt. Abb. 134 zeigt links oben zwei Al-Proben (a), die unterhalb der eutektischen Temperatur in Mg-Pulver erhitzt sind. Es ist auf sie eine Kruste aus intermetallischen Verbindungen aufgewachsen. Eine unter gleichen Bedingungen in Al_3Mg_2-Pulver getemperte Probe (c) hat Mg nur als α-Mischkristall aufgenommen und ihre Form vollkommen beibehalten. Auf der rechten Seite des Bildes ist das gleiche für Magnesiumproben in Al und Al_2Mg_3 wieder-

Abb. 134. Oberflächenbehandlung von Al mit Mg und Mg mit Al.

gegeben (b u. d). Die in Abb. 135 dargestellte Behandlung von Kupfer in Silizium (a) und Cu_3Si (b u. d) zeigt die Wirkung noch deutlicher. Auch reines Beryllium verändert die Kupferproben stark, während durch eine Legierung von Kupfer mit 10% Beryllium keine Formänderung, wohl aber eine Härtesteigerung der Probe hervorgerufen wird (Abb. 136).

Es ist im übrigen nicht erforderlich, daß zur Erzeugung von oberflächlichen Legierungsschichten beide Partner als Metalle vorliegen.

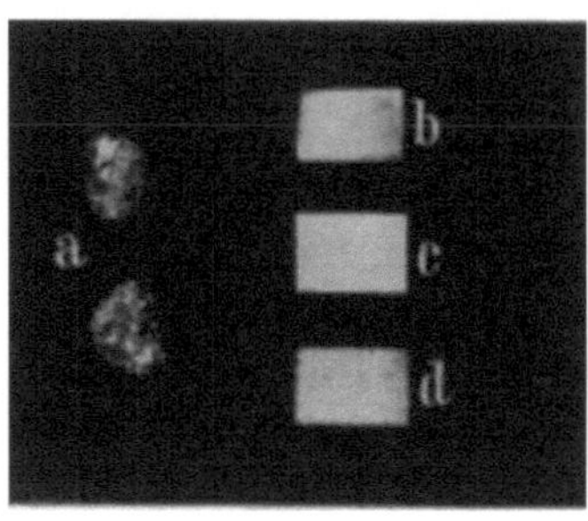

Abb. 135.
Oberflächenbehandlung von Cu mit Si.

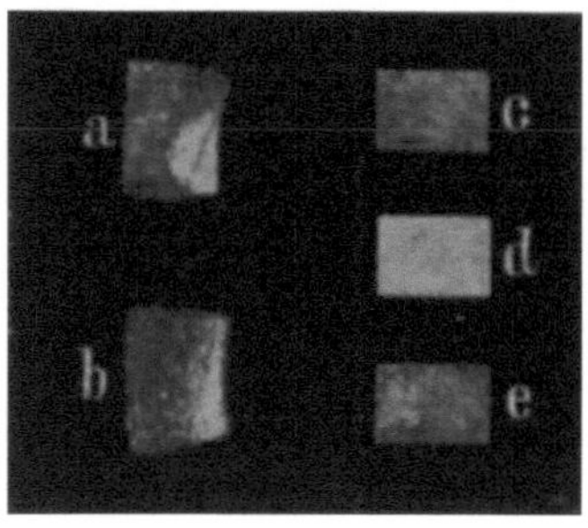

Abb. 136.
Oberflachenbehandlung von Cu mit Be.

Auch Reaktionen zwischen Metallen und Salzdämpfen, bei denen Legierungen entstehen, sind bekannt. Nach BECKER, HERTEL und KASTER reagiert Eisen und Chromchlorid nach der Gleichung:

$$Fe + CrCl_x = FeCl_x + Cr.$$

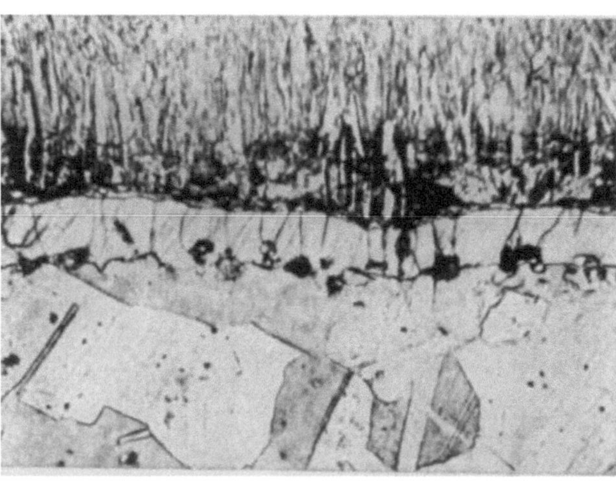

Abb. 137a. Reaktion von Cu mit $SnCl_2$ – Dampf; oben δ, dann ε (dunkel) und unten Cu.

Es ist dabei nicht wesentlich, ob bei der Reaktion, die bei 950° ausgeführt wurde, indem H_2 über $CrCl_2$ und dann über Eisenproben geleitet wurde, für x die Zahl 2 oder 3 gesetzt werden muß. Entsprechend dem Zustandsdiagramm von Eisen mit Chrom können hier nur Mischkristalle entstehen. Das Verfahren ist auch zur Herstellung von Nickel-Chrom- und Kobalt-Chrom-Legierungen geeignet.

Ganz ähnlich arbeiten B. W. GONSER und E. E. SLOWTER [39], indem sie einen H_2-Strom über $SnCl_2$ und dann über Kupfer leiteten. Bei 500° entstehen dabei, wie Abb. 137a zeigt, Schichten aus δ und ε-Phase. Während bei niedrigeren Temperaturen vornehmlich η-Bronze, zwischen 300° und 425° ε-Bronze und bei 400° bis 500° δ-Bronze entsteht, können über 520° auch eutektische Schichten beobachtet werden. Auch α-Bronze kann als schmaler Saum auftreten (Abb. 137b). Mes-

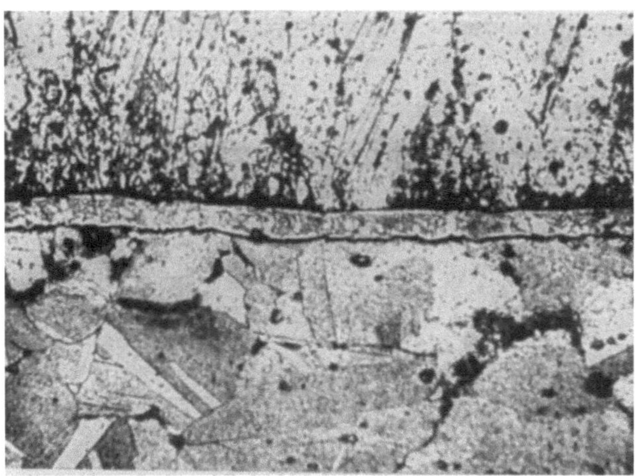

Abb. 137b. Reaktion von Cu mit $SnCl_2$ – Dampf; oben Eutektikum dann α, unten Cu.

sing, Eisen und Zink können ebenfalls auf diese Weise mit Sn-Legierungen überzogen werden. Durch Regelung des Chlorid-Dampfdruckes müßte es möglich sein, willkürlich eine bestimmte Phase als äußerste Schicht entstehen zu lassen.

Auch die Aufkohlung des Eisens aus Dämpfen organischer Verbindungen oder mit CO_2-CO-Gemischen soll hier erwähnt werden. Die sich dabei abspielenden Reaktionen an der Oberfläche sind von E. DOEHLEMANN [40] eingehend untersucht.

Schrifttum.

1. WAGNER, C.: Z. phys. Chem. Abt. B **21**, 25 (1933).
2. DÜNWALD, H. u. C. WAGNER: Z. phys. Chem. Abt. B **22**, 181 (1933); dort weitere Literatur.
3. MOTT, N. F.: J. Chim. physique **44**, 172 (1947).
4. CABRERA, W., u. N. F. MOTT: Rep. Prog. Physics **12**, 163 (1949).
5. HAUFFE, K., u. H. PFEIFFER: Z. Elektrochem. **56**, 390 (1952).
6. HAUFFE, K., u. H. J. ENGELL: Z. Elektrochem. **56**, 366 (1952).

7. OKNOW, M. G., u. L. S. MOROS: J. techn. Physics **11**, 593 (1941).

8. MASING, G.: Lehrbuch der allg. Metallkunde. Berlin/Göttingen/Heidelberg: Springer 1950.

9. JOST, G.: Z. Phys. **127**, 163 (1950).

10. HEUMANN, TH.: Z. phys. Chem. **201**, 168 (1952).

11. WAGNER, C.: unveröffentlicht. — Vgl. a. H. BÜCKLE u. J. DESCAMPS: Rev. Met. **48**, 569 (1951). — JOST, W.: Diffusion in Solids, Liquids, Gases. New York 1952.

12. HEUMANN, TH.: unveröffentlicht.

13. CASTAING, R.: Dissertation Universität Paris 1951.

14. SEITH, W., u. W. KRAUSS: Z. Elektrochem. angew. physik. Chem. **44**, 98 (1938).

15. KÖHLER, W.: Zbl. Hütten- u. Walzwerke **31**, 650 (1928).

16. LANDERGREN, L. S., u. R. F. MEHL: persönl. Mitteilung.

17. HEUMANN, TH., u. A. KOTTMANN: Z. Metallkunde **44**, 139 (1953).

18. SMOLUCHOWSKI, R., u. H. BURGESS: Phys. Rev. **76**, 309 (1949).

19. BRADLEY, A. J., u. A. TAYLOR: Proc. Roy. Soc. Lond. A **159**, 56 (1937).

20. INMAN, M. C.: persönl. Mitteilung.

21. PÜNGEL, W., E. SCHEIL u. R. STENKHOFF: Arch. Eisenhüttenw. **9**, 303 (1935/36). — SCHEIL, E.: Z. Metallkunde **27**, 76 (1935). — SCHEIL, E., u. H. WURST: Z. Metallkunde **29**, 224 (1937).

22. TAMMANN, G., u. H. J. ROCHA: Z. anorg. Chem. **199**, 289 (1931).

23. HORSTMANN, D.: Stahl u. Eisen **73**, 659 (1953).

24. SCHRAMM, J.: Z. Metallkunde **29**, 222 (1937).

25. BUGAKOW, W., u. D. GLUSKIN: Z. techn. Phys. (russ.) **6**, 263 (1936); **7**, 1570 (1937).

26. JONES, W. D.: J. Iron Steel Inst. **130**, 429 (1934).

27. KASE, T.: Sci. Rep. Tôhoku Imp. Univ. Ser. 1, Honda-Festband **1936**, 670.

28. ELAM, C. F.: J. Inst. Metals **43**, 217 (1930).

29. BUNGARDT, W.: Luftfahrtforsch. **14**, 204 (1937).

29a. SEITH, W., u. A. BEERWALD: Z. Elektrochem. **43**, 342 (1937).

30. KAWAKAMI, M.: J. Inst. Met. Abstr. **1**, 169 (1934).

31. GUILLET, L., u. V. BERNARD: Rev. Met. **22**, 199 (1925).

32. MARTIN, E. D.: Rev. Met. **22**, 139 (1925).

33. GRUBE, G.: Z. Metallkunde **19**, 438 (1927).

34. AGEEW, N. W., u. O. I. VHER: J. Inst. Metals **44**, 83 (1930).

34a. HEUMANN, TH., u. P. LOHMANN: demnächst.

35. SEITH, W., u. H. ETZOLD: Z. Elektrochem. **40**, 829 (1934).

36. SEITH, W., u. A. KEIL: Z. phys. Chem. Abt. B **22**, 350 (1933).

37. ZIEGLER, N. A.: Trans. Amer. Soc. Steel Treat. **20**, 73 (1932).

38. SEITH, W., u. H. JAG: Z. Metallkunde **30**, 366 (1938).

39. GONSER, B. W., u. E. E. SLOWTER: Techn. Publ. Intern. Tin. Res. Council. **1938**, Ser. A, Nr. 76.

40. DOEHLEMANN, E.: Z. Elektrochem. **42**, 561 (1936).

41. BÜCKLE, H.: Z. Metallkunde **37**, 175 (1946).

42. RÄDEKER, W., u. R. HAARMANN: Stahl u. Eisen **59**, 1217 (1939).

43. RIGG, G.: J. Inst. Metals **54** 183, (1934).

44. SEITH, W., u. C. OCHSENFARTH: Metallkunde **35**, 242, (1943).

45. STORCHHEIM, S., J. L. ZAMBROW u. H. H. HAUSNER.: J. Met. **6**, 3, 1330 (1954).

46. HEINEMANN, F.: Diplomarbeit Münster (1954).

47. BOETTCHER. A., R. THUN u. H. TREUBEL: Acta Metallurgica **2**, 743, (1954). — BOETTCHER. A.: Z. angew. Phys. **2**, 193, (1950).

11. Richtungsabhängigkeit der Diffusion im Kristallgitter.

Da wir die Diffusion im Kristallgitter als einen Platzwechselvorgang ansehen, so kann man auch voraussetzen, daß wir in anisotrop aufgebauten Kristallen auch eine Abhängigkeit der Diffusionsgeschwindigkeit von der kristallographischen Richtung antreffen. Im kubischen Gitter, in welchem die drei Achsenrichtungen gleichwertig sind, ist auch zu erwarten, daß die Diffusion in allen drei Richtungen gleich rasch erfolgt. Diese Tatsache wurde von C. F. ELAM [1] an der Diffusion von Silizium in einem Kupfereinkristall bestätigt. Läßt man Kohlenstoff in eine Eisenprobe eindiffundieren, so beobachtet man, daß die

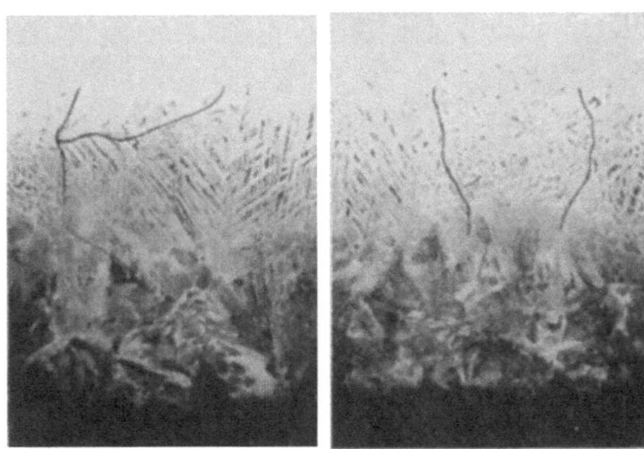

Abb. 138. Diffusion von C in Fe-Körner verschiedener Orientierung. (Nach MEHL.)

sichtbare Eindringtiefe unabhängig von der zufälligen Lage der Körner ist. Eine Mikrophotographie von MEHL [2] (Abb. 138) läßt dies deutlich erkennen. Gleichzeitig ist an diesem Bild bemerkenswert, daß keine Spur einer Korngrenzendiffusion festzustellen ist. Wenn auch die Beweiskraft dieser Versuche nicht allzu groß ist, so darf man doch annehmen, daß in einem undeformierten kubischen Kristall die Diffusion von der Richtung unabhängig ist.

Im Anschluß an die Untersuchungen über die Anisotropie der Ionenleitfähigkeit im festen Bleijodid haben SEITH und KEIL [3] die Richtungsabhängigkeit der Selbstdiffusion im festen Wismut gemessen. Als Indikator diente das radioaktive Wismutisotop ThC. Das Wismutgitter besteht aus zwei ineinandergestellten Rhomboedern, die man auch hexagonal indizieren kann (Abb. 139). Die Hauptspaltebene liegt dann parallel zur Basis und enthält nur Bi-Atome eines Rhomboeders. Das Ergebnis der Diffusionsversuche, die zum Teil nach der α-Methode und zum Teil nach der Rückstoßmethode erhalten sind, zeigen Tab. 1 und Abb. 140. Danach beträgt der Unterschied der DK-Werte, die parallel und senkrecht zur Basis gemessen wurden, in der Nähe des Schmelzpunktes sieben Zehnerpotenzen. Die Richtung parallel zur Spaltebene, d. h. parallel zur Basis, ist in diesem Temperaturbereich bei der Diffusion stark bevorzugt. Ob sich die beiden Kurven bei 200° überschneiden oder ineinander übergehen, läßt

sich nicht entscheiden, da hier die Grenze der Meßbarkeit des DK infolge der kurzen Lebensdauer des ThC erreicht ist. Während man für die Richtung senkrecht zur Basis aus der Temperaturabhängigkeit eine Ablösearbeit von 31000 cal/Mol errechnet, erhält man für die

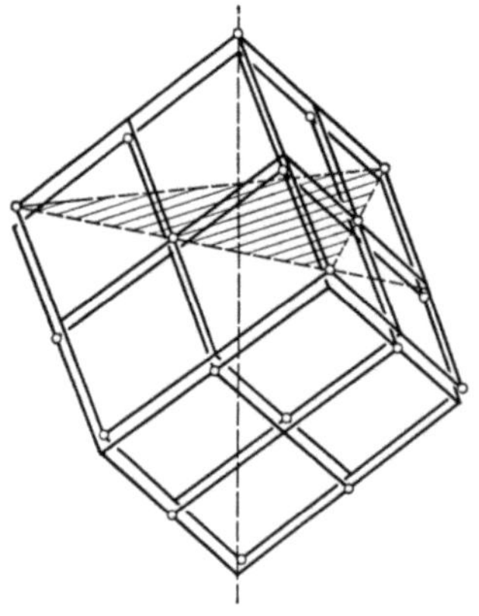

Abb. 139. Kristallgitter des Bi.

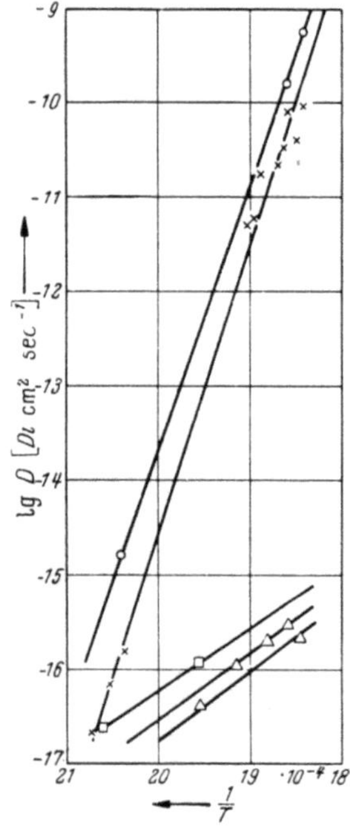

Abb. 140.
Selbstdiffusion des Bi parallel (× und ○) und senkrecht (□ und △) zur c-Achse.

Richtung senkrecht zur Basis den außergewöhnlich hohen Wert von 140000 cal/Mol. Dieser Wert ist als reine Ablösearbeit unwahrscheinlich. Es ist möglich, daß darin außer der Temperaturabhängigkeit des DK noch ein weiteres temperaturabhängiges Glied steckt, das irgendwie mit dem Gitterbau zusammenhängt. Nach GOETZ und HERGENROTHER [4] tritt beim Erwärmen eines Wismutkristalles bei 230° eine merkliche Differenz zwischen der Vergrößerung der Gitterkonstanten und dem makroskopisch gemessenen Ausdehnungskoeffizienten ein, die auf eine beginnende Zerstörung der Sekundärstruktur zurückgeführt wird. Vielleicht ist dieses anomale Verhalten auch der Grund für den außerordentlich steilen Temperaturanstieg des DK in der Richtung parallel zur Basis. Bei unseren Versuchen haben wir außerdem beobachtet, daß die DK in beiden Richtungen von Kristall zu Kristall ziemlich verschieden sind. In Abb. 140 gehört jede ausgezogene Linie zu einem Kristall. Die Anisotropie der Diffusion ist wohl nicht allein durch die Anisotropie des Gitteraufbaues selbst, sondern auch durch die anisotrope Ausbreitung der Unvollkommenheiten des Gitters, z. B. entlang der Spaltebenen, bestimmt.

Die Richtungsabhängigkeit der Selbstdiffusion im Zink wurde von BANKS, MILLER [5] und DAY [5] bestimmt. Es wurden dabei einmal

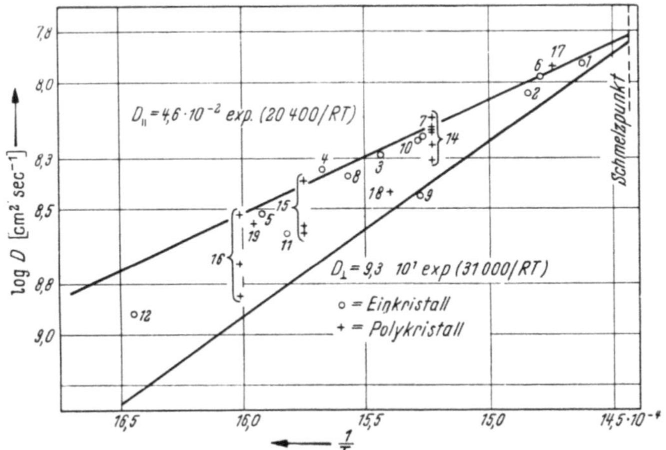

Abb. 141. Richtungsabhängigkeit der Selbstdiffusion im Zink.
(Nach BANKS, MILLER und DAY.)

polykristallines Material und das andere Mal Einkristalle verwendet. Die Orientierung der Einkristalle zur Diffusionsrichtung wurde dabei variiert. Die meisten lagen so, daß die Diffusion in der Richtung senkrecht zur Basis erfolgte. Die Ergebnisse sind in Tab. 13 und in Abb. 141 zusammengestellt. Die Abb. 141 zeigt, daß alle Messungen zwischen zwei Geraden der $\log D - 1/T$-Ebene liegen, welche die Temperaturabhängigkeit der DK in den beiden Richtungen senkrecht und parallel zur Basis darstellen. Für die Diffusion wird folgende Gleichung angegeben:

$$\ln D = -(Q_1/R\,T)\sin^2\vartheta - (Q_2/R\,T)\cos^2\vartheta + \sin^2\vartheta \ln A_1 + \cos^2\vartheta \ln A_2.$$

Hierin sind folgende Werte einzusetzen:

$$Q_1 = (2{,}04 \pm 0{,}9) \cdot 10^4 \text{ cal/Mol},$$
$$Q_2 = (3{,}1 \;\pm 0{,}3) \cdot 10^4 \text{ cal/Mol},$$
$$A_1 = 4{,}6 \cdot 10^{-2} \text{ cm}^2/\text{sec},$$
$$A_2 = 93 \text{ cm}^2/\text{sec}.$$

Tabelle 13. *Selbstdiffusion von* **Zn** *nach* DAY[5].

Nr.	$D \times 10^9$ in cm² sec⁻¹	Winkel ϑ
1	11,5	90°
2 a	9,1	90°
2 b	8,9	90°
3 a	5 2	90°
3 b	5,0	90°
4 a	4,6	90°
4 b	4,2	90°
5 a	2,9	90°
5 b	3 1	90°
6 a	11 6	70°
6 b	9,2	70°
7 a	5,9	70°
7 b	6,2	70°
8	4,2	70°
9	3,5	15°
10	5,8	60,5°
11	2,5	46°
12	1,2	54,5°
13 a	1,2	90°
13 b	1,3	90°
13 c	1,8	90°
13 d	1,8	90°
14 a	4,9	Polykristall
14 b	5,5	Polykristall
14 c	6,4	Polykristall
14 d	7,1	Polykristall
14 e	6,5	Polykristall
14 f	6,6	Polykristall
15 a	4,0	Polykristall
15 b	2,5	Polykristall
15 c	2,7	Polykristall
16 a	2 9	Polykristall
16 b	1,4	Polykristall
16 c	1,9	Polykristall
17	11,3	Polykristall
18	3,1	Polykristall
19	2,7	Polykristall

Das Zink kristallisiert hexagonal. Bei der mittleren Versuchstemperatur (380°) ist $a = 2{,}67$ Å und das Achsenverhältnis c/a 1,89. Beim Zink sind die DK in den verschiedenen Richtungen nicht so extrem verschieden wie beim Wismut, zudem nähern sich die Werte nach dem Schmelzpunkt hin und streben nach tiefen Temperaturen hin auseinander. Die beiden Werte für die Ablösearbeit liegen nahe beieinander.

Das Zinn ist tetragonal mit den Achsen $a = 5{,}819$ Å und $c = 3{,}175$ Å. Die Selbstdiffusion wurde von FENSHAM [6] gemessen. Für die Konstanten der Gleichung der Temperaturabhängigkeit des DK werden folgende Werte angegeben:

parallel zur Basis
$$Q_1 = 10\,500 \text{ cal/Mol,}$$
$$D_{01} = 1{,}2 \cdot 10^{-5} \text{ cm}^2/\text{sec,}$$
senkrecht zur Basis
$$Q_2 = 9\,500 \text{ cal/Mol,}$$
$$D_{02} = 3{,}7 \cdot 10^{-8} \text{ cm}^2/\text{sec.}$$

Auch in diesem Falle unterscheiden sich die Ablösearbeiten in den beiden Richtungen nur wenig.

Tabelle 14.

Temperatur °C	20	80	150	200	250	300
x_ϑ/x_s	1,59	1,61	1,47	1,42	1,37	1,30

Zu ähnlichen Ergebnissen gelangen Bolschanina und Rybalko [7] an sorgfältig mit definierten Flächen versehenen Zinkeinkristallen, in welche Quecksilber eindiffundierte. Die Dicke der gebildeten Amalgamschicht wurde gemessen und daraus die Anisotropie der Eindringtiefe (x) parallel und senkrecht zur Basis bestimmt (vgl. Tab. 14).

Die Quotienten der Eindringtiefe sind von der Versuchszeit, die zwischen 1 und 24 Stunden variiert wurde, unabhängig.

Schrifttum.

1. Elam, C. F.: J. Inst. Metals **43**, 217 (1930).
2. Mehl, R. F.: AIME techn. Publ. **726**, 23 (1936). — Trans. AIME **122**, 11 (1936).
3. Seith, W., u. A. Keil: Z. Elektrochem. **39**, 540 (1933).
4. Goetz u. R. C. Hergenrother: Phys. Rev. **38** 2075 (1932); **40**, 648 (1932).
5. Miller, P. H., u. H. Day: Phys. Rev. **57**, 1067 (1940). — Banks, F. R., u. H. Day: Phys. Rev. **57**, 1067 (1940). — Miller, P. H., u. F. R. Banks: Phys. Rev. **61**, 648 (1942).
6. Fensham, P. J.: Austral. J. Sci. Res. A **3**, 91 (1950); **4** 229 (1951).
7. Bolschanina, M. A., u. F. P. Rybalko: Fisitscheski Shurnal, Ser. A **7**, 312 (1937).

12. Oberflächen- und Korngrenzendiffusion.

Die Diffusion an Oberflächen fester Stoffe ist zuerst von Volmer und Mitarbeitern [1] untersucht worden. Die Ergebnisse sind zwar zum Teil nicht an metallischen Systemen gewonnen und dürfen daher nicht ohne weiteres übertragen werden. Es kann jedoch bei Metallen mit ganz ähnlichen Erscheinungen gerechnet werden.

Auf Glasplättchen wurde z. B. ein dünner Überzug von Benzophenon erzeugt, der jedoch nicht bis zum Rande des Plättchens reichte. An diesem freien Rand entlang tropfte Quecksilber, das den Benzophenonüberzug selbst nicht berührte. Trotzdem wurde mit dem Quecksilber Benzophenon wegbefördert. Daraus kann man schließen, daß dieses über die freie Glasoberfläche diffundierte. Zu einem zweiten Versuch wurde eine Benzophenonnadel benutzt, in der Nähe ihrer Spitze tropfte Quecksilber vorbei und beleckte die Nadel, ohne jedoch die Spitze selbst zu berühren. Die Nadel wird von der Spitze her abgebaut. Die Molekeln, die jeweils die Spitze bilden, müssen also auf der Kristalloberfläche dahin wandern, wo der Quecksilbertropfen den Kristall berührt.

Läßt man Quecksilber aus dem Dampf kristallisieren, so erhält man dünne, hexagonale Plättchen, die mit einer Kante an der Gefäßwand anliegen. Da die Wachstumsgeschwindigkeit in der Richtung senkrecht zur c-Achse weitaus am größten ist, wachsen diese Plättchen frei in den Raum hinaus. Da jedoch die meisten der aus dem Dampf auftreffenden Hg-Atome auf die Basisflächen fallen, ist das Wachstum nur dadurch zu erklären, daß sie dort nicht eingebaut werden, sondern entlang der Basisflächen nach den Prismenflächen hinwandern.

Die Diffusion radioaktiver Stoffe auf der Oberfläche ihrer Unterlagen ist ebenfalls verschiedentlich untersucht worden. So war es für die Messung der Selbstdiffusion von Blei von Wichtigkeit, zu wissen, ob die auf der Unterlage kondensierten Bleiisotope nicht durch Oberflächendiffusion fortwandern. Nach Versuchen von W. SEITH und A. H. W. ATEN [2] tritt dies bei den verwendeten Temperaturen auf Blei nicht ein. Schlägt man jedoch ThB auf einer Platinoberfläche

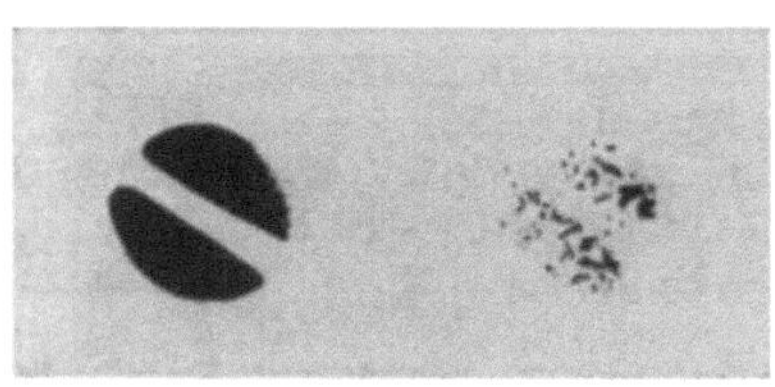

Abb. 142.
Oberflächendiffusion von ThB auf Pt.

nieder, die teilweise abgedeckt ist, und erhitzt auf Temperaturen über 550°, so läßt sich die Oberflächendiffusion dadurch verfolgen, daß man das Platinblech auf ein photographisches Papier legt. Es ist bemerkenswert, daß das ThB sich nicht gleichmäßig ausbreitet, sondern an einzelnen Stellen anhäuft (Abb. 142), die über die ganze Oberfläche verteilt sind. Diese Anhäufungen sind auch dort zu finden, wo kein Niederschlag erfolgt war.

Ähnliche Aggregationen auf Oberflächen beschreibt T. CHAMIÉ [3] bei radioaktiven Stoffen, die sich aus Lösungen abscheiden. H. JEDRZE-

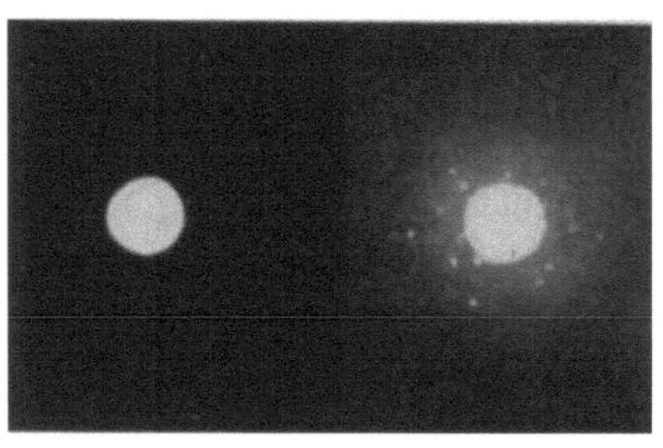

Abb. 143. Oberflächendiffusion von Po auf Ag.

JOWSKI [4] zeigte, daß sich Polonium, das zunächst einem begrenzten Teil einer Platinunterlage bedeckte, bei etwa 900° mit einem Diffusionskoeffizienten von $2{,}4 \cdot 10^{-5}$ cm² sec^{-1} ausbreitet.

Weitere Versuche in dieser Richtung hat K. SCHWARZ [5] unternommen. Er schlug Polonium auf Silber nieder. Bei 480° breitet sich dieses rasch aus und aggregiert sich zum Teil. Besonders schön ist dieses in Abb. 143 zu erkennen. Zu diesem Versuch war $^1/_{10}$ mm dicke Ag-Folie benutzt worden. Während die Ausbreitung auf der Oberfläche beinahe 1 cm betrug, war durch Volumendiffusion noch kein Polonium durch die Folie auf die Rückseite gelangt. Die scharfe Begrenzung des ursprünglichen Fleckes nach der Diffusionstemperung läßt allerdings vermuten, daß trotzdem eine geringe Volumendiffusion stattgefunden hat, die den Po-Atomen die Beweglichkeit längs der Oberfläche genommen hat.

Mit radioaktiven Indikatoren wurde ferner die Diffusion von ^{64}Cu auf Silber durch FRAUNFELDER [6] und die Selbstdiffusion von ^{110}Ag auf Silberdrähten durch NICKERSON und PARKER [7] gemessen. Zwischen 225° und 300° folgt die Oberflächenselbstdiffusion von Ag der Gleichung:

$$D^* = 0{,}16 \ \exp\left(-10\,300/R\,T\right) \ \mathrm{cm^2\,sec^{-1}}.$$

Die Ablösearbeit von 10 300 cal/Mol an der Oberfläche steht einer Ablösearbeit von 46 000 cal/Mol für die Gitterselbstdiffusion gegenüber.

Neben der Diffusion an den freien Oberflächen wird auch eine solche entlang den Korngrenzen im Inneren von kristallinem Material beobachtet. P. CLAUSING [8] untersuchte die Diffusion von Th in W. Diese ist besonders wichtig, da man den Glühlampendrähten, die aus Wolfram bestehen, kleine Mengen Thoriumoxyd zusetzt, um Rekristallisation zu vermeiden. Ein Wolframdraht, der 1,7% Thoriumoxyd enthält, emitiert kein Th, wenn er mit einer einkristallinen Wolframschicht überzogen ist. Daraus schloß CLAUSING, daß es sich in diesem Fall um eine Korngrenzendiffusion handelt. W. GEISS und J. A. VAN LIEMPT [9] stellten fest, daß Thoriumoxyd in Wolframdrähten bei 2400° reduziert wird. VAN LIEMPT [10] und ZWIKKER [11] haben festgestellt, daß Kohlenstoff bei 1900° nur in einen Vielkristall aus Wolfram eindiffundiert, nicht aber in einen Einkristall. A. E. VAN ARKEL [12] berechnet den DK von Mo in W im Einkristall zu 10^{-18} cm^2 sec^{-1} und im Polykristall zu 10^{-16} cm^2 sec^{-1}.

Aus Untersuchungen von A. BECKER [13], W. H. BRATTAIN und A. BECKER [13] und von P. LUKIRSKY, A. SOSINA, S. WEKSCHINSKY und A. ZAREWA [14], R. C. L. BOSWORTH [15] und J. B. TAYLOR und J. LANGMUIR [16] ist bekannt, daß die Atome von Na, Ba, Cs und Th auf der Oberfläche von Wolframdrähten rasch zu diffundieren vermögen. Es wird dieses dadurch nachgewiesen, daß die eine Seite des Drahtes mit solchen Atomen belegt wird und dann ihre Ausbreitung über die gegenüberliegende Seite des Drahtes durch Messen der Emission verfolgt wird. TAYLOR und LANGMUIR konnten auf diese Weise bei der Diffusion von Cs sogar unterscheiden, ob es sich um die erste oder zweite Lage einer Absorptionsschicht handelte. Sie erhalten z. B. bei 300° K D_1 zu $1{,}2 \cdot 10^{-11}$ cm^2 sec^{-1} und D_2 zu $0{,}34 \cdot 10^{-3}$ cm^2 sec^{-1} und bei 700° K D_1 zu $8 \cdot 10^{-6}$ und D_2 zu $3{,}2 \cdot 10^{-3}$.

Die Temperaturabhängigkeit und die Ablösearbeit ist aus den folgenden Gleichungen zu ersehen:

$$\text{erste Lage: } D_1 = 0{,}2 \quad \exp\left(-14\,000/R\,T\right),$$
$$\text{zweite Lage: } D_2 = 0{,}0164 \ \exp\left(-2300/R\,T\right).$$

Für die Diffusion von Th auf W fanden Brattain und Becker [13] bei 1382°C einen DK von $3 \cdot 10^{-9}$ cm² sec⁻¹. Der DK ist allerdings nach Langmuir stark von der Belegungsdichte abhängig.

Fonda, Young und Walker [17] bestimmten die DK von Th in Wolframdrähten von verschiedener Korngröße, wie Tab. 15 zeigt.

Tabelle 15.

Korngröße	2400°	2300°	2200°	2000° abs.
5,3	$3,19 \cdot 10^{-9}$	$1,48 \cdot 10^{-9}$	$5,8 \ \cdot 10^{-10}$	
7,3	$1,34 \cdot 10^{-9}$	$6,6 \ \cdot 10^{-10}$	$2,18 \cdot 10^{-10}$	
3000	$1,13 \cdot 10^{-11}$			$2,26 \cdot 10^{-13}$

Wertet man diese Versuche in der üblichen Weise aus, so erhält man die Gleichung:

$$D_1 = 0{,}554 \quad \exp(-90\,400/RT),$$
$$D_2 = 0{,}488 \quad \exp(-94\,100/RT),$$
$$D_3 = 0{,}003\,58 \ \exp(-93\,400/RT).$$

Die Gleichungen erwecken den Anschein, als ob die Konstante D_0 der Gleichung von der Korngröße abhängig wäre. Wie Langmuir [18] zeigt, kommt man jedoch zu anderen Resultaten, wenn man in die

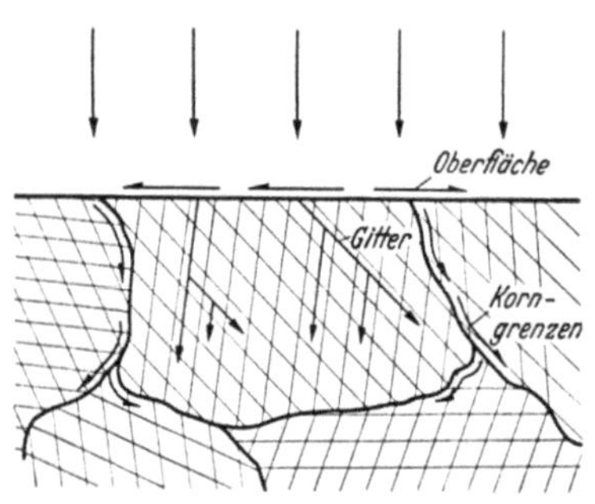

Abb. 144. Diffusion auf der Oberfläche, entlang der Korngrenzen und im Kristallgitter, schematisch. (Nach Mehl.)

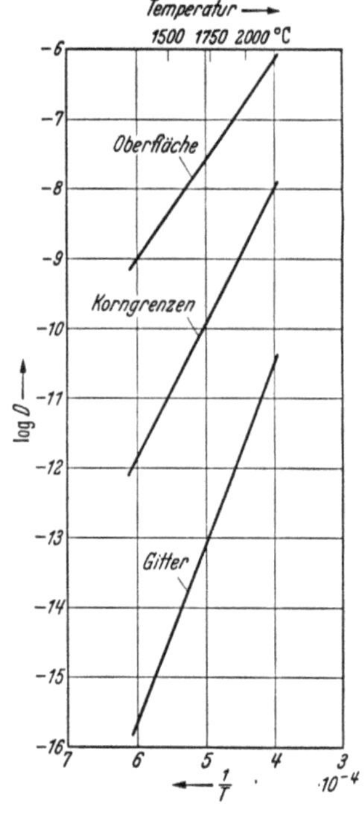

Abb. 145. Diffusion von Th in W.

Berechnung des DK an Stelle der Radien der Drähte die Radien der Körner einsetzt. Langmuir entnimmt ferner den Versuchen von Brattain und Becker den Oberflächendiffusionskoeffizienten von Th auf Wolfram und erhält für die Oberflächendiffusion $D = 0{,}47$ exp$(-66\,400/RT)$ und aus der Korngrenzendiffusion $D = 0{,}47$ exp

$(-90000/RT)$. Es gelingt so in diesem Falle, alle möglichen Arten der Diffusion, im Inneren der Kristalle, entlang der Korngrenzen und auf der freien Oberfläche, zu bestimmen. Mechanismus und Diffusions-kurven sind in Abb. 144 und 145 dar-gestellt. Man hat sich die Diffusion von Th aus einem Th-haltigen Wolfram-draht so vorzustellen, daß die Th-Atome aus dem Inneren der Kristallkörner zu-nächst nach den Korngrenzen diffun-dieren mit einer Diffusionsgeschwindig-keit, die infolge der hohen Ablösearbeit sehr gering ist. Entlang der Korngren-zen erfolgt die Diffusion rascher und führt die Atome an die Oberfläche des Drahtes. Sie können dort entweder direkt verdampfen oder auf der freien Oberfläche diffundieren. Der früher ge-fundene Unterschied zwischen der Dif-fusion im Einkristall und im Vielkristall beruht darauf, daß im Vielkristall Tho-rium oder Thoriumoxyd sich in einem zusammenhängenden Netzwerk zwi-schen den Kristallen anhäufen und ent-lang der Korngrenzen rasch nach außen

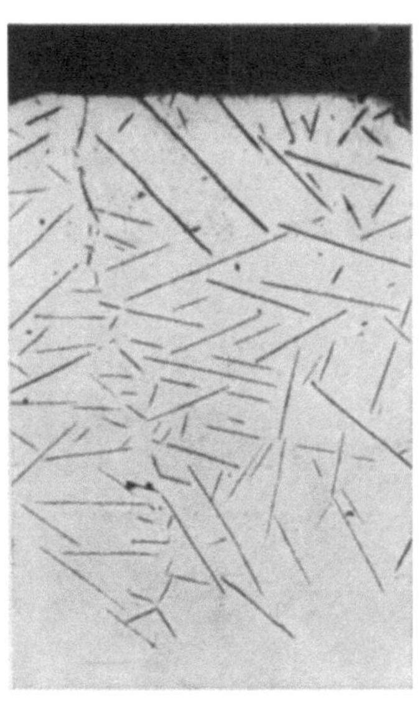

Abb. 146. Diffusion von N in Fe. (Nach MEHL.) Vergrößerung 25×.

gelangen. Wird nun die Probe gesintert, so werden die zusammenhän-genden Bezirke getrennt, und selbst wenn nicht alles Th in fester Lösung vorliegt, kann es nur noch durch langsame Volumendiffusion nach außen gelangen.

R. F. MEHL [19] bringt eine Reihe von Beispielen und Bildern, welche zeigen, daß die Diffusion von Kohlenstoff und Stickstoff in Eisen (Abb. 146) die Korngrenzen nicht bevorzugt. Bei der Diffusion von Zn in α-Messing machen sich die Korngrenzen besonders dann be-merkbar, wenn man das Zn aus der Probe in den Dampfraum ab-diffundieren läßt (Abb. 147).

L. GRAF [20] beschreibt die Diffusion von Silber in Goldkorn-grenzen und von Gold in Silberkorngrenzen. Dazu werden Silber-folien von 0,2 mm Dicke elektrolytisch mit Gold plattiert und 8 Stun-den auf 550° erhitzt. Im Schliffbild (Abb. 148 und 149) zeigt sich eine ausgeprägte Korngrenzendiffusion in beiden Richtungen.

Auch die Korngrenzendiffusion läßt sich mit Hilfe radioaktiver Indikatoren nachweisen. Pb ist z. B. in Cd im festen Zustande nicht löslich. Schmilzt man wie SEITH und KEIL [21] Cd unter Wasserstoff mit dem Bleiisotop ThB zusammen und schreckt ab, so erhält man ein

feinkristallines Gefüge, in dessen Korngrenzen **ThB** eingelagert ist.
Tempert man nun die Probe bei 250°, so wandert das **ThB** nach der

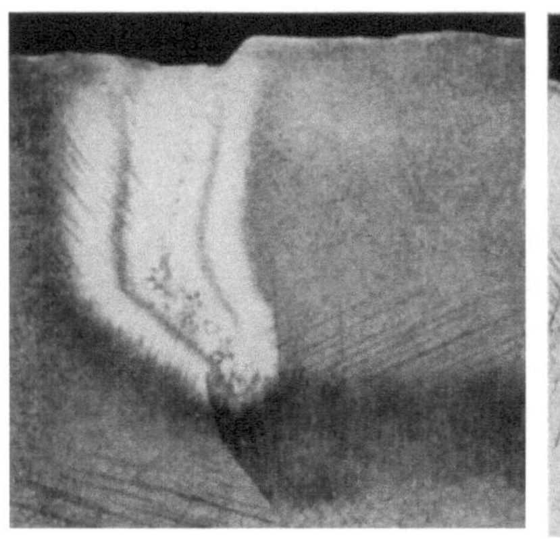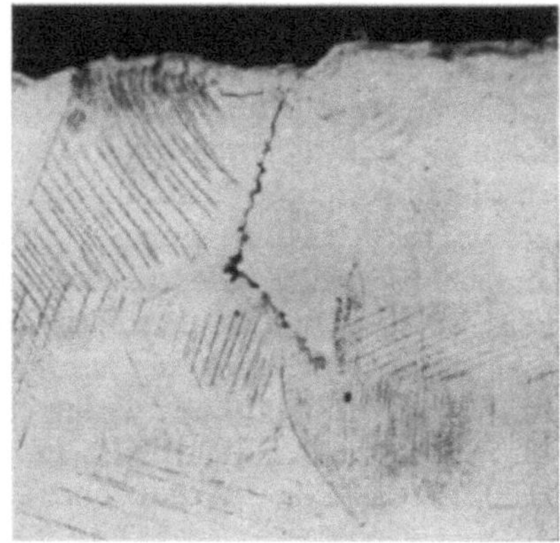

Abb. 147. Diffusion von **Zn** aus α-Messing entlang einer Korngrenze.
(Nach MEHL.) Vergrößerung 30×.

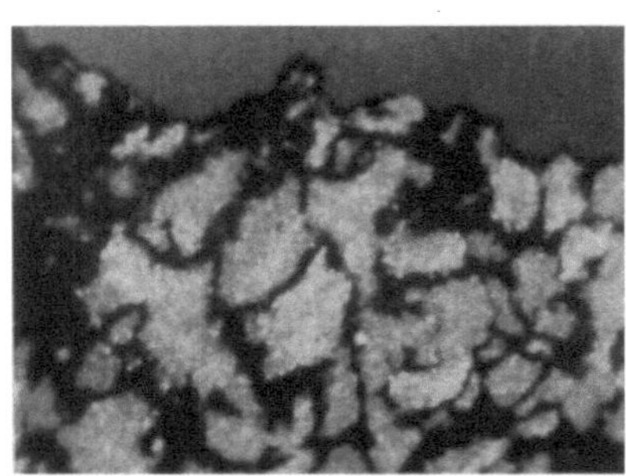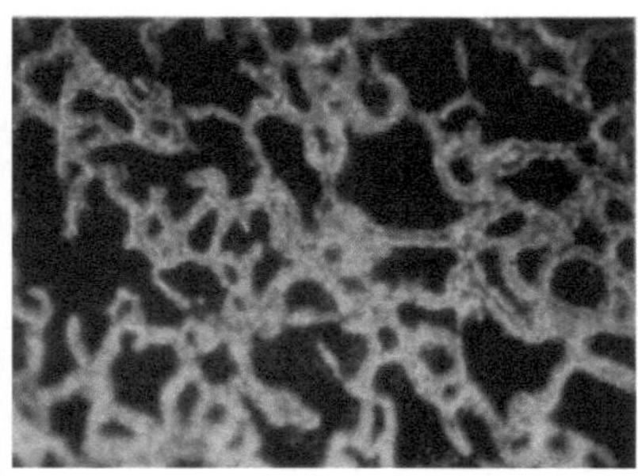

Abb. 148. Korngrenzendiffusion **Ag** in **Au.**   Abb. 149. Korngrenzendiffusion **Au** in **Ag.**
(Nach GRAF.) Vergrößerung 200×.   (Nach GRAF.) Vergrößerung 200×.

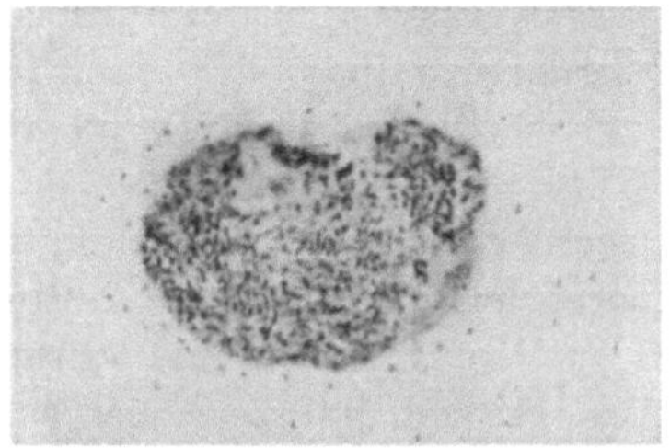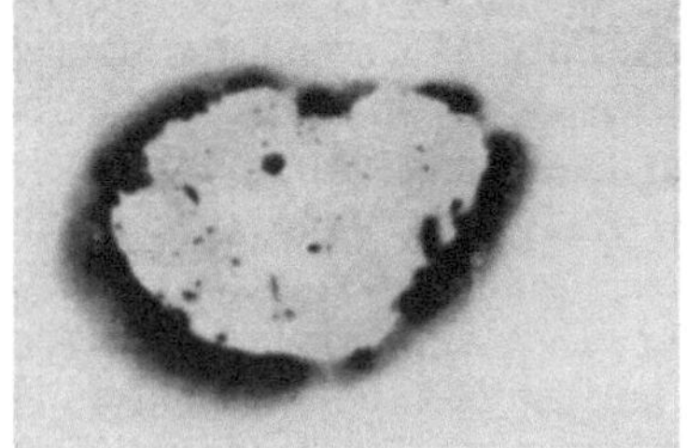

Abb. 150. Verteilung von **ThB** in **Cd**   Abb. 151. Diffusion von **ThB** aus **Cd**
nach dem Abschrecken.   beim Tempern.

Oberfläche des Stückes und in die Lunker (Abb. 150 und 151). Das
Wismutisotop **ThC** wurde zur Messung der Selbstdiffusion im Wismut

herangezogen. Es verteilt sich im Wismut homogen. Kondensiert man dagegen das Bleiisotop ThB auf einer Wismutoberfläche, so diffundiert dieses beim Erwärmen entlang der Risse und Korngrenzen in das Innere. In Abb. 152 ist ein Photogramm gezeigt, auf dem zu erkennen ist, wie das Wismut senkrecht zur Bildebene eingewandert ist.

Die Selbstdiffusion von Blei in den Korngrenzen ist von OKKERSE [38] gemessen. Die Temperaturabhängigkeit ist in Abb. 43, S. 89 dargestellt.

Zu einer exakten Beurteilung der Rolle der Korngrenzendiffusion und ihres Mechanismus waren Versuche nötig, bei denen man sehr reine Materialien verwenden mußte. Dieses wurde bei den älteren Arbeiten meist zu wenig beachtet. Da sich die Verunreinigungen, wie schon

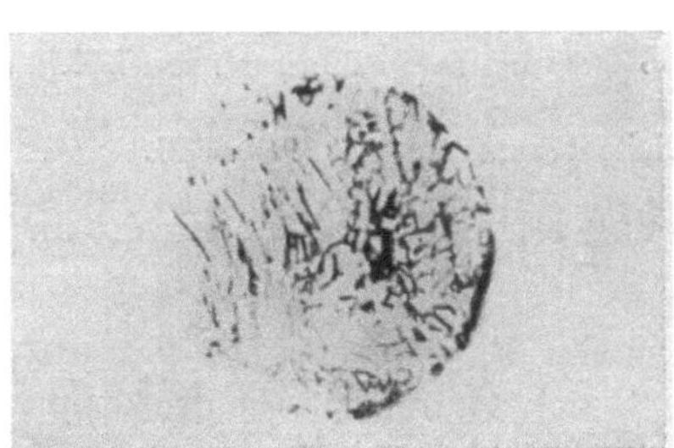

Abb. 152.
Korngrenzendiffusion von ThB in Bi.

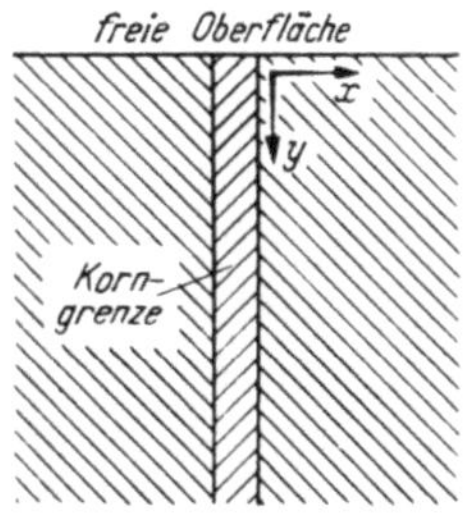

Abb. 153.
Modell einer Korngrenze. (Nach FISHER.)

TAMMANN zeigte, in den Korngrenzen ablagern, kann man ein falsches Bild erhalten, wenn man die Diffusion nicht an einer idealen Korngrenze, sondern in einer mit Verunreinigungen gefüllten Kluft mißt. Da insbesondere in neuester Zeit verschiedene Theorien über die Wirkung von Korngrenzen gemacht worden waren, erschienen Versuche an hochreinen Metallen bekannter Korngröße und Kornform von besonderer Bedeutung.

J. C. FISHER [22] hat eine Gleichung für den DK der Korngrenzendiffusion aufgestellt. Er geht von einem einfachen Modell der Korngrenzen aus, wie es Abb. 153 zeigt. Es wurde angenommen, daß auf der ebenen Oberfläche einer Probe eine dünne Schicht des diffundierenden Stoffes aufgebracht wird. Senkrecht zur Oberfläche und parallel zur Diffusionsrichtung verläuft eine Korngrenze in das Innere. Ihre Breite (δ) wird zu etwa $5 \cdot 10^{-8}$ cm angenommen. Wenn nun die Diffusion längs dieser Fläche rascher erfolgt als im Gitter, so wird dadurch ein Konzentrationsgefälle und damit eine Diffusion von der Korngrenze in der Richtung der x-Achse nach dem Inneren der beiden Körner erfolgen. Die Linien gleicher Konzentration werden dadurch die in Abb. 157 wiedergegebene Form annehmen. Man sieht, daß die

Schwierigkeit des Problems darin liegt, daß man wohl die Volumen-diffusion in einem Einkristall allein und exakt messen kann, daß jedoch bei Beobachtungen der Korngrenzendiffusion stets die Volumendiffusion aus der Korngrenze in das Innere mit berücksichtigt werden muß.

FISHER wertet diese Vorstellungen nach zwei Methoden aus, von denen eine zu folgender Gleichung führt. Für einen Punkt in der Nähe der Korngrenze mit dem Koordinaten x und y gilt:

$$c_{xy} = c_0 \exp\left(\frac{y_1\sqrt{2}}{\sqrt{\pi t_1}}\right)\Psi\left(\frac{x_1}{2\sqrt{t_1}}\right),$$

darin ist

Ψ die Fehlerfunktion, $t_1 = D_V t/\delta^2$,

$x_1 = x/\delta$, $D_V =$ Gitter-DK,

$y_1 = y/\delta\sqrt{\dfrac{D_B}{D_V}}$, $D_B =$ Korngrenzen-DK.

$c_0 =$ ursprüngliche Konzentration für $y = 0$.

An die Ableitung ist die Bedingung geknüpft, daß δ klein ist und daß über die Breite der Korngrenze δ die Konzentration konstant ist; ferner muß $D_B \gg D_V$ sein.

Zur experimentellen Darstellung der Beziehungen hat LANGMUIR bereits gezeigt, daß man die Diffusion von Th in W in die drei Kompo-

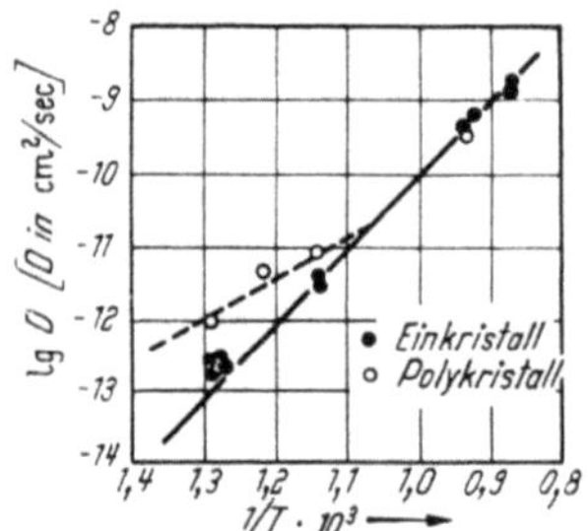

Abb. 154.
Koeffizienten der Selbstdiffusion in Silber.
(Nach HOFFMANN und TURNBULL.)

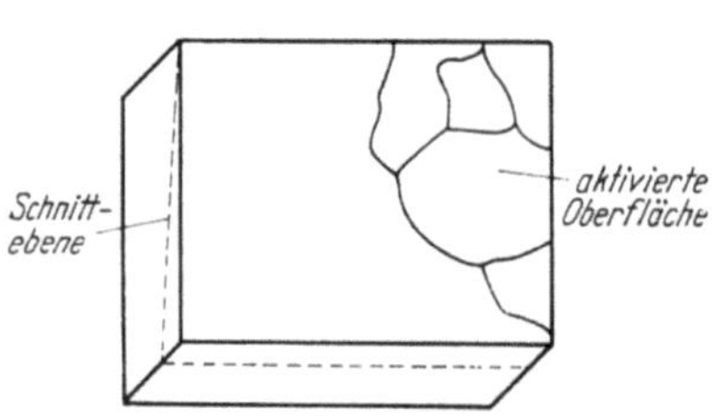

Abb. 155.
Beobachtung der Korngrenzendiffusion
an einem Schrägschliff, schematisch.

nenten der Gitter-, Korngrenzen- und Oberflächendiffusion aufteilen kann. In neuerer Zeit konnten HOFFMANN und TURNBULL [23] nachweisen, daß die Selbstdiffusion in Silber oberhalb 700° davon unabhängig ist, ob man einen Einkristall oder vielkristallines Material benutzt. Unterhalb 700° liegt der DK im polykristallinen Material jedoch höher als im Einkristall. Da beide DK in der bekannten Weise von der Temperatur abhängen, die Ablösearbeit jedoch für die Korngrenzendiffusion kleiner ist als für die Volumendiffusion, wird erstere bei tiefen und letztere bei hohen Temperaturen überwiegen. Da im

Einkristall nur die Volumendiffusion möglich ist, läßt sich die Beobachtung leicht erklären (Abb. 154). Für die Selbstdiffusion im Einkristall erhielten HOFFMAN und TURNBULL $D_0 = 0,895$ und $Q = 45\,950$. Bei polykristallinem Material ist D vom Reinheitsgrad abhängig. Bei 99,97% Ag ist $D_0 = 0,03$ und $Q = 20\,000$ und bei 99,999% Ag ist $D_0 = 0,12$ und $Q = 21\,500$. JOHNSON und MANGIO [33] haben festgestellt, daß der Koeffizient der Selbstdiffusion für polykristallines Ag bei 543° zeitabhängig ist. Die Abnahme des DK mit wachsender Glühzeit erklärt sich dadurch, daß die Volumendiffusion von der

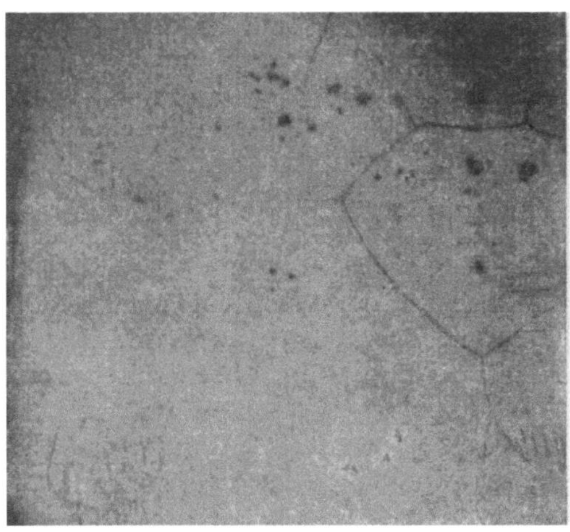

Abb. 156. Autoradiographie eines Schrägschliffes. (Nach HOFFMAN und TURNBULL.)

Korngrenzendiffusion überlagert ist und letztere infolge Kornwachstums mit der Zeit abnimmt.

Unter der Annahme, daß die Ausdehnung der Korngrenzen $\delta = 5 \cdot 10^{-8}$ cm ist, sind diese Ergebnisse mit der Gleichung von FISHER im Einklang.

Anknüpfend an diese Gleichung hat TURNBULL [24] die Korngröße berechnet, bei denen der Materialtransport der Volumen- und Korngrenzendiffusion vergleichbar wird, wenn das Verhältnis $D_B : D_V$ bestimmte Werte annimmt. Es wurde ein Beispiel gewählt, bei dem $D_V = 10^{-9}$ cm^2 sec^{-1} ist, die Wegkoordinate y der betrachteten Stelle 0,2 cm, die Konzentration an dieser Stelle 15% von c_0 und $t = 10^5$ sec beträgt. Tab. 16 zeigt den Zusammenhang.

Tabelle 16.

D_B/D_V	10^6	10^5	10^4	10^3
Korngröße cm	0,26	0,0014	$2,15 \cdot 10^{-5}$	10^{-6}

Durch einen einfachen, sinnvollen Versuch konnten HOFFMAN und TURNBULL den Verlauf der Korngrenzendiffusion veranschaulichen. Eine ebene Oberfläche eines polykristallinen Sinterkörpers wird mit radioaktivem Silber belegt. Nach der Diffusion wird die Probe schräg zur Oberfläche, wie Abb. 155 zeigt, angeschnitten und ein Kontaktabzug gemacht. In Abb. 156 kann man das Vordringen des Ag längs der Korngrenzen ins Innere verfolgen.

Eine andere Methode zur Beobachtung der Korngrenzendiffusion besteht darin, daß man die Probe parallel zur Diffusionsrichtung an-

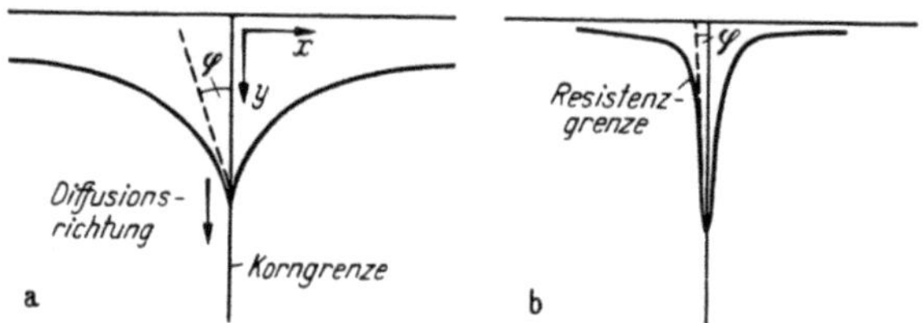

Abb. 157. Wirkung einer Korngrenze; schematisch. (Nach BARNES.)

schleift und die Konzentrationsverteilung in der Nähe einer Korngrenze beobachtet. Im allgemeinen wird man sich auf die Beobachtung einer Konzentrationsniveaulinie z. B. durch Verfolgen der Resistenzgrenze beschränken. Je nach dem Grad, in welchem die Korngrenzendiffusion die Volumendiffusion überwiegt, werden diese Linien Formen haben, wie sie in Abb. 157 dargestellt sind. BARNES [25] wendet diese Methode bei der Diffusion von Sn in Cu an. LE CLAIRE [26] konnte durch Differenzieren der Gleichung von FISHER (S. 192) zeigen, daß die Winkel (φ) vom DK der Korngrenzendiffusion und der Volumendiffusion und

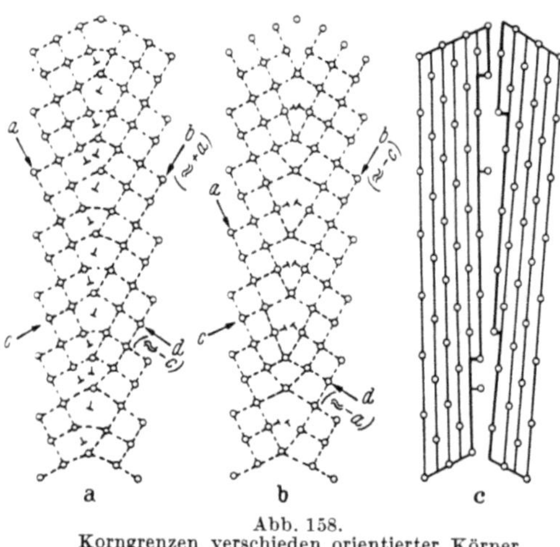

Abb. 158.
Korngrenzen verschieden orientierter Körner.
(Nach READ und SHOCKLEY.)

von der Breite der Korngrenze abhängen. Es gilt:

$$\frac{D_B}{D_V} = \frac{1}{\delta} 2 (\pi D_V t)^{1/2} \cotg^2 \varphi.$$

Auf die Versuchsergebnisse von BARNES angewendet, erhält man $D_B/D_V = 8 \cdot 10^5$ bei 1000° C.

Will man die Frage der Korngrenzendiffusion übersehen, so ist das nur möglich, wenn exakte Vorstellungen von der Natur der Korngrenze vom Standpunkte der Atomanordnung vorhanden sind. Es liegen hier eine Reihe von Theorien vor, die jedoch nur soweit erwähnt werden sollen, als sie bereits mit der Korngrenzendiffusion in Zusammenhang gebracht worden sind. Hier sind vor allem die Arbeiten von SMOLUCHOWSKY [27] zu nennen. Für Korngrenzen, an welchen zwischen den Orientierungen der Körner nur kleine Winkel (Θ) bestehen, wird nach READ und SHOCKLEY [28] angenommen, daß nur wenige Versetzungen bestehen, die zu stabförmigen Fehlstellenzeilen zusammentreten können (Abb. 158). Die einzelnen fehlgeordneten Stäbe haben untereinander zunächst keine Verbindung, so daß eine wesentliche Beschleunigung der Diffsuion im Vergleich zu der im Kristallgitter nicht erwartet werden kann. Bei größeren Abweichungen der Orientierung der Körner wird jedoch nach MOTT [29] angenommen, daß ganze „Inseln" von fehlgeordneten Bereichen gebildet werden, in denen dann ein rascher Platzwechsel stattfindet.

Die Diffusionsgeschwindigkeit sollte danach von dem Winkel (Θ) abhängig sein, den die Achsen zweier Körner zueinander bilden, welche an der Korngrenze zusammenstoßen. Es müßte einen bestimmten kritischen Winkel geben, bis zu dem keine Erhöhung der Gesamtdiffusion eintritt. Der Winkel wird bei kubischem Gitter ungefähr $20°$ betragen. Dann muß ein Anstieg erfolgen, der bei $45°$ ein Maximum erreicht. Bei rechtwinkligen Kristallachsen erfolgt ein spiegelbildlicher Abfall der Kurve, und bei $70°$ wird der Wert der Volumendiffusion wieder erreicht. Auf Grund solcher Modellvorstellungen können Voraussagen über die Diffusionsgeschwindigkeit und die Ablösearbeit gemacht werden.

Durch einen experimentellen Kunstgriff konnte SMOLUCHOWSKY [27] diese Vorstellungen nachprüfen. Er stellte sich Cu-Proben her, die aus senkrecht zur Oberfläche orientierten Säulenkristallen bestanden. Eine Achse der Kristalle war damit für alle Kristallkörner parallel, während durch Verdrehung der einzelnen Körner die Winkel (Θ) in den Korngrenzen gebildet wurden. Die gegenseitige Orientierung der Körner konnte durch Anätzen sichtbar gemacht werden. Er ließ nun von der Oberfläche her Ag in diese Proben eindiffundieren. Die Silberatome konnten zum Teil den Weg durch das Innere der Kristallite nehmen oder sich entlang der definierten Korngrenzen bewegen. Bei der Diffusion entlang den Korngrenzen wird natürlich stets ein Teil der Atome in der Richtung senkrecht zur ursprünglichen Diffusionsrichtung ebenfalls in das Innere der Körner abwandern. Das Fortschreiten dieser Vorgänge wurde durch Abheben von Schichten und Anätzen verfolgt. Nach der Methode der Resistenzgrenzen konnte damit die Lage einer bestimmten Konzentration festgelegt werden. Aus Abb. 159 kann man deutlich das verschiedene Vordringen in den einander parallelen Korngrenzen ersehen. Wenn man auch auf diese Weise den DK nicht berechnen kann, so genügt doch die Bestimmung der Eindringtiefe, die durch die Resistenzgrenze des Ätzmittels gegeben ist, um ein quantitatives Bild der Diffusionsvorgänge zu erhalten. Sowohl für das System **Cu-Ag** wie das von FLANAGAN und SMOLUCHOWSKY [30] untersuchte System **Cu-Zn** ließen sich die theoretischen Voraussetzungen bestätigen. Abb. 160 zeigt die Eindringtiefe von **Ag** in **Cu** in Abhängigkeit vom Winkel (Θ) und Abb. 161 die gleichen Größen für die Diffusion von **Zn** in **Cu**. Man erkennt deutlich, daß zunächst bei kleinen Winkeln keine Erhöhung der Diffusionsgeschwindigkeiteintritt, daß von einem kritischen Winkel ab (20°) ein steiler Anstieg erfolgt, der, wie es der theoretischen Voraussetzung entspricht, bei 45° ein Maximum erreicht.

Bei Betrachtung der Temperaturabhängigkeit der Korngrenzendiffusion konnten ebenfalls mehrere Gebiete unterschieden werden, je nachdem, wie groß der Winkel war. SMOLUCHOWSKY leitete einige Gleichungen ab, die auf Grund des vorhin gegebenen Bildes die Zusammenhänge zwischen der Ablösearbeit, der Eindringtiefe und dem Winkel Θ geben. In bezug auf letzteren werden

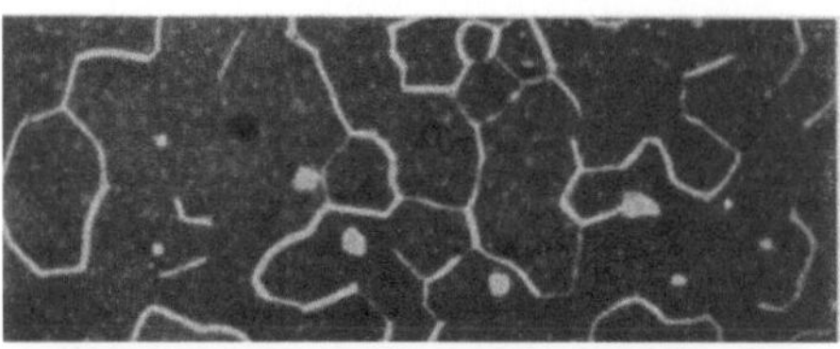
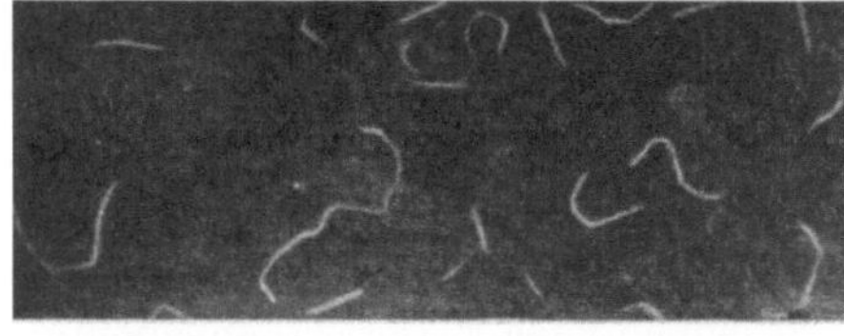
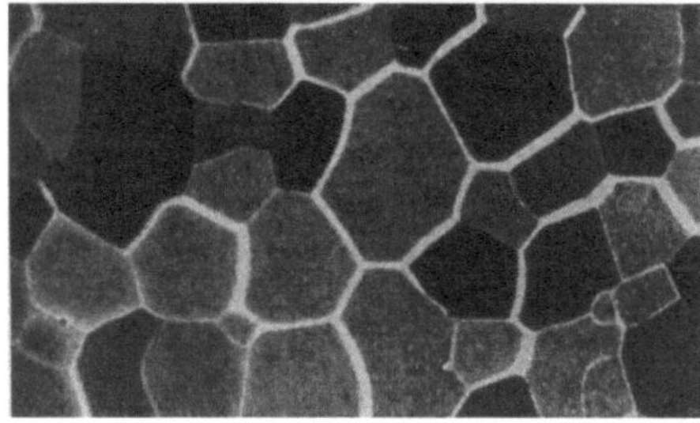

Abb. 159.
Korngrenzendiffusion. (Nach SMOLUCHOWSKI.)
Vergroßerung 15×.

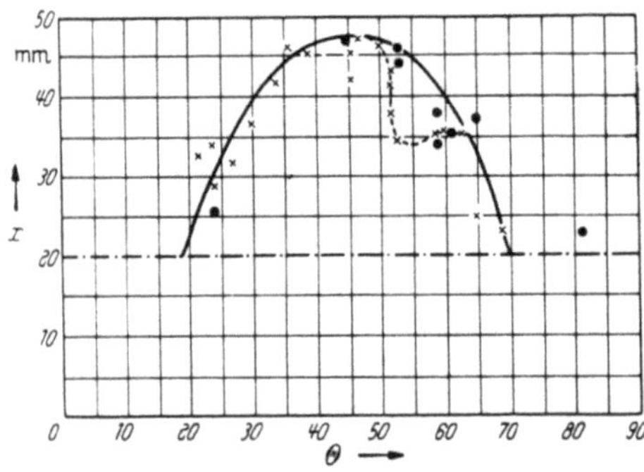

Abb. 160.
Winkelabhängigkeit der Korngrenzendiffusion von
Ag in **Cu**. (Nach ACHTER und SMOLUCHOWSKI.)

gebenen Bildes die Zusammenhänge zwischen der Ablösearbeit, der Eindringtiefe und dem Winkel Θ geben. In bezug auf letzteren werden drei Gebiete unterschieden, die sich aus der Vorstellung ergeben, daß die Korngrenzen als Anordnung von Versetzungen betrachtet werden. Im ersten Bereich kleiner Winkel bis Θ_R liegen die Versetzungen getrennt. Für kubisch-flächenzentrierte Gitter hat Θ_R etwa den Wert von 15°. Oberhalb Θ_R lassen sich weitere Versetzungen nicht mehr normal unterbringen, es bilden sich stabförmige Ansammlungen aus. Bei weiterem Anwachsen des Winkels Θ wird schließlich der Abstand der Stäbchen gleich ihrer Dicke, so daß sie sich von diesem Grad der Desorientierung ab, $\Theta = \Theta_S$, im Sinne des Inselmodells zu Platten sammeln. Für die einzelnen Bereiche gelten dann folgende Gleichungen, auf deren Ableitung hier nicht näher eingegangen werden kann.

1. Für $\Theta < \Theta_R$ gilt:

$$y_V^2 = k\,t\exp(-Q_V/RT),$$

wo y_V die Eindringtiefe und Q_V die Ablösearbeit der Volumendiffusion und k eine Konstante bedeutet. Es liegt dann reine Volumendiffusion vor.

2. Für $\Theta_S < \Theta < 45°$, wo weite Bereiche (Inseln) gestörter Flächen vorliegen, wird abgeleitet:

$$y_S^2 = k\,t^{1/2}\exp -(Q_B - \tfrac{1}{2}Q_V)/RT.$$

Q_B ist die Ablösearbeit in der Korngrenze (*Boundry*).

3. Bei Ausbildung einzelner, getrennter Zeilen von Versetzungen, $\Theta \simeq \Theta_R$, erhält man einen komplizierteren Ausdruck, in dessen Exponenten als scheinbare Ablösearbeit $(Q_B - Q_V)$ steht.

4. In einem Gebiet, das zwischen 2 und 3 liegt, $\Theta_R < \Theta < \Theta_S$, wird dann die scheinbare Ablösearbeit:

$$(Q_B - \tfrac{1}{2}Q_V) + q\,A(Q_B - Q_V)\,(1 + q\,A)^{-1}.$$

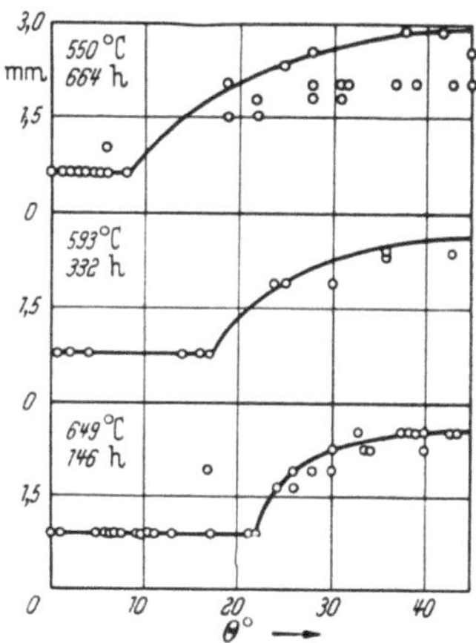

Abb. 161. **Winkelabhängigkeit der Korngrenzendiffusion von Zn in Cu.** (Nach FLANAGAN und SMOLUCHOWSKI.)

q ist eine Funktion, die zwischen den Zuständen 2 und 3 zwischen 0 und 1 variiert. A ist ein komplizierter Ausdruck, in den D_V und der Durchmesser der zeilenförmigen Fehlstellen (δ) eingeht.

Das Wesentliche an diesen Ableitungen ist, daß mit ihrer Hilfe die Diffusion von Zink in säulenförmig kristallisiertem **Cu** dargestellt werden kann. Die experimentell gefundenen Ablösearbeiten stimmen mit den berechneten gut überein (vgl. Tab. 17).

Bei den in Tab. 17 aufgeführten Zahlen handelt es sich um die scheinbaren Ablösearbeiten, die mit Q_V und Q_B nach den oben angeschriebenen Gleichungen zusammenhängen. Es muß noch erwähnt werden, daß diese scheinbaren Ablösearbeiten für $Q_B < \frac{1}{2}Q_V$ im Falle 2 und im Falle 3 stets negativ sind. Diese negativen Ablösearbeiten konnten jedoch nicht beobachtet werden, da bei den Bedingungen, unter denen sie auftreten, die Volumendiffusion bereits zu sehr überwiegt.

Tabelle 17.

Winkel	25°	30°	35°	40°	45°
Q exp.	1960	4050	7210	7500	7500
Q theoret.	2160	4000	7200	7500	7500

Wie schon S. 75 erwähnt, kann man sich für die Oberflächendiffusion Modellvorstellungen machen, indem man nach STRANSKI und SUHRMANN [31] die Ablösearbeiten für verschiedene Lagen eines Atoms an der Oberfläche und die Energiestufen der Sattellagen, die beim Übergang von einer Lage zur anderen zu überwinden sind, berechnet.

In Abb. 162 sind nochmals einige mögliche Lagen dargestellt. In Tab. 18 sind die dazugehörigen Ablösearbeiten für Wolframatome, die für das Folgende gebraucht werden, angegeben. Die Lage a ist

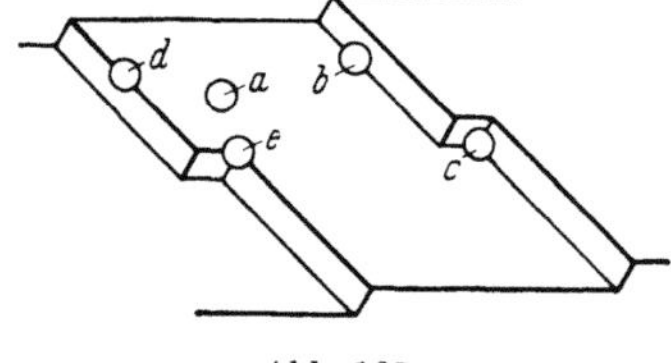

Abb. 162.
Atomlagen auf einer Kristalloberfläche.

Tabelle 18.

Fläche	Lage		Sattel	
011	a	113500	a	101100
	a_1	133900	b	123800
	c	202700	c	90600
			d	95400
001	a	168000	a	90300
	c	187500	b	104000

darin diejenige, die dem räumlichen Weiterbau des kubisch-raumzentrierten Gitters entsprechen würde. Es ist jedoch anzunehmen, daß auf der 011-Fläche ein einzelnes Atom auf einer Oberfläche die dort stabilere Lage a_1 einnimmt, in der es auf drei Atomen der Unterlage liegt.

Die Aktivierungsarbeiten zwischen zwei gleichwertigen Lagen entsprechen der Differenz der Ablösearbeit und dem Niveau des zu überschreitenden Sattels.

Das Feldelektronenmikroskop von MÜLLER [32] erlaubt nun einen Teil dieser Aktivierungswärmen zu messen. Dampft man auf die W-Spitze des Feldelektronenmikroskopes Wolfram auf, so bildet sich zunächst eine Anordnung dieser Atome aus, die als Wachstumsform bezeichnet wird. Diese geht beim Erhitzen in die sog. Temperform über (Abb. 163). Der reziproke Zeitbedarf solcher Übergänge, die im

Feldelektronenmikroskop direkt beobachtet werden können, gegen $1/T$ aufgetragen, ergeben Kurven, wie sie in Abb. 164 dargestellt sind. Hieraus kann man die Aktivierungswärmen ablesen. MÜLLER versucht nun diese Werte den vorher berechneten Aktivierungsenergien zuzuordnen, die einem entsprechenden Übergang entsprechen. In Tab. 19 sind solche Werte von MÜLLER zusammengestellt.

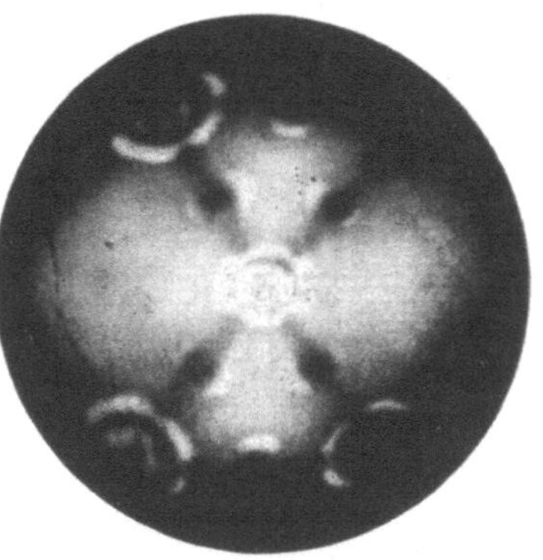

Abb. 163. Auf ausgefüllter 0 1 1-Fläche nochmals Wolfram bei Zimmertemperatur kondensiert. (Nach MÜLLER.)

In den ersten beiden Fällen läßt sich die beobachtete Ablöseenergie eindeutig den entsprechenden Übergängen zuordnen. In den Fällen 3 und 4 liegen die berechneten Energien zu nahe beieinander, als daß das Experiment entscheiden könnte, welchem dieser Übergänge, die einander sehr ähnlich sind, die beobachtete Erscheinung zukommt. Eine Reihe von anderen Übergangsmöglichkeiten ließ sich von vornherein ausschließen; sie sind, um die Tabelle nicht zu überlasten, nicht mit auf-

Tabelle 19.

Fläche		ber.	beob.
011	Lage a_1 — a Sattel	32 600	30 000 ± 4000
	Lage c — b Sattel	49 000	80 000 ± 8000
	Lage c — d Sattel	112 000	
	Lage c — e Sattel	107 000	106 500 ± 8000
001	Lage c — b Sattel	98 300	85 000 ± 2000

geführt. Die in der Abb. 164 angegebene Aktivierungswärme von 45 000 cal/Mol kommt in der Reihe der berechneten Energien nicht vor. MÜLLER schreibt sie einem komplizierteren Vorgang, an dem sich mehrere Atome beteiligen, zu. Im

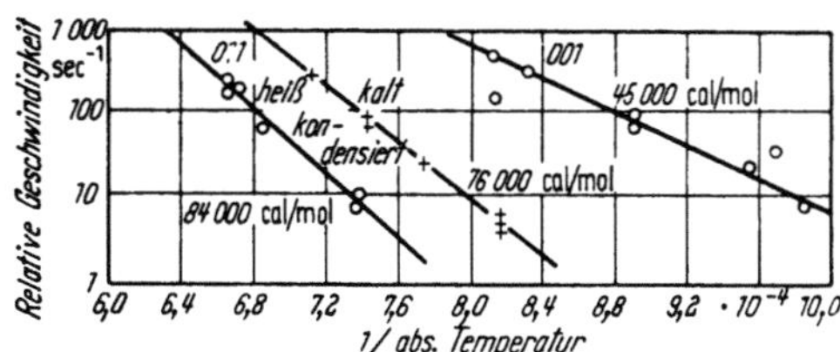

Abb. 164. Abwanderungsgeschwindigkeit der Kondensate in der Temperform. (Nach MÜLLER.)

merhin ist es als sehr bedeutungsvoll anzusehen, daß mit Hilfe des Feldelektronenmikroskops Aussagen über die Bewegungen einzelner Atome auf einer Kristallgitterunterlage gemacht werden können.

Als das Manuskript des Buches schon fertiggestellt war, erschienen drei Veröffentlichungen von M. DRECHSLER, die ich nachträglich noch kurz einfügen möchte. In der ersten [*34*] werden die Bindungsenergien von Fremdatomen auf den verschiedenen Flächen kubisch-raumzentrierter Kristalle in Mulden- und Sattellagen modellmäßig betrachtet und die Platzwechselenergien in verschiedenen Richtungen, die sich aus der Lage der Sättel ergeben, theoretisch abgeleitet. Die zweite Veröffentlichung [*35*] zeigt am Beispiel der Beweglichkeit von Ba auf einem W-Einkristall, der die Spitze in einem Feldelektronenmikroskop darstellt, daß die theoretisch vorausgesagten Vorzugsrichtungen der Bewegung den Beobachtungen entsprechen. Die Versuche werden an Schichten ausgeführt, die im Maximum einer einatomaren Bedeckung entsprechen. Auf der Oberfläche dickerer Schichten ist eine für die Unterlage spezifische Richtungsabhängigkeit nicht mehr zu erwarten.

Aus dem bevorzugten Einbau aufgedampfter W-Atome auf einer W-Spitze an bestimmten Flächen läßt sich auch etwas über die Oberflächendiffusion der eigenen Atome auf einem Kristall aussagen. Die Atome, welche aus dem Gasraum auf einer Ebene auftreffen, auf der die Gleichgewichtslagen verhältnismäßig niedrigen Energiemulden entsprechen, können über die Fläche und dann über die Randsättel nach einer Nachbarfläche abwandern, auf der sie energetisch günstigere Lagen antreffen. Die ursprüngliche Fläche wächst dadurch an ihren Rändern. Dies trifft z. B. für die 1 1 2-Fläche des W im Feldelektronenmikroskop zu. Aus der Asymmetrie des anwachsenden Randes kann man die von der Oberflächendiffusion bevorzugten Richtungen erkennen. Die von AHEARN und BECKER [*37*] festgestellte Diffusionsrichtung von Th-Atomen auf W, die 1 1 1-Richtung, stimmt mit den theoretischen Betrachtungen überein.

Die dritte Arbeit [*36*] bringt die für uns wichtigsten Ergebnisse. Dadurch, daß beobachtet wurde, daß einer Oberflächenbedeckung von 0,65 ein Maximum der Emission entspricht, kann aus deren zeitlichem Fortschreiten der DK. der Oberflächendiffusion ermittelt werden. Es ist möglich, durch Beobachtungen der Zeit, die nötig ist, von einem bestimmten, im Elektronenmikroskop beobachtbaren Verteilungszustand zu einem bestimmten anderen zu kommen, die Diffusionskonstante zu messen. DRECHSLER geht nun so vor, daß er für jede Fläche die Temperatur aufsucht, bei der sich ein DK. von $2{,}6 \cdot 10^{-12}\,\mathrm{cm^2\,sec^{-1}}$ einstellt. Für die Diffusion von Ba auf W-Flächen in den bevorzugten Richtungen sind die DK. bei 600° K. in Tab. 20 zusammengestellt. Zur Umrechnung auf diese Temperatur können die theoretisch berechneten Aktivierungsenergien benutzt werden, da Versuche bei verschiedenen Temperaturen gezeigt haben, daß sich diese von den gemessenen nur wenig unterscheiden. Da ferner die Beobachtung gemacht wurde, daß für alle Flächen der Ausdruck Q/D den gleichen Wert hat, so muß dies auch für D_0 zutreffen. Damit wird D_0 ebenfalls bestimmbar. Es gilt dann für die Oberflächendiffusion des Ba auf W-Einkristallen allgemein die Gleichung

$$D = 6{,}3 \cdot 10^{-8} \exp - (Q/RT).$$

Obwohl es diese Methode nur erlaubt, für Ba auf W und vielleicht noch einige andere Kombinationen die Oberflächen-DK zu bestimmen, sind die Ergebnisse doch von grundsätzlicher Bedeutung.

Tabelle 20. *Oberflächendiffusion von* Ba *auf* W.

W Fläche	T_D in $^\circ K$	$Q_{beob.}$ EV	$Q_{theor.}$ EV	$Q_{beob.}$ cal	$D_{600\,^\circ K}$ $cm^2\,sec^{-1}$
1 1 0	$\cong 260$	$\cong 0{,}20$	0,19	4 700	$\cong 60\,000$
1 2 2	310	0,24	0,22	5 500	34 000
1 2 0	600	0,50	0,46	12 000	320
1 1 1	590	0,50	0,47	12 000	260
0 0 1	800	0,66	0,65	15 000	8,3
1 1 2	$\cong 900$	$\cong 0{,}76$	0,73	17 000	$\cong 1{,}8$
1 2 0$_{quer}$	—	1,45	1,34	34 000	—

Schrifttum.

1. VOLMER, M., u. Mitarbeiter: Z. phys. Chem. **115**, 239 (1925); **119**, 46 (1926) Z. Phys. **7**, 1, 13 (1921).
2. SEITH, W., u. A. H. W. ATEN: Z. phys. Chem. Abt. B **10**, 296 (1930).
3. CHAMIÉ, T.: J. Physique Radium **10**, 1344 (1932).
4. JEDRZEJOWSKI, H.: C. R. **194**, 1340 (1932).
5. SCHWARZ, K.: Z. phys. Chem. Abt. A **168**, 241 (1934).
6. FRAUNFELDER, H.: Helv. Phys. Acta **23**, 347 (1950).
7. NICKERSON, R. A., u. E. R. PARKER: Trans. Amer. Soc. Metals **42**, 376 (1950).
8. CLAUSING, P.: Physica, Haag **7**, 193 (1927).
9. GEISS, W., u. J. A. M. VAN LIEMPT: Z. anorg. Chem. **168**, 107 (1928).
10. LIEMPT, J. A. M. VAN: Metallwirtsch. **7**, 558 (1928) — Z. Metallkunde **16**, 317 (1924).
11. ZWIKKER, C.: Physica, Haag **7**, 189 (1927).
12. ARKEL, A. E. VAN: Metallwirtsch. **7**, 656 (1928).
13. BECKER, A.: Trans. elektrochem. Soc. **55**, 153 (1929). — BRATTAIN, W. H., u. A. BECKER: Phys. Rev. **43**, 428 (1933).
14. LUKIRSKY, P., A. SOSINA, S. WEKSCHINSKY u. T. ZAREWA: Z. Phys. **71**, 306 (1931).
15. BOSWORTH, R. C. L.: Proc. Roy. Soc., Lond. A **150**, 58 (1935).
16. LANGMUIR, J., u. J. B. TAYLOR: Phys. Rev. **40**, 463 (1932); **44**, 423 (1933).
17. FONDA, YOUNG u. WALKER: Physics **4**, 1 (1933).
18. LANGMUIR, J.: Z. angew. Chem. **46**, 719 (1933).
19. MEHL, R. F.: AIME techn. Publ. **726**. 23 (1936) — Trans. AIME **122**, 11 (1936).
20. GRAF, L.: Z. Metallforsch. **38**, 191 (1947).
21. SEITH, W., u. A. KEIL: Z. Metallkunde **26**, 68 (1934).

22. FISHER, J. C.: J. appl. Phys. **22**, 74 (1951).
23. HOFFMANN, R. E., u. D. TURNBULL: J. appl. Phys. **22**, 634 (1951).
24. TURNBULL, D.: Atom Movements, Amer. Soc. Metals **1951**.
25. BARNES, R. S.: Nature, Lond. **166**, 1032 (1950).
26. LE CLAIRE, A. D.: Phil. Mag. **42**, 468 (1951).
27. ACHTER, M. R., u. R. SMOLUCHOWSKI: J. appl. Phys. **22**, 1260 (1951). — SMOLUCHOWSKI, R.: Phys. Rev. **87**, 482 (1950) — Imperfections in nearly perfect Crystals, Nat. Res. Council. Publ. by John Wiley & Sons. **1952**. 451.
28. READ, W. T., u. W. SHOCKLEY: Phys. Rev. **78**, 275 (1950).
29. MOTT, N. F.: Proc. phys. Soc., Lond. **60**, 391 (1948); **64**, 729 (1950).
30. FLANAGAN, R., u. R. SMOLUCHOWSKI: J. appl. Phys. **23**, 785 (1952); **23**, 357 (1952)
31. STRANSKI u. R. SUHRMANN: Ann. Phys. 1] 153 (1947).
32. MÜLLER, E. W.: Z. Phys. **126**, 642 (1949).
33. JOHNSON, R. D., u. C. A. MANGIO: U. S. Atomic Energy Commission Publ. **1953**, BMI-851.
34. DRECHSLER, M.: Z. Elektrochem. **58**, 327 (1954).
35. DRECHSLER, M.: Z. Elektrochem. **58**, 334 (1954).
36. DRECHSLER, M.: Z. Elektrochem. **58**, 340 (1954).
37. AHEARN, J. A., u. J. H. BECKER: Phys. Rev. **54**, 448 (1938).
38. OKKERSE, B.: Acta Metallurgica **2**, 551 (1954).

13. Ausbreitungsdiffusion.

Unter Ausbreitungsdiffusion sollen solche Vorgänge verstanden werden, bei welchen sich flüssige Metalle auf der Oberfläche eines festen Metalles ausbreiten, wobei intermetallische Reaktionen stattfinden. Es ist also nicht die Benetzung allein, welche diese Erscheinung hervorruft. E. W. PLANK [1] beschreibt z. B. einen Versuch, der als Vorlesungsversuch die Diffusion im festen Zustand zeigen soll, der jedoch ein typisches Beispiel für die Ausbreitungsdiffusion ist. In eine Schale, die Quecksilber enthält, wird ein Bleistab eingetaucht, der die Form eines Hebers hat. Das kürzere Ende taucht in das Quecksilber, während das längere Ende nach unten hängt. Hierunter wird ein leeres Gefäß aufgestellt. Das Quecksilber überzieht den Bleistab und fließt an diesem entlang langsam in das untere Gefäß. Daß es sich nicht um eine Diffusion im festen Blei handelt, kann man daran feststellen, daß der Bleistab in seinem Inneren frei von Quecksilber bleibt. Der Versuch ist sehr interessant, schon weil er den Zusammenhang der sich auf der Oberfläche ausbreitenden Schicht und die Beeinflussung dieser Schicht durch die Schwerkraft zeigt. Die Schicht ist zu dick, als daß man von einer einfachen Adsorptionsschicht reden könnte.

Ähnliche Vorgänge sind von T. ALTY und A. R. CLARK [2] am System Zinn-Quecksilber gemessen worden. Hierzu wurde ein kleiner Zylinder aus Zinn mit seiner Basis in Quecksilber eingetaucht. Man

kann dann das Fortschreiten der sich bildenden Amalgamphase auf
der Oberfläche des Zylinders beobachten. Die zurückgelegte Wegstrecke ist dabei der Wurzel aus der Zeit proportional, so daß die
Größe x^2/t als Maß für die Diffusionsgeschwindigkeit verwendet werden kann. Dieses gilt nach H. Prügel [3] nur, solange noch flüssiges
Hg vorhanden ist. Die Gesetzmäßigkeit ist jedoch auch gültig bei
großen Flächen, wenn man z. B. Zinnfolien mit einem Ende in Hg
eintaucht und ständig für die Nachlieferung von Hg sorgt. Alty und
Clark zeigen, daß die Diffusionsgeschwindigkeit stark von der Beschaffenheit der Oberfläche abhängt. Auf einer abgedrehten Oberfläche ist sie am geringsten, schon schneller auf einer mit feinstem

Schmirgel geschliffenen und am
raschesten auf einer auf Hochglanz
polierten Fläche. Die Geschwindigkeiten verhalten sich etwa wie
1,0:2,8:7,0. Abb. 165 läßt diese Abhängigkeit deutlich erkennen. Aus
der Temperaturabhängigkeit der
Größe x^2/t läßt sich die Aktivierungswärme berechnen. Sie beträgt auf
abgedrehten Oberflächen zwischen
2° C und 90° C 1920 cal/Mol. Sie ist
danach, wie zu erwarten, kleiner als
diejenigen, die wir von der Diffusion
im festen Zustande her kennen. Daß
die Ausbreitungsgeschwindigkeit auf
polierten Flächen so groß ist, ist darauf zurückzuführen, daß solche Oberflächen eine außerordentlich feinkör-
nige Struktur haben, die im frischen,

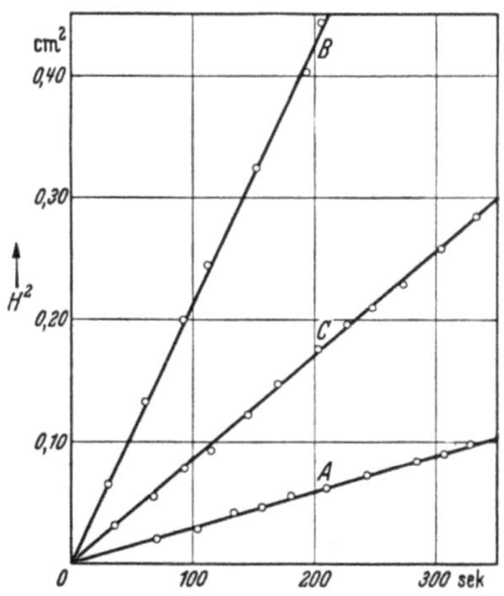

Abb. 165. Ausbreitungsdiffusion
von Quecksilber auf Zinn.
Fläche: A abgedreht, B poliert,
C geschmirgelt.
(Nach Alty und Clark.)

nicht rekristallisierten Zustand ein sehr deformiertes Kristallgitter aufweisen, so daß die Oberfläche nach W. Cochrane [4] als quasi-flüssig
angesehen werden kann. Auch auf der Oberfläche eines Amalgams mit
8 Atom-% Zinn läßt sich die Ausbreitungsdiffusion in gleicher Weise
verfolgen. Ihre Geschwindigkeit ist auch hier größenordnungsmäßig
gleich, doch hat sie sonderbarerweise einen negativen Temperatur-
koeffizienten. Läßt man die Ausbreitungsdiffusion von Hg auf Sn nicht
an Luft, sondern in anderen Medien, wie Wasser oder flüssigem Paraf-
fin, verlaufen, so ändern sich die Geschwindigkeiten etwas.

Daß diese Erscheinungen auch richtungsabhängig sein können,
zeigen Bugakow und Breschnewa [5]. Sie verfolgen die Ausbreitungsgeschwindigkeit von Quecksilbertropfen auf verschiedenen Flächen von Zn- und Cd-Kristallen. Die entstehenden Amalgame breiten

sich auf den Basisflächen kreisförmig aus, auf den dazu senkrechten Flächen dagegen ellipsenförmig. Die Achsen der Ellipsen werden ausgemessen und das Verhältnis bestimmt. Die Anisotropie ist nicht sehr groß, jedoch temperaturabhängig. Sie nimmt mit zunehmender Temperatur ab.

Tabelle 21. *Anisotropie der Diffusion von* **Hg** *auf* **Zn**.

$t°$	r_1/r_2	$(r_1/r_2)^2$
50	0,70	0 49
100	0,72	0 51
150	0,75	0,56
200	0,89	0,79

Die mit der Ausbreitungsdiffusion gleichzeitig eintretende Volumendiffusion von **Hg** in **Zn** und ihre Richtungsabhängigkeit wurde von BOLSCHANINA und RYBALKO [6] gemessen.

Es mag in diesem Zusammenhange noch erwähnt werden, daß eine Anisotropie der Ausbreitung des Amalgams auf einer Zinn- oder Bleioberfläche durch Verformung hervorgerufen werden kann. Auf gewalzten Zinnfolien entstehen beim Aufbringen von Quecksilbertropfen nach W. GERLACH [7] Amalgamellipsen, deren Achsenverhältnis vom Walzgrad abhängt.

GERLACH hat darauf hingewiesen, daß wir es beim Eindringen des Quecksilbers in das Zinn nicht mit einer normalen Diffusion zu tun haben, denn es findet kein vollständiger Konzentrationsausgleich statt. Die Ausbreitung kommt zum Stillstand, wenn das Amalgam eine bestimmte gleichmäßige Konzentration erreicht hat. Nach SPIERS [8] beträgt diese Konzentration 11,8% **Hg** in **Sn** bei Zimmertemperatur. Sie liegt im Homogenitätsbereich einer hexagonalen Kristallart, die von 8 bis 35 Atom-% reicht. Die Konzentration von 11,8% entspricht also keiner Konzentration, die irgendwie ausgezeichnet ist. An der Grenze zwischen dem hexagonalen Amalgam und den tetragonalen Zinnkristallen fällt die Konzentration ohne Übergang auf 0 ab. Wir haben es somit nicht mit einer echten Diffusionsanisotropie zu tun, sondern anscheinend mit einer Verschiedenheit der Angreifbarkeit des tetragonalen Zinngitters in verschiedenen Richtungen, während die Diffusion, die innerhalb des gebildeten Amalgams zum Konzentrationsausgleich führt, nicht richtungsabhängig zu sein braucht. Inwieweit die flüssige Phase bei den geschilderten Versuchen eine Rolle spielt, ist nicht bekannt, nach dem Gesagten jedoch nur von untergeordneter Bedeutung. Daß es sich hierbei in erster Linie um Oberflächenvorgänge handelt, geht aus einer Untersuchung von ALTY und CLARK [2] hervor, die an anderer Stelle ausführlich behandelt wird.

Schrifttum.

1. PLANK, E. W.: J. chem. Educat. **9**, 317 (1932).
2. ALTY, T., u. A. R. CLARK: Trans. Faraday Soc. **31**, 648 (1935).
3. PRÜGEL, H.: Z. Metallkunde **30**, 25 (1938).
4. COCHRANE, W.: Proc. Roy. Soc., Lond., Ser. A **166**, 228 (1938).

5. Bugakow, W., u. N. Breschnewa: Techn. Phys. USSR **2**, 435 (1935).
6. Bolschanina, N. A., u. F. P. Rybalko: Fisitscheski Shurnal, Ser. A **7**, 312 (1937).
7. Gerlach, W.: S.-B. Bayer. Akad. Wiss, math.-phys. Klasse **1930**, 223.
8. Spiers, F. W.: Phil. Mag. **15**, 1048 (1933).

14. Einfluß dritter Legierungspartner.

Der Einfluß dritter Legierungspartner auf die Diffusion eines Stoffes in einer Grundkomponente ist schon deshalb wissenwert, um die Wirkung von Verunreinigungen abschätzen zu können. Bei älteren Diffusionsmessungen ging man häufig von Ausgangsmaterialien aus, deren Reinheitsgrad nicht bekannt war, und es ist dann die Frage aufzuwerfen, wieweit die Resultate durch Verunreinigungen beeinflußt werden können.

G. Grube und A. Jedele [1] haben bei der Diffusion von Kupfer und Nickel die Wirkung eines 0,5%igen Manganzusatzes zum Nickel untersucht. Der Diffusionskoeffizient von Kupfer in Nickel wird bei 1000° durch den Manganzusatz etwa auf $^1/_3$ herabgesetzt. Ein weiteres Beispiel haben Bungardt und Bollenrath [2] veröffentlicht. Sie ließen Magnesium in reines Aluminium und solches, das 2,7% Zink enthielt, einwandern. Wie Abb. 166 zeigt, erniedrigt das Zink die Diffusionskonstante erheblich.

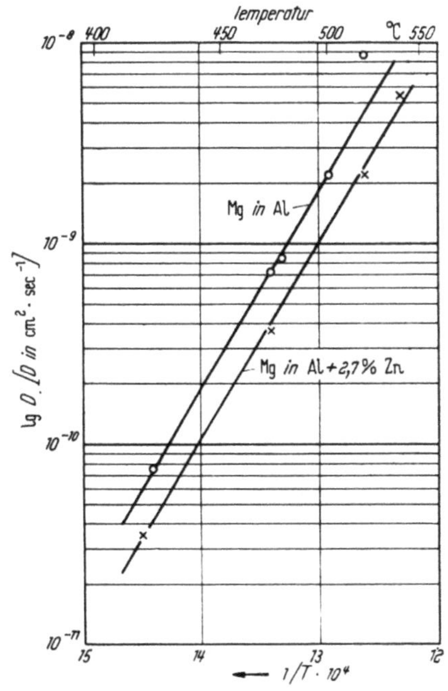

Abb. 166. Einfluß eines Zn-Zusatzes auf die DK von Mg in Al. (Nach Bungardt und Bollenrath).

Über die Beeinflussung der Diffusion des Kohlenstoffs im Eisen liegt eine Anzahl älterer systematischer Messungen von Houdremont und Schrader [3] vor, die sich jedoch auf die Bestimmung der technisch wichtigen Daten, wie Eindringtiefe und Einsatzhärte, beschränken und deshalb in einem späteren Abschnitt beschrieben werden.

Erwähnenswert sind auch Untersuchungen von Bramley und Mitarbeitern [4], die den gegenseitigen Einfluß von C, S, Si, O, N und P bei der Diffusion in Eisen beschreiben. Aus den Diffusionskurven entnehmen die Forscher, daß die Anwesenheit von Kohlenstoff die Nitriergeschwindigkeit erhöht. Ein Sauerstoffgehalt erschwert die Diffusion von C in Fe. Dies äußert sich darin, daß Armco-Eisen, das etwa 0,09% Sauerstoff enthält, sich schlechter aufkohlen läßt als z. B. schwedisches Holzkohleneisen. Dagegen wird die Nitrierfähigkeit durch einen geringen Sauerstoffgehalt erhöht.

Bei der Nitrierung von sauerstoffhaltigem, der Kohlung von schwefelhaltigem und der Phosphorierung von kohlenstoffhaltigem Eisen nehmen die Konzentrations-Eindringtiefe-Kurven, ebenso wie die Kurven, welche die Konzentration des ursprünglich gleichmäßig verteilten Partners beschreiben, absonderliche Formen an, wie sie in den Abb. 167 bis 169 gezeichnet sind. Besonders letztere zeigen deutliche Maxima, die zunächst nicht erklärt werden konnten. Es sah häufig so aus, als ob der zuerst vorhandene Stoff von dem eindiffundierenden heftig ins Innere abgedrängt würde. Die Vermutung, daß z. B. Kohlenstoff und Phosphor ihre Löslichkeit in Fe gegenseitig beeinflussen, scheint jedoch wenigstens den Kern der Sache zu treffen. Weiteres S. 213.

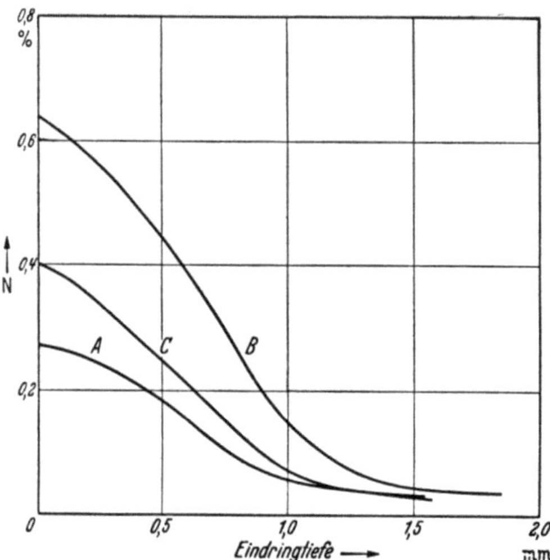

Abb. 167. c-x-Kurven der Diffusion von N in Fe.
A Schwedisches Eisen, B Armcoeisen, C Stahl, bei 900°, 20 Stunden. (Nach Bramley.)

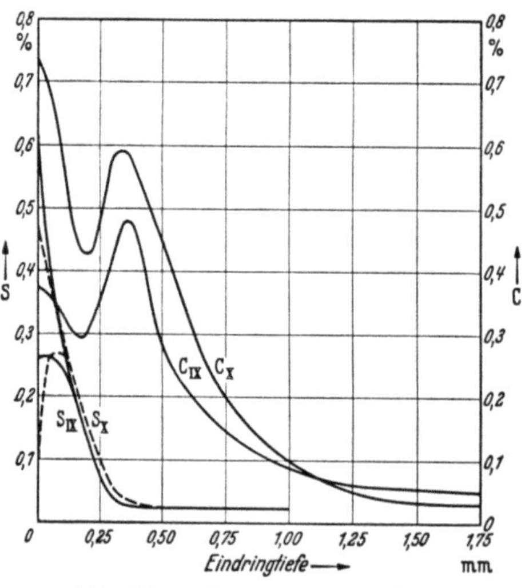

Abb. 168. c-x-Kurven von zwei Fe-Proben, die zuerst geschwefelt und dann gekohlt wurden. (Nach Bramley.)

Grube und Mitarbeiter [5] erhielten bei der Diffusion von Wolfram und Molybdän in Eisen Konzentrationskurven, die einen Knick aufwiesen, der stets bei 4% Wolfram lag (Abb. 170). Bei der Diffusion in Elektrolyteisen erhält man dagegen eine normale Konzentrationskurve. BECKER, HERTEL und KASTER [6] fanden bei der Diffusion von Chrom in Eisen Kurven von gleichem Typus, für die eine Deutung versucht wurde. Im Schliffbild (Abb. 171) erkennt man, daß die durch Diffusion entstandene FeCr-Legierung vom ursprünglichen Gefüge durch eine schmale Zone getrennt ist. In einem Schrägschliff (Neigung 0,005:1) läßt sich das Gefüge der Schicht auseinanderziehen und sichtbar machen (Abb. 172). Es ist im Gegensatz zu der kohlen-

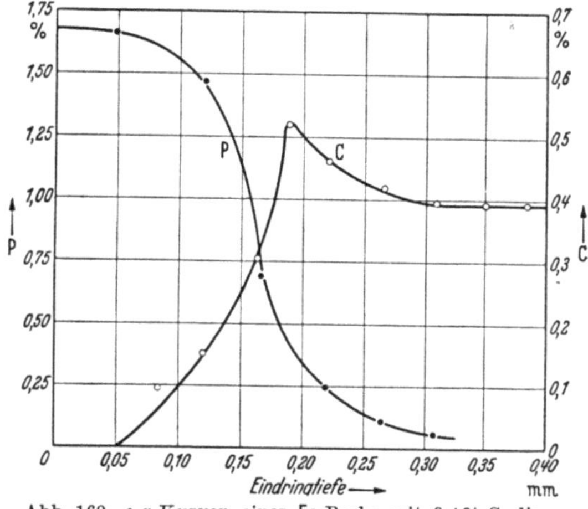

Abb. 169. c-x-Kurven einer Fe-Probe mit 0,4% C, die 80 Stunden bei 100° phosphorisiert wurde. (Nach BRAMLEY.)

stofffreien FeCr-Legierung von lamellarer Struktur, was auf eine eutektische Zusammensetzung deuten soll. Tatsächlich zeigt eine Probe des ternären Eutektikums Fe-Cr-C das gleiche Schliffbild. Eine Klärung könnte die Verteilungskurve des Kohlenstoffs bringen, die leider nicht vorliegt.

CORNELIUS [7] berichtet, daß bei der Diffusion von Si in Stahl der Kohlenstoff ebenfalls vor dem eindringenden Si hergeschoben wird. Wenn das Innere der Probe gesättigt ist, kommt es zur Ausscheidung von Perlit.

Zur Klärung der Verhältnisse haben SEITH und BARTSCHAT [8]

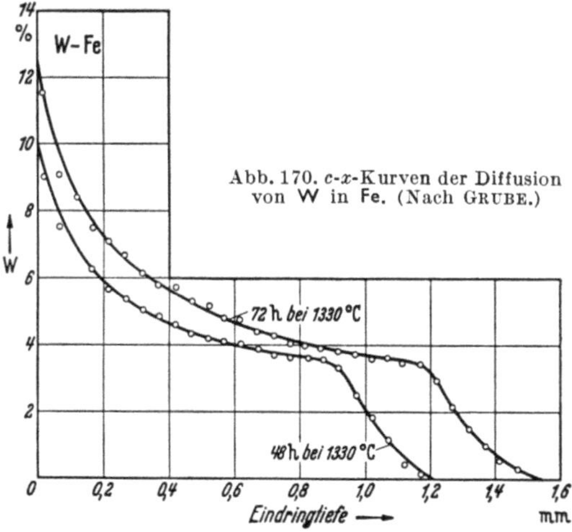

Abb. 170. c-x-Kurven der Diffusion von W in Fe. (Nach GRUBE.)

die Diffusion von Kohlenstoff in Eisen untersucht, das noch eine zweite metallische Komponente enthielt. Es wurden hierfür Co, Ni, Cu und Cr verwendet. Um nicht zu jeder Legierung des Eisens eine ternäre Legierung, die auch C enthält, herstellen zu müssen, wurde zur Diffusion

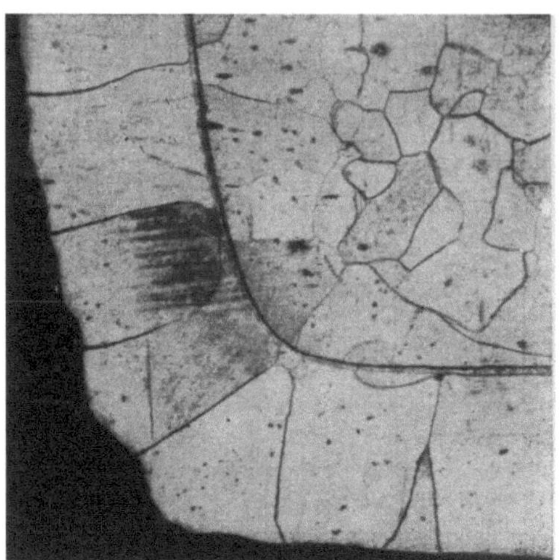

Abb. 171. Schliffbild der Diffusionszone
bei der Diffusion von Cr in Fe mit geringem C-Gehalt.
(BECKER, HERTEL und KASTER.)

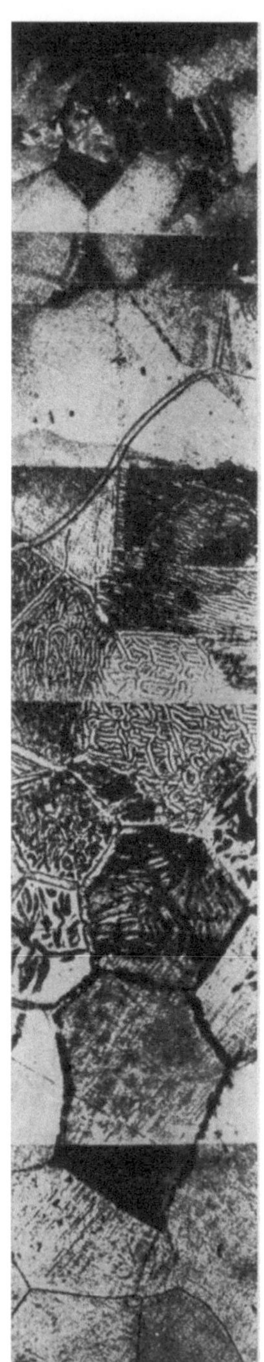

jeweils eine Eisen-Kohlenstoff-Legierung und
eine Legierung aus Eisen mit einem der erwähnten Metalle verbunden. Das Diffusionsproblem wird damit etwas verwickelter, als es
bei den binären Legierungen beschrieben ist.
Wesentlich für die Beschreibung ist die Tatsache, daß die Metalle Co, Ni, Cu und Cr um
Größenordnungen langsamer diffundieren als
der Kohlenstoff. Wir können in erster Näherung annehmen, daß durch ihre Diffusion die
Grenze zwischen den beiden Halbräumen nicht
verwischt wird. Obwohl die beiden Diffusion-
räume metallkundlich gesehen derselben Phase
angehören, ist das Diffusionsproblem ein solches, wie wir es von der Diffusion eines Stoffes
zwischen zwei nicht mischbaren Lösungsmitteln her kennen [9].

Die c-x-Kurve wird also voraussichtlich eine
Form annehmen, wie sie Abb. 173 darstellt,
wobei angenommen ist, daß die Löslichkeit im
Raume I größer ist als im Raume II und der
DK ebenfalls im Raume I einen größeren Wert
hat als im Raume II. Zum weiteren Verständ-

Abb. 172. Schrägschliff zu Abb. 171.

nis müssen wir den Diffusionsverlauf in einem Dreistoffdiagramm verfolgen. Ein solches ist in Abb. 174 schematisch dargestellt. In der
linken Ecke steht das reine Eisen, rechts der Kohlenstoff. Die nicht
sichtbare Spitze würde der reinen dritten Komponente (X) entsprechen. Links der Linie S_1—S_2 soll sich ein homogenes Mischkristall-

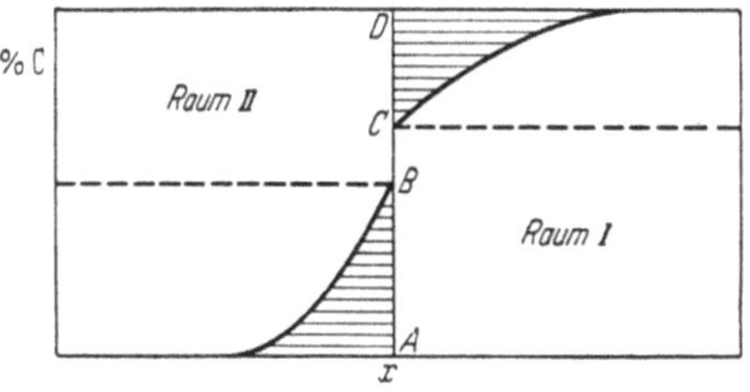

Abb. 173. Diffusion von C aus reinem Fe (links)
in eine binäre Fe-X-Legierung.
Schematisch.

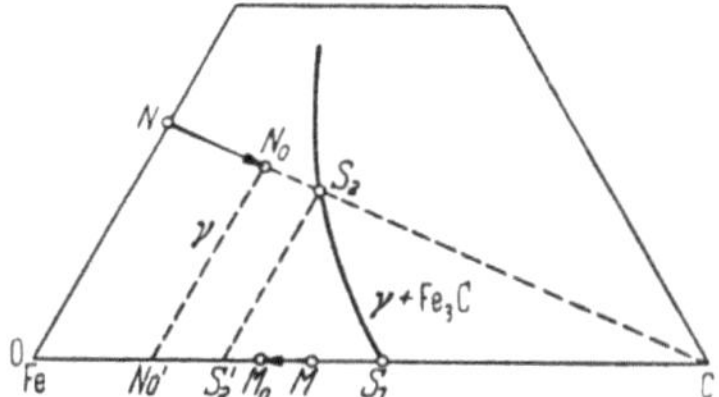

Abb. 174. Derselbe Diffusionsverlauf
wie Abb. 173 im Dreistoffsystem
schematisch gezeichnet.

gebiet befinden. Als Ausgangslegierung wird eine FeC-Legierung benutzt, die dem Punkt M entspricht, und mit einer FeX-Legierung verbunden, deren Zusammensetzung dem Punkt N entspricht. Während
der Diffusion wird sich nun auf der Fe-C-Seite die Kohlenstoffkonzentration erniedrigen und auf der Grundlinie nach links wandern. Im
Fe-X-Raum bleibt das Verhältnis Fe zu X konstant, und es wandert
Kohlenstoff ein, so daß die entstehenden Legierungen auf der Ver-
bindungslinie von N nach C zu suchen sind. Es ist nun zunächst die
Frage zu beantworten, welche Konzentrationen sich von beiden Seiten
her in der Grenzfläche einstellen werden. Wenn die Löslichkeit des
diffundierenden Stoffes (C) in den zwei aneinandergrenzenden Medien
(Fe und FeX) nicht die gleiche ist, so kann in der Grenzfläche kein
stetiger Übergang erwartet werden. Die beiden Äste der Kurve werden
die Trennungsfläche in Punkten schneiden, die durch das Verhältnis
der Löslichkeiten gegeben sind. In Abb. 173 würde das bedeuten:

$$AB : AC = L_{\mathrm{II}} : L_{\mathrm{I}}.$$

Dies würde dem NERNSTschen Verteilungssatz unter idealen Verhältnissen entsprechen. In Abb. 174 wollen wir diese Konzentrationen
als M_0 und N_0 eintragen. Mit N_0' wird die Kohlenstoffkonzentration
auf der Grundlinie markiert. Ebenso zeichnen wir die Kohlenstoffkonzentration, die dem Punkte S_2 entspricht, mit S_2' auf der Grundlinie ein. Es müßte nun gelten:

$$M_0 : N_0' = S_1 : S_2'$$

mit $M_0 = AC$ und $N_0' = AB$. Damit sind jedoch die Konzentrationen
beiderseits der ursprünglichen Grenze noch nicht eindeutig fest-

gelegt. Es ist dazu noch die Erfüllung einer zweiten Bedingung notwendig. Diese erhalten wir aus dem Verlauf der c-x-Kurve bei der Diffusion eines Stoffes zwischen zwei nicht mischbaren Lösungsmitteln. Für die Konzentration an der Grenze gilt demnach:

$$A B : C D = \sqrt{D_{\mathrm{I}}} : \sqrt{D_{\mathrm{II}}} \, ,$$

wo D_{I} und D_{II} die DK in den Räumen I und II bedeuten, die als konzentrationsunabhängig betrachtet werden. Da ferner festliegt, daß $A C + C D$ gleich der Ausgangskonzentration ist, kann man nur bei Kenntnis der beiden DK und der Löslichkeiten die Konzentrationen in der Grenzfläche berechnen. Die Versuchsergebnisse, die an den Systemen Fe-Co und Fe-Ni gewonnen wurden, sind in den Abb. 175 und 176 wiedergegeben. Man sieht ohne weiteres, daß die beschriebenen

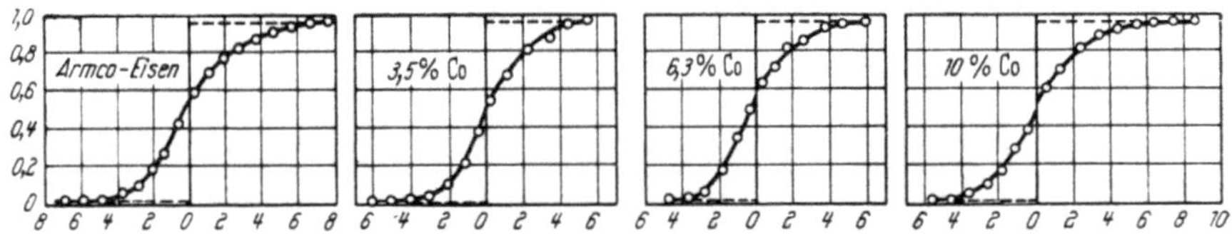

Abb. 175. Diffusion von C und Fe bei Kobaltzusatz.

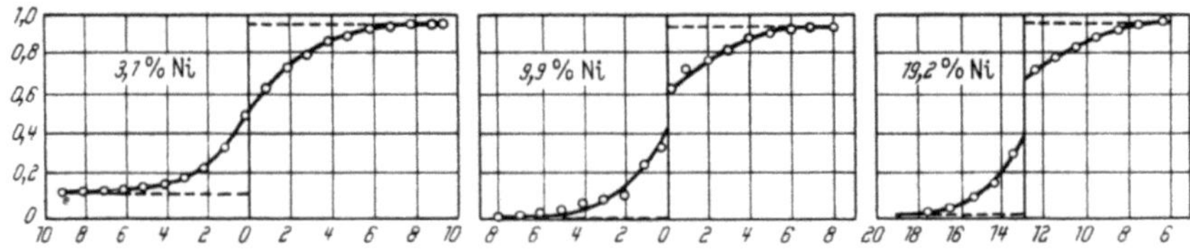

Abb. 176. Diffusion von C in Fe bei Nickelzusatz.

Voraussetzungen nicht nur qualitativ erfüllt sind. Auch quantitativ ist die Übereinstimmung befriedigend. Es ergeben sich z. B. folgende Werte:

9,9 % Co   940°

$$D_{\mathrm{I}} = 3,2 \cdot 10^{-7} \ \mathrm{cm^2 \ sec^{-1}}; \qquad D_{\mathrm{II}} = 2,2 \cdot 10^{-7} \ \mathrm{cm^2 \ sec^{-1}}$$

$A C : A B = 1,13$ $\qquad\qquad L_{\mathrm{I}} : L_{\mathrm{II}} = 1,10$

$A B : C D = 1,18$ $\qquad\qquad \sqrt{D_{\mathrm{I}}} : \sqrt{D_{\mathrm{II}}} = 1,2$

19,2 % Ni   940°

$$D_{\mathrm{I}} = 4,6 \cdot 10^{-7} \ \mathrm{cm^2 \ sec^{-1}}; \qquad D_{\mathrm{II}} = 2,6 \cdot 10^{-7} \ \mathrm{cm^2 \ sec^{-1}}$$

$A C : A B = 1,70$ $\qquad\qquad L_{\mathrm{I}} : L_{\mathrm{II}} = 1,63$

$A B : C D = 1,34$ $\qquad\qquad \sqrt{D_{\mathrm{I}}} : \sqrt{D_{\mathrm{II}}} = 1,3 \, .$

Bei den Systemen Fe-Cu-C und Fe-Cr-C liegen die Verhältnisse anders, da die ternären Zustandsdiagramme hier nicht der Abb. 174 entsprechen. Bei einer Legierung mit 2,7% **Cu** (Abb. 177a) tritt kein Konzentrationssprung auf, da die **C**-Löslichkeit keine Veränderung erleidet. In Abb. 177b ist die c-x-Kurve eingezeichnet, die man bei Verwendung einer Legierung mit 10,2% **Cr** erhält. Hier gelten unsere Voraussetzungen nicht mehr, weil zwei verschiedene heterogene Phasenräume an den γ-Mischkristall angrenzen.

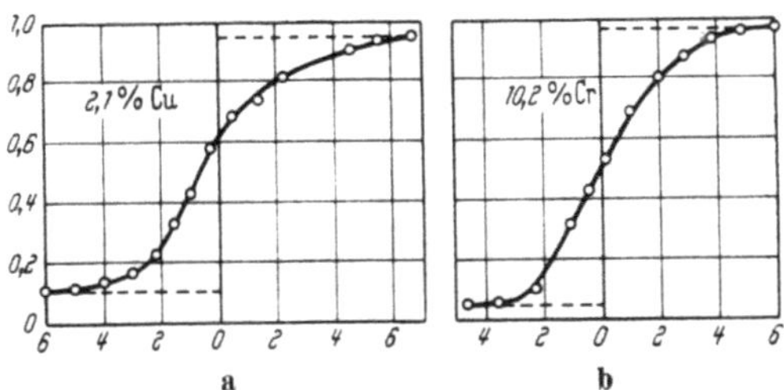

Abb. 177. Diffusion von **C** in **Fe** bei Kupferzusatz a); bei Chromzusatz b).

Ganz ähnliche Erscheinungen beobachtete DARKEN [10] bei der Diffusion von **C** aus einer Legierung von **Fe** + 3,80% **Si** in eine solche mit 4,78% **Si** (Abbildung 178). Dadurch, daß er Legierungen aneinanderschweißte, bei denen die Löslichkeit des Kohlenstoffs im Raum 1 geringer war als im Raum 2, konnte er sogar zeigen, daß in der Grenzfläche ein Sprung zu höheren Konzentrationen möglich ist. Er nennt diese Erscheinung „up hill diffusion". Sie läßt sich am besten an den Bildern (Abb. 179 bis 181) deutlich machen. DARKEN deutet schon dar-

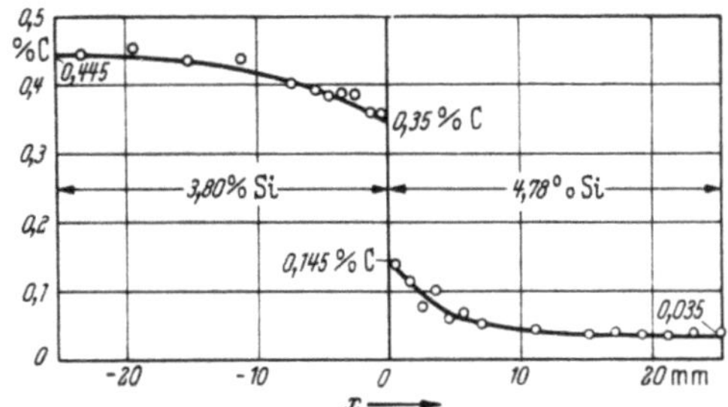

Abb. 178. Diffusion von **C** zwischen Stählen mit verschiedenen Si-Gehalten. (Nach DARKEN.)

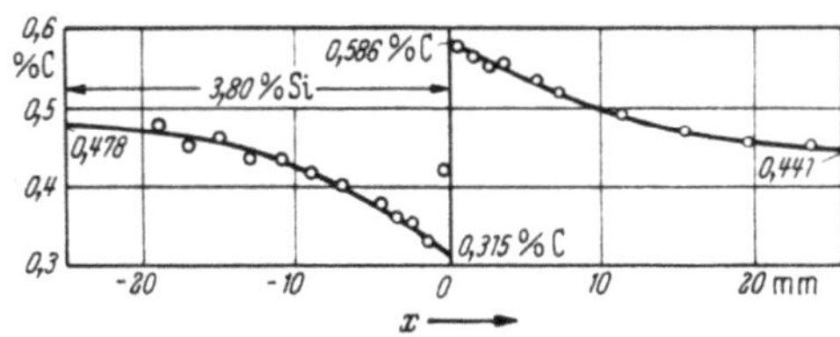

Abb. 179. „up hill" — Diffusion. (Nach DARKEN.)

auf hin, daß die Verschiedenheit der Aktivität des Kohlenstoffs die Ursache dieses Verhaltens ist.

Durch diese Versuche angeregt, haben SEITH und WEVER [11] einige c-x-Kurven auf Aktivitäten a umgerechnet. Leider stehen hierzu nur wenige Originalmessungen von SMITH [16] zur Verfügung, bei welchen die Aktivität des Kohlenstoffs in Eisen und in den Systemen **Fe-Mn-C** und **Fe-Si-C** gemessen wurden. Es hat sich jedoch gezeigt, daß man in bestimmten Fällen die Aktivität des Eisens in der Legierung **Fe-X-C** umgekehrt proportional dem Verhältnis der Löslichkeit von **C** in **Fe** und in **FeX** setzen kann. Nach Abb. 174 ist also die Aktivität bei

N_0 gleich der Aktivität bei N_0' mal S_1/S_2. Dies bedeutet nichts anderes als die Annahme der Gültigkeit des NERNSTschen Verteilungssatzes. Diese Näherungsrechnung darf aber nur angewendet werden, wenn S_1 und

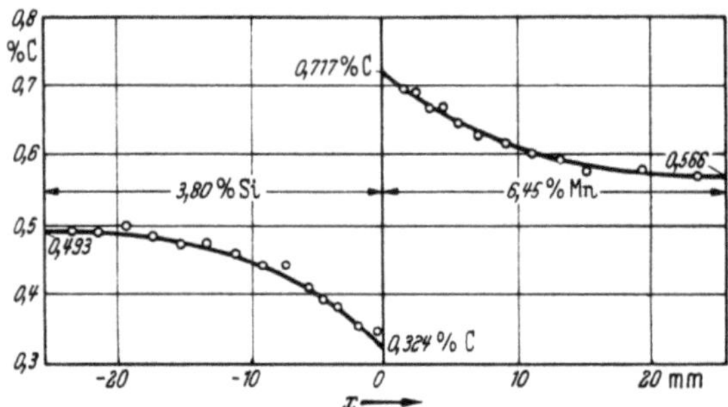

Abb. 180. „up hill" — Diffusion. (Nach DARKEN.)

S_2 an den gleichen Phasenraum (rechts) angrenzen. Die Abb. 182 bis 184 zeigen nun drei Beispiele von SEITH und BARTSCHAT, DARKEN und SEITH

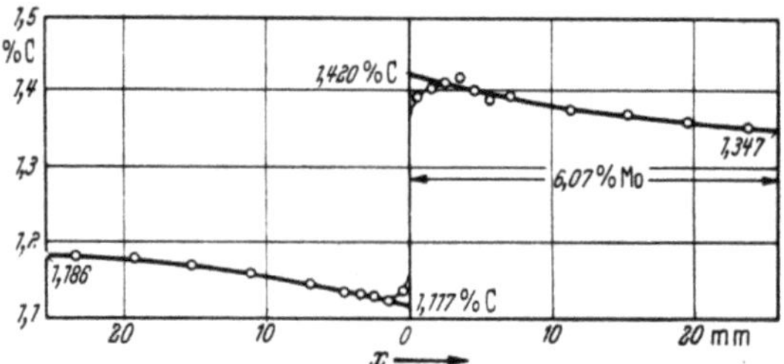

Abb. 181. „up hill" — Diffusion. (Nach DARKEN.)

und WEVER mit den c-x-Kurven und den errechneten a-x-Kurven, die in der Grenzfläche wohl Knicke, aber keine Stufen mehr aufweisen.

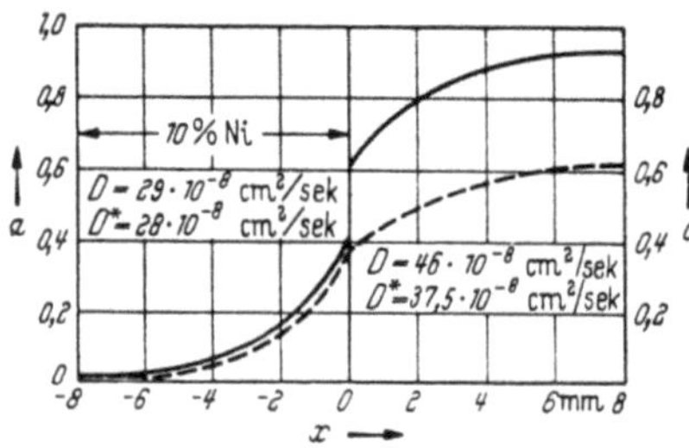

Abb. 182. Konzentrations- und Aktivitätsgefälle (gestrichelt) bei der Diffusion von C
aus Fe in 10%ige Fe-Ni-Legierung.
24 Stunden bei 940° C.

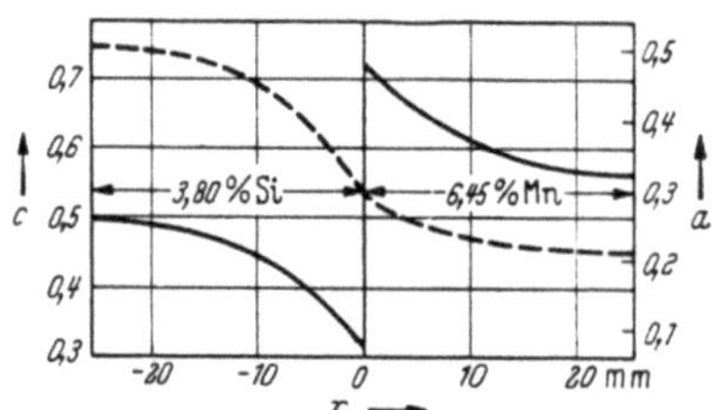

Abb. 183. Konzentrations- und Aktivi-
tätsverlauf (gestrichelte Kurve) nach
10 tägiger Diffusion von Kohlenstoff
aus einem Stahl mit 3,8% Si in einen
anderen Stahl mit 6,45% Mn bei 1050° C.
(Nach DARKEN).

Obwohl für das System Fe-P-C bisher keine Aktivitätsmessungen vorliegen, haben wir mit Hilfe der beschriebenen Näherungsrechnung

versucht, die c-x-Kurven der Versuche von BRAMLEY, in denen Maxima
auftreten, in a-x-Kurven umzurechnen. Es wird auch hier ein nor-
maler Verlauf gefunden (Abb. 185).

Das Vorsichhertreiben eines ursprünglich gleichmäßig verteilten
Legierungspartners durch einen von außen neu eindiffundierenden
ist also nichts anderes als dessen
Diffusion im Aktivitätsgefälle,
das durch den eindiffundierenden
dritten Partner aufgebaut wird
(s. S. 206).

Sehr häufig taucht die Frage
auf, ob Verunreinigungen im
Grundmetall die gewonnenen
Werte des DK unsicher machen.
Systematische Untersuchungen
von WELLS und MEHL [12] haben
gezeigt, daß folgende Beimengungen die Diffusion des Kohlenstoffs
im γ-Eisen nicht merkbar beeinflussen:

0,005 bis 0,039 % P;
0,001 bis 0,036 % S;
0,005 bis 0,027 % Si;
0,005 bis 0,85 % Mn;
0,006 bis 0,132 % Cu;
0,003 bis 0,08 % O;
0,002 bis 0,005 % N.

Auch die Diffusion von Nickel in
Eisen wird durch Beimengungen
dieser Größenordnungen nach
WELLS und MEHL [13] nicht gestört.

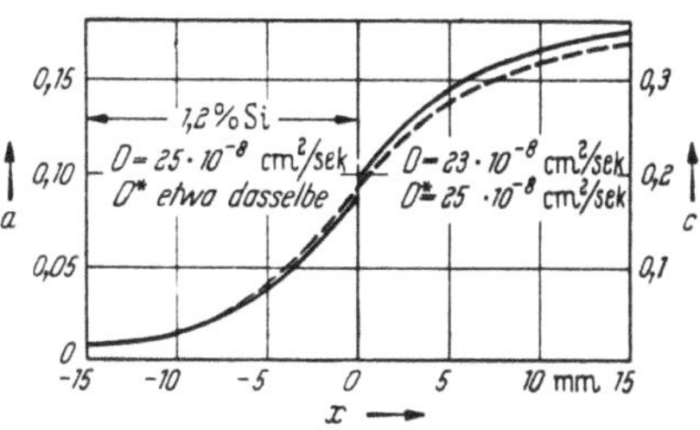

Abb. 184. Konzentrations- und Aktivitäts-
verlauf (gestrichelte Kurve) nach 10 tägiger
Diffusion von Kohlenstoff in eine Sinterlegie-
rung von Eisen-Silizium mit 1,2 % Si bei 1000 °C.
Aktivitäten nach R. P. SMITH.

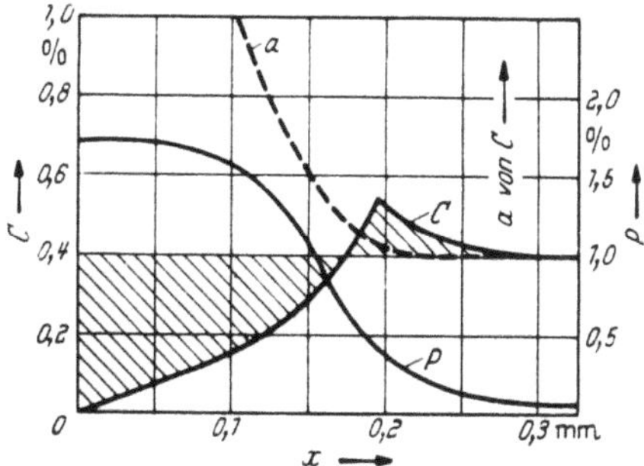

Abb. 185. Konzentrations- und Aktivitäts-
verlauf (gestrichelt) bei der Diffusion von P
in einen Stahl mit 0,4 % C. 80 Stunden bei
1000° C. (Nach Versuchen BRAMLEY.)

Bei den bisher beschriebenen Versuchen wurde stets die Diffusion
eines Stoffes in einer reinen Komponente mit der Diffusion dieses einen
Stoffes in einer Legierung der Grundkomponente mit einem weiteren
Partner verglichen. Es liegen nun auch einige Beobachtungen über
die gleichzeitige Diffusion von zwei Stoffen in einem Grundmetall
vor. Dabei werden die DK der Zusätze bei gleichzeitiger Diffusion
mit den Werten verglichen, die man erhält, wenn jeder Stoff einzeln
im reinen Grundmetall zur Diffusion gebracht wird. FRECHE [14]
verfolgte die Diffusion von Magnesium und Silizium in Aluminium,
und MEHL und RHINES [15] haben den DK von Silizium und Nickel
in Kupfer gemessen. In beiden Fällen sollte festgestellt werden, ob

die Konzentrationsverhältnisse der eindiffundierenden Partner, welche intermetallischen Verbindungen (Mg_2Si bzw. Ni_2Si) entsprechen, ein besonderes Verhalten zeigen, das auf Bindungskräfte zwischen ihnen

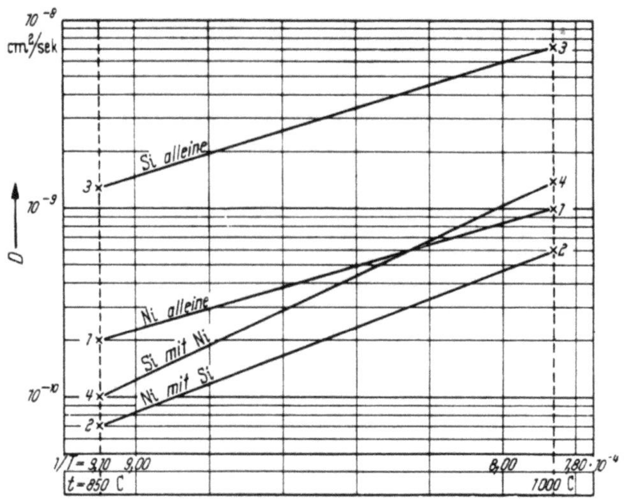

Abb. 186. Diffusion von Ni und Si in Cu. (Nach MEHL.)

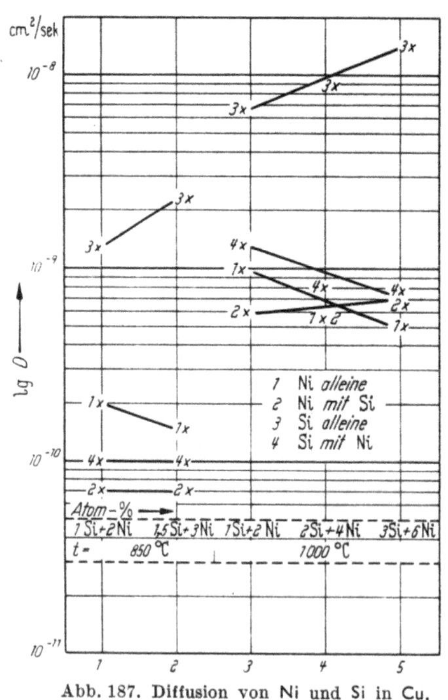

Abb. 187. Diffusion von Ni und Si in Cu.

schließen läßt. H. FRECHE [14] ließ aus Alclad, einer Al-Legierung, welche Mg und Si enthält, Mg und Si in aufgewalztes Rein-Al diffundieren. Dabei entsprach der Gehalt an Mg und Si das eine Mal der Verbindung Mg_2Si, das andere Mal war noch ein Si-Überschuß vorhanden. Es wird vermutet, daß die Diffusion vorzugsweise so erfolgt, daß stets das Verhältnis Mg_2Si gewahrt bleibt. Der Einfluß des Si-Überschusses kommt recht deutlich heraus. Die ebenfalls angeführten DK für Mg und Si alleine können nicht ohne weiteres zum Vergleich herangezogen werden, weil sie unter anderen metallographischen Bedingungen erhalten wurden.

Etwas anders haben MEHL und RHINES [*15*] ihre Versuche aufgebaut, bei denen Ni und Si in Cu diffundierten. Dabei wurde in der Spenderlegierung der Gehalt an Ni_2Si variiert und dann in Vergleichsversuchen Ni und Si einzeln bei den gleichen Ausgangskonzentrationen verfolgt. In Abb. 186 und 187 sind die Ergebnisse dargestellt, und zwar einmal ausgehend von 1 Atom-% Si und 2 Atom-% Ni bei den Temperaturen 850° C und 1000° C und das andere Mal die DK über den verschiedenen Ausgangskonzentrationen. In allen Fällen diffundiert das Si, sofern es allein ist, weitaus am raschesten. Durch einen Ni-Zusatz, der dem Verhältnis der Verbindung Ni_2Si entspricht, wird es stark zurückgehalten. Beim Ni liegen die Verhältnisse nicht so einfach. Bei niedrigen Konzentrationen wird es vom gleichzeitig anwesenden Si ebenfalls gebremst, aber bei höheren Konzentrationen sogar in der Diffusion gefördert. Um eine quantitative Erklärung dieser Ergebnisse geben zu können, müssen wir die Aktivitäten der einzelnen Komponenten in Abhängigkeit von ihrer Konzentration kennen. Eine Deutung der Beeinflussung des Si durch das Ni kann jedoch auch so gegeben werden. Die Aktivität des Si wird durch das in stöchiometrischem Verhältnis vorhandene Ni herabgesetzt. Wenn nun das Si dem Ni vorausdiffundiert, so kommt es damit in Gebiete, in denen seine Aktivität auf die Konzentration bezogen verhältnismäßig größer ist. Im Verlaufe der Diffusion wird also die Aktivität langsamer abnehmen als die Konzentration. Die a-x-Kurve verläuft damit weniger steil als die c-x-Kurve, wodurch die Diffusionsgeschwindigkeit herabgesetzt wird.

Schrifttum.

1. GRUBE, G., u. A. JEDELE: Z. Elektrochem. **38**, 799 (1932).
2. BUNGARDT, W., u. F. BOLLENRATH: Z. Metallkunde **30**, 377 (1938).
3. HOUDREMONT, E., u. A. SCHRADER: Arch. Eisenhüttenw. **8**, 445 (1935).
4. BRAMLEY, A., F. W. HAYWOOD, A. T. COOPERS u. J. TH. WATTS: Trans. Faraday Soc. **31**, 707 (1935).
5. GRUBE, G., u. Mitarbeiter: Z. anorg. Chem. **154**, 314 (1926); **168**, 17 (1928); **188**, 274 (1930).
6. BECKER, G., E. HERTEL u. C. L. KASTER: Z. phys. Chem. Abt. A **177**, 213 (1936).
7. CORNELIUS, A.: Metallwirtsch. **17**, 273 (1938).
8. SEITH, W., u. FR. BARTSCHAT: Z. Metallkunde **34**, 125 (1942).
9. JOST, W.: Diffusion und Reaktion in festen Stoffen, S. 20. Leipzig 1937.
10. DARKEN, L. S.: Trans. AIME **1948**, Techn. Publ. 2311.
11. SEITH, W., u. H. WEVER: Z. Elektrochem. **55**, 380 (1951).
12. WELLS, C., u. R. F. MEHL: Metals Technol. **7**, Techn. Publ. 1180 (1940).
13. WELLS, C., u. R. F. MEHL: Metals Technol. **8**, Techn. Publ. 1281 (1941).
14. FRECHE, H.: Trans. AIME **122**, 324 (1936).
15. RHINES, F. N., u. R. F. MEHL: Metals Technol. **6**, Techn. Publ. 1072 (1939).
16. SMITH, L. P.: J. Amer. Soc **68**, 1163 (1946); **70**, 2724 (1948).

15. Theorie der Ausscheidung.

Kühlt man eine Schmelze einer binären Legierung ab, so wird im allgemeinen bei Unterschreiten einer bestimmten Temperatur eine feste Phase in Erscheinung treten. Bei weiterer Senkung der Temperatur wird diese ausgeschiedene Phase dazu eine Vermehrung erfahren. Dies kann auf zweierlei Weise stattfinden, nämlich erstens dadurch, daß die einmal entstandenen Körner wachsen und zweitens, indem neue Körner entstehen. Wir haben es mit zwei prinzipiell voneinander verschiedenen Vorgängen zu tun, die bei der Ausscheidung Hand in Hand gehen. Der erste Vorgang kann dadurch erklärt werden, daß in einer durch Unterkühlung übersättigten Schmelze die Aktivität eines oder beider Partner größer ist als in der angrenzenden festen Phase. Dadurch werden alle Atome, die an die Oberfläche der festen Phase kommen, dort festgehalten, so daß ein Wachstum des Kornes auftritt. Die Bildung eines neuen Kornes setzt dagegen einen Keim voraus. Diese Keimbildung ist ein komplizierter und noch nicht vollständig geklärter Vorgang.

Im festen Zustand können ebenfalls Ausscheidungen eintreten. Der Vorgang läuft im Prinzip ebenso ab wie in der Schmelze. Für das Entstehen eines Keimes und für das Wachstum desselben sind natürlich Diffusionserscheinungen von Bedeutung, da sie die Geschwindigkeit bestimmen, mit welcher das Material herbeigeschafft wird. Theoretische Betrachtungen hierüber sind zuerst vor allem von DEHLINGER [1] und BECKER [2] und in neuerer Zeit von BORELIUS [3], MEHL [4] und von HARDY [5] angestellt worden. Es kann im Rahmen dieses Buches nur eine kurze Übersicht über die Fülle des Materials gegeben werden [6], wobei lediglich diejenigen Dinge hervorgehoben sind, die mit den Diffusionserscheinungen unmittelbar zusammenhängen. Für den Gesamtablauf einer Ausscheidung sind bestimmend:

1. Die Keimbildung, — 2. die Diffusion des Materials an die Ausscheidungsfläche, — 3. die Oberflächenreaktion beim Einbau der Atome in dieselbe. Der letzte Vorgang dürfte so rasch verlaufen, daß er nicht geschwindigkeitsbestimmend ist.

Die Ausscheidungsvorgänge in festen Phasen sind technisch wegen der Ausscheidungshärte von Bedeutung und sind deshalb auch häufig Gegenstand von Untersuchungen gewesen. Bei der Betrachtung der Ausscheidungshärtung fand man zwei voneinander verschiedene Arten, die sich besonders beim Duralumin leicht unterscheiden lassen, da die eine schon bei Zimmertemperatur, die andere erst über 100° C eintritt. Man nannte sie dementsprechend Kaltaushärtung und Warmaushärtung. Obwohl man später feststellte, daß in anderen Systemen die entsprechenden Temperaturen höher liegen können, behielt man auch dort

diese Namen bei. Der experimentelle Befund bei diesen Ausscheidungsarten ist der, daß ein frisch abgeschreckter, übersättigter Al-Cu-Mischkristall beim Liegen bei Raumtemperatur eine Steigerung seiner Härte
beobachten läßt. Diese Beobachtung liegt der Erfindung des Duralumins
durch WILM [7] zugrunde. Beim Erwärmen geht die Härte zunächst
wieder zurück, um dann erneut anzusteigen. Der Vorgang der Kaltaushärtung führt zu keiner Veränderung des Aufbaues der Mischkristalle, die sich unter dem Mikroskop erkennen ließe. Im Röntgenbild
treten charakteristische Streifen auf, die einer Ansammlung der gelösten Atome auf bestimmten Gitterebenen zuzuschreiben sind. Beim
Duralumin sammeln sich die Cu-Atome auf den Würfelflächen. Die
Zonen solcher zweidimensionalen Gitter bezeichnet man als GUINIER-
PRESTON-Zonen [17]. Das Auftreten dieser Zonen ist jedoch nicht immer
mit dem Vorgang der Kaltaushärtung verknüpft, wie KÖSTER und
Mitarbeiter [19], [20] am Beispiel der Al-Ag-Legierungen zeigen konnten.
Nur die Warmaushärtung zeigt bei diesen Untersuchungsarten die
Merkmale einer echten Ausscheidung. Der Befund wurde von DEH
LINGER durch eine Erweiterung der Vorstellung über den Diffusionsverlauf erklärt. Die FICKschen Gesetze sagen aus, daß der Materietransport bei der Diffusion stets von einer Stelle höherer Konzentration
zu einer mit geringerer Konzentration vor sich geht. In früheren Kapiteln haben wir jedoch schon erfahren, daß nicht der Konzentrationsgradient, sondern der Aktivitätsgradient maßgebend für den Diffusionsverlauf ist. DEHLINGER leitet die Gleichung ab

$$\frac{\partial \gamma}{\partial t} = D \frac{\gamma}{a} \frac{\partial a}{\partial \gamma} \frac{\partial^2 \gamma}{\partial x^2} , \tag{1}$$

in welcher a die Aktivität der gelösten Atome ist. Die Aktivität kann
man z. B. berechnen als den Quotient des Dampfdruckes der betrachteten Komponente über der Legierung durch ihren Dampfdruck über
der reinen Komponente bei der Versuchstemperatur. Der Ausdruck:

$$D \frac{\gamma}{a} \frac{\partial a}{\partial \gamma} \equiv D' \tag{2}$$

wird als effektive Diffusionskonstante bezeichnet. Diese kann nicht nur
positive Werte annehmen, sondern mit $\partial a/\partial \gamma$ auch Null oder negativ
werden. Wenn $D' = 0$ wird, so heißt dies, daß örtliche Konzentrationsdifferenzen unverändert bestehenbleiben. Ist D' negativ, so wird eine
bestehende Konzentrationsdifferenz durch die Diffusion noch vergrößert.
Der diffundierende Stoff wandert in diesem Falle von einer Stelle niedrigerer Konzentration zu einer Stelle höherer Konzentration. Die Gl. (2)
von DEHLINGER ist identisch mit der Gl. (1) auf S. 127.

$$D_A = D_A^* \left(1 + \frac{d\ln f_A}{d\ln \gamma_A}\right),$$

worin D_A als chemischer Diffusionskoeffizient und D_A^* als Selbstdiffusionskoeffizient bezeichnet wurde.

DEHLINGER leitet weiter ab, daß im Zustandsschaubild Abb. 188 einer Legierung die Linie, welche die Bereiche positiver und negativer Diffusionskoeffizienten trennt, innerhalb der Grenzlinie des Entmischungsgebietes verläuft. Im oberen Bild ist der Konzentrationsverlauf der Aktivitäten für zwei Temperaturen eingezeichnet. (In Abb. 188 bezeichnet c den Molenbruch, für den in den Gleichungen γ gesetzt ist.) Bei einer höheren Temperatur T_1, innerhalb des Gebietes homogener Mischkristalle, verläuft diese stetig ansteigend. Bei einer niedrigeren Temperatur im Gebiete einer Ausscheidung besitzt sie ein Maximum und ein Minimum. Bei T_1 ist $\partial a/\partial \gamma$ überall positiv, bei T_2 dagegen wird der Differentialquotient an zwei Stellen gleich Null und zwischen diesen negativ. Kühlt man einen Mischkristall etwa längs einer der eingezeichneten senkrechten Linien ab, so wird sich beim Überschreiten der Löslichkeitslinie der chemische Diffusionskoeffizient ändern. Er wird langsam kleiner und erreicht beimS chnittpunkt mit der gestrichelten Linie den Wert Null, um dann negativ zu werden. Die gestrichelte Linie nennt man Spinodale. Man kann sie auch definieren als die Linie, längs der der Ausdruck $d^2F/d\gamma^2 = 0$ wird. Von dieser Tatsache ausgehend kann die Lage der Spinodalen berechnet werden. Abb. 189 und Abb. 190 geben zwei Beipiele hierfür, die von HARDY [8] berechnet sind.

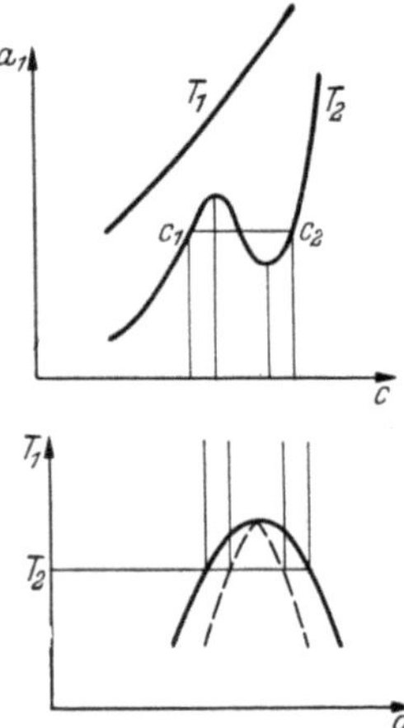

Abb. 188.
Aktivitätsänderung beim Überschreiten der Phasengrenze.
(Nach DEHLINGER.)

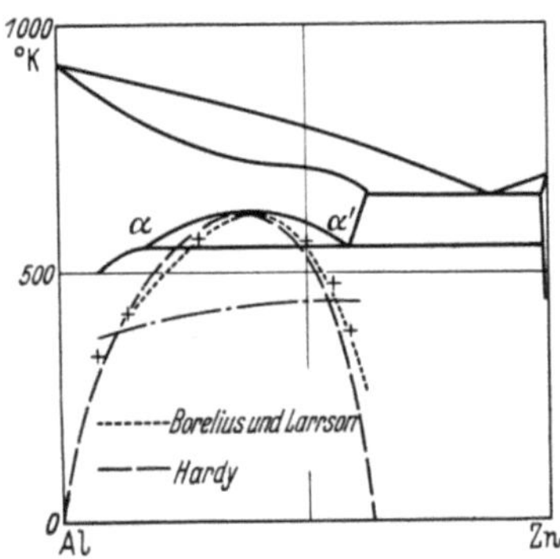

Abb. 189. Spinodale im System Al-Zn.

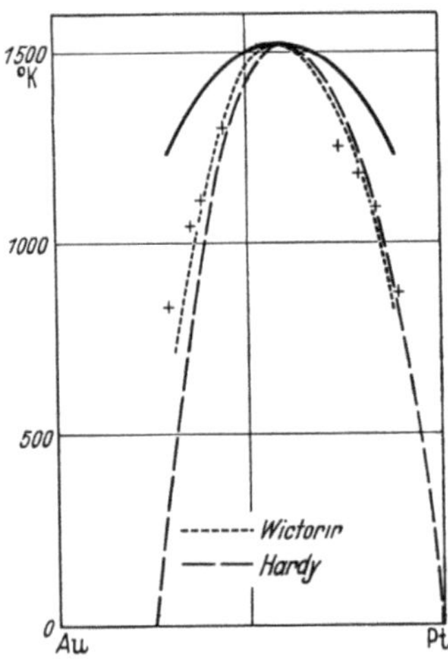

Abb. 190. Spinodale im System Au-Pt.

Bringt man einen Mischkristall durch Abschrecken von höheren Temperatur in das Gebiet, das durch die Spinodale eingeschlossen ist, so tritt Kaltaushärtung ein. Sie kommt dadurch zustande, daß an Stellen, an denen die Konzentration der gelösten Atome zufällig etwas größer ist als in der Umgebung, infolge der negativen Diffusionskoeffizienten diese Anhäufung noch verstärkt wird, ohne daß dies jedoch zunächst zur Ausscheidung einer neuen Phase führt. Erwärmt man den Kristall wieder über die Spinodale, so wird der Diffusionskoeffizient positiv, die Konzentrationsunterschiede gleichen sich aus und die Härte nimmt ab. Die Richtigkeit dieser Vorstellung konnte durch zahlreiche Experimente bewiesen werden. In den Abb. 189 u. 190 sind Meßpunkte eingetragen, die von WICTORIN [9] bzw. BORELIUS und LARRSON [10] aus Beobachtungen der Ausscheidung erhalten wurden.

Daß der Bereich der Kaltaushärtung sich auch über die Spinodale hinaus erstrecken kann, konnte von DEHLINGER und KNAPP [18] an Hand thermodynamischer Berechnungen verständlich gemacht werden. Die früheren Betrachtungen wurden dadurch erweitert, daß die Entropie der bei der Aushärtung sich bildenden Komplexe und der Einfluß elastischer Spannungen in der Umgebung solcher Komplexe mit einbezogen wurden. Es läßt sich eine Grenzkurve angeben, die zwischen der wahren Gleichgewichtskurve und der Spinodalen liegt und oberhalb der eine Komplexbildung nicht mehr möglich ist. Dem experimentellen Befund entsprechend existiert ein kontinuierlich von der Temperatur abhängiges metastabiles Gleichgewicht innerhalb des Gebietes der Kaltaushärtung.

Diese Betrachtungen gelten jedoch nur für einen einphasigen Zustand. Hat sich eine zweite Phase, wenn auch nur als Keim, ausgebildet, so gelten die Betrachtungen nicht mehr, da an der Phasengrenzfläche ein Konzentrationssprung auftritt. Diese sichtbare Ausscheidung bewirkt die Warmaushärtung. Sie kann nur rückgängig gemacht werden, wenn man die Probe bis über die Grenzlinie des Zweiphasengebietes erwärmt. Über die Entstehung der Keime sind ebenfalls Theorien entwickelt worden, doch liegen diese auf Gebieten, die außerhalb des Rahmens unserer Abhandlung fallen. Neben einer statistischen Anhäufung der zum Bau eines Kernes notwendigen Bausteine sind Bedingungen für die Stabilität dieser kleinsten Gebilde notwendig, welche aus thermodynamischen Betrachtungen hervorgehen. Die Oberflächenenergie spielt dabei eine wichtige Rolle.

Die Keime, an denen die Ausscheidung stattfindet, bilden sich bevorzugt an Korngrenzen aus. Es ist interessant, daß bei der Warmaushärtung zweierlei Mechanismen des Ausscheidungsvorganges beobachtet wurden. Diese lassen sich durch mikroskopische, röntgenographische und magnetische Untersuchungen verfolgen. Bei der einen

Art, der sog. mikroskopisch-homogenen Warmaushärtung, verschieben sich die Röntgenlinien [11] und auch der Curiepunkt [12] stetig aus ihrer Lage beim übersättigten Mischkristall bis zu ihrer Lage in dem Mischkristall, der nach der Ausscheidung stabil ist. Bei der mikrosko-

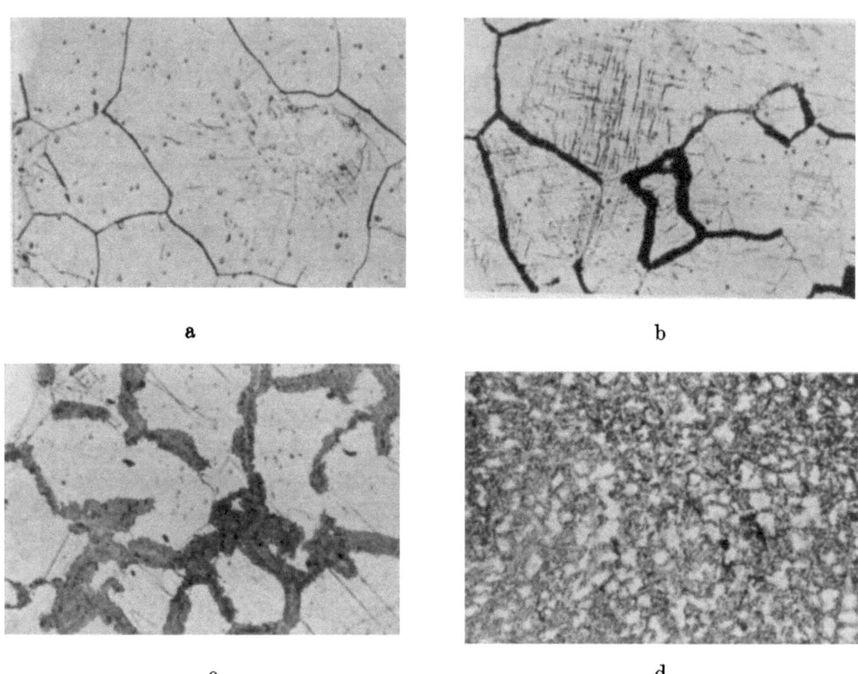

a   b

c   d

Abb. 191 a—d. Fortschreiten der mikroskopisch inhomogenen Ausscheidung von den Korngrenzen aus. (Nach GRAF.)

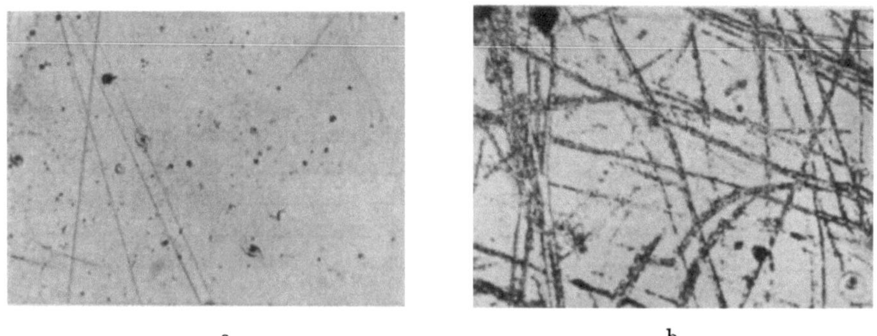

a   b

Abb. 192. Ausscheidung an deformierten Stellen. — a vor und b nach dem Tempern. (Nach GRÄF.)

pisch inhomogenen Ausscheidung treten neben den Röntgenlinien und dem Curiepunkt des Anfangszustandes schon während der Ausscheidung

auch gleich diejenigen des Endzustandes auf, um zuletzt allein übrig-
zubleiben. Im ersten Falle geht die zuerst hochdisperse Ausscheidung
so gleichmäßig vor sich, daß praktisch der ganze Mischkristall seine
Konzentration gleichmäßig ver-
ändert. Im zweiten Fall dagegen
treten sofort Zonen vollständiger
Ausscheidung auf, die sich über
den ganzen Kristall ausbreiten,
während gleichzeitig die über-
sättigte Phase verschwindet. In
den Abb. 191a bis d, die einer
Arbeit von L. GRAF [13] entnommen sind, ist das deutlich
zu sehen. Bei röntgenographi-
schen Untersuchungen treten
die Linien der ausgeschiedenen

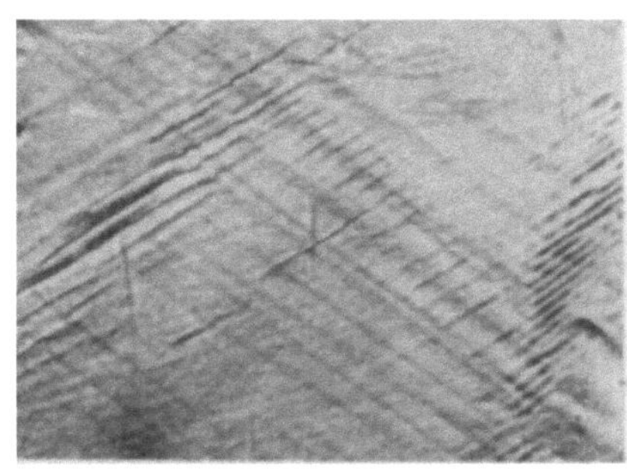

Abb. 193. Ausscheidung an Gleitebenen.
(Nach GRAF.)

Phase erst auf, wenn sich diese aus der hochdispersen Verteilung zu
mikroskopisch sichtbaren Kristallen zusammengelagert hat.

An Cu-Ag-Legierungen ist
die homogene Ausscheidungsart stets bei Einkristallen und
gegossenem Material beob-
achtet worden. An verformtem
Material findet man dagegen
die mikroskopisch heterogene
Ausscheidungsart [14]. Beim
verformtem Material kann man
überdies eine oft beträchtliche
Beschleunigung der Ausscheidung feststellen [13]. Abb.192a
zeigt eine Ni-Be-Legierung
(2,5%) übersättigt und abgeschreckt. Abb. 192b stellt ein
Bild der gleichen Probe nach
dem Anlassen auf 450° dar.
Die Striche sind Ausscheidungen längs der beim Schlei-
fen eingetretenen Verfor-
mungen im Untergrund, entlang der dann wegpolierten

Abb. 194.
Ausscheidung entlang sekundärer Grenzen
(sub-boundaries). (Nach CORSON.) Vergrößerung 380 ⁄.

Schleifrisse. Auch die homogene Ausscheidung erfolgt nach GRAF
an verformten Ni-Be-Einkristallen, bevorzugt an den Gleitebenen
(Abb. 193).

In neuerer Zeit wurden auf diesen Gebieten eine Reihe weiterer Untersuchungen aufgeführt [6], die z. T. mit ausgezeichneten Bildern

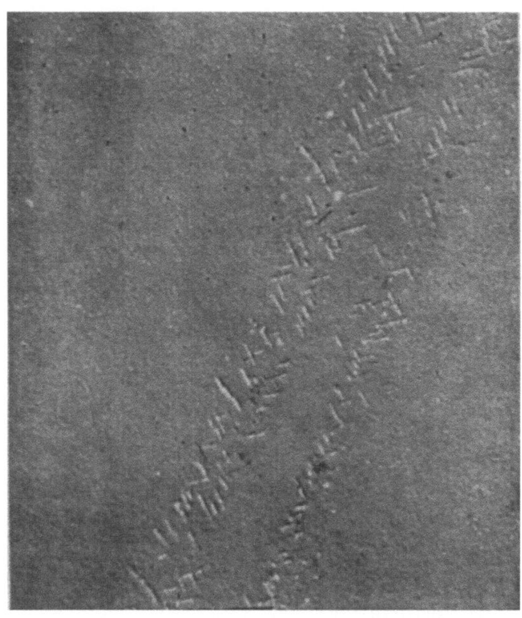

Abb. 195. Ausscheidung an Gleitebenen. Al + 14% Cu. 3 Stunden/90° C. (Nach CASTAING und GUINIER.) Vergrößerung 17000×.

ausgestattet sind. Zur Vervollständigung ist deshalb ein Bild (Abb. 194) von CORSON [15] mit Ausscheidungen entlang der Korngrenzen und entlang von Linien, die als „subboundaries" bezeichnet werden, wiedergegeben. Die Ausscheidung an Gleitflächen ist auf einem Bild (Abb. 195) von CASTAING und GUINIER [16] besonders schön zu sehen.

Tabelle 22. *Konzentrationsabhängigkeit der Aktivierungsenergie.*

Silber		Aktivierungs-energie in cal/Mol
in Gew.-%	in At.-%	
0		32600
5	1,3	—
10	2,7	29500
20	5,9	29000
30	9,7	25800
38	13,1	25000
50	20	21500

Aus diesen kurzen Ausführungen geht schon hervor, daß die Ausscheidungsvorgänge sehr viel verwickelter sind als normale Diffusionsvorgänge. Es wird deshalb nicht leicht sein, die Diffusionsgeschwindigkeit, welche den Materietransport bei den Aushärtungsvorgängen beherrscht, direkt zu messen. Dagegen ist es gelungen, aus der Temperaturabhängigkeit des zeitlichen Ablaufs von Aushärtungsvorgängen die Aktivierungswärme zu berechnen, welche dem Platzwechselvorgang zugrunde liegt.

W. Köster hat zusammen mit F. Sperner [19] und mit F. Braumann [20] die Aushärtung im System Al-Ag verfolgt. Dieses System eignet sich besonders zu solchen Messungen, weil die Gleichgewichtskonzentration, die bei der eutektischen Temperatur 55,6% Ag beträgt, bei der Abkühlung auf Zimmertemperatur nahezu auf den Wert Null zurückgeht. Die Messungen werden an Legierungen verschiedener Temperaturen durchgeführt. Tab. 22 zeigt, daß die Aktivierungswärme mit steigender Ag-Konzentration abnimmt. Die Abhängigkeit der Aktivierungswärme von der Konzentration ist linear. Der auf 0% Ag extrapolierte Wert liegt bei 32 600 cal/Mol. Es ist dieses der gleiche Wert, den auch A. Beerwald [21] aus seinen Diffusionsmessungen errechnet hat.

Schrifttum.

1. Dehlinger, U.: Chemische Physik der Metalle und Legierungen. Leipzig 1938 — Z. Metallkde., **29**, 401 (1937) — Z. phys. Chem. Unterr. **50**, 134 (1937).
2. Becker, R.: Z. Metallkde. **29**, 245 (1937) — Ann. Phys. **32**, 128 (1938).
3. Borelius, G.: Ann. Phys. **28**, 507 (1937). — Ann. Phys. **32**, 517 (1938). — Arkiv. Mat. Astron.-Fysik. (A), (1) **33**, 1 (1945). — J. Metals (Trans. AIME) **3**, 477 (1951).
4. Mehl, F. R., u. L. K. Jetter: Age Hardening of Metals. Amer. Soc. Met. Symp. (Cleveland, Ohio) 342 **1939**.
5. Hardy, H. K.: J. Inst. of Metals **75**, 707 (1948/49).
6. Hardy, H. K. u. T. J. Heal: Progress in Metal Physics Bd. 5 London 143—278 (1954).
7. Wilm, A.: Metallurgie **8**, 223 (1911) — Aluminium **18**, 366 (1936).
8. Hardy, H. K.: Acta Metall **1**, 202 (1953).
9. Wictorin, C. G.: Studies in Gold-Platinum Alloys, Stockholm (1947).
10. Borelius, G., u. L. E. Larrson: Arkiv. Mat. Astron-Fysik (A) (1) **35**, 13 (1948).
11. Graf, L.: Z. Metallkde. **30**, 59 (1938).
12. Gerlach, W.: Z. Metallkde. **28**, 80 (1936) u. **29** 124, 183 (1937).
13. Graf, L., u. H. Bumm: Z. Metallkde. **29**, 30 (1937).
14. Wiest, P.: Z. Physik **74**, 225 (1932). — P. Wiest u. U. Dehlinger: Z. Metallkde. **26** 150 (1934). — Ageew, Hansen u. Sachs: Z. Physik **66** 350 (1933).
15. Corson, M. G.: Iron Age **1941**, 148, (8) 45 (10) 56.
16. Castaing, R., u. Guinier: C. R. Acad. Sci., Paris **228**, 2033 (1949). — La Recherche Aeronautique **13**, 3 (1950).
17. Guinier, A.: C. R. **206**, 164 (1938); — Ann. Phys. **12**, 161 (1939); **15**, 124 (1942) — Preston, G. D.: Proc. Roy. Soc. A. **167**, 526 (1938).
18. Dehlinger, U., u. H. Knapp: Z. Metallkunde **43**, 223 (1952).
19. Köster, W., u. F. Sperner: Z. Metallkunde **44**, 217 (1953).
20. Köster, W., u. F. Braumann: Z. Metallkunde **43**, 193 (1952).
21. Beerwald, A.: Z. Elektrochem. **45**, 789 (1939).

16. Verschiedene Platzwechselerscheinungen.

Wird ein Metallstück verformt, so werden darin Gitterstörungen verursacht, die dazu führen, daß die Energie der Atome im Durchschnitt höher ist als im unverformten Zustand. Dadurch kann eine größere Zahl von Platzwechseln stattfinden und damit ein höherer

DK erscheinen. Während des Rekristallisationsvorganges ist mit einer besonders großen Platzwechselzahl in der Rekristallisationszone zu rechnen, die auch einen gleichzeitig vor sich gehenden Diffusionsvorgang beschleunigen kann. Der experimentelle Nachweis hierfür ist allerdings nicht leicht zu erbringen.

Bei der Diffusion von Molybdän im Wolfram stellte VAN ARKEL [1] eine Erhöhung des Diffusionskoeffizienten im verformten Kristall fest.

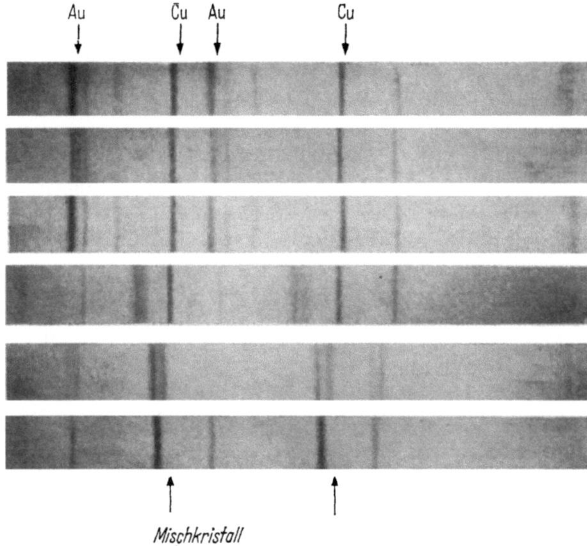

Abb. 196. Gegenseitige Diffusion von Au und Cu an Röntgen-Strukturaufnahmen beobachtet. (Nach MOORADIAN und NORTON.)

MOORADIAN und NORTON [2] stellten sich Proben her, die aus mehreren dünnen, elektrolytisch abgeschiedenen Schichten zweier Metalle bestanden. Sie arbeiteten mit den Metallpaaren Cu-Ni, Cu-Au, Ag-Au und Ni-Co. Als Indikator für die bei der Erwärmung dieser Proben vor sich gehenden Veränderungen benutzten sie die Röntgenstrukturanalyse. Die Proben wurden jeweils 24 Stunden auf 150, 200, 300, 400 und 500° C erhitzt und unmittelbar nach dem Erkalten aufgenommen. Man kann dann aus der Breite der Linien (Abb. 196) schließen, daß entweder ein deformiertes Metallgitter oder sehr kleine Kristallkörner vorliegen. Da für den letzteren Befund keine weiteren Anzeichen vorhanden waren, hielten die Forscher den ersten für gegeben. Beim Erhitzen auf 150 und 200° C wurden sowohl die Au- als auch die Cu-Linien schärfer. Es trat also eine Ordnung des Gittergefüges ein. Erst bei 300° C machten sich wesentliche Veränderungen in der Lage und dem Aussehen der Goldlinie bemerkbar. Während die Kupferlinien noch völlig unverändert blieben, näherten sich die Goldlinien in ihrer Lage denen des Kupfers und wurden gleichzeitig verschwommen. Der Grund dafür war in dem Beginn der Diffusion des Kupfers im Gold zu suchen. Hierdurch wird die Gitterkonstante des entstehenden Au-Cu-Mischkristalls kleiner. Die infolge des Konzentrationsgefälles ungleichmäßige Verteilung verursachte die Unschärfe der Linien. Bei 400° begann dann auch die Diffusion des Goldes mit denselben Erscheinungen, bis bei 500° ein einheitlicher Mischkristall entstanden war. Ganz ähnlich waren die Ergebnisse auch bei den übrigen Metallpaaren. MOORADIAN und NORTON schlossen daraus, daß bis zum Beginn einer merklichen Diffusion die Rekristallisation bereits beendet war. Die erste Phase, in der die gesuchte Beschleunigung auftreten mußte, konnten sie mit ihrer Methode nicht erfassen. W. SEITH und A. KEIL [3] haben ebenfalls Versuche in dieser Richtung unternommen. Es war schon früher festgestellt, daß die Selbstdiffusion im Blei

davon unabhängig ist, ob man sie in einem Einkristall oder in einem mechanisch bearbeiteten Vielkristall bestimmt. Als Grund hierfür wurde angenommen, daß das Blei schon bei Zimmertemperatur rekristallisiert, so daß eine Störung des Gitters durch die Bearbeitung sofort wieder aufgehoben wird. Es war auch bekannt, daß die Rekristallisationstemperatur des Bleis durch geringe Zusätze anderer Metalle wesentlich heraufgesetzt werden kann [4]. Bleiproben, die 0,08 Atom-% Ag oder 0,03 Atom-% Au enthielten, zeigten nun tatsächlich einen erheblichen Unterschied in der Selbstdiffusionsgeschwindigkeit, je nachdem, ob sie frisch bearbeitet oder vorgetempert zur Untersuchung gelangten (Abbildung 197). Besonders bei Anwendnug kurzer Versuchszeiten trat der Unterschied

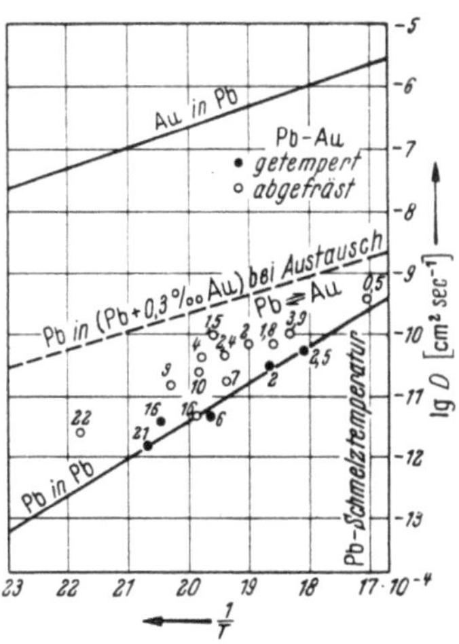

Abb. 197. Selbstdiffusion des Bleis in verformten und in getemperten Pb-Au-Legierungen. Die Zahlen neben den Punkten geben die Versuchszeit in Stunden an.

stark hervor, ein Zeichen dafür, daß der Rekristallisationsvorgang, der die Beschleunigung der Diffusion hervorrief, sehr rasch beendet war.

Die Zahlen neben den Meßpunkten zeigen die Stunden an, welche die Diffusionstemperung andauerte. Da die Rekristallisation offensichtlich sehr rasch beendigt ist, wird der gemessene DK bei kurzen Versuchszeiten größer als bei längeren.

Auch die Aushärtung, die mit Platzwechselerscheinungen verbunden ist, wird durch Verformung und Rekristallisationsvorgänge stark beeinflußt. Eine Beschleunigung der Karbid-, Nitrid- und Phosphidausscheidung konnte von KÖSTER [5] und BRUNS [6] beobachtet werden. BRICK [7] findet, daß die Ausscheidung in einer um 85% heruntergewalzten Al-Mg-Legierung beim Erwärmen tausendmal rascher als normal vor sich geht und daß dabei die Ausscheidung vor der Rekristallisation einsetzt. Auch die Aushärtung von Duralumin kann nach BRUNS und nach SÖHNCHEN [8] durch Kaltverformung auf das Mehrfache beschleunigt werden.

Nach den Vorstellungen von DEHLINGER [9] vollzieht sich der Übergang vom alten zum neuen Gitter bei der Rekristallisation nicht durch einen regellosen Platzwechsel. Die Atome der äußersten Kristallflächen der Körner ordnen sich vielmehr durch eine Art Gleitung um, ohne dabei größere Wegstrecken zurückzulegen. Wenn auch die Atome im Moment der Umordnung eine erhöhte Beweglichkeit haben, so währt dieser Zustand doch nur kurze Zeit, so daß unter Umständen bei der Rekristallisation ein Konzentrationsausgleich über größere Bereiche nicht stattfinden kann. Die Abb. 198 und 199 von BOLLENRATH und BUNGARDT [10] zeigen ein gewalztes Duraluminblech mit

Abb. 198. Seigerungszeilen in einem Blech aus einer Al-Legierung.

Seigerungszeilen. Es wechseln dort Streifen von etwas höherer und niedrigerer Konzentration miteinander ab. Nach dem Tempern zeigt sich, daß diese Seigerungszeilen bei der Rekristallisation nicht verschwinden, die Konzentrationsschwankungen also auch in den neu entstandenen großen Kristallen bestehenbleiben. Wie schon früher bemerkt, reicht also die kurzzeitige Erhöhung der Beweglichkeit während des Rekristallisationsvorganges nicht aus, um eine Homogenisierung wesentlicher Bereiche zustande kommen zu lassen.

In letzter Zeit hat man versucht, die Rekristallisation mit der Selbstdiffusion in Verbindung zu bringen. So haben amerikanische

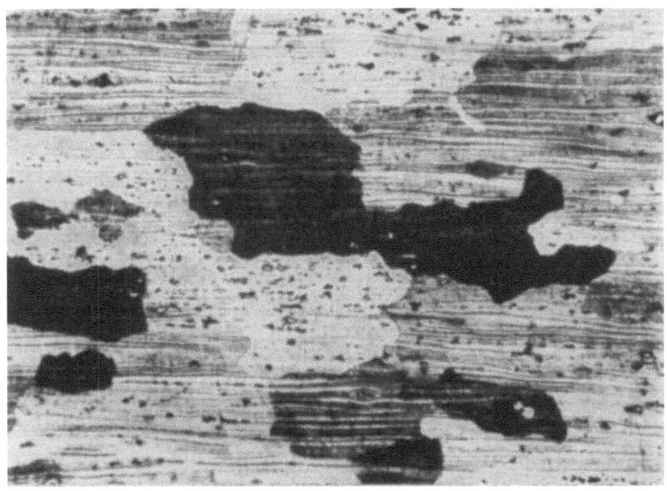

Abb. 199. Das gleiche wie Abb. 198 nach der Rekristallisation.
(Nach BOLLENRATH und BUNGADRT.)

Forscher [11] das sekundäre Kornwachstum in kreuzweise gewalztem Silber (99,99%) verfolgt. Dazu wurden Wärmebehandlungen bei 433°, 478°, 502° und 533° vorgenommen und die Proben elektrolytisch geätzt. Aus Einzelbeobachtungen und statistischen Messungen wurde die Wachstumsgeschwindigkeit ermittelt und gegen $1/T$ aufgetragen. Dabei kam eine Aktivierungsenergie von 28000 cal/Mol heraus. Während die Ablösearbeit der Selbstdiffusion des Silbers bei hohen Temperaturen, 800 bis 950°, bei etwa 45000 cal/Mol liegt, gibt TURNBULL [13] bei polykristallinem Material zwischen 500 und 600° ebenfalls 26000 cal/ Mol an. Trägt man das Wachstum gegen die Zeit t auf, so bekommt man eine gerade Linie, deren Schnittpunkt mit der Abszissenachse auf eine Inkubationszeit t_J schließen läßt, die ebenfalls temperaturabhängig ist, und zwar in der Weise, daß $1/t_J$ gegen $1/T$ aufgetragen eine gerade Linie ergibt, die auf eine Energie von 30000 cal/Mol für den makroskopisch nicht beobachtbaren Vorgang des Anlaufens der Reaktion des Kornwachstums schließen läßt.

Das Kornwachstum von Messing läßt sich ähnlich darstellen. Abb. 200 zeigt die Korngröße eines 50% ausgewalzten Messings im logarithmischen Maßstab gegen den Kehrwert der absoluten Temperatur der Temperung aufgetragen. Die Steigung der Geraden ent-

spricht einer Aktivierungswärme von 28000 cal/g-Atom [26]. Nach
Z. JEFFRIES [27] liegt die auf die gleiche Weise ermittelte Aktivierungswärme, die aus der Beobachtung des Sinterns von Wolframpulver erhalten wird, bei 80000 cal/g-Atom.
Sie liegt damit nahe bei der Ablösearbeit des Thoriums im Wolfram.

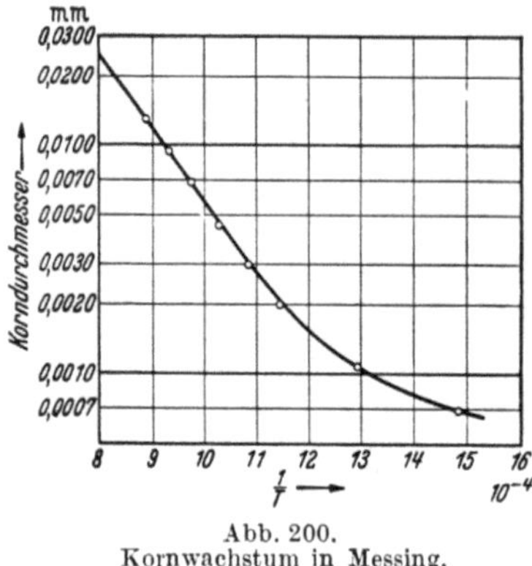

Abb. 200.
Kornwachstum in Messing.
(Nach DUSHMAN.)

ANDERSON und MEHL [12] haben
in umfangreichen Untersuchungen
die Rekristallisation an Aluminium
verfolgt. Die Versuche wurden an
Blechen bei verschiedenen Temperaturen und nach verschiedenen Ver-
formungsgraden durchgeführt. Die
Temperaturabhängigkeit der Keim-
bildungs- und Wachstumsgeschwindigkeit liefert Aktivierungsenergien.
die mit steigender Verformung ab-
nehmen. So beträgt bei 5% Dehnung die Aktivierungsenergie der
Keimbildung 78 kcal/Mol, bei 15% dagegen nur noch 53,5 kcal/Mol.
Für das Kristallwachstum lauten die entsprechenden Werte 59,5 kcal
und 55,0 kcal. Wenn auch die Aktivierungswärme in der Größenordnung derjenigen der Diffusion liegt, so ist nach LÜCKE [14] doch zu
bedenken, daß die Konstante v_0 in der Gleichung

$$v = v_0\, e^{-\frac{Q}{RT}} \text{ cm sec}^{-1}$$

zur Darstellung der Wachstumsgeschwindigkeit um einen Faktor 10^{10}
größer ist als die theoretisch berechnete, die man erhält, wenn ein
einfacher Diffusionsmechanismus zugrunde gelegt wird. Eine zusammen-
fassende Darstellung über die Rekristallisation ist von BURKE und
TURNBULL [23] gegeben.

Die exponentielle Form des Temperaturgesetzes der Platzwechselvorgänge bringt es mit sich, daß sie bei Einhaltung bestimmter Be-
obachtungsmethoden bei einer ziemlich scharf abgegrenzten Temperatur in Erscheinung treten. G. TAMMANN hat nach verschiedenen Methoden diese „Temperatur des beginnenden Platzwechsels"
zu bestimmen versucht. G. TAMMANN und Q. MANSURI [15] lassen z. B.
in einem Gefäß, in dem sich Metallpulver befindet, einen Rührer laufen
und stellen die treibende Kraft so ein, daß sie eben genügt, um den
Rührer in Bewegung zu halten. Steigert man die Temperatur des
Pulvers, so bleibt bei einer gut reproduzierbaren Temperatur der Rührer stehen. Eine zweite Methode von G. TAMMANN und W. SALGE [16]
besteht darin, daß man zwei polierte Metallplatten so geneigt aufein-
anderlegt, daß die obere eben noch von der unteren abgleitet. Bei einer

bestimmten Temperatur hört die Gleitfähigkeit auf. Es rührt dieses
daher, daß polierte Oberflächen beim Erreichen einer bestimmten
Temperatur rauh werden, was man im Mikroskop am Auftreten kleiner
Hügelchen und mit bloßem Auge am Mattwerden erkennen kann. Die
so bestimmten „Temperaturen des beginnenden Platzwechsels" liegen
nicht allzu weit voneinander bei etwa 0,3 bis 0,4 der absoluten Schmelztemperatur.

Zu ganz ähnlichen Ergebnissen führt eine Betrachtung der Rekristallisationstemperaturen. A. A. BOTSCHWAR [17] hat die absoluten
Temperaturen des beginnenden Kornwachstums für verschiedene Metalle zusammengestellt und diese durch die absoluten Schmelztemperaturen dividiert. Wie Tab. 23 zeigt, liegen diese Quotienten alle in der Nähe von 0,4. Auf Grund neuerer Ergebnisse ist jedoch zu beachten, daß die Rekristallisationstemperaturen sehr stark von Beimengungen beeinflußt werden.

Tabelle 23.

Metall	T_R	T_S	$\dfrac{T_R}{T_S}$
Au	473	1336	0,35
Ag	473	1234	0,38
Cu	473 — 503	1357	0,35 — 0,37
Fe	623 — 723	1803	0,35 — 0,4
Ni	803 — 933	1724	0,46 — 0,54
W	1473	3630	0,4
Ta	1273	3123	0,41
Mo	1173	2773	0,42
Al	423 — 513	932	0,45 — 0,55
Zn	~ 280 — 348	692	0,40 — 0,50
Sn	~ 270 — 298	505	0,53 — 0,59
Cd	~ 280	594	0,49
Pb	~ 270	600	0,45
Pt	723	2037	0,35
Mg	423	923	0,45

Nach theoretischen Betrachtungen von VAN LIEMPT ist die Ablösearbeit in erster Annäherung gleich $80\,T_R$ oder $32\,T_S$, wobei T_R die Rekristallisations-
und T_S die Schmelztemperatur in Kelvingraden ist. VAN LIEMPT [18]
erhält für die Ablösearbeit des Bleis auf diese Weise 22000 cal/Mol, für
Gold 38000 cal/Mol und für Wolfram 112000 cal/Mol. Diese Werte
können nur als rohe Annäherung gelten.

Auch die Plastizität der Metalle ist mit dem Platzwechselvermögen
der Atome in Zusammenhang gebracht worden. Die Verhältnisse
liegen jedoch nicht einfach, da bei der Betrachtung der Fließvorgänge
stets eine gleichzeitig eintretende Verfestigung stört. Ferner spielen
hier nicht Platzwechsel im Sinne der Diffusion, sondern Gleitungen
eine ausschlaggebende Rolle. Immerhin konnte R. BECKER [19] die
aus dem Zusammenhang von Platzwechsel und Plastizität zu fordernde
starke Temperaturabhängigkeit der letzteren an Wolframeinkristallen
wahrscheinlich machen. DUSHMAN [20] stellt die von P. LUDWIK [21]
gemessene Abhängigkeit der Härte einiger Metalle von der Temperatur
dar, indem er den log der Härtezahl gegen $1/T$ abträgt. Er erhält
so Kurven, welche bei hohen Temperaturen einen linearen Verlauf

15a

haben. Aus der Steigung wurden Energiewerte berechnet. Diese sind für Ni 13800, Sn 11000, Cu 10000, Al 5000 und Pb 4300 cal/g-Atom. Ein Zusammenhang mit der Ablösearbeit der Selbstdiffusion scheint nicht zu bestehen, außer daß die Werte ebenfalls größer als die Schmelzwärmen und kleiner als die Verdampfungswärmen sind und mit fallenden Schmelztemperaturen der Metalle abnehmen.

Das Ausfließen von Metallen wie Blei und Zinn aus engen Öffnungen wurde von W. WERIGIN, I. LEWKOJEFF und G. TAMMANN [22] untersucht und dabei eine lineare Abhängigkeit des log der Ausflußgeschwindigkeit von $1/T$ erhalten (Abb. 201). Aus der Steigung läßt sich eine Energie berechnen, die etwa halb so groß ist wie die Ablösearbeit der Selbstdiffusion.

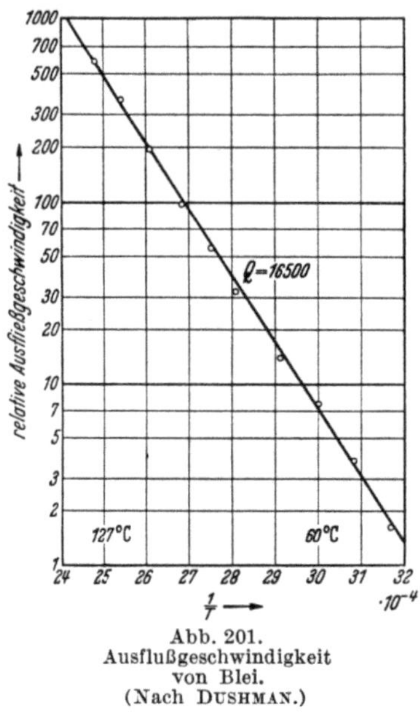

Abb. 201.
Ausflußgeschwindigkeit
von Blei.
(Nach DUSHMAN.)

Eine Gruppe amerikanischer Forscher [11] hat neuerdings das Fließverhalten von Au-Drähten (0,0028 cm ∅ ; 25 cm lang) bei geringen Belastungen in der Nähe des Schmelzpunktes untersucht. Bei Lasten bis $32 \cdot 10^5$ dyn/cm² waren Dehnung und Zeit proportional. Wenn die Fließgeschwindigkeit gegen die Belastung aufgetragen wird, ergibt sich direkt die Viskosität. Diese wieder gegen $1/T$ aufgetragen, liefert eine Gerade, aus deren Steigung man eine Aktivierungsenergie von 48000 cal/g-Atom berechnet, während für die Selbstdiffusion von Au von McKay [24] 51000 cal/g-Atom gemessen wurden.

Eine Theorie von F. R. N. NABARRO [25], der annimmt, daß Leerstellen sich am Rande der Mosaikblöcke ins Gleichgewicht setzen können, führt zu der Formel

$$\eta \cong \frac{A^2\,b\,T}{D\,a^3},$$

worin

  η der Viskositätskoeffizient,
  A die Ausdehnung der Mosaikblöcke, a^3 das Atomvolumen

ist. Unter der Voraussetzung, daß A gleich 10^{-4} cm ist, erhält man bei 1000° für η ungefähr 10^{12} Poise, einen Wert, der mit dem experimentell ermittelten $= 1{,}2 \cdot 10^{12}$ gut übereinstimmt. Es stehen jedoch noch andere Theorien zur Diskussion, so daß eine Entscheidung über den Mechanismus auf Grund dieser Übereinstimmung noch nicht erfolgen kann.

Ähnliche Gesetzmäßigkeiten sind bei Aushärtungsvorgängen gefunden worden. SELTZ und HONE [28] verfolgten die Ausscheidung der γ-Phase in Al-Ag-Legierungen (38% Al) durch Messung der elektrischen Leitfähigkeit. Bei verschiedenen Anlaßtemperaturen veränderte sich das Leitvermögen mit sehr verschiedenen Geschwindigkeiten. Der log der Geschwindigkeit gegen $1/T$ aufgetragen gibt ein Bild wie Abb. 202. Die berechneten Aktivierungswärmen sind von ähnlicher Größe wie die bei Diffusionsvorgängen in diesem System. Auch die Zeit, die bei verschiedenen Temperaturen nötig ist, damit eine härtbare Al-Legierung (Lautal) ihre maximale Härte erreicht, läßt sich nach C. H. M. JENKINS und E. H. BUCKNALL [29] auf eine Aktivierungsarbeit von 12500 cal/g-Atom zurückführen.

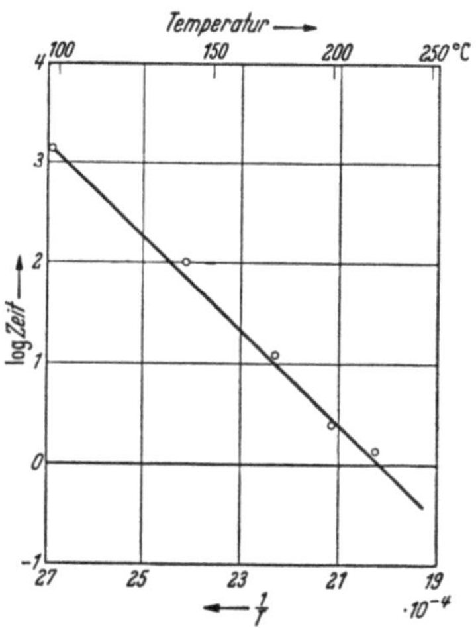

Abb. 202. Ausscheidung in einer Al-Ag-Legierung. (Nach SELZ und HONE.)

Schrifttum.

1. VAN ARKEL: Metallwirtsch. 7, 656 (1928).
2. MOORADIAN, V. G., u. J. T. NORTON: Trans. AIME, Inst. Met. Div. 117, 89 (1935).
3. SEITH, W., u. A. KEIL: Z. phys. Chem. Abt. B 22, 350 (1933).
4. GARRE, B., u. A. MÜLLER: Z. anorg. Chem. 190, 120 (1930).
5. KÖSTER, W.: Arch. Eisenhüttenw. 3, 52 (1929/30); 4, 609 (1930/31).
6. BRUNS, J. L.: Trans. AIME, Inst. Met. Div. 117, 99 (1935).
7. BRICK, R. M.: Trans. AIME, Inst. Met. Div. 117, 100 (1935).
8. SÖHNCHEN, E.: Metallwirtsch. 14, 205 (1935).
9. DEHLINGER, U.: Metallwirtsch. 12, 48 (1933).
10. BOLLENRATH u. BUNGARDT: Persönliche Mitteilung.
11. ALEXANDER, B. H., R. BALUFFI, M. H. DAWSON, H. P. KLING u. F. D. ROSI: Sylvania Electric Products Inc. Report No. NYO-663 (1949/50).
12. ANDERSON, W., u. R. MEHL: Trans. AIME 181, 140 (1945).
13. TURNBULL, D.: Phys. Rev. II 76, 471 (1949).
14. LÜCKE, K.: Z. Metallkunde 41, 114 (1950).
15. TAMMANN, G., u. Q. MANSURI: Z. anorg. Chem. 126, 119 (1923).
16. TAMMANN, G., u. W. SALGE: Z. Metallkunde 19, 187 (1927).
17. BOTSCHWAR, A. A.: Z. anorg. Chem. 157, 319 (1926); 176, 46 (1928).
18. VAN LIEMPT, I. A. M.: Z. Physik. 96, 534 (1935).
19. BECKER, R.: Phys. Z. 26, 919 (1925).
20. DUSHMAN, S.: Proc. Amer. Soc. Test. Mater. 29, Part. 2, 7 (1929).
21. LUDWIK, P.: Z. VDI 59, 657 (1915) — Z. phys. Chem. 91, 232 (1916).
22. WERIGIN, N., I. LEWKOJEFF u. G. TAMMANN: Ann. Physik. 10, 647 (1903).
23. BURKE, J. E., u. D. TURNBULL: Progress in Metall Physics, 3, 220 (1952).

24. McKay, H. A. C.: Trans. Faraday Soc. **34**, 845 (1938).
25. Nabarro, F. R. N.: Conference on Strength of Solids. The Physical Society 1948.
26. Basset u. Davis: Zitiert bei S. Dushman, s. S. 231 [20].
27. Jeffries, Z.: Trans. AIME **60**, 588 (1919).
28. Seltz u. Hone: Rev. trimestr. Can. **19**, 396 (1933); **20**, 376 (1934).
29. Jenkins, C. H. M., u. E. H. Bucknall: J. Inst. Metals **57**, 141 (1935).

17. Das Sintern.

Das Sintern von Formstücken aus Metallpulver geschieht in der Weise, daß die Pulver zunächst in Preßformen unter hohem Druck verdichtet werden. Die Preßlinge haben entweder schon die endgültige Form (z. B. Formteile aus Sintereisen und Sinterstahl) oder sie können durch Bearbeitung in diese gebracht werden (z. B. Hartmetallformteile). Auch bei der Herstellung der hochschmelzenden Metalle Molybdän und Wolfram preßt man zuerst Stäbe und Blöcke, die später zur Weiterverarbeitung dienen. Die Preßkörper werden bei entsprechend hoher Temperatur einer Glühbehandlung — Sinterung genannt — unter reduzierender Atmosphäre unterworfen. Die einzelnen Pulverkörner wachsen dabei unter Schwund zusammen, so daß am entstehenden Material nahezu die Dichte und Festigkeit des gegossenen Werkstoffes erreicht wird. Das pulvermetallurgische Verfahren muß bei der Herstellung von Werkstücken aus hochschmelzenden Metallen, wie z. B. Wolfram, Molybdän und Tantal, und bei der Erzeugung von Hartmetallen auf Carbidbasis angewandt werden. Ferner muß man es bei der Herstellung von Legierungen anwenden, die sich auf dem Wege des Erschmelzens nicht oder nur schwer erhalten lassen, weil entweder der Schmelzpunktsunterschied zwischen den beiden Komponenten zu groß ist, oder weil sich die Legierungskomponenten auch im flüssigen Zustand nicht mischen (z. B. Kontaktwerkstoffe auf der Basis von W-Cu, W-Ag u. a.). Auch die Herstellung poröser Lager und Filter ist zwangsläufig an sintertechnische Methoden gebunden. Maschinenteile aus Sintereisen und Sinterstahl sind aus wirtschaftlichen Erwägungen häufig solchen, die gegossen und weiterbearbeitet werden müssen, überlegen.

Die Technik des Sinterns, über die bereits ausführliche Werke von Skaupy [1], W. D. Jones [1a], Kieffer und Hotop [2], Schwarzkopf [3], Goetzel [4], Hausner [4a], ferner eine Reihe von Tagungsberichten [5] existieren, soll hier nur kurz behandelt werden. Um den Sintervorgang zu verfolgen, hat man in einer großen Reihe von Arbeiten den Verlauf der Dichte, des Schwundes, des Kornwachstums, der Härte, Zugfestigkeit und Dehnung, des elektrischen Widerstandes, der

magnetischen Eigenschaften, der Thermokraft u. a. m. verfolgt. Hierbei
wurden die Sinterzeit und Sintertemperatur, ferner der Preßdruck und
andere Faktoren der Vorbehandlung systematisch verändert. Die Ergebnisse solcher Versuche haben sich für die Technik des Sinterns
als außerordentlich wertvoll erwiesen. Sie lassen jedoch meist nicht
auf den Mechanismus des Sintervorganges als Platzwechselerscheinung
schließen. Immerhin lassen sich für das Sintern aus den Diffusions-
gesetzen wichtige Regeln herleiten, die KIEFFER und HOTOP [2] folgendermaßen zusammenfassen.

1. In innig gemischten Metallpulvern führt die Diffusion infolge der Klein-
heit der Teilchen und der Größe der Berührungsfläche sehr viel rascher zur Homogenisierung als im kompakten Metall. Da in die Diffusionsgleichung die Quadratwurzel der Zeit eingeht, bedingt eine Verdoppelung des Korndurchmessers eine
Vervierfachung der Sinterzeit, um den gleichen Homogenisierungseffekt zu erreichen.

2. Die Diffusionsgeschwindigkeit steigt exponentiell mit der Temperatur.

3. Erleiden die verwendeten Metallpulver während der Glühbehandlung
Modifikationsänderungen, so können sich diese selbstverständlich auf die Art
und Weise der Diffusion auswirken.

4. Der Platzwechsel der Atome wird durch alle Faktoren negativ beeinflußt,
die die Anziehung behindern, wie z. B. mangelnder Kontakt der Einzelteilchen
durch ungenügende Annäherung aneinander oder durch Oxyd- und Gashäute usw.

5. Die Homogenisierung geht wesentlich schneller vor sich, wenn geringe
Mengen flüssiger Phasen vorliegen, insbesondere, wenn die flüssige Phase vorhandene Oxydhäute und sonstige Verunreinigungen zu lösen vermag.

Vom Standpunkt der Diffusionsvorgänge haben wir beim Sintern
von Pulvern drei Fälle zu unterscheiden:

1. Das Sintern einheitlicher Metallpulver oder verschiedener Metallpulver, die keinerlei Verbindungen oder Mischkristalle miteinander
bilden, z. B. reines Fe-Pulver oder reines Ni-Pulver oder Cu-Pulver
und Graphitpulver.

2. Sintern von Pulvergemischen, welche Mischkristalle oder Verbindungen bilden, ohne daß beim Sinterprozeß eine flüssige Phase
auftritt, z. B. Fe-Cr-Ni (18-8-Stahl).

3. Wie 2, jedoch mit Auftreten einer flüssigen Phase bei der Sintertemperatur, z. B. WC und Co (Hartmetalle), Fe-Ni-Al (Magnete).

Beim Sintern von Pulverteilchen ein und derselben Art können
nur Selbstdiffusionserscheinungen ein Zusammenwachsen der Partikel
hervorrufen. Sonderbarerweise kann jedoch auch zwischen Teilchen
verschiedener Art, welche nicht miteinander in Reaktion treten können, eine Haftverbindung (Adhäsion) eintreten. Ist der Sintervorgang,
wie im 2. Fall angenommen, von einer Mischkristallbildung begleitet,
so muß die Homogenisierung durch Diffusion im Konzentrationsgefälle erfolgen. Im 3. Fall wird die Reaktion durch Auftreten der

flüssigen Phase sehr beschleunigt. Es können nicht nur rasche Lösungsvorgänge zu einem guten Stoffaustausch führen, sondern die Benetzung der flüssigen Phase führt auch zu einer wesentlichen Verdichtung (Schrumpfung) des Sinterlinges. Die flüssige Phase kann während des Sinterprozesses aufgezehrt werden und die Reaktion dann wie im Falle 2 zu Ende gehen, oder sie wird erst beim Erkalten erstarren. Aus dem Zustandsdiagramm lassen sich die während des Sinterns auftretenden Phasen für eine gegebene Ausgangsmischung im voraus ablesen.

G. F. Hüttig [7] hat auf Grund von Beobachtungen, die auf Adsorptionsversuche zurückgehen, versucht, den Sintermechanismus bei verschiedenen Temperaturen zu beschreiben. Er vergleicht dabei die Metalle bei gleichen, auf den absoluten Schmelzpunkt reduzierten Temperaturen ($\vartheta = T/T_S$). Er nimmt an, daß bei $\vartheta = 0{,}25$ eine merkliche Oberflächendiffusion einsetzt, die zwischen $\vartheta = 0{,}33$ bis $0{,}45$ zu einer Stabilisierung der Oberfläche führt. Zwischen $\vartheta = 0{,}37$ bis $0{,}53$ beginnt sich die Gitterdiffusion bemerkbar zu machen, die dann zwischen $\vartheta = 0{,}48$ bis $0{,}8$ zur Sammelkristallisation führt. Oberhalb $\vartheta = 0{,}8$ nimmt er dann eine neuerliche Aktivierung als Vorbereitung des Schmelzvorganges an.

Nach einer Veröffentlichung von Schreiner und Glawitsch [23] wird diese Arbeitshypothese durch Versuche über die Anwendung der Emaniermethode auf den Sintervorgang von Cu-Pulver-Preßlingen gestützt. Die Emanierkurven von Preßlingen aus Pulvergemischen Fe-Cu und Fe-Ni lassen gewisse qualitative Angaben über den Sintervorgang machen. Eine systematische Untersuchung von Sintervorgängen nach der Emaniermethode steht noch aus.

Wieweit diese Vorstellungen mit dem tatsächlichen Ablauf des Sintervorganges übereinstimmen, kann noch nicht entschieden werden. Auf Grund der Arbeiten von Kuczynski [6] und von Knacke und Stranski [8] möchte man annehmen, daß auf jeden Fall der wesentliche Materialtransport, der zum Verwachsenlassen des Sinterproduktes nötig ist, seinen Weg über die normale Gitterdiffusion nimmt.

Für den technischen Sintervorgang ist es wesentlich, daß eine genügende Verdichtung des Sinterlings eintritt, d. h. daß die nach dem Pressen noch vorhandenen Zwischenräume und Poren möglichst weitgehend verschwinden. Dies wird im allgemeinen durch Zusammenwirken von Diffusion, Oberflächenenergie und Kornwachstum erreicht. Aus den Betrachtungen über die partiellen DK wissen wir jedoch, daß bei der Diffusion in Pulvergemischen aus verschiedenen Metallen auch Löcher infolge der Diffusionsvorgänge neu entstehen können. So konnten Raub und Plate [16] bei ihren Dilatometermessungen, mit welchen sie den Sintervorgang in **Au-Ag**-Pulverproben verfolgten, eine deutliche Volumenzunahme feststellen, welche offenbar durch die Lochbildung verursacht worden ist. Die gleiche Beobachtung machten Butler und Hoar [27] beim Sintern von **Cu-Ni**-Pulvern. Es ist also durchaus denkbar, daß es in manchen Fällen nicht möglich sein kann, porenfreie Legierungen zu erhalten. Systematische Untersuchungen wurden in dieser Richtung jedoch noch nicht ausgeführt.

Da uns die Diffusion des Kohlenstoffs in binären Eisenlegierungen interessierte und das Erschmelzen der Ausgangslegierungen schwierig erschien, versuchten wir [10] diese durch Zusammensintern eingewogener Pulvergemische zu erhalten. Bevor jedoch diese Versuche beschrieben werden, müssen wir uns über den Einfluß der Dichte der Probe auf die Diffusion des Kohlenstoffs unterrichten. Findet die Diffusion nur im Inneren des Gitters statt, so wird die Abnahme der Dichte infolge des Auftretens von Poren lediglich wie eine Querschnittsverminderung wirken und eine geringe Abnahme des DK vortäuschen. Ist jedoch eine Diffusion entlang der inneren Oberflächen möglich, so wäre mit Abnahme der Dichte u. U eine Beschleunigung der Diffusion zu erwarten. Das gleiche würde eintreten, wenn innerhalb der Poren eine Übertragung des diffundierenden Stoffs durch die Gasphase stattfände.

Seith und Schmeken [10] haben die Diffusion in Sintereisenkörpern, die aus Elektrolyteisenpulver bei verschiedenen Preßdrucken und zweistündigem Sintern bei 1200° erhalten waren, verfolgt. Es wurden jeweils zwei Proben mit und ohne Kohlenstoff, welche dieselbe Dichte hatten, verschweißt und bei 1000°, 1100° und 1200° einer Diffusionsglühung unterzogen. Die erhaltenen DK sind in Abhängigkeit von der Dichte in Abb. 203 dargestellt. Die Werte für kompaktes Eisen ($\varrho = 7{,}87$) sind der Arbeit von Paschke und Hauttmann [19] entnommen. In allen Fällen nimmt der DK mit der Dichte zu. Ob es richtig ist, die Kurven bis zu dem Werte für kompaktes Eisen durchzuziehen, kann nicht entschieden werden, denn es wäre auch möglich, daß im gesinterten Material, auch bei theoretischer Dichte, die Diffusion infolge von Übergangswiderständen zwischen den Körnern langsamer vor sich ginge als im gegossenen Material. Die Ablösearbeit wird unabhängig von der Dichte im Sintereisen im Mittel zu 33 500 cal/Mol bestimmt. Paschke und Hauttmann geben für kompaktes Eisen einen größeren Wert von 38 200 cal/Mol an. Rechnet man alle DK-Werte mit der von uns bestimmten Ablösearbeit auf 1000° um, so erhält man Abb. 204. Die Diskrepanz der Ablösearbeiten von Kohlenstoff im Sintereisen und kompakten Eisen kann durchaus reell sein.

Die Diffusionsgeschwindigkeit im Sintereisen ist also nach unseren Versuchen durch Querschnittsverminderung behindert. Die Diffusion an inneren Oberflächen kann keine wesentliche Rolle spielen. Es wurde davon abgesehen, eine quantitative Abhängigkeit des scheinbaren DK von der Dichte abzuleiten, da die Dichte in den Proben nie ganz einheitlich und der DK konzentrationsabhängig ist und sich zudem Dichte und DK während der Versuchsdauer etwas verändern.

Die schon oben erwähnten DK von Kohlenstoff in Sinterstählen können demnach nicht ohne weiteres mit solchen in kompaktem Material verglichen werden, wohl aber unter sich, wenn sie alle in gleicher Weise hergestellt sind. SEITH und SCHMEKEN [9] haben binäre Legierungen von Fe mit Co, Cr, Cu, Mn, Ni, Si, V und W in verschie-

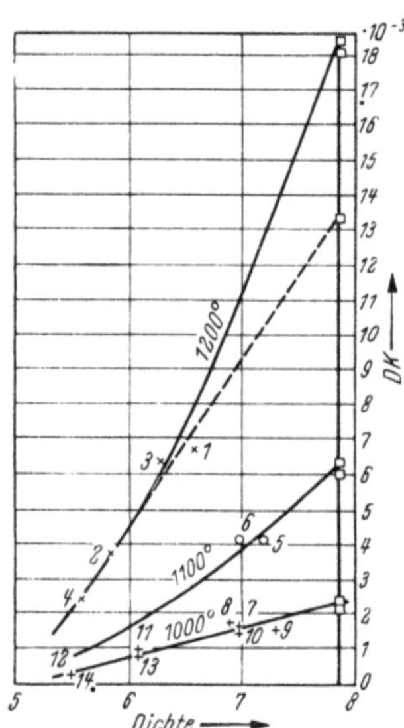

Abb. 203. Diffusion von C
in Sintereisen. Dichte gegen DK.
(Ordinate 10⁻⁷ cm² sec⁻¹)

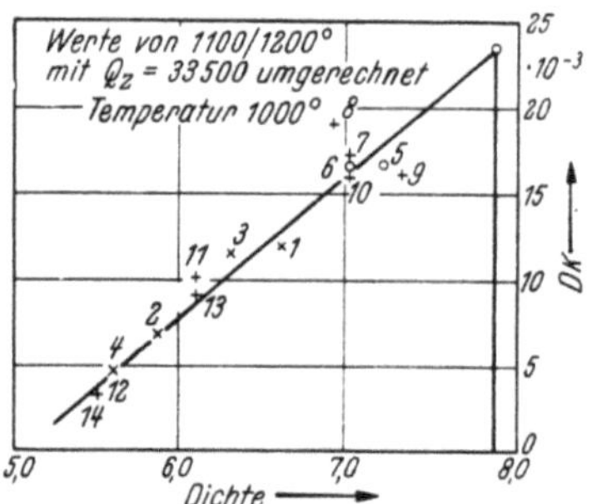

Abb. 204.
Diffusion von C in Sintereisen bei 1000°.
(Ordinate 10⁻⁷ cm² sec⁻¹)

denen Konzentrationen hergestellt und dann nochmals die gleichen Legierungen, denen 1% Graphit zugefügt war. Die gut gemischten Pulver worden mit 6 to cm⁻² verpreßt und 2 Stunden auf 1100° bis 1200° unter Schutzgas und, wenn erforderlich, unter Gettermaterial gesintert, dann nochmals mit 6 to cm⁻² nachverdichtet und wiederum 1 Stunde geglüht. Hierdurch wurde eine möglichst große Dichte erzielt. Die Ergebnisse der Diffusionsversuche sind in Tab. 24 zusammengestellt. In dieser Tabelle sind auch Werte enthalten, die auf theoretische Dichte extrapoliert sind. Dabei wurde angenommen, daß der Einfluß der Abweichung der Dichte in den Legierungen der gleiche ist wie in reinem Eisen.

Vergleicht man die Ergebnisse, die an den verschiedenen Fe-Legierungen gewonnen wurden, miteinander, so kann man feststellen, daß die Beeinflussung der Kohlenstoffdiffusion mit der Stellung der Legierungspartner im periodischen System in Zusammenhang gebracht werden kann. Die Elemente, welche Sonderkarbide bilden und links vom Eisen stehen, setzen die Wanderungsgeschwindigkeit des Kohlenstoffs herab, während die Elemente rechts vom Eisen diese beschleunigen. Der Einfluß der zuletzt genannten Elemente nimmt vom Kobalt über das Nickel bis zum Kupfer zu, dagegen kommt ein stetiges Anwachsen des hemmenden Einflusses bei den zuerst genannten Elementen

Tabelle 24.

	$Fe\ \varrho = 6{,}9$	20 % Co	50 % Co	5 % Cr	5 % Cu	10 % Mn	10 % Ni	20 % Ni
D_{T_1} 1200°	$1{,}12 \cdot 10^{-6}$	$1{,}28 \cdot 10^{-6}$	$1{,}12 \cdot 10^{-6}$	—	$1{,}96 \cdot 10^{-6}$	$1{,}12 \cdot 10^{-6}$	$1{,}68 \cdot 10^{-6}$	$8{,}3 \cdot 10^{-7}$
D_{T_2} 1100°	$4{,}4 \cdot 10^{-7}$	$5{,}2 \cdot 10^{-7}$	$4{,}3 \cdot 10^{-7}$	$3{,}1 \cdot 10^{-7}$	$6{,}0 \cdot 10^{-7}$	—	$6{,}4 \cdot 10^{-7}$	$4{,}4 \cdot 10^{-7}$
D_{T_3} 1000°	$1{,}56 \cdot 10^{-7}$	$2{,}1 \cdot 10^{-7}$	$1{,}56 \cdot 10^{-7}$	—	$1{,}74 \cdot 10^{-7}$	—	$2{,}4 \cdot 10^{-7}$	$1{,}74 \cdot 10^{-7}$
$Q_{T_1-T_3}$ in kcal	36,8	33,9	36,8	—	45,1	—	36,0	29,2
D_0	0,318	0,137	0,319	—	9,7	—	0,37	0,181
D^* 1200°	$2{,}0 \cdot 10^{-6}$	$2{,}3 \cdot 10^{-6}$	$2{,}0 \cdot 10^{-6}$	—	$3{,}5 \cdot 10^{-6}$	$2{,}0 \cdot 10^{-6}$	$3{,}0 \cdot 10^{-6}$	$1{,}47 \cdot 10^{-6}$
D^* 1100°	$7{,}9 \cdot 10^{-7}$	$9{,}3 \cdot 10^{-7}$	$7{,}6 \cdot 10^{-7}$	$5{,}5 \cdot 10^{-7}$	$1{,}08 \cdot 10^{-6}$	—	$1{,}15 \cdot 10^{-6}$	$7{,}9 \cdot 10^{-7}$
D^* 1000°	$2{,}7 \cdot 10^{-7}$	$3{,}7 \cdot 10^{-7}$	$2{,}8 \cdot 10^{-7}$	—	$3{,}1 \cdot 10^{-7}$	—	$4{,}4 \cdot 10^{-7}$	$3{,}1 \cdot 10^{-7}$

	40 % Ni	1 % Si	0,4 % V	0,8 % V	1,2 % V	2 % W	4 % W
D_{T_1} 1200°	$1{,}11 \cdot 10^{-6}$	$1{,}17 \cdot 10^{-6}$	$1{,}28 \cdot 10^{-6}$	$1{,}11 \cdot 10^{-6}$	$1{,}05 \cdot 10^{-6}$	$1{,}04 \cdot 10^{-6}$	$8{,}5 \cdot 10^{-7}$
D_{T_2} 1100°	$4{,}6 \cdot 10^{-7}$	$3{,}9 \cdot 10^{-7}$	$5{,}3 \cdot 10^{-7}$	$3{,}9 \cdot 10^{-7}$	$4{,}6 \cdot 10^{-7}$	$3{,}4 \cdot 10^{-7}$	$3{,}0 \cdot 10^{-7}$
D_{T_3} 1000°	$1{,}62 \cdot 10^{-7}$	$(3{,}1 \cdot 10^{-7})$	$2{,}1 \cdot 10^{-7}$	$1{,}39 \cdot 10^{-7}$	$2{,}5 \cdot 10^{-7}$	$0{,}93 \cdot 10^{-7}$	$0{,}87 \cdot 10^{-7}$
$Q_{T_1-T_3}$ in kcal	35,9	43,8 **	33,7	38,75	26,45	45,1	42,4
D_0	0,234	—	0,128	0,62	0,0088	5,1	1,65
D^* 1200°	$2{,}0 \cdot 10^{-6}$	$2{,}1 \cdot 10^{-6}$	$2{,}3 \cdot 10^{-6}$	$2{,}0 \cdot 10^{-6}$	$1{,}9 \cdot 10^{-6}$	$1{,}9 \cdot 10^{-6}$	$1{,}5 \cdot 10^{-6}$
D^* 1100°	$8{,}3 \cdot 10^{-7}$	$6{,}6 \cdot 10^{-7}$	$9{,}5 \cdot 10^{-7}$	$7{,}0 \cdot 10^{-7}$	$8{,}2 \cdot 10^{-7}$	$6{,}0 \cdot 10^{-6}$	$5{,}3 \cdot 10^{-7}$
D^* 1000°	$2{,}9 \cdot 10^{-7}$	$(5{,}6 \cdot 10^{-7})$	$3{,}7 \cdot 10^{-7}$	$2{,}4 \cdot 10^{-7}$	$4{,}5 \cdot 10^{-7}$	$1{,}62 \cdot 10^{-7}$	$1{,}50 \cdot 10^{-7}$

* Werte auf Porosität Null extrapoliert.
** $Q_{T_1-T_2}$

nicht so deutlich zum Vorschein. Das Mangan nimmt mit einem indifferenten Verhalten eine Zwischenstellung ein. Ein Vergleich der DK bei gleichen Prozentgehalten der Zusatzelemente ist nicht sinnvoll, da die Löslichkeit des Kohlenstoffs in der Austenitphase durch die dritten Partner sehr verschieden beeinflußt wird. Setzt man die Löslichkeit des Kohlenstoffs im reinen Eisen bei der Versuchstemperatur jeweils gleich 1 und trägt die DK-Werte der verwendeten Legierungen gegen die reduzierte Konzentration des Kohlenstoffs graphisch auf, so erhält man einen Überblick, wie ihn Abb. 205 wiedergibt. Dabei sind die eingetragenen Ergebnisse der einzelnen DK gegen die Löslichkeitsgrenze 1,0 projiziert, um auf diese Weise eine Vergleichsmöglichkeit der verschiedenen Ergebnisse untereinander zu gewinnen. Die Projektion ist in der Weise durchgeführt, daß der DK des

Kohlenstoffs im reinen Eisen am linken Rand der Abbildung eingetragen wurde und von dieser Stelle aus gestrichelte Geraden durch
die einzelnen Meßpunkte gezogen wurden. Die Zusätze, welche die
Löslichkeit des Kohlenstoffs stark vermindern, erhalten dadurch ein
stärkeres Gewicht.

Zieht man die bekannten Bildungswärmen der Karbide zum Ver-
gleich heran, so sieht man, daß der Einfluß der dritten Partner in etwa gleicher Reihenfolge verläuft. Die Elemente, deren Karbide eine größere Bildungswärme haben als Fe_3C, hemmen die Diffusion, die mit kleineren Bildungswärmen fördern sie. Das gleiche kann man für kleinere und größere Atomradien bei metallischer Bindung aussagen.

Die Tatsache, daß der Kohlenstoff im Sintereisen langsamer diffundiert als im kompakten Material, darf natürlich nicht verallgemeinert werden. Dies zeigen im besonderen die folgenden Untersuchungen. In den letzten Jahren wurde von der Aluminium Industrie A. G. in der Schweiz ein neuer Werkstoff, das sog. SAP, entwik-

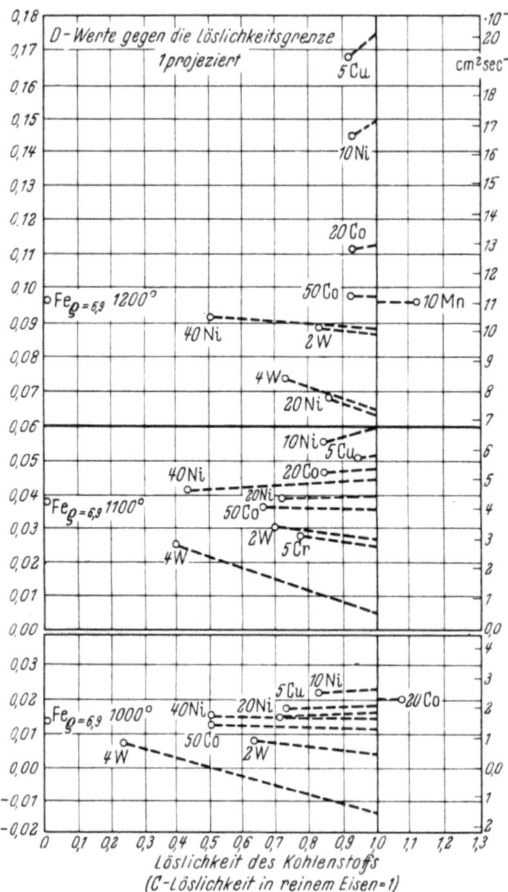

Abb. 205. Diffusion von C
in verschiedenen Sintereisenlegierungen.

kelt. Es wird auf dem Sinterwege aus Al-Pulver gewonnen. Über
seine Herstellung und technischen Eigenschaften unterrichten Veröffentlichungen von IRMAN, von ZEERLEDER und ROHNER [11 und 12].

Das SAP ist aus Plättchen von 3 bis 5 μ Länge und Breite und
einigen zehntel μ Dicke aufgebaut und hat eine Dichte von 2,75 g cm^{-3}
gegenüber 2,70 g cm^{-3} von gegossenem Al. Es ist anzunehmen, daß

beim SAP, das einen Oxydgehalt von 5 bis 20% hat, die einzelnen Körner von Al_2O_3 umgeben sind. Dies verleiht dem SAP hervorragende technische Eigenschaften und setzt sonderbarerweise seine elektrische Leitfähigkeit nur um etwa 25% herab.

Da es von Interesse war, die Diffusion von Zusatzmetallen im SAP kennenzulernen, haben SEITH und LÖPMANN [20] solche Untersuchungen an einem SAP mit 15% Oxydgehalt vorgenommen. Hierzu wurden Stangen (⌀ 16,5 mm) aus Reinst-Al und aus SAP zu Ronden zerschnitten und mit leicht konischen Bohrungen (⌀ 8 mm) versehen. In diese wurden Bolzen aus verschiedenen Al-Legierungen eingetrieben und die Proben anschließend 5 bis 30 Tage bei 475° bis 550° getempert. Die binären Legierungen hatten folgende Zusammensetzungen:

Al mit 1%, 4%, 25% Ag;

1%, 10%, 30% Zn;

1% Si; 10% Mg; 4% Cu.

Ganz allgemein kann gesagt werden, daß die Diffusion im SAP in allen Fällen wesentlich rascher erfolgt als im gegossenen Rein-Al. Dies geht aus den Schliff-

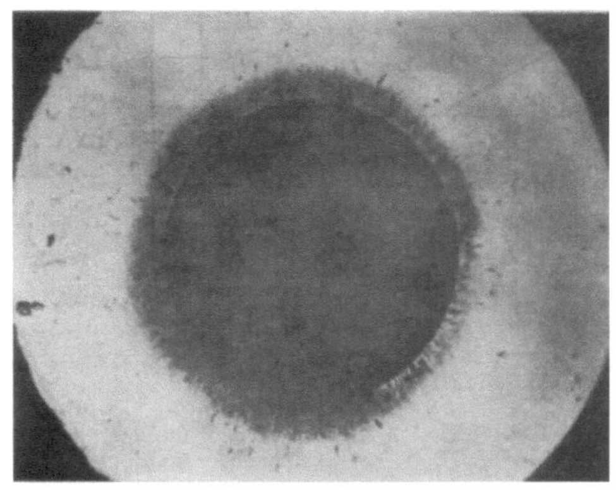

Abb. 206. Diffusion von Cu aus einem Al-Cu-Kern in kompaktem Al. Vergrößerung 5 ×.

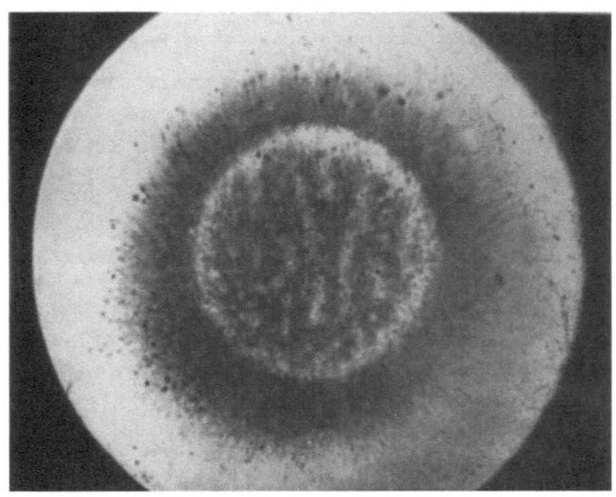

Abb. 207. Diffusion von Cu aus einem Al-Cu-Kern in SAP. Vergrößerung 5 ×.

bildern Abb. 206 und 207 hervor. Daß tatsächlich die diffundierende Menge im SAP größer ist und nicht nur eine kleine Menge eine größere Strecke diffundiert, wurde an einzelnen Proben durch Analyse nachgewiesen. Abb. 208 zeigt $c\text{-}x$-Kurven von Cu in SAP und Al, aus denen dies hervorgeht. Im gegossenen Al konnten dabei

die früher von BEERWALD [21] gemessenen DK für Ag, Cu und Mg
bestätigt werden. Ferner kann man beobachten, daß bei den SAP-
Proben in den Legierungskernen eine bedeutende Lochbildung auftritt (Abb. 209), die ebenfalls für eine größere Mengendiffusion spricht.

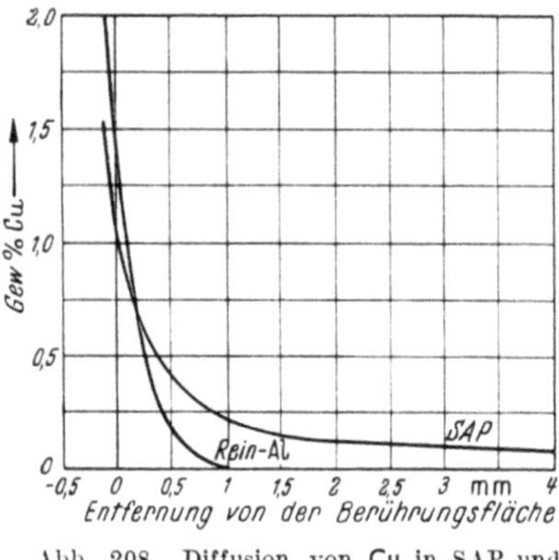

Abb. 208. Diffusion von Cu in SAP und Rein-Al.

F. ROHNER [22] hat ähnliche Beobachtungen gemacht. Er umgoß
einen SAP-Stab mit einer Al-Cu-
Legierung. Bei der Diffusionsglühung
ging das Cu aus dem Gußmantel
in den SAP-Kern. Da das Al nicht
in gleicher Weise in der umgekehrten
Richtung diffundierte, schrumpfte
dabei der Mantel ein, und der Kern
dehnte sich so stark aus, daß der
Mantel auseinandergesprengt wurde.

Um nachzuweisen, daß der Oxydgehalt kein Hindernis für die Diffusion bedeutet, haben wir einige
Proben, bevor der Bolzen eingepreßt
wurde, an den Berührungsflächen dünn eloxiert. Bei diesen eloxierten
Proben ließ sich im Mikroskop ein besonders gutes Verschweißen nach
der Diffusion erkennen.

H. SCHREINER und S. MARIACHER [23] untersuchten die Diffusion
von 110 Ag in Kupferpreßlingen und verglichen mit der Diffusion
in kompaktem Kupfer.
Hierzu wurde ein 0,1 mm
dickes aktives Ag-Blech
auf die Kupferprobe auf-
gedrückt und 288 min
auf 500° erhitzt. Die
Temperatur wurde ver-
hältnismäßig niedrig ge-
wählt, um gleichzeitige
Sinterung der Körner zu
unterdrücken. Der Preß-
druck variierte zwischen
1250 und 5000 kg cm^{-2}.

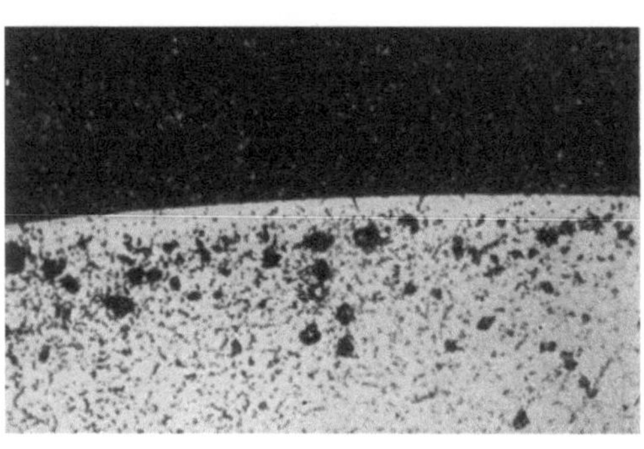

Abb. 209. Löcher im Al-Cu-Kern.

Da die Kontaktfläche nicht genau definiert war, haben SCHREINER
und MARIACHER ihren Anteil am Gesamtquerschnitt der Probe durch
Autoradiographie der Endfläche festgehalten, nachdem sie das Silber-
blech nach dem Tempern wieder von dem Cu-Preßling abgelöst hatten.
In allen Fällen war die in den Preßling eindiffundierte Menge an aktivem
Silber größer als in der kompakten Cu-Probe. Bei einem Preßdruck

von 2500 kg cm^{-2} trat in der Kurve, welche die eindiffundierte Ag-Menge über dem Preßdruck darstellt, ein Maximum auf. Leider konnte keine quantitative Auswertung der Diffusionsgeschwindigkeit ausgeführt werden. Die Verhältnisse liegen hier wesentlich komplizierter als bei den Betrachtungen über die Oberflächen- und Korngrenzendiffusion auf Seite 185).

Das Fortschreiten der Sinterung in Preßkörpern aus den Legierungsbestandteilen Ni und Cu [13] bzw. Ni und Zn [14] wurde von Köster und Raffelsieper mit Hilfe von magnetischen Messungen verfolgt. Die Methode, die angewandt wurde, hat W. Gerlach [15] schon früher für die magnetische Analyse von Legierungen angegeben. Köster und Raffelsieper haben nun den zeitlichen Verlauf der

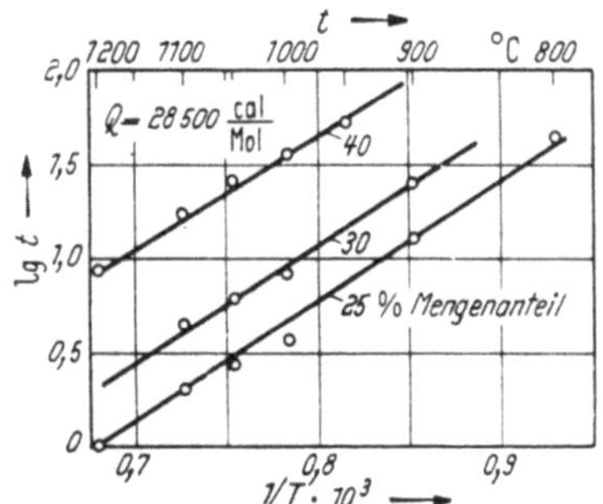

Abb. 210. Ermittlung der Aktivierungsenergie aus magnetischen Versuchen. (Nach Köster und Raffelsieper.)

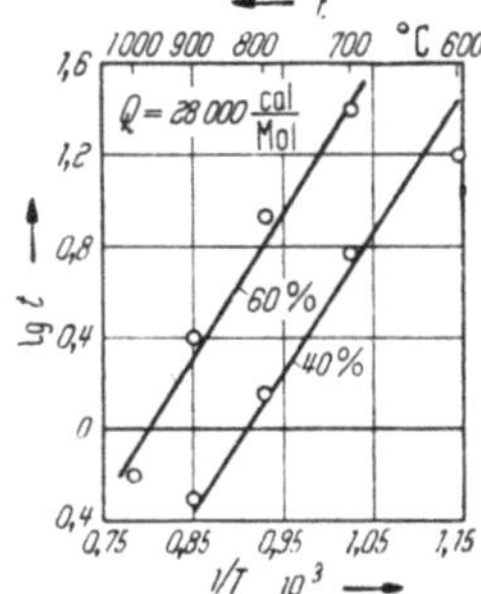

Abb. 211. Ermittlung der Aktivierungswärme aus magnetischen Messungen. (Nach Köster und Raffelsieber.)

Entstehung des Legierungsbestandteiles, welcher die Endkonzentration besitzt, verfolgt. Bei dem System Ni-Cu, das eine durchlaufende Reihe von Mischkristallen bildet, dienten Pulver der reinen Metalle als Ausgangsmaterial. Beim Sintern des Systems Ni-Zn gingen sie von einer Mischung von Ni und einer 20%igen Ni-Zn-Vorlegierung, die der β-Phase angehört, aus. Die Mischungsverhältnisse waren so gewählt, daß eine 11%ige Ni-Cu-Legierung und eine 9%ige Ni-Zn-Legierung entstanden.

Aus den Meßkurven kann man nun z. B. entnehmen, welche Zeit bei verschiedenen Temperaturen verstreicht, bis sich durch Diffusion im Sinterkörper z. B. 40% der Legierung der Endkonzentration gebildet haben. Trägt man nun den log dieser Zeit gegen $1/T$ auf, so erhält man eine gerade Linie, aus deren Steigung man in bekannter Weise die Aktivierungswärme berechnen kann. Aus den Abb. 210 und 211 kann man die Versuchsdaten entnehmen und sich davon überzeugen, daß die erhaltenen Steigungen vom gewählten Mengenanteil unabhängig sind. Die ermittelten Aktivierungswärmen von 28 500 cal/Mol in Ni-Cu und 28 000 cal/Mol in Ni-Zn entsprechen etwa der Hälfte der Aktivierungsenergie, die man bei der Volumendiffusion in Ni-Legierungen beobachtet hat [*17, 18*].

Die beschriebenen Versuche geben einen gewissen Einblick in den Sintervorgang. Der eigentliche Mechanismus des Zusammenbackens zweier sich berührender Teilchen kann jedoch nur an geeigneten Modellen studiert werden. Versuche in dieser Richtung wurden von KUCZYNSKI [*6*] angestellt. Sie sind bereits auf S. 22 ausführlich beschrieben. KUCZYNSKI hat entweder Kugeln verwandt, die auf einer ebenen Oberfläche auflagen, oder Drähte, welche auf runde Stücke aufgewickelt waren. Das wesentliche Ergebnis dieser Untersuchungen ist, daß der Materialtransport, der zum Zusammenbacken führt, durch Volumendiffusion erklärt werden kann. Ähnliche Modellversuche finden sich auch bei ALEXANDER und BALUFFI [*24*] und bei HAUSNER [*25*].

Versuche über das Haften einer Cu-Kugel an einer ebenen Cu-Fläche in Abhängigkeit der Temperatur, dem Druck und der Zeit haben KAYSER, KNACKE und STRANSKI [*8*] angestellt. Nach einem verbesserten Verfahren wurde das gleiche Problem von J. GERLACH und KNACKE [*26*] an Cd untersucht. Es lassen sich nun keine bestimmten Abreißfestigkeiten, die für gegebene Werte von Druck, Temperatur und Zeit charakteristisch sind, ermitteln. Für je eine Temperatur und einen Druck wird für verschiedene Zeiten eine größere Zahl von Abreißversuchen gemacht, aus denen der Bruchteil berechnet wird, der eine Haftung beobachten ließ. Dieser Bruchteil gegen den log der Zeit auf Wahrscheinlichkeitspapier aufgetragen, ergibt eine Gerade. Dies läßt auf eine Verteilung der Haftfestigkeiten nach dem Wahrscheinlichkeitsgesetz schließen. Der reziproke Wert der Zeit, die einer Wahrscheinlichkeit des Haftens von 0,5 entspricht, gegen $1/T$ aufgetragen, führt wieder zu einer Geraden, aus deren Steigung eine Aktivierungsenergie abgelesen werden kann. Diese ist für Cu 54300 cal und für Cd 23800 cal. Ihre Zuordnung ist deshalb schwierig, weil für das Haften nicht nur Diffusionsvorgänge, sondern vielleicht in erster Linie Adhäsion, plastische Verformung, Verfestigung, Erholung und Rekristallisationsvorgänge verantwortlich sind.

Schrifttum.

1. SKAUPY, F.: Metallkeramik. Berlin: Verlag Chemie 1930.

1a.JONES, W. D.: Principles of Powder Metallurgy. London: E. Arnold 1937.

2. KIEFFER, R., u. W. HOTOP: Pulvermetallurgie und Sinterwerkstoffe, 2. Aufl. Bd. 9 der Sammlung Reine und angewandte Metallkunde in Einzeldarstellungen. Berlin/Göttingen/Heidelberg: Springer 1948 — Sintereisen und Sinterstahl. Wien: Springer 1948.

3. SCHWARZKOPF, P.: Powder Metallurgy, New York 1947. — KIEFFER, R., u. P. SCHWARZKOPF: Hartstoffe und Hartmetalle, Wien 1953.

4. GOETZEL, C. G.: Treatise on Powder Metallurgy, New York 1950.

4a.HAUSNER, H. H.: Powder Metallurgy, Brooklyn 1947.

5. Pulvermetallurgie, erstes Plansee-Seminar, Herausg. v. F. BENESOVSKY, Reutte/Tirol 1953. — Einführung in die Pulvermetallurgie: Herausg. v. K. WANKE, Graz 1949. — The Iron and Steel Inst.: Symposium on Powder Metallurgy, London 1947 u. 1954. — The Physics of Powder Metallurgy: Herausg. v. W. E. KINGSTON, New York 1951.
6. KUCZYNSKI, G. C.: J. Metals. **1**, 169 (1949). — DEDRICK, J. H., u. G. C. KUCZYNSKI: J. appl. Phys. **21**, 1224 (1950).
7. HÜTTIG, G. F.: Z. anorg. allg. Chem. **247**, 221 (1941) — Kolloid-Z. **97**, 281 (1941): **98**, 263 (1942); **99**, 266 (1942).
8. KAYSER, O., O. N. KNACKE u. STRANSKI: Z. Elektrochem. **57**, 924 (1953).
9. SEITH, W., u. H. SCHMEKEN: Z. anorg. Chem. **262**, 129 (1950).
10. SEITH, W., u. H. SCHMEKEN: Z. Elektrochem. **54**, 222 (1950).
11. IRMAN: Persönl. Mitteilung.
12. VON ZEERLEDER, W., u. F. ROHNER: Festschrift f. Prof. Ros; Schweiz. Arch. angew. Wissensch. u. Techn. Solothurn: Verlag Vogt-Schild 1950.
13. KÖSTER, W., u. J. RAFFELSIEPER: Z. Metallkunde **42**, 387 (1951).
14. KÖSTER, W., u. J. RAFFELSIEPER: Z. Metallkunde **43**, 37 (1952).
15. GERLACH, W.: Z. Metallkunde **30**, 77 (1938); **38**, 275 (1947).
16. RAUB, E., u. W. PLATE: Z. Metallkunde **40**, 206 (1949).
17. DA SILVA, L. C. C., u. R. F. MEHL: J. Metals **3**, 155 (1951).
18. HEUMANN, TH., u. A. KOTTMANN: Z. Metallkunde **44**, 139 (1953).
19. PASCHKE, M., u. A. HAUTTMANN: Arch. Eisenhüttenw. **9**, 305 (1935).
20. SEITH, W., u. G. LÖPMANN: Z. Elektrochem. **56**, 373 (1952).
21. BEERWALD, A.: Z. Elektrochem. **45**, 789 (1939).
22. ROHNER, F.: Persönl. Mitteilung.
23. SCHREINER, H., u. J. MARIACHER: Z. Metallkde. **45**, 108 (1954). — SCHREINER, H.: Pulvermetallurgie, 1. Plansee-Seminar, Reutte 1953, S. 203. — SCHREINER, H., u. G. GLAWITSCH: Z. Metallkde. **45**, 102 (1954).
24. ALEXANDER, B. H., u. R. BALUFFI: Self Diffusion of Metals. Report NYO 663 (1950), New York. Atomic Energy. Comm.
25. HAUSNER, H. H.: Powder Metallurgy, Iron Steel Inst. London 1954, S. 48.
26. GERLACH, J., u. O. KNACKE: Z. Metallkde. **45**, 123 (1954).
27. BUTLER, J. M., u. T. P. HOAR: J. Inst. Met. **80**, 207 (1952).

18. Technische Anwendungen.

Platzwechselerscheinungen sind für die Technik der Herstellung und Verarbeitung von Metallen und Legierungen von außergewöhnlicher Bedeutung, denn es ist zu bedenken, daß beispielsweise alle Wärmebehandlungen, bei denen eine Homogenisierung oder eine Ausscheidung bewirkt wird, einen Diffusionsvorgang als Grundlage haben. Daneben gibt es noch zahlreiche Verfahren, bei welchen man durch Eindiffundierenlassen eines Stoffes in die Oberfläche eines Werkstückes eine Oberflächenveredelung anstrebt. Es würde den Rahmen dieses Buches weit überschreiten, wenn hier alle diese Verfahren beschrieben werden sollten. Es wäre aber vielleicht eine lohnende und notwendige Aufgabe, diese Fragen in einem besonderen Werk zusammenzufassen und kritisch zu betrachten. Hier sollen nur einige wichtige Verfahren aufgezählt werden und solche Arbeiten beschrieben werden, bei denen man versucht hat, die Diffusionsgesetze direkt anzuwenden.

Die wichtigste und zugleich älteste technische Anwendung eines Diffusionsvorganges im festen Zustand stellt die Zementation des Stahles dar. Sie wurde schon in vorgeschichtlicher Zeit angewendet und war wohl eine Zufallserfindung. Das Verfahren besteht darin, daß man weiche, eiserne Werkstücke in kohlenstoffhaltige Materialien einbettet und erhitzt. Dabei diffundiert der Kohlenstoff in die Oberfläche ein und erzeugt eine härtbare Außenschicht.

Dieses Verfahren, das man Einsatzhärtung nennt, ist außerordentlich vielseitig, schon deshalb, weil man feste, flüssige und gasförmige Materialien verwenden kann, die den Kohlenstoff abgeben. Als feste Einsatzmittel werden Kohle in Form von Holzkohle, Koks oder auch Braunkohle unter Zusatz von Karbonaten verwendet. Geschmolzene Cyanide bilden flüssige Einsatzmittel; das verbreitetste gasförmige Aufkohlungsmittel ist Leuchtgas, doch werden auch Benzin und Öl verwendet, die in die Öfen direkt eingespritzt werden. Die Einsatzhärtung hat den Zweck, Werkstücke herzustellen, deren Kern die Zähigkeit des ursprünglichen Werkstoffes besitzt, deren Oberfläche jedoch eine große Härte aufweist. Man kann hierzu kohlenstoffarme Eisensorten verwenden, doch hat man heute besondere Einsatzstähle entwickelt, die Cr, Mn, Ni und Mo entweder einzeln oder zusammen enthalten.

Die Einsatzhärtung des Stahles ist auch derjenige Vorgang, der von der technisch-wissenschaftlichen Seite am besten untersucht ist. Schon 1935 haben E. Houdremont und A. Schrader [1] die Einwirkung der wichtigsten Legierungspartner auf die Zementation, wie man die Einsatzhärtung des Eisens auch nennt, ausführlich untersucht. Eine große Zahl von Stahlproben, die zu diesen Versuchen erschmolzen waren, enthielten neben geringen Mengen C, Si und Mn stets einen weiteren Legierungspartner in abgestuften Konzentrationen. Die Proben wurden in einem Gemisch von 60% Holzkohle und 40% Bariumkarbonat erhitzt. Als Einsatztemperaturen waren die Gebiete 830° bis 850°, 900° bis 920° und 980° bis 1000° gewählt. Die Einsatzzeiten betrugen 10, 30 und 60 Stunden. Nach den Versuchen wurden folgende Größen gemessen:

1. Der Randkohlenstoffgehalt, d. h. die höchste Kohlenstoffkonzentration, die erreicht wurde. Infolge unkontrollierbarer Vorgänge lag diese manchmal nicht in der alleräußersten Schicht.

2. Die Eindringtiefe. Als solche wurde der Abstand von der Oberfläche gewählt, bei welchem der Kohlenstoffgehalt noch 0,3% betrug.

3. wurde die Stelle markiert, an welcher die Kohlenstoffkonzentration 0,9% war, da diese im unlegierten, abgekühlten Stahl dem eutektoiden Gefüge entspricht.

4. Der Verlauf der Härte in Abhängigkeit von der Eindringtiefe.
5. Die Korngröße der Proben.

Die Ergebnisse der Messungen sollen am Beispiel des Aluminiums erläutert werden (Abb. 212). Für jede der drei Versuchstemperaturen

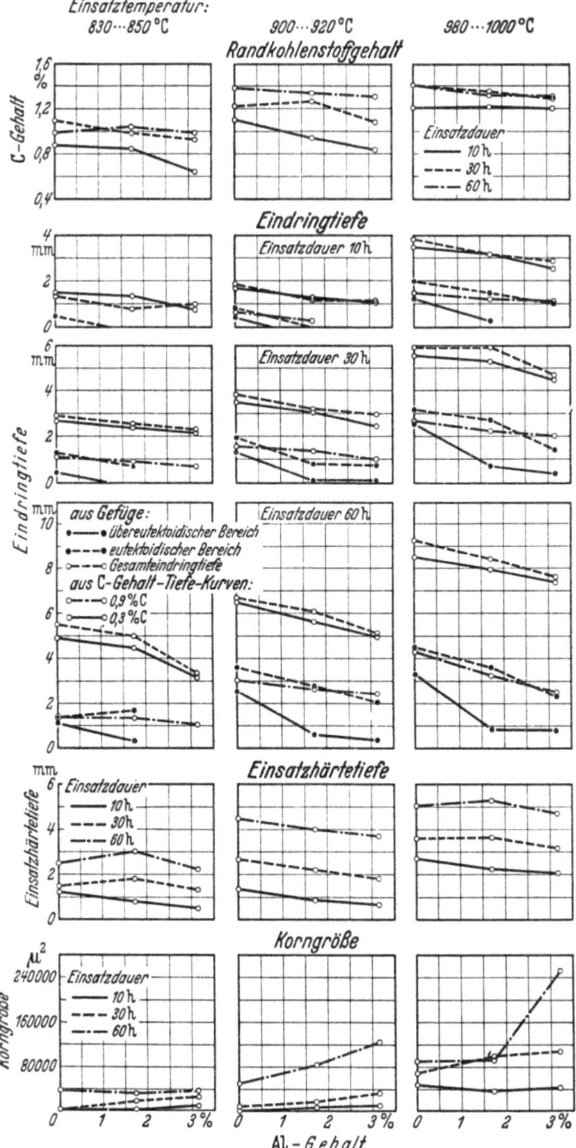

Abb. 212. Einfluß von Al auf die Aufkohlung von Fe. (Nach HOUDREMONT und SCHRADER.)

wurden sechs Diagramme gezeichnet, nämlich eines für den Randkohlenstoffgehalt, drei für die Eindringtiefe bei den drei Einsatzzeiten und je eines für die Einsatzhärtetiefe und die Korngröße. Die genannten Eigenschaften sind jeweils als Ordinaten eingetragen. Der Al-Gehalt ist stets Abszissenwert. Der Randkohlenstoffgehalt ist vor allem deshalb von Bedeutung, weil er den höchsten mit dem Aufkohlungsmittel erreichbaren Wert für die Kohlenstoffkonzentration darstellt.

Aus den Bildern, in denen die Eindringtiefe dargestellt ist, zeigt sich, wie zu erwarten, daß diese mit der Zeit und Temperatur zunimmt. Ferner kann man sehen, daß die Kurven der Eindringtiefe, die aus mikroskopischen Beobachtungen und aus chemischen Analysen herrühren, sehr nahe zusammenfallen. Die Lage der Konzentration 0,9% C ist nahezu identisch mit der Grenze des untereutektoidischen Gefüges. Die Veränderung der Einsatzhärtetiefe entspricht der Änderung der Eindringtiefe.

Als Überblick über alle Versuche kann man aussagen, daß Si, Al, Ni, Co, Cu, P und S den Randkohlenstoffgehalt herabsetzen, daß dagegen Cr, Mo, W, V und Ti eine Steigerung desselben bewirken. Der Randkohlenstoffgehalt wird demnach von solchen Elementen erhöht, die Sonderkarbide bilden. Obwohl kein DK durch Rechnung bestimmt werden kann, kann man die Einflüsse einiger Zusatzelemente auf diesen abschätzen. Die Metalle Cr, Mo, W, V und Ti, welche die Randkonzentration erhöhen und gleichzeitig die Eindringtiefe herabsetzen, bewirken sicher eine beträchtliche Verlangsamung des Diffusionsvorganges. L. C. Grimshaw [2] schließt aus Versuchen, bei denen er Kohlenstoff aus verschiedenen Stählen in Elektrolyteisen diffundieren läßt, daß Legierungsbestandteile, die keine beständigen Karbide bilden, die Kohlenstoffdiffusion beschleunigen. (Siehe S. 236.)

Für den Techniker ist vor allem die Kurve der Einsatzhärtetiefe von Bedeutung. Diese braucht mit der Kurve der Eindringtiefe nicht direkt vergleichbar zu sein, denn die Härtung hängt außer vom Kohlenstoffgehalt noch von der Wirkung der Legierungspartner ab. Es kann deshalb vorkommen, daß ein Legierungszusatz zwar die Diffusionsgeschwindigkeit und damit die Eindringtiefe herabsetzt, was jedoch in bezug auf seine Wirkung auf die Härtbarkeit dazu führt, daß ein besseres Ergebnis der Einsatzhärtung erreicht wird. Dieses ist z. B. bei Cu, Mn, Ni, Cr und Mo der Fall. Si und Al setzen dagegen beide Eigenschaften herab. V und Ti verringern die Einsatzhärtetiefe mehr, als der Eindringtiefe entspricht. Dieses schreiben Houdremont und Schrader der Fähigkeit dieser Elemente zu, Sonderkarbide zu bilden. Zur Übersicht sind die Schaubilder, die den Einfluß von Titan und Kupfer wiedergeben, in den Abb. 213 und 214 ebenfalls beigefügt.

Es wäre für den Härtereifachmann von großer Wichtigkeit, aus Kenngrößen, die sich auf das Kohlungsmittel und den Stahl beziehen,

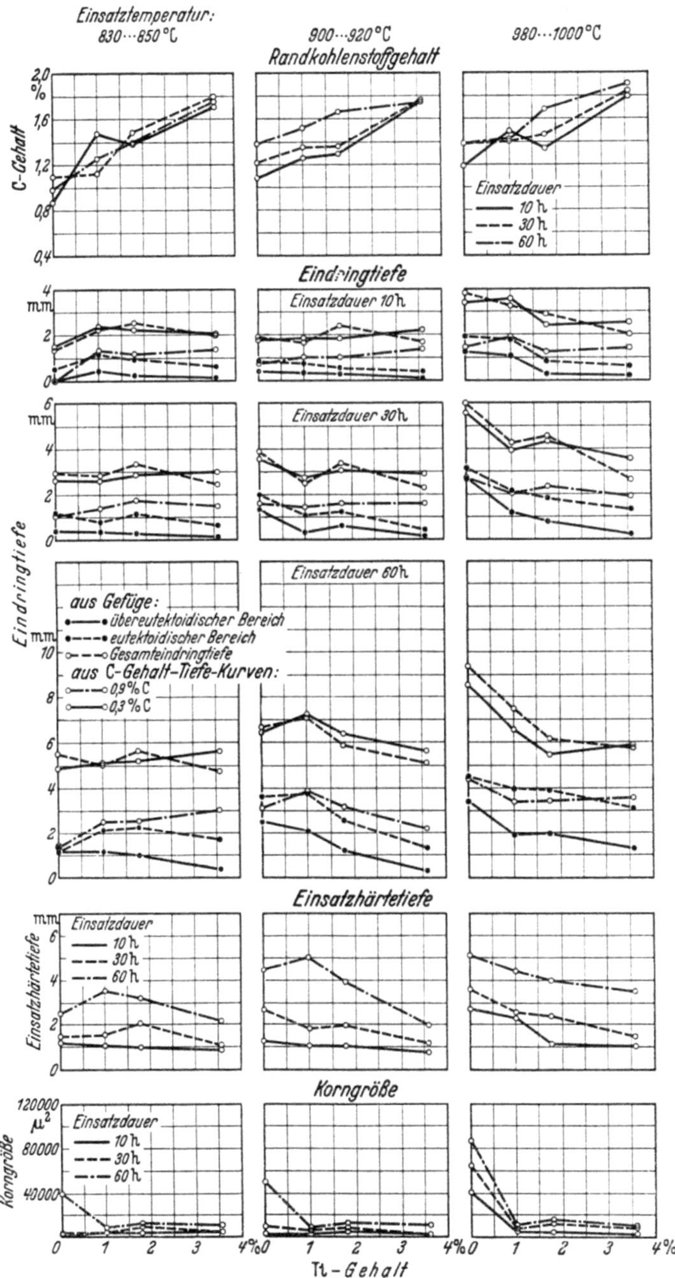

Abb. 213. Einfluß von Ti auf die Aufkohlung von Fe. (Nach HOUDREMONT und SCHRADER.)

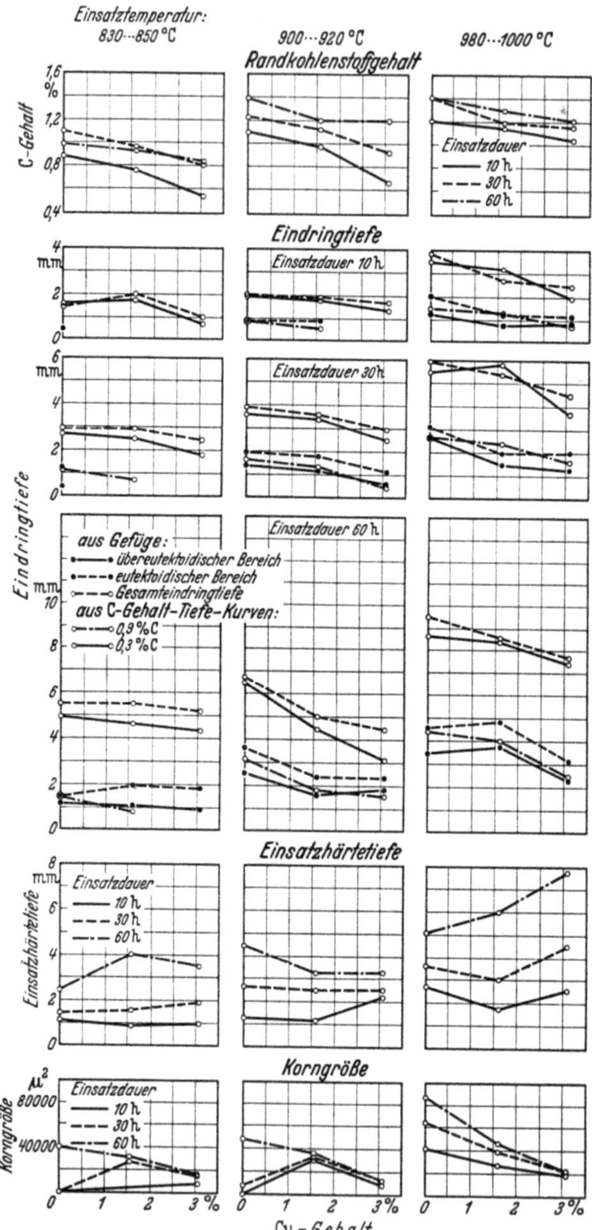

Abb. 214. Einfluß von **Cu** auf die Aufkohlung von **Fe**. (Nach HOUDREMONT und SCHRADER.)

die härtetechnischen Wirkungen vorausberechnen zu können, die bei
bestimmter Temperatur und Zeit erreicht werden. A. SLATTENSCHEK [3]
hat deshalb in einer Reihe von Veröffentlichungen den Versuch unternommen, eine einfache Methode auszuarbeiten, um die Aufkohlung
von Stählen bei technischen Einsatzhärteverfahren zu beherrschen.
Er ging hierzu zunächst von der Voraussetzung aus, daß die Kohlung
von einem konstant bleibenden Randkohlenstoffgehalt c_0 ausgehend der
FICKschen Diffusionsgleichung folgt. Er konnte dann aus zwei Punkten
der experimentellen c-x-Kurve den DK und die Randkonzentration c_0
unter Berücksichtigung des ursprünglichen Kohlenstoffgehaltes, des sog.
Kernkohlenstoffgehaltes c_K des Werkstückes, berechnen. Er nahm
dabei an, daß der DK von der Konzentration unabhängig sei. Dies
trifft zwar nach unserer heutigen Kenntnis nicht ganz zu, doch scheint
es erlaubt, diese Voraussetzung gelten zu lassen, um eine einfache
Näherungsformel für die Darstellung des technischen Vorganges zu
finden. Die Größen c_0 und D (bzw. $D \cdot t$) wurden als Meßgrößen verwendet, wobei die erste für das Aufkohlungsmittel und die zweite für
den Werkstoff charakteristisch sein sollte. Es wurde nun noch eine
weitere Größe eingeführt, nämlich die Einsatztiefe, welche die Ein-

dringtiefe darstellt, bei der die Konzentration c_E gleich 0,04 % C sein soll.
Die letzten zwei Größen stellen die
Angaben des Konstrukteurs dar.
Nach ihnen muß der Härtereitech-
niker aus dem ihm gegebenen c_0
und D die Einsatzzeit und Temperatur berechnen.

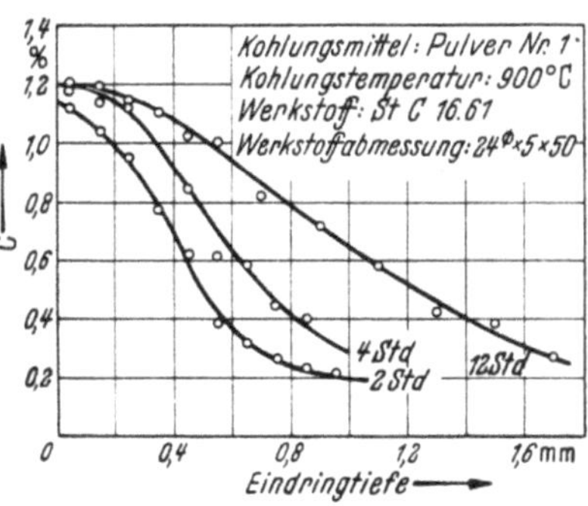

Abb. 215. Kohlungskurven mit Wendepunkt.
(Nach SLATTENSCHEK.)

Obwohl diese Betrachtungen
zunächst ausreichend erschienen,
haben weitere Versuche doch gezeigt, daß der aus zwei Punkten der
c-x-Kurve, die weiter innen liegen,
errechnete Randkohlenstoffgehalt häufig nicht erreicht wird, daß vielmehr Kohlungskurven mit einem Wendepunkt auftreten, wie sie in
Abb. 215 dargestellt sind.

SLATTENSCHEK verwendete zur Darstellung dieser Kurven, die einen
Wendepunkt besitzen, eine Gleichung folgender Form:

$$c' = \frac{c_0'}{\Psi(s\,v_K)} \left[\Psi\left(\frac{x}{2\sqrt{Dt}} + s\,v_K\right) - \Psi\left(\frac{x}{2\sqrt{Dt}}\right) \right]. \tag{1}$$

Hierin ist v_K eine Größe, welche eine weitere Kenngröße des Auf-
kohlungsmittels darstellt, und s eine Kenngröße, die sich auf den
Stahl bezieht. s ist stets nahezu gleich 1 und wird daher im folgenden

nicht berücksichtigt. Zur Erklärung dieser Zusammenhänge wurde
die Kurve auf zwei c-x-Kurven zurückgeführt, die superponiert wurden.
Abb. 216 gibt eine Zeichnung von SLATTENSCHEK wieder. Die Kurve *1*

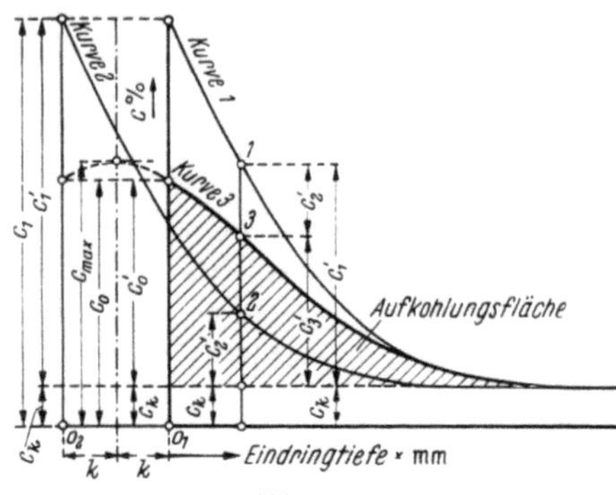

ist darin die normale Diffusions-
kurve, die schon früher benutzt
wurde. Sie beginnt bei einer dem
idealen Verhalten entsprechenden Randkonzentration c_i und
mündet in die Kernkohlenstoff-
konzentration c_K ein. Der
Konzentrationsabfall ist dann
$c_i - c_K = c_i'$. Infolge der Koh-
lenstoffabgabe des Kohlungsmittels soll nun eine Rück-
diffusion eintreten, die durch
die Kurve *2* dargestellt wird.
Sie läuft zwischen $c' = 0$ und
$c' = c_i'$. Der Koordinatennull-

Abb. 216.
Der Verlauf der allgemeinen Kohlungslinie.
(Nach SLATTENSCHEK.)
Ordinaten links lies c_i und c_i' anstatt c_1 und c_1'.

punkt ist bei dieser Kurve um den Betrag $2k$ nach links verlegt. Für
die Kurve *1* gilt dann:

$$c_1' = c_i' \left[1 - \Psi \left(\frac{x}{2\sqrt{Dt}} \right) \right]. \tag{2}$$

Für Kurve *2* entsprechend:

$$c_2' = c_i' \left[1 - \Psi \left(\frac{x + 2k}{2\sqrt{Dt}} \right) \right] \tag{3}$$

und für Kurve *3*:

$$c_3' = c_i' \left[\psi \left(\frac{x + 2k}{2\sqrt{Dt}} \right) - \Psi \left(\frac{x}{2\sqrt{Dt}} \right) \right]. \tag{4}$$

Um Gl. (4) mit Gl. (1) zu identifizieren, braucht man nur $v_K = \dfrac{k}{\sqrt{Dt}}$ zu
setzen, wodurch die Verschiebung des Nullpunktes erhalten wird.
Die tatsächlich beobachtete Randkonzentration für $x = 0$ beträgt dann:

$$c_0 = c_0' + c_k = c_i' \, \Psi(v_k) + c_k \tag{5}$$

Eine theoretische Deutung hierfür wird von SLATTENSCHEK nicht gegeben. In diese neue Gleichung gehen als Kenngrößen für den Stahl
c_K und D und für das Kohlungsmittel c_i und v_K ein. Die Gleichung ist
gegenüber der zuerst von SLATTENSCHEK benutzten komplizierter
und ihre Anwendung schwerfälliger geworden. Es muß sich nun zeigen,
ob sich dieses Rechenverfahren in der Praxis einführen wird.

Es ist zu bedenken, daß bei der Kohlung in festen und flüssigen
Kohlungsmitteln ein Diffusionssystem vorliegt, bei dem nur die Seite
des Metalles einer sicheren Berechnung zugänglich ist. Was im Kohlungsmittel vor sich geht, läßt sich nicht genau übersehen. In der Nähe

der Grenzfläche wird sich durch Abgabe von Kohlenstoff eine Verarmung einstellen, die man nur in Ansatz bringen könnte, wenn sie entweder rasch ausgeglichen oder einem übersehbaren Diffusionsgesetz folgen würde. Beides ist kaum zu erwarten. Es wird auch schwer sein, eine Form der Diffusionsgleichung einzuführen, wie man sie etwa bei der Diffusion in zwei getrennten Phasen anwendet, da auch hierfür eine genaue Kenntnis der Vorgänge im Kohlungsmittel notwendig wäre, das meistens selbst eine heterogene Zusammensetzung hat. K. KALLHART [4] schreibt deshalb jedem Kohlungsmittel einen sog. Kohlungsspiegel zu, welcher der Gleichgewichtskonzentration in der Grenzfläche bei einem echten Diffusionsvorgang entspricht. Man kann ihn feststellen, wenn man dünne Folien oder Drehspäne in dem betreffenden Kohlungsmittel bis zur Sättigung behandelt. Der Kohlungsspiegel kann im Bereich des Austenits liegen und kann dann zur Charakterisierung des Kohlungsmittels dienen. Es kommt jedoch auch vor, daß der Bereich der Austenitphase überschritten wird. Infolge der Abweichung von einem echten Diffusionsvorgang entspricht jedoch dieser Kohlungsspiegel nicht der Randkonzentration, welche in den meisten Fällen während des Kohlungsvorganges nicht konstant bleibt.

Außer dem Aufkohlen wird auch das Nitrieren von Stählen zur Härtung verwendet. Die Nitrierung führt im Gegensatz zur Kohlung direkt zu einer Härtung, ohne daß irgendeine Nachbehandlung notwendig ist. Das Verfahren wurde von FRY [5] 1921 bei Krupp in Essen entwickelt und besteht darin, daß die Werkstücke mehrere Stunden lang in ammoniakhaltiger Atmosphäre auf 480 bis 520° erhitzt werden. Molekularer Stickstoff wird vom Eisen nicht aufgenommen. Wie für die Kohlung hat man auch für die Nitrierung besondere Stähle entwickelt, die hauptsächlich Al, Cr, Mo und V in verschiedenen Kombinationen enthalten.

Wie HOMERBERG [6] berichtet, nimmt die Wirkung der Zusätze beim Nitrieren von Stählen in der Reihenfolge Al, Cr, V, Mo, Mn, Si und Ni ab. Besonders günstige Verhältnisse ergeben sich bei 2% Al und 4% Cr. Bei der Nitrierung bilden sich neben Nitriden der Zusatzkomponenten auch Nitride des Eisens. Es muß vermieden werden, daß diese auf der Oberfläche des Werkstückes eine Schicht bilden, da sie außerordentlich spröde sind. Da dies bei etwa 600° eintritt, wendet man nur die oben angegebenen Temperaturen an. Die Einsatzzeit ist entsprechend der niedrigen Temperatur länger als beim Aufkohlen.

Weitere Verfahren der Oberflächenbehandlung sind das Kalorisieren [7] und das Sherardisieren. Ersteres besteht darin, daß die Werkstücke in Al-Pulver erhitzt werden, das mit Al_2O_3 und NH_4Cl vermischt ist. Das Al_2O_3 verhindert das Zusammenlaufen des bei der

Arbeitstemperatur schon flüssigen Aluminiums, der NH_4Cl-Dampf dient als Überträger. Vielfach werden auch Werkstücke nach dem SCHOOP-schen Verfahren mit Aluminium gespritzt oder in flüssiges Metall eingetaucht und dann erhitzt. Die beim Kalorisieren entstehende Oberflächenschicht erhöht die Zunderbeständigkeit des Materials. An Stelle von Al-Pulver kann auch solches aus Ferro-Aluminium [8] verwendet werden, das einen wesentlich höheren Schmelzpunkt besitzt. SHERARD führte die Verwendung von Zinkpulver bei dem nach ihm benannten Verfahren als Einsatzmittel ein. Es wird meist bei kleinen Werkstücken, wie Schrauben und Nägeln, verwendet. Auch die Diffusion von Beryllium in Eisen soll nach LAISSUS [9] den Werkstücken Härte, Zunder- und Säurebeständigkeit verleihen.

Auch Chrom und Nickel werden zur Oberflächenveredelung des Eisens verwendet. Man kann sie entweder zuerst elektrolytisch in dünnen Schichten niederschlagen und dann durch Erhitzen zur Diffusion bringen [10], wobei korrosions- und zunderbeständige Oberflächenschichten entstehen, oder man kann von den entsprechenden Ferrolegierungen ausgehen. Die Tatsache, daß Chrom flüchtige Chloride bildet, wird in den Verfahren von LAUENSTEIN und ULMER [11] bzw. BECKER, HERTEL und KASTER [12] ausgenutzt.

In ähnlicher Weise kann man auf Eisen Schutzschichten erzeugen, die Silizium [13 bis 16] und Aluminium [17] enthalten, indem man diese in Form der flüchtigen Chloride einwirken läßt. Es sind auch Einsatzverfahren mit Ferromolybdän [18] und kolloider Molybdänsäure [19] vorgeschlagen worden. Nach GONSER und SLOWTER [20] können Kupfer und Kupferlegierungen sowie Eisen und Zink, durch Überleiten eines $SnCl_2$-haltigen Wasserstoffstromes, verzinnt werden.

Auch in der Edelmetallindustrie werden Diffusionsverfahren angewendet, bei denen durch Oberflächenbehandlung von Goldwaren mit Cd, Sn, Zn, Ag, Cu und Ni verschiedene Farbtöne erzielt werden. Nach diesem Verfahren, das von BECK [21] stammt, ist es möglich, dem Geschmack der Käufer auch noch nach der Fertigstellung eines Schmuckstückes Rechnung zu tragen. Platingegenstände z. B., Zahnprothesen, können mit Silizium gehärtet werden [22].

Bisher wurden nur Fälle besprochen, bei denen man durch Eindiffundierenlassen eines Stoffes die Oberfläche der Grundsubstanz veredeln kann. Es kommt jedoch auch vor, daß man irgendwelche Legierungspartner aus der Oberfläche entfernen will. Genauso, wie man ein Eisenstück aufkohlen kann, so kann man durch Erhitzen in einer kohlenstoffaufnehmenden Atmosphäre oberflächlich Kohlenstoff entziehen. Der Nitrierstickstoff entweicht beim Erhitzen unter Bildung von molekularem Stickstoff. AlMg-Legierungen mit mehr als 3% Mg kann man dadurch korrosionsbeständiger machen, daß man sie, wie ein Patent der IG angibt [23], in mäßig oxydierender Atmosphäre erhitzt. Hierbei wird das Mg aus der Oberfläche der Legierung durch Diffusion und Oxydation entfernt.

Will man der Oberfläche von Blechen andere Eigenschaften verleihen als dem Kern, so wendet man in vielen Fällen die Plattierung an. Zu diesem Zweck wird auf den Block, aus dem das Blech hergestellt wird, eine Schicht des Plattiermetalles aufgewalzt und dann das Blech durch Herunterwalzen des Blockes gewonnen. Bei der Plattierung spielen Diffusionsvorgänge eine bedeutende Rolle. Die Verbindung des Kernmaterials mit der Schutzschicht, d. h. die Druckschweißung bei hoher Temperatur, ist stets mit einem Diffusionsvorgang verknüpft. In manchen Fällen schließt man zur Erhöhung der Haftfestigkeit noch eine Wärmebehandlung an. Es ist jedoch dabei zweierlei zu beachten. Es ist in der Praxis noch wenig bekannt, daß infolge der Verschiedenheit der partiellen Diffusionskoeffizienten zweier Metalle bei der Diffusion in bestimmten Schichten Löcher auftreten können, die die Haftfestigkeit verschlechtern. Ferner dürfen Legierungselemente des Kernes während der Wärmebehandlung nicht so weit diffundieren, daß sie auf die Außenseite der Plattierschicht gelangen, weil dadurch die schützende Wirkung der Plattierschicht zunichte wird. Man kann z. B. korrosionsempfindliche Al-Legierungen mit korrosionsfesten plattieren, muß jedoch dabei Sorge tragen, daß z. B. das Cu aus einem Duraluminkern nicht bis an die Oberfläche diffundieren kann.

Auch das Homogenisierungsglühen ist ein Vorgang, welcher von der Diffusionsgeschwindigkeit abhängig ist. Bei Kenntnis der DK und der Korngröße läßt sich für eine bestimmte Temperatur die zur Homogenisierung nötige Zeitdauer annähernd berechnen. Wenn es sich dabei um die Auflösung von Ausscheidungen handelt, so ist die Temperatur, die man anwenden darf, zunächst durch die eutektische Temperatur begrenzt. Erst wenn die ausgeschiedene Phase verschwunden ist, kann man die Temperatur zur rascheren Erreichung eines vollständigen Konzentrationsausgleiches weitersteigern [24].

Von Interesse sind auch Versuche zur Herstellung von Membranen. Nach KULTASCHEFF und SANTALOW [25] kann man aus Cu-Zn-Legierungen durch Erhitzen im Vakuum Membranfolien herstellen, die eine Porenweite von 10^{-4} cm besitzen. READ und KILPATRICK [26] wenden das gleiche Verfahren auch auf Ag-Zn-Legierungen an.

Schrifttum.

1. HOUDREMONT, E., u. A. SCHRADER: Arch. Eisenhüttenw. **8**, 445 (1935).
2. GRIMSHAW, L. C.: Trans. AIME, Iron Steel Div. **13**, 263 (1938).
3. SLATTENSCHEK, A.: Härtereitechnische Mitteilungen **1**, 85 (1941); **2**, 110 (1943); **3**, 99 (1944); **5**, 174 (1949).

4. KALLHART, K.: Härtereitechn. Mitt. **5**, 196 (1949).
5. FRY, A.: Stahl u. Eisen **1922** II, 1656 — Krupp Mh. **4**, 137 (1923); DRP Nr. 76108.
6. HOMERBERG, V. O.: Iron Age **138**, 49, 61, 98 (1936).
7. DRP 285245, 286939; EP 337562.
8. COURNOT, J., u. G. MÉKER: C. R. **200**, 125 (1935).
9. LAISSUS, I.: Rev. Métals. **35**, 27 (1938).
10. DRP 563882.
11. LAUENSTEIN u. ULMER: AP 2046638.
12. BECKER, G., E. HERTEL u. C. L. KASTER: Z. phys. Chem. **177**, 213 (1936).
13. GUILLET: L.: C. R. **182**, 1588 (1926).
14. SANFOURCHE: C. R. **183**, 791 (1926).
15. FP 758736.
16. AP 2109485.
17. MARTIN, E. D.: Théses, Faculté des Sci. de Nancy 17. 11. 1924.
18. PROKOSCHKIN, D. A.: Metallurgist (Russ.) **12**, 69 (1937).
19. DRP 416852.
20. GONSER. B. W., u. E. E. SLOWTER: Techn. Publ. Intern Tin Tes. Council Ser. A **76** (1938).
21. BECK, G.: DRP 528885, 545589, 556315, 563615 und AP 1104842.
22. DRP 586622.
23. FP 823177, IP 351876.
24. FP 796727.
25. KULTASCHEFF u. SANTALOW: Z. anorg. Chem. **223**, 177 (1935).
26. READ, H. J., u. M. KILPATRICK: Trans. electrochem. Soc. **74**, Reprint 17 (1938).

19. Überführung in Legierungen.

Die Leitung des elektrischen Stromes kann ganz allgemein auf zweierlei Art erfolgen. Bei der einen sind die Träger der Elektrizität Elektronen, bei der anderen Ionen. Es wird nun allgemein vorausgesetzt, daß in Metallen ausschließlich eine Elektronenleitfähigkeit besteht. Es wurden jedoch schon frühzeitig Beobachtungen gemacht, die mit dieser Vorstellung nicht in Einklang zu bringen sind. Schon 1861 bemerkte GERARDIN [1], daß Lötzinn, durch das im flüssigen Zustand Strom gegangen war, am positiven Pol spröde und brüchig, am negativen Pol dagegen weich und hämmerbar war. Ferner kannte man die Erscheinung, daß eine eutektische Legierung von Kalium und Natrium, die bei Zimmertemperatur flüssig ist, bei Stromdurchgang an beiden Elektroden fest wird. Diese und andere Beispiele sprechen dafür, daß auch in Legierungen Konzentrationsänderungen durch den elektrischen Strom hervorgerufen werden können. Nachdem noch mehrere Veröffentlichungen mit verschiedenen Ansichten über die Möglichkeiten einer solchen Erscheinung bekanntgeworden waren, hat R. KREMANN eine große Reihe von Untersuchungen durchgeführt, deren Ergebnisse in einer Schrift: ,,Elektrolyse geschmolzener Legierungen" [2] zusammengefaßt sind. Wir wollen uns darauf beschränken, hier nur das Wesentliche herauszustellen.

Die Versuche gingen meist so vor sich, daß die Legierungen in ein
Rohr aus Glas oder Schamottemörtel von 10 bis 30 cm Länge und
1 bis 1,5 mm ⌀ gegeben und mehrere Stunden einem Strom von etwa
6 A ausgesetzt wurden. Es ist dabei wichtig, daß die Stromdichte
groß ist (600 A/cm²), damit der Effekt der Konzentrationsverschiebung nicht durch die Diffusion wieder aufgehoben wird. Die Über-
führungseffekte werden durch die Differenzen der prozentualen Konzentrationen an den beiden Enden der Kapillare ausgedrückt. Mit

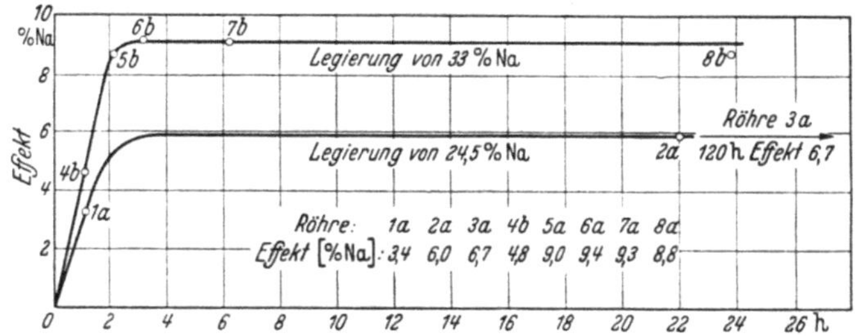

Abb. 217. Zeitlicher Verlauf der Elektrolyse von Amalgamen. (Nach KREMANN.)

wachsender Stromdichte und Zeit steigt die Konzentrationsdifferenz
zunächst an, um dann nach etwa 3 Stunden einen Grenzwert zu erreichen (Abb. 217).

Tabelle 25.

Legierungs-paar	Das zur Kathode wandernde Metall	Ursprüngliche Legierung	Temp.°	Amp./mm²	Maximaler Effekt %
Sb-Zn	Zn	53—61 % Sb	620	7,6	75
Bi-Pb	Pb	42 % Pb	240	10	42
Na-Hg	Na	32 % Na	240	16	13
Pb-Sn	Sn	37 % Pb	350	16	11
Bi-Sn	Sn	25 % Bi	300	8	29
Bi-Sn	Sn	50 % Bi	300	8	20
Bi-Sn	Sn	75 % Bi	300	8	15
Hg-Cd	Cd	50 % Cd	300	8	40
Sn-Zn	Zn	50 At.-% Sn	400	16	12
Sn-Al	Al	58 At.-% Sn	800	14	7,5
K-Na	K	70 % K	100	10	35
Pb-Hg	Pb	50 % Hg	205	10	9
Sn-Hg	Sn	48 % Hg	230	16	8,5
Hg-Bi	Hg	50 % Hg	240	12	37
Sb-Sn	Sn	50 % Sn	680	10	45
Al-Ag	Al	42,5 % Ag	900	10	12 2

Für die Abhängigkeit von der Stromdichte kann ein bestimmter
Endwert oft nicht angegeben werden, da dieser von der Art der legierten

Metalle abhängt und in manchen Fällen bei der verwendeten Versuchsanordnung nicht erreicht werden konnte. Tab. 25 enthält die wichtigsten Ergebnisse der Versuche, bei denen die optimale Stromdichte wenigstens nahezu erreicht wurde, so daß noch eine Extrapolation möglich erschien.

Interessant ist der Verlauf der Abhängigkeit des Elektrolyseeffektes von der Konzentration der Ausgangslegierung, der, wie Abb. 218 zeigt, ein Maximum durchlaufen kann, das jedoch nicht symmetrisch zu liegen braucht. Als Beispiel ist in Abb. 218 Bleiamalgam gewählt. Nicht in allen Fällen liegen jedoch die Verhältnisse so übersichtlich. Bei Natriumamalgam z. B. wurde beobachtet, daß sich die Wande-

Tabelle 26.

Amalgam	Konzentration At-%	EMK · 10⁷ V	$U \cdot 10^7$	Vorzeichen des Amalgams
Li	1,04	0,20	7,8	negativ
Na	1,81	0,41	16,0	positiv
Na	0,86	0,16	6,2	positiv
K	0,88	0,62	24,1	positiv
Cs	0,52	1,05	41,0	positiv
Zn	5,89	8,84	34,2	negativ
Cd	5,23	8,06	31,4	negativ
Sn	0,84	0,68	2,6	negativ
Bi	0,96	1,28	5,0	positiv
Pb	1,0	0,00	—	—
Tl	1,0	0,00	—	—

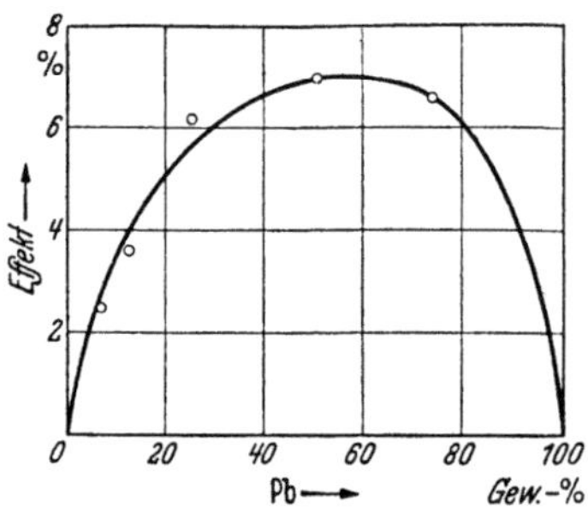

Abb. 218.
Überführungseffekt und Konzentration
von Bleiamalgamen. (Nach KREMANN.)

rungsrichtungen beim Übergang von verdünnten zu konzentrierten Legierungen sogar umkehrten.

In neuerer Zeit hat im Anschluß an die weiter unten noch näher zu besprechenden theoretischen Betrachtungen K. E. SCHWARZ [3] weitere Überführungsmessungen ausgeführt, und zwar erstens durch Bestimmung der überführten Mengen und zweitens auf einem indirekten Wege über Potentialmessungen an Amalgamen. SCHWARZ berechnete aus der Spannung einer Kette: Pt/Amalgam/Hg/Pt die Überführungszahl bei kleinen Konzentrationen nach:

$$U = \frac{E\,F}{R\,T}.\tag{1}$$

Da die EMK E einer solchen Diffusionskette sehr klein ist, werden zur Messung meist 10 Einzelelemente hintereinandergeschaltet. Einige Ergebnisse der Messungen bei 25 °C zeigt Tab. 26.

Eine Gegenüberstellung einiger der bis jetzt experimentell bestimmten Überführungszahlen mit den nach Gl. (9) berechneten Werten gibt die Tab. 27.

Einen interessanten Versuch führte K. E. Schwarz [4] aus, indem er die elektrolytische Überführung von Metallen in Amalgamen als Grundlage für ein Analysenverfahren verwandte. In eine Kapillare, die mit Hg gefüllt ist, läßt man unter Wirkung des Stromes aus einem Amalgam die darin gelösten Metalle einwandern. Die Zusatzmetalle werden nach ihrer Beweglichkeit nacheinander eine Stelle erreichen, an der eine Leitfähigkeitsmessung erfolgt. Die Zeit, die bis dahin verstreicht, dient zur qualitativen, der Leitfähigkeitssprung zur quantitativen Auswertung des Versuchs.

Die Beweglichkeit eines Ions ist u. a. auch eine Funktion der Masse. Es ist deswegen denkbar, daß bei der Elektrolyse eines flüssigen Isotopengemisches ein Trenneffekt zu beobachten ist. Solche Versuche wurden zunächst von E. Haeffner [39] an Quecksilber und später von G. Nief und E. Roth [40] an flüssigem Gallium durchgeführt. In beiden Fällen ergab sich ein deutlicher Trenneffekt mit einer Anreicherung der leichten Isotope an der Anode. Ähnliche Versuche bei Amalgamen schlugen bisher fehl.

Tabelle 27.

Amalgam	Wertigkeit	$u/\gamma_{\text{ber.}}$	$u/\gamma_{\text{gef.}}$
Li	1	$7,6 \cdot 10^{-5}$	$7,5 \cdot 10^{-5}$
Na	1	$-7,7 \cdot 10^{-5}$	$-7,8 \cdot 10^{-5}$
K	1	$-3,1 \cdot 10^{-4}$	$-2,3 \cdot 10^{-4}$
Cs	1	$-5\,3 \cdot 10^{-4}$	$-7,9 \cdot 10^{-4}$
Au	2	$2,9 \cdot 10^{-4}$	$2,7 \cdot 10^{-6}$
Tl	1	$5 \ \cdot 10^{-5}$	$6 \ \cdot 10^{-4}$
Zn	2	$9,2 \cdot 10^{-4}$	$7,7 \cdot 10^{-4}$
Cd	2	$6,3 \cdot 10^{-4}$	$6,4 \cdot 10^{-4}$
Sn	2	$5,6 \cdot 10^{-4}$	$3\,5 \cdot 10^{-4}$
Pb	1	$5 \ \cdot 10^{-5}$	$< \cdot 10^{-5}$
Bi	0	$-4,8 \cdot 10^{-4}$	$-5,2 \cdot 10^{-4}$

In festen Legierungen erschien die Realisierbarkeit einer „Elektrolyse" auf den ersten Blick sehr wenig wahrscheinlich zu sein. So ließ Rieke [5] durch die Berührungsfläche eines Cu- und eines Al-Stückes etwa 1000 Ah gehen, ohne einen Effekt nachweisen zu können. Wir können heute sagen, daß diese Versuche, ebenso wie solche von I. Kinsky [6], der Blättchen aus Cu und Zn oder Cu und Ag aufeinanderlegte und einige 1000 Ah hindurchgehen ließ, zum Scheitern verurteilt waren, weil die Temperatur (Raumtemperatur) zu niedrig und die Stromdichte viel zu gering gewählt waren. Andererseits berichtet Giovanna Mayr [7] über Elektrolyseeffekte in Messing und einigen intermetallischen Phasen bei Raumtemperatur. Die angegebenen Überführungszahlen dürften nach unseren heutigen Erfahrungen kaum reell sein. Ob die Versuche wegen des sehr empfindlichen Analysenverfahrens (Bestimmung der Oberflächenkonzentration durch Potentialmessungen) die Wanderungsrichtung qualitativ richtig angeben, ist einstweilen nicht zu entscheiden. Auch Kremann [8] führte solche Versuche aus, wobei die Temperatur auf 300° C erhöht wurde. Für die verwendeten Zn-Sb-Legierungen war jedoch die durchgeschickte Strommenge zu niedrig, um einen meßbaren Effekt zu erzielen.

Ein Erfolg konnte hier nur erzielt werden, als man sich an Hand von Überschlagsrechnungen überzeugte, welche extremen Versuchsbedingungen man dazu einhalten mußte. Es waren annähernd gültige Theorien für den elektrolytischen Materietransport in Legierungen notwendig. Solche wurden von C. Wagner [9] und von K. E. Schwarz [10] gegeben. Sie sollen hier kurz skizziert werden.

Die Beweglichkeit, d. h. die stationäre Geschwindigkeit, die ein Ion unter der Einwirkung der Kraft von 1 dyn erreicht, kann aus der Diffusionsgeschwindigkeit berechnet werden. Es gilt nach Einstein [11]:

$$\mathfrak{B} = \frac{D}{kT} \, . \tag{2}$$

Hieraus ist die Wanderungsgeschwindigkeit, d. h. die stationäre Geschwindigkeit im Felde von 1 V/cm, abzuleiten:

$$W = \frac{e}{300} z \, \mathfrak{B} = \frac{e}{300\,kT} z \, D, \tag{3}$$

wenn e die Elementarladung und z die Wertigkeit ist. Aus den beiden Werten W_1 und W_2, die nun für die beiden Partner, das Lösungsmittel (1) und den gelösten Stoff (2), eingesetzt werden, erhält man eine Gleichung, die die Überführungszahl U ganz allgemein mit der Konzentrationsverschiebung verbindet. Nach einigen Umformungen ergibt sich:

$$U = \frac{F}{\varkappa} c_2 (W_2 - W_1), \tag{4}$$

$$U = \frac{F e}{300\,kT} \frac{d_1}{A_1 \varkappa} \gamma_2 (z_2 D - z_1 D_1'). \tag{5}$$

c_2 ist die Konzentration in Grammion je cm³,
γ_2 der Molenbruch des gelösten Stoffes,
$\varkappa$ die spezifische Leitfähigkeit,
D der gemeinsame Diffusionskoeffizient,
D_1' der Selbstdiffusionskoeffizient,
d_1 und A_1 die Dichte und das Atomgewicht des Lösungsmittels.

K. E. Schwarz nimmt dagegen an, daß die Bewegung der Ionenarten nicht unabhängig voneinander erfolgt. Befinden sich die Metallionen in einem elektrischen Felde, so werden sie alle nach der Kathode hingezogen. So wie sich nun die Körper im Gravitationsfeld der Erde, das alle anzieht, nach der Dichte ordnen, so werden im elektrischen Feld die Ionen mit niedriger positiver Ladungsdichte durch die mit hoher positiver Ladungsdichte von der Kathode fortgedrängt. Sie wandern also scheinbar zur Anode. Ionen mit hoher Ladungsdichte sammeln sich also an der Kathode, Ionen mit kleiner Ladungsdichte an der Anode. Betrachten wir eine Lösung des Stoffes (2) in einem Stoff (1), so erhält man nach K. E. SCHWARZ folgende Gleichung für die Wanderungsgeschwindigkeit:

$$W_2 = \frac{v_2}{300}\, \mathfrak{B}_2\,(\varrho_2 - \varrho_1), \qquad (6)$$

wobei

W die Wanderungsgeschwindigkeit im Felde von 1 V/cm,
ϱ die Ladungsdichte,
$\mathfrak{B}$ die Beweglichkeit

ist. Die Indizes beziehen sich auf die Stoffe 1 und 2. Die Ladungsdichte ist definiert als Wertigkeit mal Elementarladung durch Molvolumen v:

$$\varrho = \frac{e\,z}{v}\,. \qquad (7)$$

Man erhält weiter:

$$W_2 = \frac{v_2}{300\,k\,T}\, D\,(\varrho_2 - \varrho_1). \qquad (8)$$

Für die Überführungszahl U wird dann abgeleitet:

$$U = \frac{F}{300\,k\,T}\, \frac{d_1}{A_1\,\varkappa}\, \gamma_2\, v_2\, D\,(\varrho_2 - \varrho_1). \qquad (9)$$

Es besteht demnach ein gewisser Unterschied in den beiden Endformeln, der sich nicht nur auf die zu erwartende Größe der Überführungszahl, sondern auch auf den Richtungssinn der Wanderung auswirkt. Nach der WAGNERschen Formulierung ist für die Wanderungsrichtung die Größe $(z_2\, D - z_1\, D_1')$, also die Differenz der Produkte von Ladung und DK ausschlaggebend, während SCHWARZ die Differenz der Ladungsdichten $(\varrho_2 - \varrho_1)$ hierfür verantwortlich macht.

Nach der Ansicht von C. WAGNER wird seine Gleichung vornehmlich für feste Legierungen Geltung haben, während die Ableitung von K. E. SCHWARZ die Verhältnisse in flüssigen Legierungen wiedergibt. In der Tat erhält SCHWARZ für ein flüssiges Kadmiumamalgam, unter Zugrundelegen der entsprechenden Werte nach seiner Formel, eine Überführungszahl des Kadmiums von $6{,}2 \cdot 10^{-4}$, während das Experiment $6{,}4 \cdot 10^{-4}$ g-Ion/F ergibt. Für ein Zinkamalgam sind die entsprechenden Zahlen $9{,}2 \cdot 10^{-4}$ und $7{,}7 \cdot 10^{-4}$ g-Ion/F. Ferner findet K. E. SCHWARZ [12] die Diffusionskonstante des Silbers aus Überführungsmessungen unter Annahme der Zweiwertigkeit des Ag-Ions zu $1{,}01 \cdot 10^{-5}$ cm²sec⁻¹, während seine direkten Diffusionsversuche $1{,}11 \cdot 10^{-5}$ cm²sec⁻¹ liefern. Ebenso wie das Ag-Ion müßte auch das Au-Ion in Amalgamen zweiwertig sein [13].

Für feste Legierungen soll unter Voraussetzung des Platzwechsel-mechanismus, wie ihn C. WAGNER darstellt, die Richtung der Überführung nur von der Differenz der Ladung abhängen.

Die experimentelle Forschung auf diesem Gebiet erhielt ihren ersten Anstoß dadurch, daß A. COEHN und SPECHT [14] beobachteten, daß Wasserstoff, der in Palladium gelöst ist, im elektrischen Felde wandert. Zur Untersuchung dieser Zusammenhänge haben sie einen Palladiumdraht, der in konstanten Entfernungen (1,85 mm) Knicke von 90° aufwies, so aufgehängt, wie Abb. 219 zeigt. Diese Anordnung wurde zunächst bis zur Linie d–d in Schwefelsäure getaucht und elektro-lytisch mit Wasserstoff beladen, der ins Innere des Drahtes diffundierte. Die Diffusion in der Längsrichtung des Drahtes konnte nur

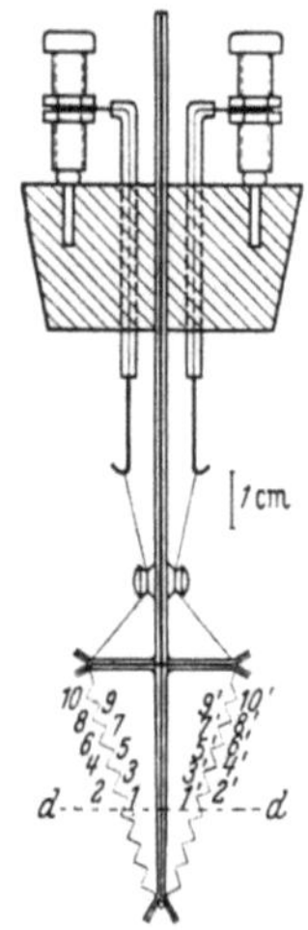

Abb. 219. Apparat von COEHN und SPECHT zur Bestimmung der Überführung von H in Pd.

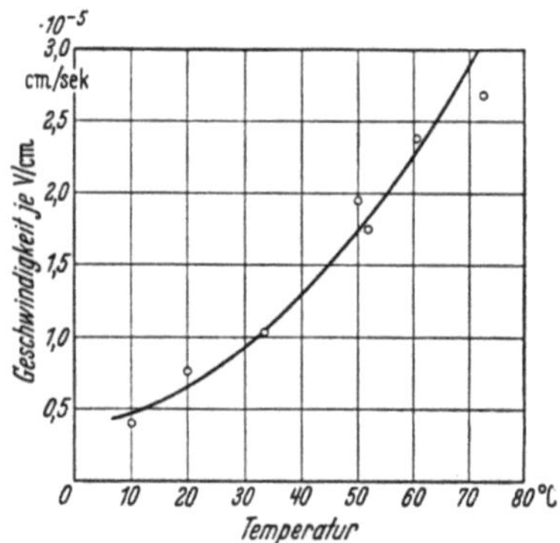

Abb. 220. Beweglichkeit von Protonen in Pd. (Nach COEHN und SPECHT.)

von Zacke zu Zacke verfolgt werden, indem mit Hilfe eines Mikroverfah-rens das Potential jeder einzelnen Zacke gegen eine Normalelektrode gemessen wurde, da dieses Potential in direkter Beziehung zur Kon-zentration des Wasserstoffs im Palladium an der betreffenden Stelle steht. Solche Versuche wurden bei verschiedenen Temperaturen ausgeführt, wobei teilweise gleichzeitig ein elektrischer Strom durch den Draht geschickt wurde.

Die Abhängigkeit der Wanderungsgeschwindigkeit von der Tem-peratur zeigt Abb. 220.

Der Wasserstoff bewegt sich im Palladium mit erheblicher Ge-schwindigkeit zur Kathode. Zum Vergleich mag angeführt werden, daß die leicht beobachtbare Wanderungsgeschwindigkeit des MnO_4^--Ions in wäßriger Lösung bei 18° C $5{,}6 \cdot 10^{-4}$ cm²/sec V beträgt. Das

Wasserstoffatom besitzt eine positive Ladung, d. h. es hat ein Elektron verloren und ist im Palladium als Proton gelöst. Es verhält sich somit wie die Metallatome, die ebenfalls Elektronen an das Elektronengas abgeben.

Überführung und Diffusion sind mittels der Beziehungen (5) bzw. (9) eng miteinander verknüpft. Um die Überführungszahl von COEHN und SPECHT mit errechneten Werten aus Diffusionsmessungen vergleichen zu können, untersuchte B. DUHM [15] die Diffusion von H in Pd in der α- und β-Phase dieses Systems. Es ergab sich, daß die durch

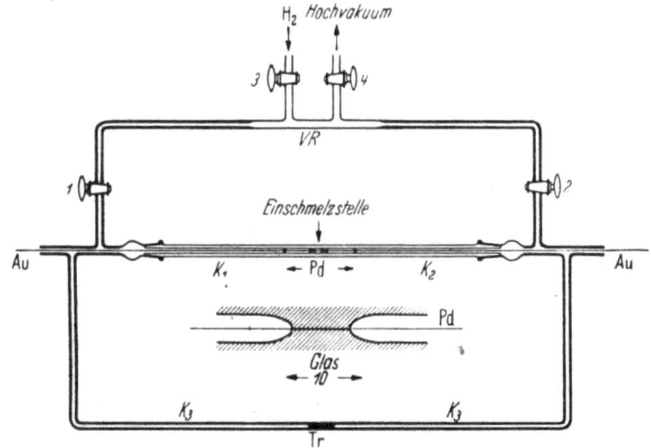

Abb. 221. Apparat von C. WAGNER zur Messung der Überführung von H in Pd.

Überführungsmessungen gefundene Wanderungsgeschwindigkeit etwa 25 mal kleiner als die aus der Diffusion berechnete ist. Dieses Ergebnis ist unbefriedigend. Wahrscheinlich ergeben sich Schwierigkeiten, da COEHN und SPECHT bei den Überführungsmessungen sowohl α- wie auch β-Pd-H vorliegen hatten. Daher haben C. WAGNER und G. HELLER [16] später die Überführungen in der α-Phase des Systems Pd-H bei Temperaturen von 182° und 240° C überprüft. Sie schmolzen einen Pd-Draht mit beiderseits durch Punktschweißung befestigten Goldzuleitungsdrähtchen in ein Kapillarrohr aus Jenaer Thermometerglas auf eine Strecke von 10 mm ein. Auf diese Weise entstanden zwei Kapillarräume K_1 und K_2, die durch das Kapillarrohr K_3 miteinander verbunden waren, in dessen Mitte sich ein Tropfen α-Bromnaphthalin befand (Abb. 221).

Die Apparatur wurde mit H₂ gefüllt, der Pd-Draht mitsamt dem Kapillarrohr K_1–K_2 in einem elektrischen Ofen auf Versuchstemperatur erhitzt. Nach Einschalten des Elektrolysestroms läßt sich die durch das eingeschmolzene Pd-Stück überführte Wasserstoffmenge an der

Verschiebung des α-Bromnaphthalintropfens ablesen. Die Ergebnisse sind in Tab. 28 zusammengefaßt.

Die Differenz zwischen den aus der Elektrolyse und den aus Diffusionsversuchen gewonnenen Werten führen WAGNER und HELLER auf

Tabelle 28.

	Temperatur	
	182° C	240° C
Überführungszahl U (g-Ion/F)	$0,79 \cdot 10^{-6}$	$1,19 \cdot 10^{-6}$
Wasserstoffgehalt bei 1 Atm (Atom-%)	2,8	2,0
Elektrische Leitfähigkeit der Legierung (Ohm^{-1} cm^{-1}). . .	$5,6 \cdot 10^4$	$5,1 \cdot 10^4$
Wanderungsgeschwindigkeit der Protonen aus elektrischer Messung (cm^2 sec^{-1} V^{-1}). . .	$1,46 \cdot 10^{-4}$	$2,8 \cdot 10^{-4}$
DK (cm^2/sec) interpoliert aus Messungen von W. JOST und A. WIDMANN [26]	$1,05$ bis $1,48 \cdot 10^{-5}$	$2,16$ bis $3,06 \cdot 10^{-5}$
Wanderungsgeschwindigkeit der Protonen aus den Diffusionsmessungen [nach Gl. (3)]	$2,7$ bis $3,8 \cdot 10^{-4}$	$4,9$ bis $6,9 \cdot 10^{-4}$

folgende Abweichungen von den Voraussetzungen der Rechnung zurück:

1. Nichtberücksichtigung der Elektronenatmosphäre in der Umgebung des einzelnen Protons.

2. Nichtberücksichtigung der Mitführungskräfte (Elektrophorese) gemäß den Überlegungen von F. SKAUPY [17].

Unabhängig voneinander haben W. JOST [18] und W. SEITH mit ihren Mitarbeitern das Problem der Elektrolyse von Metallionen in Angriff genommen. W. JOST und R. LINKE [19] wendeten sich dem System **Au-Pd** zu. Drähte mit einem Palladiumgehalt von 18,1 Gew.-%, die einen ⌀ von 0,05 mm hatten, wurden 2 Monate lang mit 1,2 A Gleichstrom belastet. Wegen des kleinen Querschnitts ergibt sich die ungeheuer große Stromdichte von 600 A/mm². Die Drähte wurden hierdurch in der Mitte des eingespannten Stückes auf 1000° C erhitzt. Als Elektroden mußten die Zonen gelten, in denen der Draht, durch die Ableitung der Wärme nach der Einspannvorrichtung hin, kalt blieb. Diese Stellen waren zwar nicht genau definiert und konnten auch während des Versuches etwas schwanken. Es war jedoch gut möglich, die Konzentrationsverschiebungen, wie früher beschrieben, durch Ausmessen der Röntgenlinien zu bestimmen, wenn eine Überführung von 10^{-8} bis 10^{-9} g-Ion stattgefunden hatte. Bei einer Versuchsreihe wurden 20 Drähte von 0,1 mm ⌀ mit einer Stromdichte von 250 A/mm² auf 900° C erhitzt. Die Versuche dauerten bis zu 18 Monaten. Es wurden in jedem Draht $1,4 \cdot 10^{-6}$ g oder $1,3 \cdot 10^{-8}$ g-Ion Palladium überführt. Da die mittlere Versuchsdauer 15 Monate betrug, sind bei 2 A $8 \cdot 10^7$ Coulomb oder 22000 Ah durch den Draht geflossen. Die Überführungszahl, d. h. der Anteil des Stromes, der durch Palladiumionen befördert wurde, betrug somit $1,6 \cdot 10^{-11}$ g-Ion/F. Pd reicherte sich an der Kathode an. Dieses entspricht durchaus den Erwartungen.

Tabelle 29.

Probe	I	II	III	IV
Änderung der Gitterkonstanten in Å . . .	0,00287	0,00182	0,00238	0,00376
Überführte **Cu**-Menge (in g-Ion/F)	$1,98 \cdot 10^{-8}$	$1,31 \cdot 10^{-8}$	$1,72 \cdot 10^{-8}$	$2,7 \cdot 10^{-8}$
Elektrizitätsmenge (in Ah):	6914	6914	7142	7075
Überführungszahl U (in g-Ion/F)	$7,7 \cdot 10^{-11}$	$5,1 \cdot 10^{-11}$	$6,5 \cdot 10^{-11}$	$10,2 \cdot 10^{-11}$

Bei weiteren Versuchen verwendeten G. Nehlep, W. Jost und R. Linke [20] 0,1 mm dicke Drähte aus einer Legierung von 65,7 Gew.-% Gold und 34,3 Gew.-% Kupfer. Damit diese eine möglichst große Strombelastung aushielten und um Oxydation zu vermeiden, wurden sie in einem Rohr ausgespannt, das von Wasserstoff durchströmt und von einem Wasserkühlmantel umgeben war. Die Stromstärke von 2,3 A entsprach einer Belastung von 410 A/mm². Auch dieses Mal erfolgte die Analyse durch Debye-Scherrer-Aufnahmen. Die Ergebnisse von vier Versuchen sind in Tab. 29 zusammengestellt.

W. Seith und H. Etzold [21] nahmen zuerst Überführungsversuche an einer Blei-Gold-Legierung in Angriff. Dieses System bot den Vorteil, daß der DK des Goldes bei 200° C mit $2,3 \cdot 10^{-7}$ cm²sec^{-1} sehr groß war. Dafür konnte jedoch wegen der geringen Löslichkeit des Goldes im festen Blei nur eine Legierung mit einem Goldgehalt von 0,04 Atom-% verwendet werden. Ein Nachteil bestand auch darin, daß die mechanischen Eigenschaften des Bleies ein Arbeiten mit dünnen Drähten nicht erlaubten. Es wurden Stäbe von 6 mm Dicke zwischen Bleielektroden mit 220 A belastet, wobei sie sich auf 200 bis 220° C erwärmten. Bei den Versuchen, die mehrere Monate ununterbrochen liefen, wurden bis zu $4,3 \cdot 10^5$ Ah durch eine Probe geschickt.

Die Bleistäbe wurden dann von den Enden her in Scheibchen geschnitten und das Blei auf Kapellen abgetrieben und die Größe der zurückbleibenden Goldkugeln durch Ausmessen unter dem Mikroskop bestimmt. Das Ergebnis eines Versuches ist in Abb. 222 graphisch dargestellt. Es wurde in allen Fällen eine Wanderung des Goldes nach der Anode festgestellt. $1,5 \cdot 10^9$ Coulomb $= 15\,000$ F beförderten $0,4$ mg $= 2 \cdot 10^{-6}$ g-Ion Gold. Daraus errechnet sich eine Überführungszahl von 10^{-10} g-Ion/F. Gleichzeitig wurden auch Versuche unternommen, bei denen Wechselstrom durch die Proben geschickt wurde. In diesem Fall blieb die einseitige Überführung des Goldes aus.

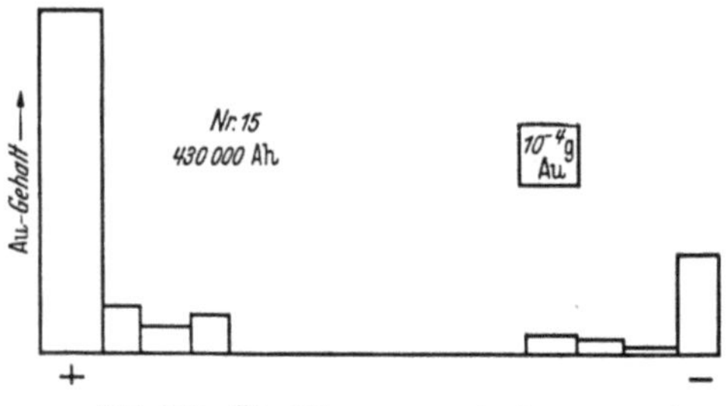

Abb. 222. Überführung von Au in festem Pb.

Die Messungen von Seith und Etzold wurden später in einer verbesserten Apparatur durch K. E. Schwarz und R. Stockert [22] bestätigt. Schwarz und Stockert untersuchten außerdem die Temperaturabhängigkeit der Überführung. In Abb. 223 werden die so erhaltenen Meßpunkte mit der aus Gl. (9) berechneten Kurve für einwertiges (A) und für nullwertiges (B) Gold verglichen. Diese Darstellung läßt auf nullwertiges Gold schließen, so daß die Überführung ausschließlich vom Blei getragen würde (s. aber S. 279).

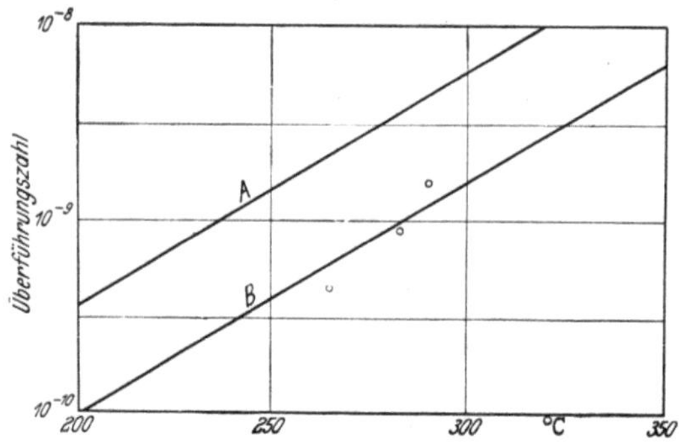

Abb. 223. Temperaturabhängigkeit der Überführung von Au in Pb. (Nach Schwarz und Stockert.)

Bei den Versuchen, die bis jetzt beschrieben wurden, war es nötig, daß etwa 10^{10} Elektronen durch den Querschnitt der Probe gehen mußten, bis ein Metallion überführt wurde. Ein System, bei dem die Verhältnisse günstiger liegen, mußte Eisen-Kohlenstoff sein. Hier ist die Löslichkeit größer (7,7 Atom-%), und der DK des Kohlenstoffs in Eisen ist bei $1000°$ C mit etwa $1 \cdot 10^{-6}$ cm² sec⁻¹ ebenfalls sehr hoch. Da es sich zudem um einen Einlagerungsmischkristall handelt, waren günstige Verhältnisse zu erwarten. Die Versuchsanordnung von W. Seith und O. Kubaschewski [23] war folgende: ein Eisendraht von 0,15 cm ⌀ und 30 cm Länge wurde elektrolytisch verkupfert. Dann wurden ringförmige Zonen von 1 cm Länge vom Kupferüberzug wieder befreit. Zwischen diesen Zonen blieb auf 2 bis 3 cm der Kupferüberzug stehen. Beim Aufkohlen erhielt man einen Draht, bei dem gekohlte und kohlenstofffreie Zonen miteinander abwechselten. Der Draht kam dann zum Schutz gegen Entkohlung in ein evakuierbares Rohr (Abb. 224) und

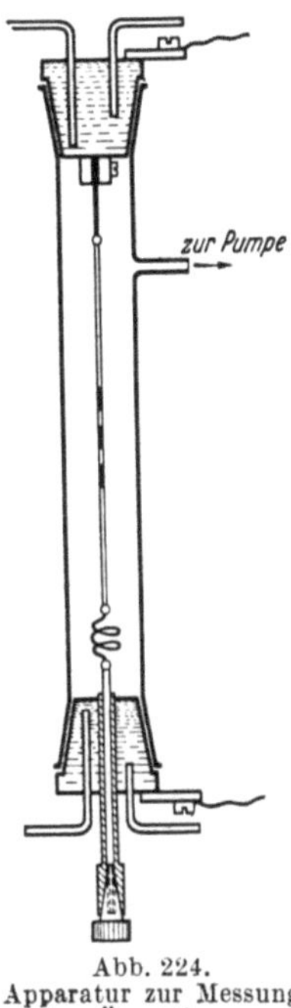

Abb. 224.
Apparatur zur Messung
der Überführung
von C in Fe.

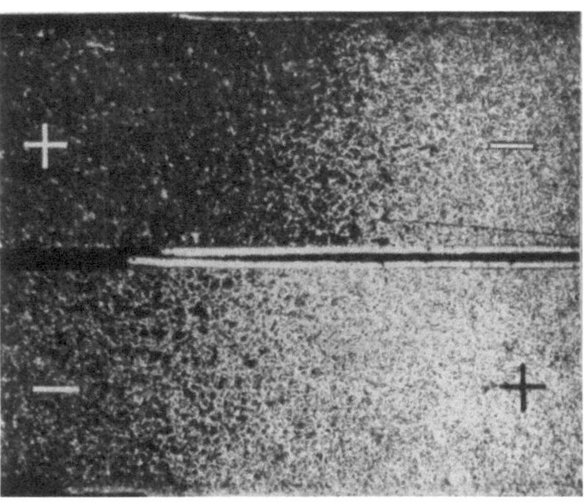

Abb. 225. Verschiebung der gekohlten Zonen durch Gleichstrom.
Vergrößerung 17×.

wurde 7 bis 16 Stunden einem Strom von 20 bis 25 A ausgesetzt, der ihn auf etwa 1000° C erhitzte. Das Ergebnis dieser Behandlung zeigen die Schliffbilder Abb. 225. Es sind dort die beiden Enden einer gekohlten Zone nebeneinandergelegt. Es ist deutlich zu sehen, daß der Kohlenstoff in der Richtung zur Kathode vorgedrungen ist, während in der Richtung zur Anode nur eine geringe Diffusion festgestellt werden konnte. Bei Wechselstromversuchen, die unter sonst gleichen Bedingungen ausgeführt wurden, ist eine symmetrische Diffusion nach beiden Richtungen hin zu beobachten (Abb. 226). Es wurde eine Reihe von Versuchen ausgeführt, die es gestatteten, sowohl den DK als auch die Überführungszahl zu berechnen. Die Analyse der Drahtabschnitte erfolgte durch Widerstandsmessung. Da der Widerstand proportional dem Kohlenstoffgehalt ansteigt, kann die Widerstandszunahme als ein Maß für die Konzentration verwendet werden. Abb. 227 zeigt das Ergebnis solcher Messungen. Man erkennt deutlich die unsymmetrische Konzentrationsverteilung nach dem

Durchgang von Gleichstrom und die symmetrische nach dem Wechselstromversuch. Die gestrichelten Linien bezeichnen jeweils die Mitte der Zone.

Die Berechnung des DK ergab $9{,}6 \cdot 10^{-7}$ cm² sec^{-1}, die der Überführungszahl $1{,}6 \cdot 10^{-6}$ g-Ion/F. Für die Wanderungsgeschwindigkeit

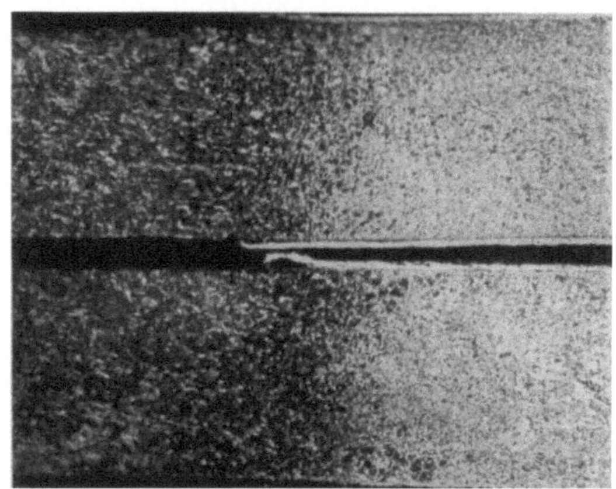

Abb. 226. Vergleichsversuch mit Wechselstrom. Vergrößerung 17×.

des Kohlenstoffs erhält man $2{,}2 \cdot 10^{-5}$ und $1{,}6 \cdot 10^{-5}$ cm² sec$^{-1} \cdot$ V^{-1}, je nachdem, ob man sie aus der sichtbaren Verschiebung der gekohlten Zone oder aus der überführten Menge Kohlenstoff berechnet. Aus dem

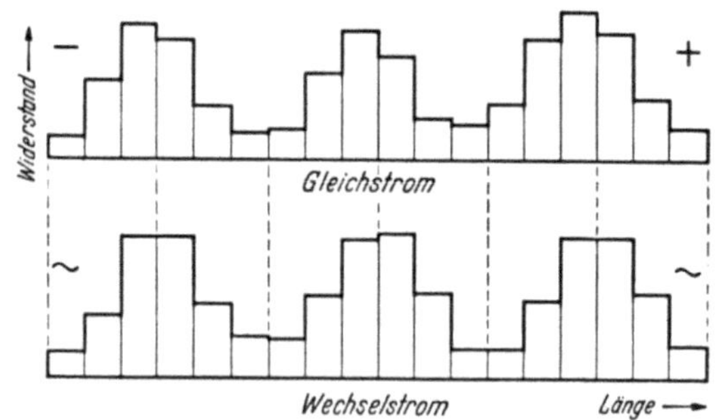

Abb. 227. Konzentrationsverteilung des C nach der Überführung.

DK folgt eine Wanderungsgeschwindigkeit von $0{,}8 \cdot 10^{-5}$ cm²/sec V, wenn man den Kohlenstoff als einwertiges Ion in die Rechnung einsetzt. Man muß demnach annehmen, daß der Kohlenstoff mehr als einwertig ist. Der Kohlenstoff verhält sich hier wie ein Metall.

Die Ergebnisse von SEITH und KUBASCHEWSKI sind mehrmals nachgeprüft worden. LEBEDEW und GUTERMAN [24] schweißten

Eisendrähte mit höheren Kohlenstoffkonzentrationen gegen solche mit niedrigeren Konzentrationen und analysierten die Proben nach der Überführung metallographisch. P. DAYAL und L. S. DARKEN [25] arbeiteten mit Proben einheitlicher Zusammensetzung, die sie zwischen gekühlten Cu-Elektroden mit einem Strom zwischen 129 und 226 A belasteten. Die Proben er-

reichten dadurch in der Mitte Temperaturen zwischen 920° und 1226° C. Gegen die gekühlten Kupferelektroden fiel die Temperatur ab. Die Versuchsanordnung entsprach also etwa derjenigen von SEITH und ETZOLD [21]. Diese Methode vermeidet Fehler, die durch die Konzentrationsabhängigkeit der Überführung bedingt sind. Dem steht der Nachteil der schlechten Definition der Temperatur gegenüber, so daß in der Regel der anderen Methode der Vorzug zu geben ist. Die Ergebnisse sind u. a. in der Tab. 30 zusammengestellt. Sie bestätigen die Messungen von W. SEITH und O. KUBASCHEWSKY und ermöglichen außerdem eine Aussage über die Temperaturabhängigkeit der Überführung.

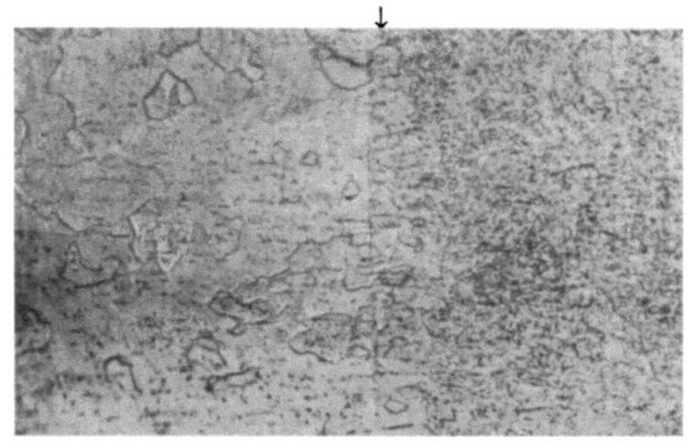

Abb. 228a. Überführung des N in Fe über die Schweißfläche (↓) zwischen reinem und nitriertem Fe. Anode rechts. — Zurückweichen. Vergrößerung 70×.

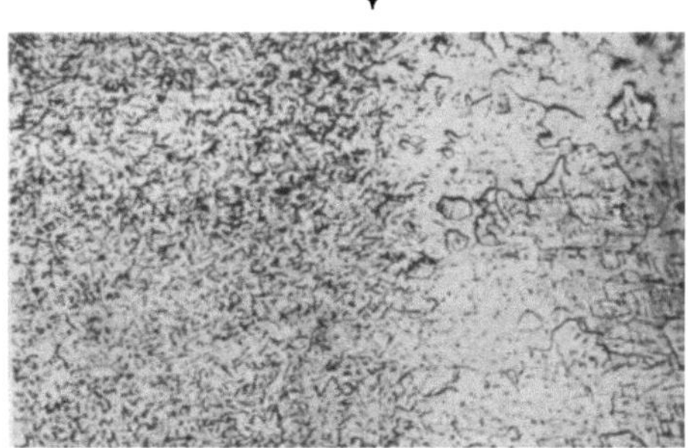

Abb. 228b. Überführung des N in Fe über die Schweißfläche (↓) zwischen nitriertem und reinem Fe. Anode rechts. — Vordringen. Vergrößerung 70×.

Versuche von W. SEITH und TH. DAUR [27] am System Fe-N gestalteten sich sehr schwierig. Drahtstückchen aus reinem und nitriertem Eisen wurden mit blank geschliffenen Stirnflächen aneinandergeschweißt und im Vakuum dem Stromdurchgang ausgesetzt. Dabei ließ sich ein Verlust an Stickstoff nicht vermeiden. Aus den Schliffbilden sieht man, daß der Stickstoff in Abb. 228a von der Grenzfläche nach der Anode (rechts) zurückgewichen, in Abb. 228b gegen die Anode (rechts) über die Grenzfläche vorgestoßen ist. Da die Stickstoffkonzentration nicht bekannt war, konnte die Überführungszahl nicht berechnet werden. Die Wanderungsgeschwindigkeit betrug etwa $0{,}3 \cdot 10^{-5}$ cm² sec^{-1} V^{-1}

Bor soll mit Eisen nach F. WEVER und MÜLLER [28] ebenfalls Einlagerungsmischkristalle bilden. Allerdings ist die Löslichkeit gering. Sie beträgt nur etwa 0,1%. Für die Überführungsversuche wurden ebenfalls reine und borierte Eisendrahtstücke aneinandergeschweißt. Bei 1040° C war die Wanderungsgeschwindigkeit des Bors in der Richtung zur Kathode etwa 10^{-5} cm²/sec V.

Sauerstoff löst sich in Zirkon im Zwischengitter. Entsprechend erlangt auch er bei hohen Temperaturen eine große Beweglichkeit. J. H. DE BOER und FAST [29] führten Überführungsmessungen bei 1432°, 1780° und 1860° C durch. Zur Auswertung zogen DE BOER und FAST Widerstandsmessungen und DEBYE-SCHERRER-Aufnahmen heran. Bei 1432° C war keine meßbare Überführung vorhanden, in allen anderen Fällen beobachteten sie eine Wanderung des Sauerstoffs zur Anode.

Überführungsversuche an den Systemen **Pb-Ag** [21] und **Fe-Ni** [27] durch W. SEITH und Mitarbeiter ergaben keine meßbaren Effekte.

Bei den bisher beschriebenen Überführungsmessungen handelt es sich in Analogie zur Volumendiffusion um Volumenüberführung. Dagegen ist die Überführung von Polonium auf Silber und von Thorium auf Wolfram ein ausgesprochener Oberflächeneffekt.

Auf Silber niedergeschlagenes Polonium vermag kaum in das Silber einzudringen, besitzt aber auf der Oberfläche oberhalb 300° C eine erhebliche Beweglichkeit. K. E. SCHWARZ [30] konnte beobachten, daß im elektrischen Feld außer der Diffusion auch eine Wanderung des Poloniums zur Anode eintritt. Die Analyse erfolgt in einfacher Weise dadurch, daß sich das **Po** infolge Schwärzung einer photographischen Schicht selbst abbildet.

Auf Wolfram niedergeschlagenes Thorium erhöht die Glühelektronenemission des reinen Wolframs erheblich. Mit Hilfe einer elektronenoptischen Abbildung kann man daher die Wanderung des Thoriums auf Wolfram verfolgen. R. P. JOHNSON [31] beobachtete schon bei niedriger Temperatur, durch Elektrolyse mit einer Gleichspannung von 3 V/cm, eine Wanderung der Thoriumionen zur Kathode. Bei Verwendung von Wechselspannung war dagegen kein Effekt nachweisbar.

Da auch ein einheitliches Metall aus Ionen und Elektronen aufgebaut ist, sollten dort ebenfalls Elektrolyseeffekte zu beobachten sein. Wird ein einheitlicher Metalldraht zwischen Klemmen ausgespannt und mit Gleichstrom erhitzt, bis er in der Mitte auf einer gewissen Strecke zum Glühen kommt, so bilden die kalten Endstücke die Elektroden. Es ist zu erwarten, daß in dem erhitzten Stück die Metallionen zur Kathode wandern. Der Draht müßte demnach am positiven Ende länger und am negativen Ende kürzer werden. Nach K. E. SCHWARZ [3] tritt diese „Selbstüberführung" tatsächlich auf. Überbelastete Glühlampen brennen in den allermeisten Fällen am positiven Ende des Glühfadens durch.

Alle beschriebenen Versuche und die theoretischen Überlegungen von WAGNER und SCHWARZ sind vor der Entdeckung des KIRKENDALL-Effektes (s. S. 129) durchgeführt worden. Bei der engen Verknüpfung von Diffusion und Überführung ist anzunehmen, daß auch bei der Wanderung von Metallionen im elektrischen Feld ein ähnlicher Effekt auftritt.

Um einen Überblick zu gewinnen, welche Auswirkung die Einführung partieller DK auf die Überführung bringt, haben W. SEITH und H. WEVER [32] versucht, eine neue Darstellung der elektrolytischen Überführung zu geben, die sich aber in ihren Grundzügen an die Vorstellungen von C. WAGNER [9] anlehnt.

Durch die Entdeckung des KIRKENDALL-Effektes ist gesichert, daß in Mehrstoffsystemen jeder Komponente eine eigene Beweglichkeit zuzuordnen ist. Gl. (3) ist daher für jede einzelne Komponente i anzusetzen:

$$W_i = \frac{e}{300} z_i \mathfrak{B}_i. \tag{10}$$

Weiter gilt:

$$\mathfrak{B}_i = \frac{D_i^*}{kT}, \tag{11}$$

wobei D_i^* den DK der Selbstdiffusion der Komponente i bedeutet. Will man den im allgemeinen besser zugänglichen chemischen DK verwenden, so ist der thermodynamische Faktor gemäß Gl. (23), S. 121, zu berücksichtigen:

$$\mathfrak{B}_i = \frac{D_i}{kT} \frac{\partial \ln \gamma_i}{\partial \ln a_i}. \tag{12}$$

Setzt man dieses in Gl. (10) ein und berücksichtigt, daß $e/300\,k = F/R$ ist, so erhält man:

$$W_i = \frac{F}{RT} \frac{\partial \ln \gamma_i}{\partial \ln a_i} z_i D_i. \tag{13}$$

Betrachtet man eine Fläche normal zum elektrischen Feldgefälle mit dem Querschnitt q, so wandern bei einer Konzentration der Komponente i von c_i g-Ion/cm³ in einer Sekunde durch diese Fläche:

$$M_i = W_i c_i q \mathfrak{E} \quad \text{g-Ion} \tag{14}$$

bei einer elektrischen Feldstärke von $\mathfrak{E}$ V/cm. Der Aufbau eines elektrischen Feldes der Feldstärke $\mathfrak{E}$ in einer Legierung mit der spezifischen Leitfähigkeit $\varkappa$ Ohm^{-1} cm^{-1} erfordert den Durchtritt von:

$$\frac{\varkappa}{F} q \mathfrak{E} = M_{\text{el}} + \sum_i z_i M_i \quad \text{Faraday sec}^{-1} \tag{15}$$

durch diese Fläche. M_{el} ist die von den Elektronen transportierte Ladung in Faraday · sec^{-1}.

Abweichend von reinen Ionenleitern ist bei Elektronenleitern die Überführungszahl U_i definiert als die Materialmenge in Grammion (statt in Äquivalenten), die durch ein Faraday überführt wird. Es ergibt sich dann aus Gl. (13), (14) und (15) unter der Berücksichtigung, daß $c_i = \gamma_i/v$ ist (v = Molvolumen):

$$U_i = \frac{F^2}{R\,T}\,\frac{1}{v\,\varkappa}\,\frac{\partial \ln \gamma_i}{\partial \ln a_i}\,\gamma_i\,z_i\,D_i. \tag{16}$$

U_i charakterisiert den Anteil der Komponente i an der Gesamtüberführung. Man könnte diesen Anteil z. B. bestimmen, indem man i radioaktiv indiziert und die Überführung in einer homogenen Legierung ermittelt. U_i ist in doppelter Weise vom Molenbruch γ_i abhängig: einmal unmittelbar [s. Gl. (16)] und zum anderen über D_i und den thermodynamischen Faktor. Um eine für alle Konzentrationen mit dem DK vergleichbare Größe zu erhalten, führt man daher zweckmäßig U_i/γ_i als partielle Überführungszahl u_i ein. Dieses ist bei der Betrachtung der Überführungszahl in reinen Ionenleitern nicht erforderlich, da bei diesen Wertigkeit und Konzentration stöchiometrisch miteinander verbunden sind. Es gilt allerdings dann nicht mehr das einfache Gesetz, daß die Summe aller Überführungszahlen 1 sein muß, sondern man muß statt dessen nach Gl. (15) setzen:

$$U_{el} + \sum_i z_i\,\gamma_i\,u_i = 1\,. \tag{17}$$

U_{el} ist die Überführungszahl der Elektronen.

In einem binären System setzt sich die gesamte überführte Materialmenge aus der Summe der Teilmengen zusammen. Berücksichtigt man, daß nach DUHEM-MARGULES:

$$\frac{\partial \ln \gamma_1}{\partial \ln a_1} = \frac{\partial \ln \gamma_2}{\partial \ln a_2}$$

ist, so folgt für die gemeinsame Überführungszahl U_{12}:

$$U_{12} = \gamma_1\,u_1 + \gamma_2\,u_2 \tag{18a}$$

oder:

$$U_{12} = \frac{F^2}{R\,T}\,\frac{1}{v\,\varkappa}\,\frac{\partial \ln \gamma_1}{\partial \ln a_1}\,(\gamma_1\,z_1\,D_1 + \gamma_2\,z_2\,D_2). \tag{18b}$$

Ebenso wie bei Diffusionsversuchen ist bei der Auswertung von Überführungsmessungen ein raumfestes Koordinatensystem erforderlich. Es läßt sich durch Markierungen außerhalb der Überführungszone festlegen.

Die partiellen Überführungszahlen u_1 und u_2 sind verknüpft mit den Ionenladungen, die für beide Komponenten verschiedene Vorzeichen haben können. Es besteht daher die Möglichkeit, daß die überführten Materialmengen beider Komponenten sich nicht addieren, sondern subtrahieren. In metallischen Legierungen wird dieses jedoch in der Regel nicht der Fall sein.

Neben einer gleichsinnigen Überführung ist im allgemeinen mit einer relativen Überführung zu rechnen. Diese ist bedingt durch die Unterschiede der partiellen Überführungszahlen beider Komponenten. Eine Relativüberführung hat zur Folge, daß die an den Elektroden abgeschiedene Legierung eine andere Zusammensetzung als die elektrolysierte Legierung hat. Um hierfür einen formelmäßigen Ausdruck zu finden, ist die Wahl eines geeigneten Bezugssystems entscheidend. Zwei Möglichkeiten stehen zur Diskussion:

1. Als Bezugssystem dient das für die Ableitung der gemeinsamen Überführungszahl benutzte raumfeste Koordinatensystem. Die Relativüberführung ist dann Null, wenn ursprüngliche und bei der Überführung transportierte Legierung dieselbe Zusammensetzung haben. Dann gilt:

$$u_1 = u_2 .$$

Ist die Zusammensetzung der zwischengebauten Legierung eine andere, so ergibt sich aus der Differenz der beiden partiellen Überführungszahlen die relative Überführungszahl ΔU_{21}:

$$\Delta U_{21} = u_2 - u_1 . \tag{19}$$

Daraus folgt:

$$\Delta U_{21} = - \Delta U_{12} . \tag{20}$$

Die relative Überführungszahl läßt sich experimentell aus der Konzentrationsverschiebung ermitteln, die die Überführung zur Folge hat.

Ist ΔU_{21} positiv, so findet eine Anreicherung der Komponente 2 an der Kathode statt.

2. Als Bezugssystem dient das Teilgitter der einen Komponente. Dieses ist nur sinnvoll, wenn es durch die Überführungen keine Verschiebungen erleidet. Das ist in der Regel nur bei Einlagerungsmischkristallen der Fall. Wegen der fehlenden Markierungen muß trotzdem bei allen älteren Arbeiten mit diesem Bezugssystem gerechnet werden. Hier gilt:

$$U_{2(1)} = \gamma_2 (u_2 - u_1) \tag{21 a}$$

oder

$$U_{2(1)} = \frac{F^2}{R T} \frac{1}{\varkappa v} \frac{\partial \ln \gamma_1}{\partial \ln a_1} \gamma_2 (z_2 D_2 - z_1 D_1), \tag{21 b}$$

wobei $U_{2(1)}$ die relative Überführungszahl der Komponente 2 relativ zum Teilgitter der Komponente 1 bedeutet. Es gilt weiterhin:

$$\frac{U_{2(1)}}{\gamma_2} = - \frac{U_{1(2)}}{\gamma_1} . \tag{22}$$

Vergleicht man Gl. (21) mit der von C. WAGNER abgeleiteten Beziehung (5), so stellt man fest, daß sich beide nur in der Deutung der verwendeten Diffusionskoeffizienten unterscheiden.

Nach den abgeleiteten Formeln dürfte die Elektrolyse einer festen, metallischen Phase nicht nur, wie bisher ausschließlich beobachtet wurde, eine Relativüberführung, sondern außerdem den Anbau von Gitterebenen zur Folge haben, was nur durch Anbringung von Markierungen experimentell geprüft werden kann.

Aus diesem Grunde führten W. SEITH und H. WEVER [33] Überführungsmessungen an der β-Phase des Systems Cu-Al mit markierten Proben durch. Die Autoren elektrolysierten verschiedene Legierungen mit einer Zusammensetzung zwischen 20 und 26 Atom-% Al, die der β-Phase angehören, zwischen Kupferbändern. Der Strom diente gleichzeitig zum Heizen der Proben auf die Versuchstemperatur von 895° C. Bei dieser hohen Temperatur verwischte sich während des Versuchs die Grenze zwischen Elektroden und Legierung durch Diffusion. Es ist daher nur dann eine gemeinsame Überführung nachweisbar, wenn an einer bestimmten Stelle des sich bei der Diffusion einstellenden Konzentrationsgefälles eine merkliche Änderung der Beweglichkeit der Atomrümpfe eintritt. Eine solche Stelle ist bei einer intermetallischen Phase die Phasengrenze. Man kann daher die Phasengrenze auf beiden Seiten der Versuchsprobe als Grenze zwischen Elektroden und elektrolysierter Legierung auffassen.

Die Autoren verwendeten zur Überführung rechteckige Proben, 10 mm lang, 3 mm breit und 0,6 mm dick, die durch Elektrolyse mit einer etwa $1^1/_2$ mm starken Cu-Schicht auf beiden Seiten versehen waren. In diese Schicht wurden jeweils zwei Wolframdrähtchen (0,02 mm $\varnothing$) eingebracht. Zur Vervollständigung der Markierungen dienten Mikrohärteeindrücke. Durch Schweißen wurden die Proben mit Kupferbändern als Elektroden verbunden. Eine fertig vorbereitete Probe zeigt Abb. 229. Als Versuchsgefäß diente ein Glasrohr aus Jenaer Glas mit gekühlten Messingschliffköpfen (Abb. 230). Elektrolysiert wurde mit einer Stromdichte von 70 bis 100 A/mm² etwa 1 bis 6 Stunden lang. Als Schutzgas diente wegen seiner hohen Wärmeleitzahl Wasserstoff. Die Temperatur wurde an der vorher eingerußten Probe pyrometrisch gemessen.

Nach den Versuchen ließ sich schon bei oberflächlichem Betrachten an der anodischen Phasengrenze ein Zwischenbau von Materie beobachten. Dort zeigte sich in der Rußschicht ein scharf begrenzter, blanker Strich (Abb. 231). In Mikrobildern sieht man mit Hilfe der Markierungen deutlich an der kathodischen Phasengrenze einen Abbau (Abb. 232a—c) und an der anodischen Seite einen Zwischenbau (Abb. 232d—f) von Gitterebenen. Bei Abb. 232a sieht man ganz links

das Drähtchen, das die Elektrolysefläche markiert (die Fläche zwischen
Legierung und aufelektrolysierter Kupferschicht) und drei Mikro-
härteeindrücke. Deutlich ist die Ausscheidungsgrenze, die der Lage der
Phasengrenze bei 895° C entspricht, zwischen dem ersten und zweiten
Eindruck zu sehen. Sie ist durch die während des Schweißens erfolgte

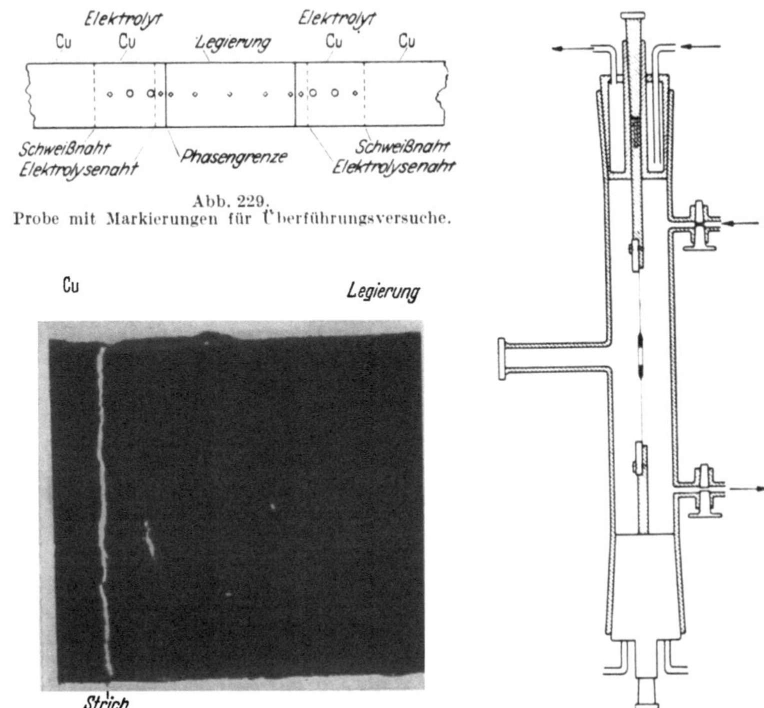

Abb. 229.
Probe mit Markierungen für Überführungsversuche.

Abb. 231. Riß in der Rußschicht an der Einbauzone.

Abb. 230. Apparatur
für Überführungsversuche.

Diffusion schon in Richtung zur Legierung verschoben. Abb. 232b
zeigt denselben Ausschnitt der Probe nach der Überführung — un-
behandelt. Man erkennt die drei Mikrohärteeindrücke und das Drähtchen.
Der Abstand zwischen dem ersten und zweiten Eindruck, wo vorher die
Phasengrenze lag, ist erheblich geringer geworden. Man sieht außerdem in der Nähe des ersten Eindrucks eine schwarze Zone, die durch
Zusammenschieben des Schmutzes in der Oberfläche bedingt ist.
Um die neue Lage der Ausscheidungsgrenze sichtbar zu machen, muß
man die Probe schmirgeln und wieder polieren. Dabei verschwinden
die Härteeindrücke (Abb. 232c). Nach dem Anätzen sieht man die
Ausscheidungsgrenze wieder. Allerdings ist die Ausscheidung fein-
körniger. Abb. 232d zeigt die anodische Seite der Probe wie bei

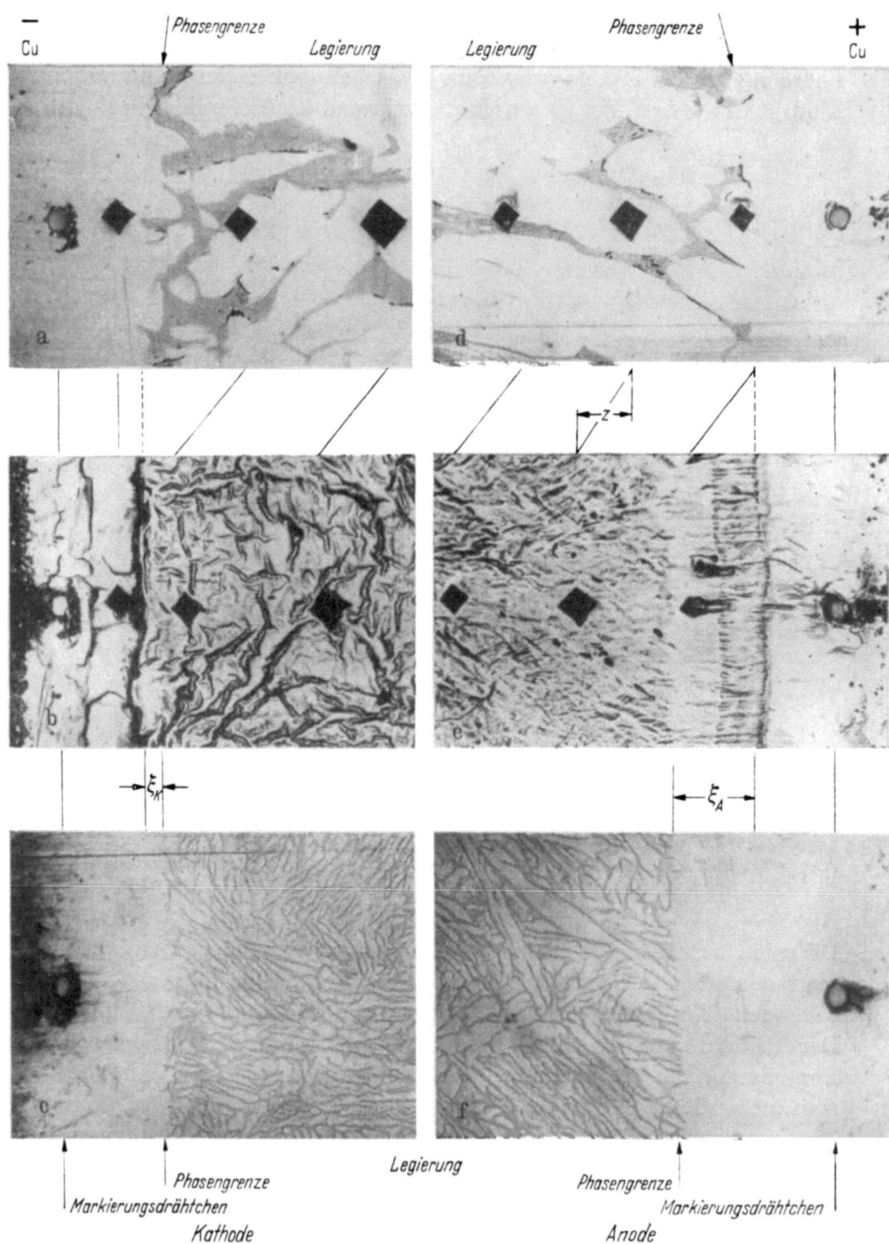

Abb. 232. Proben vor und nach dem Überführungsversuch. Beschreibung im Text. Vergrößerung 120×.

Abb. 232a. Im Gegensatz zu Abb. 232b sieht man bei Abb. 232e eine Vergrößerung des Abstandes zwischen dem Markierungsdrähtchen und dem ersten Mikrohärteeindruck. Die Zwischenbauzone ist deutlich sichtbar. Der Abstand dieser Zone vom Markierungsdrähtchen entspricht dem Abstand der Ausscheidungsgrenze auf dem oberen Bild. Da die Phasengrenze bei der Überführung über den ersten Härteeindruck fortgewandert ist, ist dieser vollkommen deformiert. Abb. 232f zeigt denselben Probenausschnitt nach dem Schmirgeln und Polieren.

Nur wenn man den Versuch rechtzeitig abbricht, beobachtet man den Abbau der Gitterebenen ohne Loch- und Rißbildung wie bei Abb. 232. In allen anderen Fällen reißt die Probe im Bereich der Abbauzone. Wie bei der Kristallisation, so scheint auch bei der Lochbildung zunächst eine Keimbildung erforderlich zu sein. Dies ließ sich hier besonders schön verfolgen: Zunächst erfolgt der Abbau ohne jede Störung. Dann tritt innerhalb ganz kurzer Zeit Lochbildung ein, und schon kurz darauf reißt die Probe an dieser Stelle ab.

Aus der Breite der anodischen Zwischenbauzone kann man die gemeinsame Überführungszahl in der untersuchten β-HUME-ROTHERY-Phase ermitteln. Sie hat den Wert:

$$U_{\text{CuAl}} \quad \text{für} \quad 20{,}2 \text{ Atom-\% Al:} \quad -73 \cdot 10^{-8} \pm 8{,}5 \cdot 10^{-8} \text{ g-Ion/F.}$$

Ebenso läßt sich aus der Verschiebung der Phasengrenze die relative Überführungszahl ΔU_{CuAl} berechnen. Sie hat den Wert:

$$\Delta U_{\text{CuAl}} = 3{,}1 \cdot 10^{-8} \text{ g-Ion/F.}$$

Aus relativer und gemeinsamer Überführungszahl ergeben sich die partiellen Überführungszahlen:

$$u_{\text{Cu}} = -7{,}6 \cdot 10^{-7} \text{ g-Ion/F}; \quad u_{\text{Al}} = -7{,}3 \cdot 10^{-7} \text{ g-Ion/F.}$$

Das negative Vorzeichen deutet an, daß beide Komponenten zur Anode wandern, sie also nach Beziehung (11) eine negative Ladung tragen müssen. Auf dieses Verhalten werden wir noch einmal zurückkommen.

Um zu einem weiteren Verständnis der Erscheinungen zu kommen, haben die Autoren die Konzentrationsabhängigkeit der Überführung [33] und das Ladungsverhältnis [32] z_{Cu} zu z_{Al} für eine mittlere Konzentration bestimmt.

Eine Änderung der gemeinsamen Überführungszahl ist nach Formel (18b) nur durch eine Änderung der Beweglichkeit der überführten Ionen möglich. In einem Konzentrationsgefälle muß sich eine Beweglichkeitsänderung durch Ab- oder Zwischenbau von Gitterebenen bemerkbar machen; denn nimmt z. B. von einer bestimmten Konzentration ab die Beweglichkeit zu, so bedingt das an dieser Stelle in der einen Richtung einen verstärkten Abfluß von Materie, was zu einem Abbau von Gitterebenen führen muß. Ein Konzentrationsgefälle zwischen Kupferelektroden und Legierung erhält man durch die Diffusion. Bringt man genügend Markierungen an, so läßt sich jeder Zwischen- bzw. Abbau im Bereich des Konzentrationsgefälles durch Verschiebung der Markierungen ermitteln. Als Erläuterung diene Abb. 233. Zwischen 20,2 und 24 Atom-% Al bleibt die gemeinsame Überführungszahl nahezu unverändert. Dann nimmt sie erheblich zu, um bei 26,1

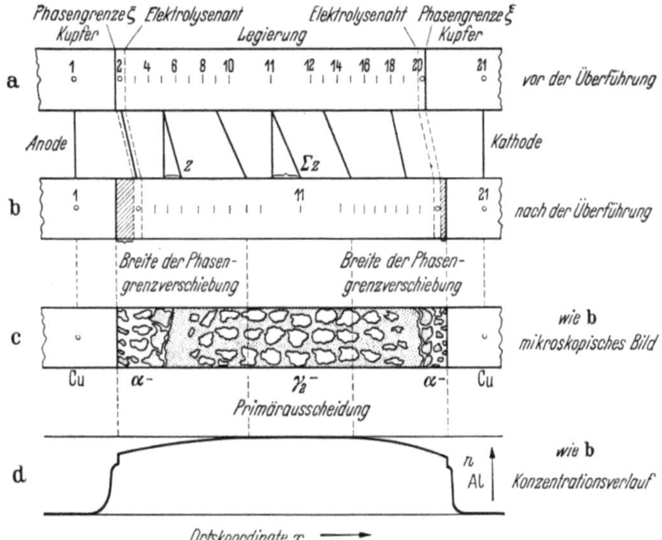

Abb. 233. Verschiebung der Markierungen (b), Gefügebild (c) und Konzentrationsverlauf (d) in einer Cu-Al-Probe mit 26,1 Atom-% Al, schematisch.

Atom-% einen Wert von $15{,}5 \cdot 10^{-7}$ g-Ion/F zu erreichen. Dieses beruht einmal auf dem Anstieg des spezifischen Widerstandes — außerdem muß sich aber auch die Beweglichkeit bzw. die Ladung der Komponenten ändern. Interessant ist, daß die starke Veränderung der gemeinsamen Überführungszahl etwa bei der stöchiometrischen Zusammensetzung Cu_3Al erfolgt.

Das Ladungsverhältnis z_{Al} zu z_{Cu} läßt sich errechnen, wenn man die partiellen DK für Cu und Al im Bereich der β-Phase kennt. Außerdem ist die Messung des spezifischen Widerstandes erforderlich. Für die partiellen DK haben die Autoren folgende Werte bestimmt [32]:

$$D_{Al} = 3 \cdot 10^{-7} \text{ cm}^2/\text{sec}; \qquad D_{Cu} = 6{,}5 \cdot 10^{-7} \text{ cm}^2/\text{sec}.$$

Der spezifische Widerstand ist für 20,2 Atom-% etwa $24 \cdot 10^{-6}$ Ohm cm. Daraus errechnet sich ein Ladungsverhältnis von z_{Al} zu z_{Cu} wie etwa 1:3. Beide Ladungen sind negativ, d. h. Al ist ungefähr dreimal positiver als Cu. Das entspricht der Erwartung. Über die Absolutbeträge der Ladungen läßt sich nichts aussagen, da der thermodynamische Faktor nicht bekannt ist. Jedenfalls stimmen die mit Formel (14b) errechneten Überführungszahlen mit den Meßergebnissen größenordnungsmäßig überein. Auch die Richtung der Abweichung liegt im richtigen Sinne.

Schon vor den Arbeiten von W. SEITH und H. WEVER haben O. KUBASCHEWSKI und K. REINARTZ [34] die elektrolytische Überführung an den intermetallischen Phasen Cu_3Al und Mg_3Bi_2 untersucht. Die Phase Cu_3Al elektrolysierten sie als Pulver unter Druck zwischen Kupferelektroden bei einer Stromdichte von 10 bis 40 A/mm² 28 Tage lang. Die Auswertung der Versuche erfolgte durch chemische Analyse. Wegen der langen Versuchsdauer konnten die Autoren eine starke Überlagerung der Überführung durch Diffusion nicht vermeiden. Außerdem zeigte sich, daß während der Überführung die Kathode ganz allgemein bis zu 150° heißer als die Anode wird. Diffusion und verschiedene Temperaturen an Anode und Kathode gestalteten die Auswertung sehr schwierig. Als Abschätzung für die Überführungszahl geben die Autoren einen Wert von $1 \cdot 10^{-7}$ g-Ion/F an. Es handelt sich dabei um die relative Überführungszahl ΔU_{AlCu}, die SEITH und WEVER mit $3,1 \cdot 10^{-8}$ gefunden haben. Aluminium reichert sich an der Kathode an. Die stärkere Erhitzung der Kathode läßt sich durch die erwähnte Lochbildung deuten.

Sehr interessant sind die Ergebnisse bei der Elektrolyse der Phase Mg_3Bi_2 zwischen Silberelektroden. Letztere bilden weder mit Magnesium noch mit Wismut Mischkristalle, so daß es sich um praktisch unangreifbare Elektroden handelt. Da damit ein Verschweißen zwischen Elektroden und Legierung nicht möglich ist, führten KUBASCHEWSKI und REINARTZ die Elektrolyse unter geringem Druck in einem Supremaxröhrchen bei etwa 590° und 700° C durch. Nach der Überführung wurden die Proben in drei Teilen: Kathoden-, Mittel- und Anodenraum, chemisch analysiert. Aus den Analysenresultaten läßt sich die Verschiebung der einen Komponente relativ zur anderen feststellen ($U_{Mg(Bi)}$ bzw. $U_{Bi(Mg)}$) — eine gemeinsame Verschiebung beider Komponenten wäre auch hier nur durch Anbringung von Markierungen zu beobachten gewesen. Bei der Auswertung ergibt sich das sehr interessante Resultat, daß die relative Überführungszahl stark konzentrationsabhängig ist, mit einem deutlichen Maximum bei der stöchiometrischen Zusammensetzung Mg_3Bi_2 (Abb. 234).

Aus den Unterschieden $U_{Mg(Bi)}$ und $U_{Bi(Mg)}$ glauben KUBASCHEWSKI und REINARTZ Rückschlüsse auf die Heteropolarität der Verbindung ziehen zu können. Leider ist das nicht möglich, wie Gl. (22) zeigt. Wie zu erwarten, lassen sich die experimentell bestimmten Daten für $U_{Mg(Bi)}$ und $U_{Bi(Mg)}$ an Hand dieser Gleichung ineinander umrechnen. Bei Elektronenleitern ist eine Aussage über die Heteropolarität einer Phase mittels Überführungsmessungen nur möglich, wenn man die partiellen Überführungszahlen und Diffusionskoeffizienten kennt. Die intermetallische Phase Mg_3Bi_2 gehört zur Klasse der ZINTL-Phasen, in denen man bereits eine echte Heteropolarität neben den metallischen Eigenschaften annehmen kann, d. h. das Wismut dürfte in dieser Phase eine negative Ladung tragen. Das würde dazu führen, daß durch das verschiedene Vorzeichen der partiellen Überführungszahlen die relative Überführungszahl größer als die gemeinsame wäre. Damit stimmen die hohen Werte für $U_{Mg(Bi)}$ bzw. $U_{Bi(Mg)}$ gut überein.

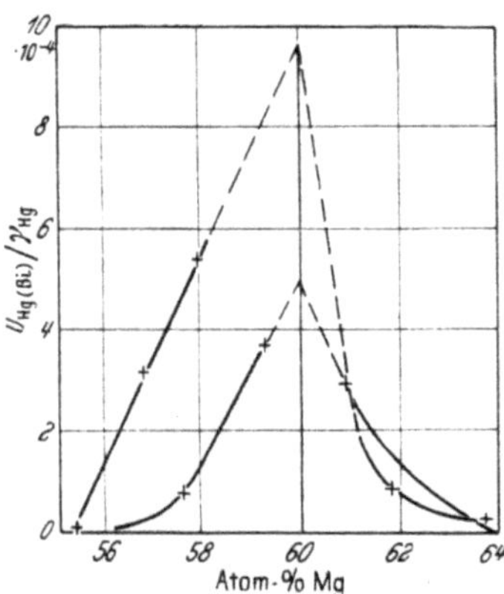

Abb. 234. Konzentrationsabhängigkeit der Überführung.

Das Maximum der Überführungszahl ist sicherlich nicht nur durch Beweglichkeitsunterschiede, sondern auch durch eine Konzentrationsabhängigkeit der Ladungen von Wismut und Magnesium bedingt. W. SEITH und H. WEVER [32] halten es für möglich, daß es sich bei der intermetallischen Phase Mg_3Bi_2 um einen Störstellenhalbleiter handelt, wie er von JUSTI und LAUTZ [35] an der Phase CdSb entdeckt wurde. Sowohl Widerstandsmessungen wie auch eine Arbeit von G. A. KUROV [37] sprechen für diese Annahme. Dann müßte die Überführung auf der Mg-Seite im wesentlichen von Mg-Ionen und auf der Bi-Seite von Bi-Ionen getragen werden. SEITH und WEVER glauben Angaben in der Arbeit von KUBASCHEWSKI und REINARTZ in dieser Richtung deuten zu können.

Interessant ist eine Diskussion der älteren Arbeiten an Hand der neuen Anschauungen. Schreibt man die Formel von K. E. SCHWARZ (9) etwas um, so erhält man:

$$U_{2(1)} = \frac{F^2}{R\,T}\,\frac{d_1}{\varkappa\,A_1}\,\gamma_2\left(z_2\,D - z_1\,\frac{v_2}{v_1}\,D\right). \tag{9a}$$

Dieser Ausdruck unterscheidet sich von Gl. (5) nur, indem D_2 durch $\frac{v_2}{v_1}\,D$ ersetzt worden ist. Für die hier verwendeten DK treten in Formel (21 b) die chemischen partiellen DK. Wäre daher die SCHWARZsche Deutung der Überführung als eine Art Auftrieb normal geladener Ionen im elektrischen Feld auch für Festkörper zutreffend, so dürfte der Unterschied zwischen den partiellen DK beider Komponenten eines Zweistoffsystems nur auf dem Unterschied der Atomvolumina beruhen. Das ist aber sicher nicht der Fall. Ob eine solche Annahme vielleicht für flüssige metallische Systeme zu diskutieren ist, möge dahingestellt bleiben. Die SCHWARZsche Deutung der Überführung kann in festen metallischen Systemen die Verhältnisse auch deswegen nicht richtig wiedergeben, weil sie eine gemeinsame Überführung beider Komponenten in einer Richtung nicht zu deuten vermag.

Von sämtlichen bisher untersuchten Systemen sind nur im System Fe-C alle zu einer Errechnung der Ladung von Kohlenstoff erforderlichen Daten bekannt. Der thermodynamische Faktor hat einen Wert von 1,33. Die Überführung des Eisens kann in diesem Fall wegen der großen Unterschiede in der Beweglichkeit zwischen Kohlenstoff und Eisen unberücksichtigt bleiben. Berechnet man nach Gl. (16) die Überführungszahl und vergleicht die so erhaltenen Werte mit den Meßwerten, so ergibt sich eine durchschnittliche Ladung von 4 (siehe Tab. 30), d.h. der Kohlenstoff ist im Eisen als 4fach geladenes metallisches Ion gelöst. Die teilweise erheblichen Abweichungen bei DAYAL und DARKEN dürften in der Methode begründet sein und auf Temperaturfehlern beruhen. Ein 4fach geladenes Kohlenstoffion in Eisen verlangt auch L. PAULING [36] auf Grund der Ionenradien.

Im System Pb-Au erhält man bei Annahme einer negativ einwertigen Ladung für Gold eine befriedigende Übereinstimmung zwischen errechneten und experimentellen Werten. Unter Umständen ist die Ladung noch etwas niedriger, d. h. es sind nicht alle Goldatome ionisiert. Nicht sehr wahrscheinlich ist dagegen die Annahme von SCHWARZ und STOCKERT [22], daß das Gold nullwertig ist. Sie benutzen für die Ableitung Formel (9), was nach unseren Überlegungen im festen Zustand unzulässig sein dürfte.

Schwierig zu deuten ist die Beobachtung der gemeinsamen Überführung von Cu und Al zur Anode innerhalb der Phase Cu_3Al (s. S. 275). Um weiteres Versuchsmaterial zu sammeln, untersuchten wir die Überführung in der γ-Phase Cu_9Al_4 [38]. Die β- und γ-Phase unterscheiden sich in der Richtung des HALL-Effektes, aus dem sich ergibt, daß die β-Phase ein Elektronen- und die γ-Phase ein Lochleiter ist. Diese Änderung des Leitungsmechanismus bewirkt auch eine Umkehr der gemeinsamen Überführung, die in der γ-Phase zur Kathode erfolgt. Unverändert bleibt dagegen die Richtung der relativen Überführung — in beiden Phasen reichert sich Al an der Kathode an. Dieses Ergebnis läßt vermuten, daß relative und gemeinsame Überführung zwei verschiedene Ursachen haben: Die zum Platzwechsel befähigten fehlgeordneten Ionen werden bei n-Leitung von den Elektronen mitgerissen und wandern zur Anode. Diese Wanderung wird durch das elektrische Feld mehr oder weniger gebremst, je nach der individuellen Ladung des einzelnen Ions. Bei p-Leitung entfällt der Mitnahmeeffekt, und die fehlgeordneten Ionen wandern allein unter dem Einfluß des elektrischen Feldes zur Kathode.

Tabelle 30.

System 1 2	Literatur	Konz. v. 2 At. %	Temp. °C	W_1 cm²/sec V	W_2 cm²/sec V	U_{12} g-Ion/F	ΔU_{21} g-Ion
|	|	| *a) Einlagerungsmischkristalle*					
Pd H	14		20		$0{,}8 \cdot 10^{-5}$		
			72		$2{,}7 \cdot 10^{-5}$		
	16	2,8	182		$1{,}5 \cdot 10^{-4}$		
		2,0	240		$2{,}8 \cdot 10^{-4}$		
Zr O	29	5	1432				
			1780				
Fe C	23	4,5	1065		$2{,}2 \cdot 10^{-5}$		
	25	2,1	1175		$2{,}7 \cdot 10^{-5}$		
			1226		$5{,}8 \cdot 10^{-5}$		
			1277		$2{,}0 \cdot 10^{-5}$		
		5,0	1124		$5{,}0 \cdot 10^{-5}$		
			1175		$4{,}9 \cdot 10^{-5}$		
			1226		$5{,}6 \cdot 10^{-5}$		
Fe N	27		930		$0{,}3 \cdot 10^{-5}$		
Fe B	27		1040		$1 \ \cdot 10^{-5}$		
|	|	| *b) Substitutionsmischkristalle*					
Pb-Au	21	0,04	180		$2{,}5 \cdot 10^{-6}$		
	22	0,04	265		$0{,}6 \cdot 10^{-5}$		
			290		$1{,}5 \cdot 10^{-5}$		
Pb-Ag	21						
Fe Ni	27						
Au Pd	19	29	900				$2{,}4 \cdot 10^{-11}$
Au Cu	20	61,8	750				$2{,}2 \cdot 10^{-10}$
Se Tl	42	0,01	216		$2{,}1 \cdot 10^{-6}$		
Ag Po	30		350		Oberflächenüberführung		
W Th	31				Oberflächenüberführung		
|	|	| *c) intermetallische Phasen*					
Mg₃ Bi₂	34	55,3—63,7	700				$1 \ {-}53{,}5 \cdot 10^{-5}$
		56,3—63,7	590				$0{,}9{-}37 \ \cdot 10^{-5}$
Cu₃ Al	34	18,2—25	870				$1 \ \cdot 10^{-7}$
	33	20,2—24	895	$4{,}4 \cdot 10^{-6}$	$4{,}2 \cdot 10^{-6}$	$7{,}6 \cdot 10^{-7}$	$3{,}1 \cdot 10^{-8}$
		24 —26,1	895			$15{,}5 \cdot 10^{-7}$	
Cu₉ Al₄	38	33	895				

u_1	u_2	Nach Gl. (13) für $z=1$ berechnete Größen			Ladung und Überführungsrichtung	
u_1 g-Ion/F	u_2 g-Ion/F	W_1 cm²/sec V	W_2 cm²/sec V	z	2 wandert rel. zu 1 zur	Gemeinsame Überführung zur
		a) Einlagerungsmischkristalle				
					Kathode	
					Kathode	
	$2,8 \cdot 10^{-5}$		$2,7-3,8 \cdot 10^{-4}$	$+1$ (?)	Kathode	
	$5,9 \cdot 10^{-5}$		$4,9-6,9 \cdot 10^{-4}$	$+1$ (?)	Kathode	
					Kein meßbarer Effekt	
					Anode	
	$3,6 \cdot 10^{-5}$		$0,5 \cdot 10^{-5}$	$+4$	Kathode	
	$1,3 \cdot 10^{-5}$		$1,1 \cdot 10^{-5}$	$+2,5$	Kathode	
	$2,7 \cdot 10^{-5}$		$1,5 \cdot 10^{-5}$	$+3,9$	Kathode	
	$1,2 \cdot 10^{-5}$		$2,0 \cdot 10^{-5}$	$+1$	Kathode	
	$1,0 \cdot 10^{-5}$		$0,8 \cdot 10^{-5}$	$+6,7$	Kathode	
	$1,0 \cdot 10^{-5}$		$1,1 \cdot 10^{-5}$	$+4,5$	Kathode	
	$1,1 \cdot 10^{-5}$		$1,5 \cdot 10^{-5}$	$+3,8$	Kathode	
					Anode	
					Kathode	
		b) Substitutionsmischkristalle				
	etwa $4 \cdot 10^{-7}$		$1,2 \cdot 10^{-6}$	-1 (?)	Anode	
	$1,3 \cdot 10^{-6}$		$1,0 \cdot 10^{-6}$	-1 (?)	Anode	
	$3,9 \cdot 10^{-6}$		$2,0 \cdot 10^{-6}$	-1 (?)	Anode	
					Kein meßbarer Effekt	
					Kein meßbarer Effekt	
					Kathode	
					Kathode	
			$0,9 \cdot 10^{-6}$	$+2,3$ (?)	Kathode	
					Anode	
					Kathode	
		c) intermetallische Phasen				
					Anode	
					Anode	
					Kathode	
$7,6 \cdot 10^{-7}$	$7,3 \cdot 10^{-7}$	$2,3 \cdot 10^{-6}$	$4,9 \cdot 10^{-6}$	$z_{Cu}:z_{Al}$ 1:(2—3)	Kathode	Anode
					Kathode	Anode
					Kathode	Kathode

A. KLEMM [*41*] versucht die Ergebnisse mit einer phänomenologischen Theorie zu deuten, wobei er von der Anreicherung der leichten, d. h. beweglicheren Isotope des flüssigen Quecksilbers und Gallium an der Anode ausgeht (s. S. 257). Er macht die Grundannahme, daß im festen und im flüssigen Zustand gleichermaßen bewegliche und relativ unbewegliche Ionen nebeneinander vorhanden sind und kommt zu der Folgerung, daß für die gemeinsame Überführung die Alternative gilt:

a) Wanderung zur Anode: $\quad \zeta_b\, r_u < \zeta_u\, r_b\,,$

b) Wanderung zur Kathode: $\quad \zeta_b\, r_u > \zeta_u\, r_b\,,$

wobei ζ ein Parameter ist, der den elektrischen Größen eines Ions (Ionisationsgrad usw.) Rechnung trägt, während r den Reibungskoeffizienten für die Reibung zwischen Elektronen und Ionen bedeutet. b bezieht sich auf den beweglichen, u auf den unbeweglichen Anteil der Ionen.

Ob die entwickelten Vorstellungen den tatsächlichen Verhältnissen entsprechen, läßt sich nur durch weitere Versuche entscheiden. Insbesondere erhebt sich die Frage, wieweit die ohne Berücksichtigung der Wechselwirkung zwischen Ionen und Elektronen abgeleiteten Formeln (18) und (21) die Verhältnisse richtig wiedergeben können.

In Tab. 30 sind sämtliche bisher gemessenen Überführungszahlen unter einheitlichen Gesichtspunkten zusammengefaßt.

Schrifttum.

1. GERARDIN: C. R. **53**, 727 (1861).
2. Sammlung chemischer und chemisch-technischer Vorträge. Stuttgart 1926. Dort auch Schrifttumsverzeichnis.
3. Zusammenfassung in: K. E. SCHWARZ: Elektrolytische Wanderung in flüssigen und festen Metallen. Leipzig 1940.
4. SCHWARZ, K. E.: Z. Elektrochem. **44**, 648 (1938).
5. RIEKE: Phys. Z. **2**, 639 (1901).
6. KINSKY, I.: Z. Elektrochem. **14**, 406 (1908).
7. MAYR, GIOVANNA: Rend. Inst. Lombardo II **55**, 567 (1922); **57**, 381 (1924).
8. KREMANN, R.: Mh. Chem. **44**, 383, 401 (1923).
9. WAGNER, C.: Z. phys. Chem. Abt. B **15**, 347 (1932); Abt. A **164**, 231 (1933).
10. SCHWARZ, K. E.: Z. phys. Chem. Abt. A **164**, 223 (1933).
11. EINSTEIN, A.: Ann. Physik. **17**, 549 (1905).
12. SCHWARZ, K. E.: Wien. Ber. IIb **145**, 603 (1936) — Mh. Chem. **66**, 218 (1935).
13. SCHWARZ, K. E.: Z. Elektrochem. **39**, 550 (1935).
14. COEHN, A., u. W. SPECHT: Z. Phys. **62**, 1 (1930).
15. DUHM, B.: Z. Phys. **94**, 434; **95**, 801 (1935).
16. WAGNER, C., u. G. HELLER: Z. phys. Chem. Abt. B **46**, 242 (1940).
17. SKAUPY, F.: Z. phys. Chem. **58**, 560 (1907) — Phys. Z. **21**, 597 (1920) — Z. Phys. **3**, 178 (1920).
18. JOST, W.: Z. angew. Chem. **45**, 544 (1932).

19. JOST, W., u. R. LINKE: Z. phys. Chem. Abt. B **29**, 127 (1935).
20. NEHLEP, G., W. JOST u. R. LINKE: Z. Elektrochem. **42**, 150 (1936).
21. SEITH, W., u. H. ETZOLD: Z. Elektrochem. **40**, 829 (1934); **41**, 122 (1935).
22. SCHWARZ, K. E., u. R. STOCKERT: Z. Elektrochem. **45**, 464 (1939).
23. SEITH, W., u. O. KUBASCHEWSKY: Z. Elektrochem. **41**, 551 (1935).
24. LEBEDEW, T. A., u. V. M. GUTERMAN: Doklady Akad. Nauk (SSSR) **60**, 1201 (1948).
25. DAYAL, P., u. L. S. DARKEN: Trans. AIME **188**, 1156 (1950).
26. JOST, W., u. A. WIDMANN: Z. phys. Chem Abt. B, **29**, 247 (1935).
27. SEITH, W., u. TH. DAUR: Z. Elektrochem. **44**, 256 (1938).
28. WEVER, F., u. MÜLLER: Mitt. Kaiser-Wilhelm-Inst. Eisenforsch. **11**, 193 (1929).
29. DE BOER, J. H., u. FAST: Rec. trav. chim. **59**, 161 (1940).
30. SCHWARZ, K. E.: Z. Elektrochem. **45**, 712 (1939).
31. JOHNSON, R. P.: Phys. Rev. **53**, 766 (1938).
32. WEVER, H.: Dissertation, Münster (1953).
33. SEITH, W., u. H. WEVER: Z. Elektrochem. **57**, 891 (1953).
34. KUBASCHEWSKY, O., u. K. REINARTZ: Z. Elektrochem. **52**, 75 (1948).
35. JUSTI, E., u. G. LAUTZ: Z. Naturforsch. **7a**. 191 (1952).
36. PAULING, L.: Inl. Amer. chem. Soc. **69**, 542 (1947).
37. KUROV, G. A.: Doklady Akad. Nauk (S S S R) **94**, 207 (1954).
38. SEITH, W., u. H. WEVER: Naturwissensch. **41**, 447 (1954).
39. HAEFFNER, E.: Nature **172**, 774 (1953).
40. NIEF, G., u. E. ROTH: C. R. Acad. Sci. Paris **239**, 161 (1954).
41. KLEMM. A.: Z. Naturforschg. **9a**, 1031 (1044).
42. GUDDEN, B., u. K. LEHOVEC: Z. Naturforschg. **1**, 508 (1946).

20. Die Diffusion in flüssigen Legierungen.

Die Untersuchungen über die Diffusion in flüssigen Legierungen sind nicht sehr zahlreich. Sie beschränken sich auf Amalgame, die bei Zimmertemperatur flüssig sind, einige leicht schmelzbare Legierungen und einige Legierungen des Eisens bei hohen Temperaturen. Von den älteren Arbeiten über Amalgame sind die von M. VON WOGAU [1] zu nennen. Sein Diffusionsgefäß bestand aus einem Satz von 4 Glasplatten mit gleichen Bohrungen. Diese wurden auf einer Bodenplatte aufeinandergelegt, und die vier aufeinanderfallenden Bohrungen bildeten den Diffusionsraum, der im untersten Viertel mit Amalgam und oben mit Quecksilber gefüllt wurde. Durch Verschieben der Platten gegeneinander konnte er den Diffusionsraum in vier gleiche Teile teilen, die einzeln analysiert wurden. Zur Auswertung dienten dann die Tabellen von STEFAN und KAWALKI [2] S. 293.

E. COHEN und H. R. BRUINS [3] bestimmten die Diffusion von Kadmium in Quecksilber, indem sie dieses elektrolytisch aus einer wäßrigen Lösung auf einer Quecksilberoberfläche niederschlugen und das Vordringen ins Innere durch Vergleich des Potentials dieser Fläche mit einer konstanten Amalgamelektrode verfolgten. Den umgekehrten

Weg war schon früher G. MEYER [4] gegangen, indem er aus einer Amalgamoberfläche das zu untersuchende Metall dauernd durch Extrahieren entfernte. Den Schwierigkeiten, die bei der Messung der

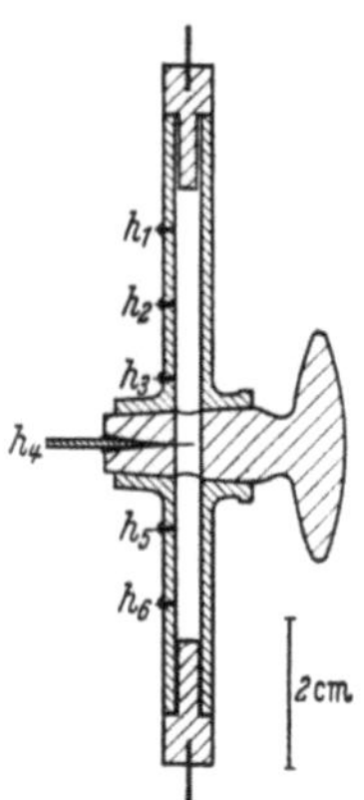

Abb. 235. Apparat zur Messung der Diffusion in Amalgamen. (Nach WEISCHEDEL.)

Diffusion in flüssigen Legierungen durch Strömungserscheinungen infolge ungleicher Temperaturverteilung und bei den Operationen des Aufbaues und Trennens der Diffusionsproben entstehen, glaubt WEISCHEDEL [5] durch die Verwendung einer Apparatur zu entgehen, die in Abb. 235 wiedergegeben ist. Den Diffusionsraum bildet ein Glasrohr und die Bohrung eines Hahnkückens. Die eine Seite des Rohres und das Kücken werden zunächst mit Hg gefüllt und der Hahn geschlossen. Dann wird in den anderen Teil das Amalgam gebracht und die Verbindung hergestellt. Das Fortschreiten der Diffusion wird durch Leitfähigkeitsmessungen zwischen den Sonden $h_1 - h_6$ verfolgt. Die Messungen von WEISCHEDEL führen zu etwas niedrigeren DK als die übrigen.

Die Ergebnisse der Versuche an Amalgamen können jetzt durch den Wert der Selbstdiffusion des Hg ergänzt werden, den HOFFMAN [7] mit radioaktivem Hg gemessen hat. Der DK für die Selbstdiffusion des Hg beträgt bei 25° $1,8 \cdot 10^{-5}$ cm² sec^{-1} und seine Temperaturabhängigkeit:

$$D = 1,26 \cdot 10^{-4} \exp(-1150/RT).$$

HAISSINSKY und COTTIN [15] verwendeten bei ihren Austauschmessungen Hg/Hg²⁺ ebenfalls radioaktives Quecksilber, ²⁰³Hg, aus welchen sie den DK ermittelt haben. Danach hat der DK bei 20° den Wert $7 \cdot 10^{-8}$ cm² sec^{-1}, und für die Temperaturabhängigkeit gilt: $D = 1,4 \cdot 10^{-5} \exp(-3100/RT)$ cm² sec^{-1}. In Anbetracht dessen, daß es sich um eine Diffusion im flüssigen Zustand handelt, sind die DK unwahrscheinlich klein.

Schon früher hat K. SCHWARZ [6] Versuche über die Diffusion einer Reihe von Metallen in Hg ausgeführt. Bei seiner Versuchsanordnung (Abb. 236)

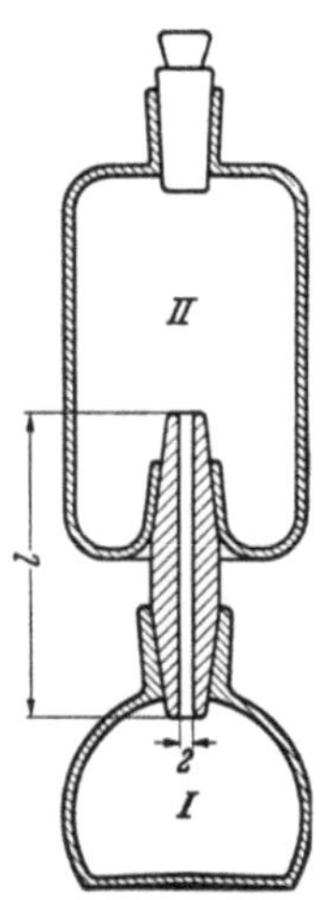

Abb. 236. Apparat zur Messung der Diffusion in Amalgamen. (Nach SCHWARZ.)

wird an den beiden Enden einer Kapillare eine konstante Konzentration aufrechterhalten, so daß der DK nach der Gleichung:

$$D = \frac{\Delta S\, l}{\Delta c\, q\, \Delta t}$$

berechnet werden kann.

ΔS ist die diffundierte Menge, q der Querschnitt,
  l die Länge der Kapillare, Δt die Versuchszeit.
        Δc die Konzentrationsdifferenz,

Die Ergebnisse der Messungen an Amalgamen sind in Tab. 31 zusammengestellt.

Tabelle 31. *Diffusionen in Amalgamen.*

Element	$t°$	$D \cdot 10^5$ cm²/sec	$t°$	$D \cdot 10^5$ cm²/sec	$t°$	$D \cdot 10^5$ cm²/sec
	K. SCHWARZ		VON WOGAU			
Li	25	0,93	8,2	0,76		
Na	25	0,86	9,6	0,74		
K	25	0,71	10,5	0,61		
Rb			7,3	0,53		
Cs	25	0,65	7,3	0,52		
Ag	25	1,0				
Au	25	0,73			11	0,83[1]
Tl	25	1,18	11,5	1,0		
Zn	25	2,4	11,5	2,52	20	1,5[2]
			99,2	3,36		
Cd	25	2,0	8,7	1,68	20	1,53[3]
			99,1	3,42		
Sn	25	2,1	10,7	1,78		
Bi	25	1,5				
Pb	25	2,1	9,4	1,7		
			99,4	2,22		
Ba			7,8	0,60		
Sr			9,4	0,54		
Ca			10,2	0,62		
Hg					25	1,83[4]

[1] ROBERTS AUSTEN [9]. [2] WEISCHEDEL [5]. [3] WEISCHEDEL u. COHEN. [4] HOFFMAN [7].

GROH und VON HEVESY [8] haben die Selbstdiffusion des Bleis bei 343° mit ThB bestimmt. Da ThB ein Isotop des Bleis ist, kann die gewonnene Diffusionskonstante $2,5 \cdot 10^{-5}$ cm² sec^{-1} als Selbstdiffusionskonstante des flüssigen Bleis gelten.

L. D. HALL [18] gibt bei neuen Messungen $6,2 \cdot 10^{-5}$ cm² sec^{-1} bei 344° an.

Schon in den letzten Jahren des vorigen Jahrhunderts hat ROBERTS-AUSTEN [9] die DK einiger Edelmetalle in den niedrigschmelzenden Metallen Blei, Wismut und Zinn bestimmt (Tab. 32).

Tabelle 32.

	°C	$D \cdot 10^5$ cm² sec^{-1}
Au in Pb	490	3,5
Au in Pb	500	3,7
Au in Bi	500	5,2
Au in Sn	500	5,4
Pt in Pb	490	2,0
Pd in Pb	500	3,5
Ag in Sn	500	4,8

In hochschmelzenden Metallen machen Diffusionsversuche in Schmelzen viel größere Schwierigkeiten als im festen Zustand. Konvektion und Strömungserscheinungen sind nur schwer zu vermeiden.

Die ersten Versuche auf diesem Gebiet stammen von HOLBROOK, FURNAS und JOSEPH [10]. Sie erhielten für die Diffusion von Mn, Si, P, S und C in flüssigem Eisen Werte, die bei 10^{-5} cm² sec^{-1} liegen. PASCHKE und HAUTTMANN [11] versuchten die Diffusion von Mn, Si und C in Eisen oberhalb des Schmelzpunktes zu messen. Wegen der angedeuteten Schwierigkeiten gelang es nur, die Diffusion von Si zu bestimmen. Es wurden folgende Werte erhalten: bei 1480° 2,4, bei 1540° 3,8 und bei 1560° $11,0 \cdot 10^{-5}$ cm² sec^{-1}. Die Ergebnisse am Mangan, die in der gleichen Größenordnung liegen, sind wegen des beträchtlichen Dampfdruckes nicht sicher.

Tabelle 33. *Diffusion in flüssigem Eisen.*

	$t°$	$D \cdot 10^5$ cm²·sec^{-1}	$D_{1550}°$
^{60}Co → reines Fe	1568	4,7	4,6
	1638	5,3	
^{14}C in Fe + 0,03 % C	1550	7,9	7,9
	1570	7,2	7,0
	1590	7,2	6,7
^{14}C in Fe + 2,1 % C	1450	(6,7)	
	1500	5,5	5,9
	1550	(7,8)	
^{14}C in Fe + 3,5 % C	1350	4,3	6,0
	1450	(6,4)	
	1500	5,6	6,0
	1550	6,7	6,7

Mit wesentlich verbesserten Versuchsbedingungen arbeiteten MORGAN und KITCHENER [12]. Zur Vermeidung der Konvektion benutzten sie Kapillaren (0,9 mm ∅) aus Al_2O_3. Als diffundierende Stoffe wurden die radioaktiven Isotope ^{60}Co und ^{14}C verwendet. Die rasch erstarrten Proben wurden im Falle des Co in 1 mm lange Abschnitte zerteilt, deren Aktivität gemessen wurde. Für die Diffusionsversuche mit Kohlenstoff wurde aus $Ba^{14}CO_3$ zunächst $^{14}CO_2$ entwickelt und mit diesem die Eisenprobe aufgekohlt, die als Spender diente. Zur Analyse nach dem Diffusionsversuch hat man die Probe angeschliffen und mit einem Zählrohr, das auf einem Schlitten lief, in dem eine Blende war, in der Längsrichtung abgetastet. Die erhaltenen c-x-Kurven stimmen mit den theoretisch berechneten gut überein. Die Ergebnisse sind in Tab. 33 dargestellt. Neben den Werten bei den Versuchstemperaturen sind die DK unter Berücksichtigung der Viskosität auf 1550° C umgerechnet, um sie miteinander vergleichen zu können.

Die Diffusionskonstante des Magnesiums in Aluminium wird von BELOSEVSKY [13] zu $7,5 \cdot 10^{-5}$ cm² sec^{-1} bei 700° C angegeben.

Die Selbstdiffusion von Indium und die von Tl in In im flüssigen und festen Zustand in der Nähe des Schmelzpunktes sind von ECKERT und DRICKAMER gemessen worden [16]. Die Ergebnisse (Abb. 237 und 238) überraschen insofern, als der starke Anstieg des DK um etwa 3 Zehnerpotenzen bereits unterhalb des Schmelzpunktes erfolgt.

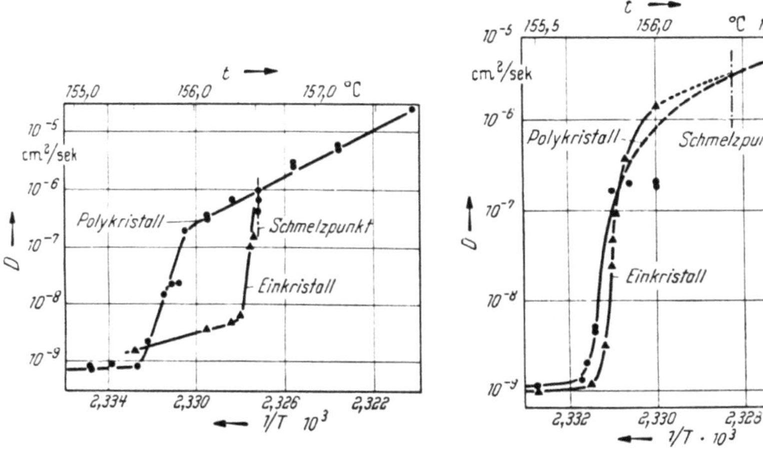

Abb. 237. Diffusion von Tl in In.
(Nach ECKERT und DRICKAMER.)

Abb. 238. Selbstdiffusion in Indium.
(Nach ECKERT und DRICKAMER.)

Außerdem zeigt sich ein Unterschied bei der Diffusion des Tl in einen Indium-Einkristall und einen Vielkristall. Ein ähnliches Ergebnis brachte die Untersuchung der Diffusion von In in Ga [17].

Besteht in einem System einer homogenen Mischung ein Temperaturgefälle, so stellt sich ein Konzentrationsgefälle ein. Diese unter dem Namen LUDWIG-SORET-Effekt bei wäßrigen Lösungen bekannte Erscheinung ist auch an flüssigen Metallmischungen beobachtet. Nach M. BATLAY [14] reichert sich im System Pb-Sn das Pb am kälteren Ende an. Auch bei einigen Mischkristallen wurde der Effekt festgestellt.

Schrifttum.

1. WOGAU, M. v.: Dissertation, Freiburg i. Brsg. 1907.
2. STEFAN, A.: Wien. Ber. II **77**, 371 (1879); **79**, 161 (1879). — KAWALKI: Wied. Ann. **52**, 166 (1894). — S. a. G. JANDER u. A. SCHULZ: Kolloid-Z. **36**, Erg.-Heft, S. 109 (1925).
3. COHEN, E., u. H. R. BRUINS: Z. phys. Chem. **109**, 397 (1924).
4. MEYER, G.: Ann. Physik u. Chemie **61**, 225 (1897).
5. WEISCHEDEL: Z. Phys. **85**, 29 (1933).
6. SCHWARZ, K.: Ber. Wien. Akad. Wiss., math.-nat. Kl. Abt. IIb **145**, 604 (1936).
7. HOFFMAN, R. E.: J. chem. Phys. **20** 1567 (1952); — Phys. Rev. **86**, 585 (1952).

8. Groh u. G. v. Hevesy: Ann. Physik (4) **63**, 85 (1920) — Z. Elektrochem. **26**, 363 (1920).
9. Roberts-Austen: Proc. Roy. Soc., Lond. **59**, 281 (1896); **67**, 101 (1900) — Phil. Trans. Roy. Soc., Lond. **187**, 386 (1896) — Chem. News **1896**, 289.
10. Holbrook, Furnas u. Joseph: Ind. Eng. Chem. **24**, 993 (1932).
11. Paschke, M., u. A. Hauttmann: Arch. Eisenhüttenw. **9**, 305 (1935).
12. Morgan, D. W., u. J. A. Kitchener: Trans. Faraday Soc. **50**, 51 (1954)
13. Belosevsky, N. A.: Chem. Zbl. **1938** I, 4585.
14. Batlay, M.: Rev. Metallurg. **25**, 427 (1928).
15. Haissinsky, M., u. M. Cottin: J. Physique Radium **11**, 611 (1950).
16. Eckert, R. E., u. H. G. Drickamer: J. chem. Phys. **20**, 13 (1952).
17. Eckert, R. E., u. H. G. Drickamer: J. chem. Phys. **20**, 532 (1952).
18. Hall, L. D.: Persönliche Mitteilung.

21. Diffusion von Gasen in Metallen.

Die Diffusion von Gasen in Metallen ist für die chemische Technik von großer Bedeutung. Eine ganze Zahl von Veröffentlichungen liegt schon über die Durchlässigkeit von Metallen für verschiedene Gase vor[1]. Diese haben jedoch keineswegs zu allgemeingültigen, übersichtlichen, oft sogar nicht einmal zu übereinstimmenden Ergebnissen geführt. Dies liegt daran, daß der Gasdurchgang durch ein Metall ein Vorgang ist, der sich aus einzelnen Teilvorgängen zusammensetzt. Diese folgen verschiedenen Gesetzen und — je nach den Versuchsbedingungen — kann der eine oder der andere Teilvorgang für den Ablauf des gesamten Geschehens geschwindigkeitsbestimmend werden. Es darf deshalb der Begriff der Durchlässigkeit nicht mit dem der Diffusion gleichgestellt werden.

Die Diffusion eines Stoffes in einem Metall in fester, homogener Phase ist nicht davon abhängig, ob dieser außerhalb der Probe als Gas vorliegt oder nicht. Die Diffusion von Kohlenstoff und die von Stickstoff in Eisen sind zwei Vorgänge, die durchaus analog sind. In der Betrachtung des Gesamtvorganges der Durchlässigkeit ist jedoch die Diffusion im Inneren des Eisengitters nur ein Teilvorgang. Daneben ist zu berücksichtigen, daß Oberflächenreaktionen beim Übergang der Wasserstoffatome aus dem Molekülverband über die Adsorption in die feste Lösung, z. B.

$$H_2 \rightarrow 2\,H_{ads} \rightarrow 2\,H_{gelost},$$

ferner der umgekehrte Vorgang beim Austritt aus der anderen Seite des Metalls stattfinden. Auch die Löslichkeit spielt für die Durchlässigkeit eine wichtige Rolle, denn unter sonst gleichen Bedingungen wird die Durchlässigkeit mit der Löslichkeit ansteigen. Eine Veränderung der Löslichkeit mit der Temperatur muß bei der Bestimmung der Temperaturabhängigkeit der Diffusion unter Umständen berücksichtigt werden. Das Nichtbeachten der Grenzflächenvorgänge führt dazu, daß manchmal der Beschaffenheit der Oberfläche ein Einfluß auf die Diffusion zugeschrieben wird [2].

Ein Beispiel, bei welchem es gelungen ist, die Diffusion und die Oberflächenreaktionen voneinander zu trennen, ist die Lösung von Wasserstoff in Palladium. Nach Messungen von G. N. S. SCHMIDT [3], der die Durchlässigkeit eines Palladiumbleches für Wasserstoff bestimmte, berechnet sich der Diffusionskoeffizient zu $3 \cdot 10^{-5}$ cm² sec^{-1} bei 300° und $1 \cdot 10^{-5}$ cm² sec^{-1} bei 220°. Diese Werte gelten unter der Voraussetzung, daß die Diffusion im Mischkristall der zeitbestimmende Vorgang bei der Durchlässigkeit ist. Sind die Reaktionen an der Oberfläche von Einfluß, so fallen die gemessenen Werte zu niedrig aus. C. WAGNER [4] konnte an der H_2-Aufnahme eines dünnen Drahtes die Oberflächenreaktionen beobachten, da die Diffusion in das Innere genügend rasch zur Homogenisierung führte. Je nach den Versuchsbedingungen und zum Teil nicht übersehbaren Zufälligkeiten werden zwei verschiedene Gesetzmäßigkeiten gefunden. Diese lassen sich den Reaktionen $H_{ads} \rightarrow H_{gelöst}$ und $H_{2\,ads} \rightarrow 2\,H_{gelöst}$ zuordnen. Für das Eintreten des einen oder des anderen Mechanismus kann vielleicht die Orientierung der Kristallite in der Oberfläche verantwortlich sein, da diese nach TAMMANN und SCHNEIDER [5] auf die Wasserstoffaufnahme einen großen Einfluß hat. Die verschiedene Orientierung der Kristallite in gewalztem und geglühtem Palladium hat zur Folge, daß hartes Palladium bei 150° kaum eine Aufnahmefähigkeit für Wasserstoff besitzt, während weiches Palladium ihn sehr rasch eindringen läßt. JOST und WIDMANN [6] wählen für ihre Versuche Bedingungen, die den Einfluß der Oberflächenreaktionen ausschließen. Ihr Probekörper ist eine Palladiumkugel von 15 mm Durchmesser, deren Oberfläche mit Palladiumschwarz überzogen ist, damit die Oberflächenreaktionen sehr rasch ablaufen. Die Aufnahme des Wasserstoffs hängt dann nur von der Diffusionsgeschwindigkeit ab. Die Versuche wurden mit Wasserstoff und Deuterium ausgeführt.

Tabelle 34. *Diffusion von Wasserstoff und Deuterium im Palladium.*

Wasserstoff		Deuterium	
$t\,°C = 192,5$	$D = 1,21 \cdot 10^{-5}$	$t = 192,5$	$D = 0,97 \cdot 10^{-5}$
248,5	$2,43 \cdot 10^{-5}$		
302,5	$3,95 \cdot 10^{-5}$	302,5	$3,01 \cdot 10^{-5}$

Die Temperaturabhängigkeit der Diffusion von H in Pd wird durch die Gleichung

$$D = 5,95 \cdot 10^{-3} \exp\left(-5720/R\,T\right) \text{ cm}^2 \text{ sec}^{-1}$$

dargestellt. Das Verhältnis der Diffusionskoeffizienten von Deuterium zu Wasserstoff ist etwa 1:1,3. Es sollte nach der Theorie $1:\sqrt{2} = 1:1,4$ sein. Die Abweichung liegt innerhalb der Grenzen der Versuchsfehler. Ebenso wie bei der Diffusion zweier fester Stoffe sind auch hier die Verhältnisse einfacher, wenn während des Diffusionsversuches keine neuen Phasen entstehen. Palladium und Wasserstoff bilden z. B. bei Zimmertemperatur und niedrigen Drucken eine Mischkristallphase mit der maximalen Konzentration von 2,5 Atom-% H. Bei größeren Drukken tritt bei 47 Atom-% eine neue Phase auf [7]. Mit steigender Temperatur wird die Differenz zwischen den beiden Grenzkonzentrationen immer geringer, um bei 300° zu verschwinden [8]. Bei keinem System ist die Durchlässigkeit so einwandfrei und ausführlich untersucht worden wie bei Palladium und Wasserstoff [9], obwohl auch über die Diffusion von Wasserstoff in Fe, Cu, Ni und Al Untersuchungen vorliegen [10]. Bei der Beurteilung der Ergebnisse ist stets zu beachten, daß — besonders bei hohen Temperaturen — außer den besprochenen Teilvorgängen oft noch berücksichtigt werden muß, daß auch das Kristallgefüge eine Lockerung erfahren kann, so daß eine erhöhte Diffusion entlang der Korngrenzen möglich erscheint. Bei Werkstoffen mit heterogenem Gefüge werden die Erscheinungen besonders vielfältig. Nach KÖRBER [11] ist z. B. Eisen mit streifiger Perlitausscheidung für Wasserstoff undurchlässig. Kupfer-Silber-Legierungen haben bei eutektischer Zusammensetzung nach LEROUX und RAUB [12] die geringste Neigung, Sauerstoff aufzunehmen. In letzter Zeit haben LIESER und WITTE [13] die Diffusion von Wasserstoff in Kupfer an Kugeln gemessen und finden folgende Ergebnisse:

$$400°\,\text{C} : D = 1,63 \cdot 10^{-5}\ \text{cm}^2\,\text{sec}^{-1},$$
$$500°\,\text{C} : D = 2,79 \cdot 10^{-5}\ \text{cm}^2\,\text{sec}^{-1},$$
$$600°\,\text{C} : D = 4,16 \cdot 10^{-5}\ \text{cm}^2\,\text{sec}^{-1}.$$

Aus den Werten errechnet man für die Temperaturabhängigkeit die Gleichung:
$$D = 9,7 \cdot 10^{-4} \exp\left[-5580/R\,T\right]\ \text{cm}^2\,\text{sec}^{-1}.$$

Aus Dämpfungsmessungen (vgl. S. 24) haben FAST und VERRIJP [16] die DK für Stickstoff in Eisen bestimmt. In Tab. 35 sind ihre Ergebnisse sowie die für Wasserstoff und Kohlenstoff zusammengestellt. Zu bemerken ist, daß diese Elemente im α-Fe erheblich schneller diffundieren als im γ-Fe.

Verschiedentlich hat man versucht, das Diffusionsvermögen eines Gases in einem Metall mit der Löslichkeit und der Fähigkeit, Verbindungen zu bilden, in Zusammenhang zu bringen [14]. Daß eine allgemeine Gesetzmäßigkeit nicht bestehen kann, sieht man schon daraus, daß Halogene zwar Verbindungen bilden, jedoch nicht diffundieren, weil sie nicht löslich sind, während der Sauerstoff diese Eigenschaft besitzt. Edelgase diffundieren nicht in Metallen, da sie ebenfalls unlöslich sind [15]. Entsteht dagegen eine Emanation aus einer radioaktiven Substanz, so wandert diese rasch nach außen, wie es bei der HAHNschen Emaniermethode beschrieben wurde.

Wenn demnach auch keine allgemeingültige Beziehung zwischen Diffusion, Löslichkeit und Verbindungsbildung aufgefunden werden kann, so läßt sich eine solche doch für einzelne Gase feststellen. SMITHELLS postuliert z. B., daß Stickstoff nur in einem solchen Metall löslich ist und diffundieren kann, mit dem es Nitride bildet. RHINES sagt, daß Stickstoff mit den Metallen der letzten 4 Gruppen des periodischen Systems Lösungen und Verbindungen bilden und damit auch diffundieren kann. Er meint damit anscheinend die Nebengruppen IV bis VII, zu denen noch das Eisen der VIII. Gruppe hinzuzufügen wäre. Es ist auch beobachtet worden, daß ein gutes Adsorptionsvermögen die Diffusion fördert, es ist dieses wohl so zu deuten, daß die Reaktionen, die zur Aufnahme im gelösten Zustand führen, rascher verlaufen können.

Man kann zusammenfassend sagen, daß die Diffusion von Gasen in Metallen nur gemeinsam mit der Löslichkeit weiter untersucht werden kann. Die alten Angaben über Löslichkeiten von Gasen in Metallen sind meist revisionsbedürftig.

Tabelle 35. *Diffusionskoeffizienten bei verschiedenen Temperaturen für* H, N *und* C *in Eisen.* [16]

Temp. in °C	Diffusionskoeffizient D für		
	Wasserstoff cm² sec⁻¹	Stickstoff cm² sec⁻¹	Kohlenstoff cm² sec⁻¹
20	$1{,}5 \cdot 10^{-5}$	$8{,}8 \cdot 10^{-17}$	$2{,}0 \cdot 10^{-17}$
100	$4{,}4 \cdot 10^{-5}$	$8{,}3 \cdot 10^{-14}$	$3{,}3 \cdot 10^{-14}$
300	$1{,}7 \cdot 10^{-4}$	$5{,}3 \cdot 10^{-10}$	$4{,}3 \cdot 10^{-10}$
500	$3{,}3 \cdot 10^{-4}$	$3{\,}6 \cdot 10^{-8}$	$4{,}1 \cdot 10^{-8}$
700	$4{,}9 \cdot 10^{-4}$	$4{\,}4 \cdot 10^{-7}$	$6{,}1 \cdot 10^{-7}$
900	$6{,}3 \cdot 10^{-4}$	$2{,}3 \cdot 10^{-6}$	$3{,}6 \cdot 10^{-6}$
950 (α)	$6{,}7 \cdot 10^{-4}$	$3{,}1 \cdot 10^{-6}$	$5{,}1 \cdot 10^{-6}$
950 (γ)	$1{,}8 \cdot 10^{-4}$	$6{,}5 \cdot 10^{-8}$	$1{,}3 \cdot 10^{-7}$
$\dfrac{D\alpha}{D\gamma}$ bei 950	4	50	40

Schrifttum.

1. Dieses Kapitel bringt nur eine kurze Übersicht. Eine ausführliche Zusammenstellung der Literatur findet sich bei C. J. SMITHELLS: Gases and Metals. London 1937 — J. Roy. Soc. Arts **1938**, versch. Mitt. — W. JOST: Diffusion und Reaktionen in festen Stoffen. Dresden: Th. Steinkopff 1938 — Diffusion in Solids, Liquids, Gases. New York 1952.
2. BETZ, H.: Z. Phys. **117**, 100 (1941).
3. SCHMIDT, G. N. S.: Ann. Physik (4) **13**, 747 (1904).
4. WAGNER, C.: Z. phys. Chem. Abt. A **159**, 459 (1932).
5. TAMMANN, G., u. I. SCHNEIDER: Z. anorg. Chem. **172**, 43 (1928).
6. JOST, W., u. A. WIDMANN: Z. phys. Chem. Abt. B **29**, 247 (1935).
7. FISCHER, H.: Ann. Physik **20**, 503 (1906).
8. BRÜNING, H., u. A. SIEVERTS: Z. phys. Chem. Abt. A **163**, 409 (1933).
9. HAGEN, H., u. A. SIEVERTS: Z. phys. Chem. Abt. A **165**, 1 (1933).

10. EDWARDS, C. A.: J. Iron Steel Inst. **110**, 9 (1924). — BORELIUS u. LINDBLOM: Ann. Physik (4) **82**, 201 (1927). — BORELIUS: Metallwirtsch. **8**, 105 (1929). — ATEN, A. H. W., u. M. ZIEREN: Rec. Trav. chim. Pay-Bas **49**, 641 (1930). — HAM, W. R.: Bull. Amer. phys. Soc. **9**, 7 (1934). — SMITHELLS, C. J., u. C. E. RANSLEY: Proc. Roy. Soc., Lond. A **152**, 706 (1935). — BRAATEN, E. O., u. G. F. CLARK: Proc. Roy. Soc., Lond. A **153**, 504 (1936). — POST, C. B., u. W. R. HAM: J. chem. phys. **5**, 913 (1937) — Phys. Rev. (2) **51**, 1016 (1937). — RAST, W. L., u. W. R. HAM: Phys. Rev. (2) **51**, 1015 (1937). — BLOCKER: Rec. Trav. chim. Pay-Bas **55**, 979 (1936). — BAUKLOH: Arch. Eisenhüttenw. **10**, 217 (1936/37); **11**, 273 (1937). BAUKLOH u. GUTHMANN: Z. Metallkunde **28**, 34 (1936). — SYKES, C., H. H. BURTON u. C. C. GEGG: J. Iron Steel Inst. **156**, 155 (1947). — GELLER, W., u. T.-H. SUN: Arch. Eisenhüttenw. **21**, 423 (1950).

11. KÖRBER, F.: Z. Metallkunde **21**, 45 (1929), Diskussion.

12. LEROUX, I. A. A., u. E. RAUB: Z. anorg. Chem. **184**, 205 (1930).

13. LIESER, K. H., u. H. WITTE: Z. phys. Chem. **202** ,321 (1954).

14. FAST, J. D.: Philips' techn. Rdsch. **6**, 369 (1941); **7**, 73 (1942). — SMITHELLS, C. J.: Zitiert unter 10. — RHINES, F. N.: Trans. A. S. M. **43** A 174 (1951).

15. SEELIGER, R.: Naturwiss. **30**, 461 (1942).

16. FAST, I. D., u. N. B. VERRIJP.: J. Iron Steel Inst. **163**, 24 (1954).

Tabellen zur Auswertung von Diffusionsmessungen.

Tabelle 36. *Berechnung des Diffusionskoeffizienten mit Hilfe des Gaußschen Fehlerintegrals.*

$2\dfrac{c-c_1}{c_2-c_1}$	$\dfrac{x}{2\sqrt{Dt}}$	$2\dfrac{c-c_1}{c_2-c_1}$	$\dfrac{x}{2\sqrt{Dt}}$	$2\dfrac{c-c_1}{c_2-c_1}$	$\dfrac{x}{2\sqrt{Dt}}$
1,00	0,000	0,50	0,447	0,30	0,733
0,90	0,090	0,48	0,500	0,28	0,764
0,85	0,135	0,46	0,522	0,26	0,796
0,80	0,179	0,44	0,546	0,24	0,831
0,75	0,235	0,42	0,570	0,22	0,867
0,70	0,272	0,40	0,595	0,20	0,906
0,65	0,321	0,38	0,621	0,18	0,948
0,60	0,371	0,36	0,647	0,16	0,994
0,55	0,423	0,34	0,675	0,14	1,044
0,50	0,477	0,32	0,703	0,12	1,099

$2\dfrac{c-c_1}{c_2-c_1}$	$\dfrac{x}{2\sqrt{Dt}}$	$2\dfrac{c-c_1}{c_2-c_1}$	$\dfrac{x}{2\sqrt{Dt}}$	$2\dfrac{c-c_1}{c_2-c_1}$	$\dfrac{x}{2\sqrt{Dt}}$
0,10	1,16	0,02	1,65	0,002	2,19
0,09	1,20	0,016	1,70	0,0016	2,23
0,08	1,24	0,012	1,78	0,0012	2,29
0,07	1,28	0,008	1,88	0,0008	2,37
0,06	1,33	0,006	1,94	0,0006	2,43
0,05	1,39	0,005	1,99	0,0005	2,46
0,04	1,45	0,004	2,04	0,0004	2,51
0,03	1,53	0,003	2,10	0,0003	2,56
0,02	-1,65	0,002	2,19	0,0002	2,63
0,01	1,82	0,001	2,33	0,0001	2,75

Tabelle 37. *Zur Auswertung von Diffusionsversuchen nach* STEFAN *und* KAWALKI.

$\dfrac{h}{2\sqrt{Dt}}$	A	B_1	B_2	B_3	$\dfrac{h}{2\sqrt{Dt}}$	A	B_1	B_2	B_3
0,20	2587	2535	2466	2414	1,00	7184	2566	246	4
0,22	2666	2568	2431	2330	1,04	7291	2496	210	3
0,24	2778	2617	2384	2221	1,08	7390	2429	179	2
0,26	2914	2671	2329	2085	1,12	7483	2361	151	1
0,28	3068	2735	2265	1935	1,16	7569	2302	128	1
0,30	3233	2799	2194	1772	1,20	7650	2241	108	
0,32	3404	2866	2121	1607	1,28	7798	2127	76	
0,34	3576	2934	2048	1440	1,36	7926	2019	54	
0,36	3751	2994	1972	1284	1,44	8041	1922	39	
0,38	3921	3049	1896	1135	1,52	8144	1828	27	
0,40	4088	3097	1816	996	1,60	8238	1744	18	
0,44	4411	3172	1660	755	1,68	8323	1665	12	
0,48	4716	3217	1504	563	1,76	8399	1593	9	
0,52	5001	3236	1350	412	1,84	8469	1525	5	
0,56	5267	3230	1203	300	1,92	8533	1463	4	
0,60	5516	3201	1063	214	2,00	8593	1406	3	
0,64	5746	3166	935	156	2,16	8697	1301	1	
0,68	5960	3114	817	108	2,32	8786	1212		
0,72	6157	3054	710	76	2,48	8868	1132		
0,76	6341	2990	616	52	2,60	8922	1078		
0,80	6510	2920	533	36	3,00	9036	937		
0,84	6666	2849	459	24	4,00	9293	707		
0,88	6811	2776	394	17	6,00	9528	472		
0,92	6945	2706	338	11	8,00	9644	356		
0,96	7069	2635	289	·8	10,00	9715	285		

Tabelle 38.

Zur Berechnung von c-x-Kurven bei konzentrationsabhängigem DK.

z	$g=0,0$	0,2	0,4	0,6	0,8	1,0	1,2	1,4	1,6	1,8	2,0	2,2	2,4
−2,0	−995	−998	−1000										
−1,9	−993	−996	−999	−1000									
−1,8	−989	−994	−998	−999									
−1,7	−984	−990	−996	−998	−1000								
−1,6	−976	−984	−992	−996	−999	−1000							
−1,5	−966	−976	−985	−992	−997	−999	−1000						
−1,4	−952	−964	−976	−985	−993	−997	−999						
−1,3	−934	−948	−962	−975	−986	−994	−998	−1000					
−1,2	−910	−925	−942	−958	−974	−986	−995	−999					
−1,1	−880	−896	−914	−933	−953	−972	−987	−996	−1000				
−1,0	−843	−858	−876	−896	−920	−945	−969	−987	−997	−1000	−1000		
−0,9	−797	−810	−826	−845	−872	−901	−933	−963	−986	−998	−999		
−0,8	−742	−751	−765	−781	−804	−834	−870	−912	−952	−984	−997	−1000	
−0,7	−678	−682	−690	−700	−717	−741	−774	−817	−869	−928	−975	−996	−1000
−0,6	−604	−602	−602	−605	−612	−626	−647	−678	−721	−785	−866	−946	−993
−0,5	−520	−511	−504	−497	−494	−494	−498	−501	−528	−562	−615	−697	−831
−0,4	−429	−412	−397	−381	−366	−354	−343	−334	−329	−329	−336	−353	−393
−0,3	−329	−306	−282	−259	−237	−214	−191	−169	−148	−127	−107	−89	−76
−0,2	−223	−195	−117	−138	−109	−79	−50	−20	9	39	70	99	129
−0,1	−112	−81	−50	−18	14	46	78	111	143	176	209	240	272
0,0	0	32	64	97	129	161	193	225	256	288	320	349	380
+0,1	112	143	174	205	235	265	295	325	353	382	411	438	466
+0,2	223	250	278	305	332	359	385	411	436	462	487	511	535
+0,3	329	352	374	397	420	442	465	487	508	530	552	572	593
+0,4	429	445	462	481	499	517	535	553	570	589	607	624	642
+0,5	520	531	543	555	568	582	596	611	624	640	654	668	684
+0,6	604	608	614	622	631	640	650	661	672	684	696	709	720
+0,7	678	677	678	681	686	691	698	706	713	723	732	740	751
+0,8	742	737	733	733	734	736	740	745	750	757	764	771	779
+0,9	797	788	781	778	776	775	777	779	782	787	792	798	804
+1,0	843	831	823	816	812	810	809	809	810	813	817	820	825
+1,1	880	868	858	849	844	839	837	836	935	837	839	841	845
+1,2	910	899	886	878	871	865	861	859	857	858	858	859	862
+1,3	934	922	911	901	894	888	883	879	878	876	876	876	877
+1,4	952	941	931	921	913	906	901	897	894	892	891	890	891
+1,5	966	956	947	938	930	924	917	913	909	906	905	903	903
+1,6	976	968	959	951	943	937	931	926	922	919	917	915	915
+1,7	984	977	969	962	955	948	943	938	933	930	928	924	924
+1,8	989	984	977	971	964	958	953	948	943	940	937	934	933
+1,9	993	989	983	978	972	966	961	956	952	949	946	943	941
+2,0	995	992	988	983	978	973	968	964	959	956	952	950	948

Tabelle 39. *Zur Berechnung von DK-Werten bei Vorliegen mehrerer Phasen.*

b	$F(b)$	$\int\limits_0^b e^{-\xi^2}\,d\xi$	b	$F(b)$	$\int\limits_0^b e^{-\xi^2}\,d\xi$	b	$F(b)$	$\int\limits_0^b e^{-\xi^2}\,d\xi$
0,00	0,0000	0,0000	0,52	0,6497	0,4767	1,02	4,3533	0,7540
0,02	0,0008	0,020	0,54	0,7109	0,4917	1,04	4,6569	0,7609
0,04	0,0032	0,040	0,56	0,7763	0,5065	1,06	5,0052	0,7675
0,06	0,0072	0,0599	0,58	0,8460	0,5210	1,08	5,3664	0,7739
0,08	0,0129	0,0798	0,60	0,9205	0,5352	1,10	5,7546	0,7800
0,10	0,0201	0,0997	0,62	0,9997	0,5489	1,12	6,1714	0,7859
0,12	0,0291	0,1195	0,64	1,0842	0,5624	1,14	6,6184	0,7915
0,14	0,0397	0,1391	0,66	1,1743	0,5755	1,16	7,0994	0,7968
0,16	0,0521	0,1586	0,68	1,2704	0,5883	1,18	7,6154	0,8018
0,18	0,0662	0,1780	0,70	1,3727	0,6007	1,20	8,1900	0,8067
0,20	0,0822	0,1974	0,72	1,4817	0,6127	1,22	8,7696	0,8113
0,22	0,1000	0,2165	0,74	1,5981	0,6245	1,24	9,4138	0,8157
0,24	0,1197	0,2355	0,76	1,7220	0,6358	1,26	10,1076	0,8199
0,26	0,1414	0,2541	0,78	1,8544	0,6469	1,28	10,8556	0,8239
0,28	0,1653	0,2729	0,80	1,9955	0,6576	1,30	11,6622	0,8277
0,30	0,1912	0,2912	0,82	2,1461	0,6680	1,32	12,5338	0,8313
0,32	0,2193	0,3094	0,84	2,3067	0,6780	1,34	13,4728	0,8346
0,34	0,2499	0,3274	0,86	2,4784	0,6878	1,36	14,4904	0,8380
0,36	0,2828	0,3450	0,88	2,6613	0,6972	1,38	15,5874	0,8410
0,38	0,3183	0,3625	0,90	2,8575	0,7062			
0,40	0,3564	0,3796	0,92	3,0670	0,7150			
0,42	0,3974	0,3966	0,94	3,2907	0,7234			
0,44	0,4412	0,4131	0,96	3,5297	0,7315			
0,46	0,4883	0,4295	0,98	3,7857	0,7393			
0,48	0,5385	0,4455	1,00	4,0599	0,7468			
0,50	0,5923	0,4613						

Schrifttum zum Nachtrag (s. S. 296).

1. JOHNSON, R. D., A. B. MARTIN u. W. V. GOEDDEL: U. S. Atom. Energy Commission Publ. 1952 (NAA-SR-170).
2. TURNBULL, D., u. R. E. HOFFMAN: Acta Metallurgica **2**, 419 (1954).
3. TOMIZUKA, C. T., u. L. M. SLIFKIN: Phys. Rev. **96**, 610 (1954).
4. WAJDA, E. S., G. A. SHIRN u. H. B. HUNTINGTON: Acta Metallurgica **3**, 39 (1955).
5. MARTIN, A. B., R. D. JOHNSON u. F. ASARO: J. Appl. Physics **25**, 364 (1954).
6. KUPER, A., H. LETAW, L. SLIFKIN, E. SONDER u. C. T. TOMIZUKA: Phys. Rev. **96**, 1224 (1954).
7. THOMAS, W. R., u. G. M. LEAK: Phil. Mag. **45**, 986 (1954).
8. LETAW, H., L. M. SLIFKIN u. W. M. PORTNOY: Phys. Rev. **93**, 892 (1954).
9. SHEWMAN, P. G., u. F. N. RHINES: J. of Met. **6**, 1021 (1954).
10. ANG, C. Y.: Acta Metallurgica **1**, 123 (1953).
11. SWALIN, R. A., u. A. E. MARTIN: Phys. Rev. **96**, 840 (1954).
12. EAGER, R. L., u. D. B. LANGMUIR: Phys. Rev. **89**, 911 (1953).
13. WASILEWSKI, R. J., u. G. L. KEHL: J. Inst. Met. **83**, 94 (1954).
14. SHIRN, G. A.: Acta Metallurgica **3**, 87 (1955).
15. SHIRN, G. A., E. S. WAJDA u. H. B. HUNTINGTON: Acta Metallurgica **1**, 513 (1953).
16. WAJDA, E. S.: Acta Metallurgica **2**, 184 (1954).

Nachtrag. (Lit. S. 295.)

Grund- metall	Zusatz- metall		Temp. °C	D_0 cm² sec⁻¹	Q cal/g-Ab.	Metho- de	Jahr	Lite- ratur
Ag 99,98%	Ag^{110} Ag^{110}	Korngren- zendiff. $9° \leq \Theta \leq 28°$	697— 903 400— 525	0,11 0,14	40800 19700		1952 1954	1 2
	Cd^{115}	Spuren		0,454	41700	8b	1954	3
Ein- kristall	In^{114}	Spuren		0,416	40630	8b	1954	3
	Sn^{113}	Spuren		0,255	39300	8b	1954	3
Cd ‖c-Achs. ⊥c-Achs.	Cd^{115}		130— 310 130— 310	0,05 0,1	18200 19100	8b	1955	4 4
	Cd^{115}	Korngren- zendiff.		1,0	13000			4
Cu	Au^{198}	Spuren	750—1000	0,1	44900		1954	5
	Cu^{64}		685—1062	0,468	47140	8b	1954	6
Fe	C		24— 74	0,0316	24400	11	1954	7
Ge	Ge^{71}		790— 920	87	73500		1954	8
Mg	Mg^{28}		468— 627	1,0	32000	8b	1954	9
Nb	N		∼360— 660	0,098	38600	11	1953	10
	O		∼150— 350	0,0147	27600	11		10
Ni	Al	gering. Konz.		1,87	64000	2a	1954	11
	Mn	,,		7,5	67100	2a	1954	11
	Ti	,,		0,86	61400	2a	1954	11
Ta	N		∼360— 660	0,0123	39800	11	1953	10
	O		∼150— 350	0,019	27300	11	1953	10
	Ta*		1800—2500	2	110000		1953	12
Ti β α	N N		900—1570 900—1570	0,035 0,012	33800 45250		1954	13
β	O		950—1414	1,6	48200		1954	13
Tl ‖c-Achs. ⊥c- ,, Kubisch	Tl^{204}		150— 275 150— 275 150— 275	0,4 0,4 0,7	22900 22600 20000	8b	1955	14
Zn ‖c-Achs. ⊥c- ,, 99,99 %	Zn^{65} Zn^{65}	Korngren- zendiff.	240— 410 240— 410 75— 200	0,13 0,58 0,38	21800 24300 14600	8b	1953 1954	15 16
99,999%				0,22	14300			

Verzeichnis der Systeme.

Das Grundmetall steht in der Regel an erster Stelle.
Systeme, die auf mehreren aufeinanderfolgenden Seiten genannt sind, sind im Verzeichnis nicht wiederholt.

Namenverzeichnis.

Sofern ein Name auf mehreren aufeinanderfolgenden Seiten vorkommt, ist er im Verzeichnis nicht wiederholt.

Da Silva 41, 97, 113, 116, 125, 136, 144, 150, 154, 157, 243.
Daur 267, 283.
Dawis 232.
Dawson 231.
Day 183.
Dayal 267, 279, 283.
Dedrick 37, 243.
Dehlinger 122, 126, 216, 223, 226, 231.
Dekhtyar 157.
Dennissen 70.
Descamps 180.
Desh 96.
Dewey 43, 72.
Dienes 93, 97.
Ditzenberger 71.
Dobrowolska 28, 37, 39, 72.
Doehlemann 41, 70, 179.
Drechsler 200, 202.
Drickamer 70, 156, 287.
Duhm 261, 282.
Dunlap 25, 37, 70.
Dunn 20, 37, 70.
Dünwald 37, 179.
Dushman 70, 87, 96, 228, 231.

Eager 295.
Ebert 40, 70.
Eckert 70, 156, 287.
Edwards 292.
Einstein 258, 282.
Elam 173, 180, 185.
Ellwood 142, 157.
Engell 179.
Etzold 40, 72, 176, 180, 263, 283.
Eyring 92, 97.

Fast 70, 283, 290, 292.
Faraday 2.
Fensham 70, 184.
Fick 4, 17, 33, 80, 97, 115, 131, 148.
Filer 70.
Fischer 291.
Fisher 191, 193, 202.
Fitzer 70.
Flanagan 196, 202.
Fonda 188, 201.

Fourier 4.
Fraenkel 3, 12, 36.
Frauenfelder 187, 201.
Freche 39, 71, 213, 215.
Frenkel 78, 91.
Friedrichs 41, 70.
Fry 71, 251, 254.
Fuchs 97.
Fuller 25, 37, 70.
Furnas 286, 288.
Fürth 28, 31, 37.

Garre 231.
Gatos 30, 71.
Gauss 6, 14.
Gay-Lussac 2, 3.
Gegg 292.
Geiss 201.
Geller 71, 292.
Gerardin 254, 282.
Gerlach, I. 242.
—, W. 204, 223, 241, 243.
Giolitti 71.
Glasstone 97.
Glawitsch 234, 243.
Gluskin 172, 180.
Goeddel 295.
Goetz 182, 185.
Goetzel 232, 242.
Goehler, von 15, 36.
Gonser, B. 179, 252.
—, U. 136, 157.
Graf 189, 201, 220, 223.
Gruzin 71.
Grimshaw 246, 253.
Groh 3, 26, 285, 288.
Grube 14, 36, 71, 98, 114, 180, 205, 215.
Gudden 283.
Guillet 76, 96, 173, 180, 254.
Guinier 217, 222.
Guterman 266, 283.
Guthmann 292.

Haarmann 172, 180.
Haeffner 257, 283.
Hagen 291.
Hahn 31, 291.
Haissinsky 284, 288.
Hall, E. H. 279.
—, L. D. 285, 288.

Ham 292.
Handler 72, 88, 97.
Hansen 223.
Hardy 216, 223.
Hartley 115, 122, 125, 129, 132, 157.
Hauffe 179.
Hausner 175, 180, 232, 242.
Hauttmann 41, 72, 235, 243, 286, 288.
Haywood 70, 215.
Heal 223.
Heinemann 176, 180.
Heller 261, 282.
Henry 3.
Hergenrother 182, 185.
Herrmann 72, 107, 115.
Hertel 21, 37, 178, 207, 215, 252, 254.
Hertzruecken 71.
Heumann 97, 114, 125, 132, 136, 152, 157, 161, 166, 168, 173, 180, 243.
Hevesy, von 3, 26, 37, 71, 89, 96, 285, 288.
Hicks 71.
Himmel 115.
Hoar 143, 157, 235, 243.
Hofer 40, 72.
Hoffmann 192, 202.
Hoffman 284, 287, 295.
Hollbrook 286, 288.
Hollomon 71.
Homerberg 251, 254.
Hone 231.
Horstmann 170, 180.
Hotop 232, 242.
Houben 3, 12, 36.
Houdremont 205, 215, 244, 253.
Hoyle 70.
Hüttig 234, 243.
Huntington 93, 97, 126, 156, 295.

Inman 128, 157, 168, 180.
Irman 238, 243.

Jag 176.
Jander 36, 287.
Jaumot 37, 72.

Sachverzeichnis.

Gegenstände, die auf mehreren aufeinanderfolgenden Seiten behandelt werden,
sind im Verzeichnis nicht wiederholt.

MIX
Papier aus verantwortungsvollen Quellen
Paper from responsible sources
FSC® C105338

If you have any concerns about our products,
you can contact us on
ProductSafety@springernature.com

In case Publisher is established outside the EU,
the EU authorized representative is:
**Springer Nature Customer Service Center GmbH
Europaplatz 3, 69115 Heidelberg, Germany**

Printed by Libri Plureos GmbH
in Hamburg, Germany